国家社科基金后期资助项目

17—19世纪法国美学主潮

张　颖　著

商务印书馆
The Commercial Press
创于1897

图书在版编目(CIP)数据

17—19 世纪法国美学主潮/张颖著.—北京:商务印书馆,2022
ISBN 978 - 7 - 100 - 20299 - 2

Ⅰ.①1… Ⅱ.①张… Ⅲ.①美学—研究—法国—十七世纪—十九世纪 Ⅳ.①B83 - 095.65

中国版本图书馆 CIP 数据核字(2021)第 173762 号

17—19 世纪法国美学主潮
张 颖 著

商 务 印 书 馆 出 版
(北京王府井大街36号 邮政编码100710)
商 务 印 书 馆 发 行
北 京 冠 中 印 刷 厂 印 刷
ISBN 978 - 7 - 100 - 20299 - 2

2022 年 7 月第 1 版 开本 710×1000 1/16
2022 年 7 月北京第 1 次印刷 印张 21¾
定价:98.00 元

国家社科基金后期资助项目
出版说明

后期资助项目是国家社科基金设立的一类重要项目，旨在鼓励广大社科研究者潜心治学，支持基础研究多出优秀成果。它是经过严格评审，从接近完成的科研成果中遴选立项的。为扩大后期资助项目的影响，更好地推动学术发展，促进成果转化，全国哲学社会科学工作办公室按照"统一设计、统一标识、统一版式、形成系列"的总体要求，组织出版国家社科基金后期资助项目成果。

全国哲学社会科学工作办公室

谨以此书献给我的父母

目　　录

第二部分　18 世纪：美与趣味

导论　古典主义主潮的缘起与依据

美学学科的最基础常识，不外乎发生于18世纪德国的命名事件，那标志着学科的诞生。同属该学科基础常识的当属德国古典美学，它在德国古典哲学内部为美学学科的主要范畴夯实哲学地基。倘若追问同时期法国美学的价值该如何认定，可能会令人踟蹰。初看起来，无论是问题意识的起源，还是文献或议题的相继性，法国美学都显得相对模糊。是否存在一种法国现代美学体系？本书对这个问题持肯定回答，并将17世纪至19世纪法国现代美学视作一种古典主义美学体系。

第一节　"美学竞赛"中的法兰西时刻

1961年12月8日，贡布里希在伦敦经济和政治科学学院发表演讲，讨论"普通知识的传统"。他谈及作为欧洲人共享遗产的古典文化，举例指出简·奥斯汀在德语地区、歌德在英语世界的相对冷遇。① 在文艺复兴以后欧洲各民族国家逐步定型的复杂进程中，文化上的身份认同同时充当着促因与结果。启蒙运动进一步唤醒欧洲人的民族意识，各文化间的异质性愈发鲜明。民族文化的普及性难以企及曾以拉丁文一统欧洲书面语言的古典文化，以某种方式回归古典，成为文化振兴的明智选择。在这个进程中，各民族国家纷纷瞄准具有阶层区隔功能的"普通知识"（general knowledge），以占有这个共享地带为文化发展的战略目标。现代美学的历史处于同一背景、同一进程之下。从17世纪到19世纪，在与英语世界，特别是德语世界的美学的对话与竞争中，法国现代美学经历着或主动或被动的构建、冲撞、吸纳、调节、重建。

---

① E.H.贡布里希:《理想与偶像——价值在历史和艺术中的地位》，范景中、杨思梁译，广西美术出版社2013年版，第32页。

从贡布里希那场演讲上溯三百年整，1661年，红衣主教马萨林病逝，24岁的路易十四开始亲政，法国的绝对君主制一直持续到1789年大革命爆发。因其文化上的悠远成效，这一政治事件成为法国美学史上第一个高光时刻。在那个巴洛克艺术统治欧洲的时代，路易十四选择古典主义作为对艺术的品质要求，通过加强文化艺术的集权化管理与扶持，用体制引导和保障文艺发展的方向。各学院、官方赞助制度的设立，使文艺作品的题材与手法得到严格规限，自上而下地深刻塑造着古典主义美学观念。在此后半个世纪里，法国在政治、军事、外交等各个方面走在欧洲各国前列，文化上也引人注目地盘踞着霸主地位，尤其在17世纪最后二十年和18世纪开头二十年里，法兰西这块文化艺术高地强势地向欧洲各国输出其美学观念。① 法语、法国古典戏剧、法国宫廷礼仪与艺术趣味等，逐渐成为欧洲上流社会的"普通知识"。

由太阳王登基之年向后推一百余年，是法国美学的又一个高光时刻。1752年，《百科全书》第二卷出版，其中收入的论"美"（BEAU）词条由丛书主编之一德尼·狄德罗亲自撰写。该词条后来也称《关于美的根源及其本性的哲学探讨》（Recherches philosophiques sur l'origine et la nature du beau）。在词条里，这位启蒙先锋精练地评述了历史上欧洲人对美的种种解释，用批判的眼光打量分别操持德、英、法语的美学前辈（沃尔夫、哈奇生②、安德烈），进而提出自己的"关系美学"。狄德罗的美论在一定程度上保持着法国主流美学的基本立场，诸如坚持美的客观性、区分美与快感、主动抵制感觉主义和经验主义倾向，等等，在此基础上尝试将"关系"概念纳入美学基本术语。就其理论的客观效果而言，此举调和了美学客观主义（以安德烈为代表）与主观主义（以哈奇生为代表）之间的美学张力，为法国美学传统赋予了新的生机。

几乎与此同时，德国美学在启蒙时代迅速崛起，带来一种崭新的学科模式。莱辛《汉堡剧评》曾在效仿法国还是英国之间谨慎权衡，反映出民族文化道路选择过程中的焦虑与敏感。1735年，鲍姆嘉通以新拉丁文形式发明aesthetica一词来表示感性理论，其希腊词源为aisthesis。1750年《美学》（Aesthetica）一书出版后，该词迅速被译作德语Ästhetik。经赫尔德等人的推进，美学很快在德国大学里被制度化为哲学的分支学科。此即被沿用至今

---

① 具体可参见J.S.布朗伯利编：《新编剑桥世界近代史》第6卷"大不列颠和俄国的崛起，1688—1725年"，中国社会科学院世界历史研究所组译，中国社会科学出版社2008年版，第三章"西欧文化的变迁"。

② 一译哈奇森。"哈奇生"是朱光潜先生《西方美学史》的译法。

的"哲学美学"。至18世纪末,德国人已经发展出数种体系性的美学或艺术哲学。作为学科建制的必经之路,自19世纪中叶起,德国研究者开始尝试为美学写史。① 至此,文化相对晚熟的德国,其美学的学科化、系统化率先成熟。

在狄德罗论"美"词条面世的次年,即1753年,德国作家、柏林学院的路易·德·波索布尔(Louis de Beausobre,1730—1783)的论文《论哲学的诸不同部分》被收入巴黎出版的《哲学论文集》(*Dissertations philosophiques*),文中数次使用esthétique(感性学/美学)一词。这个法语词直接译自德文 Ästhetik。据考,这是该词第一次出现在法国文献中。德国作家为法国人送来了一个学科命名。然而,这个本应具有标志性的历史事件在法国知识界基本没有引起反响,法国批评者质疑该词的有用性。② 这或许应主要归于法国知识界的惯习。他们的注意力始终集中在一些老问题上,诸如"美"和"趣味"。在文人化的写作习惯里,"埃斯特惕卡"这个舶来词所可能担负的思想任务显得相当模糊,以至遭遇重重阻力。

但情况在悄然变化。从《百科全书》论"美"词条的面世再向后推一百余年,1861年(恰好在贡布里希那场演讲整一百年前),夏尔·雷韦克(Charles Lévêque,1821—1889)的《美之学》(*La science du beau*)③面世。单就思想厚度而言,它恐怕当不起时人所谓"法语写作中最完备的审美哲学(philosophie esthétique)论著"④的美誉。不过,该书的问世这一事件本身,称得上法国美学的再一个高光时刻。

该书的出版受资助于法国道德与政治科学研究院(Académie des Sciences morales et politiques)。该院于1857年公布了一个征文题目:"请研究美之学(science du beau)的诸原则,并将它们应用于自然、诗歌与诸艺术的最确定的那些美(beauté),以及通过美的问题(question du Beau)在古

<hr/>

① 参见:Élisabeth Décultot,"Ästhetik/esthétique Étapes d'une naturalisation(1750–1840)", *Revue de Métaphysique et de Morale*, No.2,'Esthétique' Histoire d'un transfert franco-allemand (avril-juin 2002),pp.157–158.Raymond Bayer,"Avant-propos", *Histoire de l'esthétique*, Paris:Armand Colin,1961,p.5.

② 参见:Élisabeth Décultot,"Ästhetik/esthétique Étapes d'une naturalisation(1750–1840)", *Revue de Métaphysique et de Morale*, No.2,'Esthétique' Histoire d'un transfert franco-allemand (avril-juin 2002),p.158.Annie Becq,"Introduction", *Genèse de l'esthétique française moderne* 1680–1814,Paris:Éditions Albin Michel,1994,p.5.

③ 笔者所参考的是1872年出版的第二版(Charles Lévêque, *La science du beau*, t.I,Paris:A. Durand et Pédone-Lauriel,1872)。

④ Patrick Dubois, Annie Bruter(éds.), *Le dictionnaire de pédagogie et d'instruction primaire de Ferdinand Buisson:Répertoire biographique des auteurs*,Publications de l'Institut national de recherche pédagogique,Année 2002,17,p.98,https://www.persee.fr/doc/inrp_0000-0000_2002_ant_17_1_7804.

代,尤其是现代所催生出的那些最著名的体系的批判性检验,证实这些原则。"①1860 年,雷韦克斩获该比赛奖项,并额外获得法兰西学院(Académie française)和法兰西美术学院(Académie des beaux-arts)增设的双重奖励。《美之学》一书荣获三院并奖,在媒体、公众、艺术家甚至车间工人当中皆备受欢迎,等等,如此盛况令雷韦克深感意外。② 当时的观察者也指出,围绕《美之学》发生了"一桩出人意表、前所未有而又非同寻常的事件"。③ 在启蒙世纪围绕美的讨论之后,美的问题在法国学院与公众中间重获关注。

　　态度转变的直接动因应归于德国美学的法语译介的推进。雷韦克在书中提到,19 世纪 40—50 年代,康德《判断力批判》(1846)、谢林《哲学著作集》(1847)、黑格尔《美学》(1840—1851)的法译本相继面世。④ 在德国美学成就的强大压力下,一向自居文化高位的"普通知识"输出国法兰西被迫做出反思与调整。《美之学》所遭遇的官方奖掖和民间关注表明,一种观念上的改变甚至"归化"正在发生:面对德国美学的成熟形态,法国人开始重视作为哲学分支的美学学科身份;基于民族意识的自觉,他们又更愿意将本土美学传统作为该学科的特殊形态之一种,为之谋得一个独立而必要的位置。

　　自今观之,这场"美学竞赛"未必分出了胜负,但历史的明暗构图暴露出它的偏爱。在当下常见的西方美学通史著作里,法国在上述高光时刻显得黯淡无光,最重要的篇章往往属于康德、谢林、黑格尔。历史的选择有其合理性。就德国美学的成就而言,享有这个地位,它当之无愧。除了学科化起步较晚,长期以来,法国美学著作给人的总体印象多为零碎、任意的艺术批评,缺乏精确的理论建构,关注个案多于普遍,注重描述多于抽象,遣兴骋才多于朴素论证。不独其美学,法国哲学也常遭到此类诟病。有学者在谈及19 世纪法国哲学时指出,它往往给人以"浅薄""分散"等刻板印象,但其实是一块值得被再发现的幽暗地带(une zone d'ombre),需要研究者呈现其厚度、丰富与创新性。⑤ 倘若刻意投下一束聚焦的光线,或许 17—19 世纪的

---

① Charles Lévêque, "Préface", *La science du beau*, t.I, Paris: A. Durand et Pédone-Lauriel, 1872, p.xx.

② Charles Lévêque, "Avant-Propos de la deuxième édition", *La science du beau*, t.I, Paris: A. Durand et Pédone-Lauriel, 1872, p.v.

③ Christian Helmreich, "La réception cousinienne de la philosophie esthétique de Kant Contribution à une histoire de la philosophie française au XIXᵉ siècle", *Revue de Métaphysique et de Morale*, No.2, 'Esthétique' Histoire d'un transfert franco-allemand (avril – juin 2002), p.194.

④ Charles Lévêque, "Préface de la première édition", *La science du beau*, t.I, Paris: A. Durand et Pédone-Lauriel, 1872, p.xx.

⑤ 参见:Annamaria Contini, Philippe Audegean, *Jean-Marie Guyau, esthétique et philosophie de la vie*, Paris: L'Harmattan, 2001, p.8.

法国美学同样能够是一块值得被再发现的幽暗地带。

在"埃斯特惕卡"诞生后至少半个世纪里,从德国舶来的"美学"(esthétique)一直遭到法国人的整体抵制。有研究者指出,这种抵制态度的直接动力,在于法国文人独有的空间与智识历史。[1]　直到 19 世纪初,情况开始改变。据统计,自 1810 年至 1855 年左右,法国文学博士论文以新词"美学"(esthétique)为选题者逾 30 篇。[2]　1826 年,雷韦克的同窗儒弗瓦以"美学"(esthétique)为题授课。但法国美学并未走向德国化。雷韦克《美之学》序言起首谈道:

> 研究美和艺术的原则,在法国不算新事物。18 世纪的安德烈神父和狄德罗几乎跟苏格兰的哈奇生与德国的鲍姆嘉通同样早地开启了这项研究。[3]

按雷韦克的意思,以安德烈、狄德罗为代表的美学家所开辟的法国美学研究,与哈奇生等人的主观主义-经验论美学、鲍姆嘉通等人的唯理论美学一起,构成西方现代美学的三种主要形态;在"研究美和艺术的原则"这个统一任务之下,三条道路各有其合法性,应当在此学科下包含安德烈和狄德罗关于一般的"美"的研究,包含狄德罗的艺术批评实践。雷韦克否定了德国道路——哲学美学——的唯一性,扩展了学科史的范围。从雷韦克那番话语中,有研究者敏锐地嗅出民族主义动机。[4]　那里显然存在着民族意识上的某种张力,它基于法国人从 17 世纪下半叶开始奠立的民族文化自信心。

在事实层面,法国美学对德国美学的形成贡献良多。前学科形态的法国美学,其丰富的思想成果被德国美学积极吸收,构成后者上升期的重要理论资源。这方面的主要标志是德语译本的面世。狄德罗自不必说,其他如杜博、安德烈、巴托等人的美学著述皆在短时间内被译介到德国。特别是巴

[1]　Élisabeth Décultot, "Ästhetik/esthétique Étapes d'une naturalisation (1750 – 1840)", *Revue de Métaphysique et de Morale*, No.2, 'Esthétique' Histoire d'un transfert franco-allemand (avril – juin 2002), p.169.

[2]　Notice sur le doctorat ès-lettres, par M. Ath. Maurier, directeur general au ministre de l'instruction publique, 2e édition, cité par Charles Lévêque, "Préface de la première édition", *La science du beau*, t.I, Paris: A.Durand et Pédone-Lauriel, 1872, p.xix.

[3]　Charles Lévêque, "Préface de la première édition", *La science du beau*, t.I, Paris: A.Durand et Pédone-Lauriel, 1872, p.v.

[4]　Christian Helmreich, "La réception cousinienne de la philosophie esthétique de Kant Contribution à une histoire de la philosophie française au XIXe siècle", *Revue de Métaphysique et de Morale*, No.2, 'Esthétique' Histoire d'un transfert franco-allemand (avril – juin 2002), p.209, note 54.

托，其《被划归到单一原则的美的艺术》的施莱格尔注译本直接影响过康德，[①]后者在《判断力批判》里提及巴托，并沿用了德国本无的"机械艺术"与"美的艺术"之划分。当然，我们也不应忽略英语世界对法国美学的重要影响。若无与洛克的交往，杜博将不会构思出主观主义的人工激情理论；若无苏格兰启蒙主义者的刺激，安德烈将不会在"影响的焦虑"下重申永恒不易的"本质美"，巴托和孟德斯鸠未必会专论"趣味"这个美学概念。总之，这两个方面应同时得到强调：美学的成熟得益于欧洲"文人共和国"的频繁交流；法国美学有其相对独立的发展空间与问题脉络。

第二节　文献的再整理

前述梳理提示我们，在"美学"这个总名之下，存在着可能在通史思维中难见真容的暗地。当我们讨论观念的具体起源时，各种"民族美学"有权要求其合法性。对于德意志与法兰西这两大民族而言，其美学学科意识的自觉与民族意识的觉醒之间的关联尤为显著，且都在美学通史的时间链条上占据若干重要时刻。因此，法兰西民族美学有理由成为一个相对独立的研究对象，研究依据当然主要是其理论著作。然而，出于种种原因，以往的研究在认定此期法国美学文献时时常出现疏漏。我们先以保罗·盖耶的18世纪美学研究为例加以呈现。

在发表于2004年的一篇文章中，盖耶给予前-埃斯特惕卡时代的美学探索以重要估价。他指出，18世纪初的欧洲兴起了一股讨论"美的特性、价值及其他属性（尤其是崇高）的著书大潮"，参与者主要是专业哲学家和其他文人，这股潮流里酝酿着现代美学起源的契机。盖耶认为，这个契机的标志是夏夫兹博里、库珀、艾迪生、杜博、哈奇生的代表作品："他们在这些著作中所提出的论题和采取的立场，为那个世纪余下的诸多年月及后来的世纪里更加专业化、哲学化的著作铺垫了道路，所以，现代美学不能被认为好像是在1735年从鲍姆嘉通那里一蹴而就的，而是在1711—1735年的时间里就已经差不多发展出了它的最终纲目和情形。"[②]十年之后，在三卷本《现代美学史》(*A History of Modern Aesthetics*，2014)中，盖耶在18世纪的法国部

---

①　参见：Paul Guyer, *A History of Modern Aesthetics*, Vol.I, Cambridge University Press, 2014, p.254, 256, 260.

②　彼得·基维主编：《美学指南》，彭锋等译，南京大学出版社2008年版，第13页。

分专节讨论安德烈、巴托、百科全书派和狄德罗。安德烈和巴托的入列，让人猜想他有意钩沉时常被英语世界遗漏的法国美学家。

先看巴托。前文已述其对德国美学发挥过重要的促进作用，相比于德国美学的及时吸收，英语世界对其《被划归到单一原则的美的艺术》的接受显得相当消极，以至盖耶遗憾地表示自己在写作《现代美学史》时还没有看到该书英译本问世。[①] 我们知道，其英文全译本[②]问世于后者面世的次年，即 2015 年，恰好与盖耶的写作时间擦肩而过。再看安德烈。其《谈美》于1741 年在法国面世，1759 年即被翻译成德语，而它的首个英译本迟至 2010年才面世。[③] 由此不难理解，巴托和安德烈的美学影响范围主要在欧洲大陆（如 18 世纪一度以法国古典主义文化为蓝本的、正在崛起中的启蒙主义德国）。曾在德国汉堡拿到博士学位（1910）的波兰美学史家塔塔尔凯维奇，在他的《美学史》里设专节讨论安德烈。法语世界对他的重视程度远远高于英语世界。从狄德罗那个论"美"的词条开始，法国人的美学史写作（20 世纪较有代表性的作品如雷蒙·拜耶《美学史》、安妮·贝克《现代法国美学的起源，1680—1814》等）皆给安德烈安放一席之地，视其为具有独特贡献的美学先驱，与克鲁萨、杜博、巴托、孟德斯鸠等人并列。

笔者并非意在指摘盖耶。实际上，他的《现代美学史》不仅指出了那两位法国美学家的英译滞后问题，而且这套大著整体上格外留意避免总体化与独断论。[④] 其他通史类著作，从以哲学分析见长的英国鲍桑葵《美学史》（1892），以资料广博见长的美国吉尔伯特和德国库恩合著《美学史》（1936），再到现今更为通用的美国比尔兹利《从古希腊到当下美学》（1966），对巴托与安德烈或者只字未提，或者一笔带过。[⑤]

类似遗憾也出现在汉语学界。由于克里斯特勒艺术体系研究在艺术学领域越来越广为人知，"巴托"这个名字不再显得陌生，而安德烈的遭遇就没这么幸运了。很可能受英译滞后的影响，这位在雷韦克那里与哈奇生、鲍姆

① Paul Guyer，*A History of Modern Aesthetics*，Vol.Ⅰ，Cambridge University Press，2014，p. 254.
② Charles Batteux，*The Fine Arts Reduced to a Single Principle*，translated with an introduction and notes by James O.Young，Oxford：Oxford University Press，2015.
③ Yves-Marie André，*Essay on Beauty*，translated and annotated by Alan J.Cain，Ebook，2010.盖耶也留意到这一不均衡的传播事实，参见：Paul Guyer，*A History of Modern Aesthetics*，Vol.Ⅰ，Cambridge University Press，2014，pp.248-249.
④ 他在《现代美学史》导论部分表示，书名中冠以不定冠词"一种"，为的是指明这部著作所采取的谦逊立场和开放框架。
⑤ Monroe C.Beardsley，*Aesthetics from Classical Greece to the Present*，Tuscaloosa：The University of Alabama Press，1966，p.201.中译请参见门罗·C.比厄斯利：《美学史：从古希腊到当代》，高建平译，高等教育出版社 2018 年版，第 433 页。

嘉通齐名的美学缔造者，其思想痕迹仿佛从未抵达汉语世界。迄今为止，《谈美》尚无完整的中译本，似乎也未曾出现节译。我国现有的西方美学史专著罕有对此书的引用或讨论。克鲁萨在中国的命运与之类似。

另一个令人遗憾的例子是欧仁·维龙的《美学》（L'Esthétique）。1871年，日本明治时期哲学家中江兆民（Chomin Nakae, 1847—1901）被公派法国留学，研习西方哲学和其他人文学科。在日本财政紧缩、不再提供留学资助的情况下，他于1874年回到日本。1878年，维龙的《美学》面世。受日本文部省邀请，中江兆民将该书译成日文，取名《维氏美学》，分成两卷分别于1883年和1884年出版。一般认为，这是远东文化中首次尝试为"美学"这一外来的非传统学科进行命名。尔后，日译本的译名经过留日学者传播，在我国也逐渐造成广泛影响，奠定了该学科的中文名称并延续至今。所以，这本译著在中江兆民一生的民权运动和政治思想中未必占有格外重要的位置，然而在包括日本在内的汉语文化圈里，对于美学学科的从业者具有极其重大的意义。

1992年，《读书》杂志刊登了童炜钢先生的短论《是维龙，不是维柯》。文章指出，论文集《日本近代十大哲学家》存在一处严重错误：涉及日本明治时期哲学家中江兆民翻译美学著作的文章，误将法国美学家维龙（Véron）写成了意大利美学家维柯（Vico）。[1] 这一译名的混淆或许是粗心所致，不过这个细节反映出美学界对维龙著作的不了解。其实，在此短论之前，1990年面世的《美学百科全书》（李泽厚、汝信主编，社会科学文献出版社出版）已收入"维伦"词条[2]，同年面世的蒋孔阳、朱立元主编的《十九世纪西方美学名著选·英法美卷》（北京师范大学出版社2013年修订再版），2008年面世的汝信主编的《西方美学史》第三卷《19世纪美学》（中国社会科学出版社出版），均为维龙设专章介绍。然而时至今日，这位在当时不为人熟知的法国美学家依然是研究冷门，不得不说，这与其《美学》汉译的空白密切相关。当然，类似情况不独存在于中国。童先生在文中提到，"维龙在法国思想史、美学史上，并没有留下什么巨大的印迹，几乎被人淡忘。即使在日本，中江兆民翻译的这部《美学》，也没有对日本美学形成整体的可以确定的实际影响。"[3] 与

---

①　请参见《读书》1992年第10期"读书献疑"栏目。

②　"维伦"词条由聂建国撰写。参见李泽厚、汝信名誉主编：《美学百科全书》，社会科学文献出版社1990年版，第473页。今日我们在知网搜索"Eugène Véron"，可获得一篇研究论文：成瓅《一位鲜为人知的表现论者——魏朗艺术思想述评》，载《四川文化产业职业学院（四川省干部函授学院）学报》2018年第3期，该文依据《美学》英语节译写出。

③　童炜钢：《是维龙，不是维柯》，载《读书》1992年第10期，第111页。根据此文，日译词"戏剧""象征"同样由维龙《美学》的日译本首开先河。

此相印证,根据法国哲学家、艺术史家、美学家雅克琳娜·利希滕斯坦
(Jacqueline Lichitenstein)观察,维龙的《美学》尽管在面世后大获成功,其
在法国的影响力延续到 20 世纪初,随后却在哲学界、美学界全面销声匿
迹;在美国,维龙之名通常被放在克罗齐、贝尔、阿恩海姆等更加知名的作
者旁边捎带提及。①

　　诚然,通史著作在文献上的遗漏未必出于无知,更可能是从已经预备好
的美学史观出发做出的舍弃;毕竟,通史写作的首要考虑在于打破民族界
限,并凝集那些更具普遍价值的东西。然而,由于文献视野与美学史认知之
间必然存在的因果关联,我们所要留意的,恰在于当聚焦点置于法国美学自
身时,其所呈现的面貌能否为既有通史观念增加新的普遍价值。所以,当务
之急在于收集、整理、认定这三个世纪里最有代表性的美学文献。笔者从
2015 年开始进行这项工作,时至今日初有收获。根据各思想者的美学贡献
在历史脉络中的必要性,共计筛选出 25 位美学家(其中著作有中文全译本
者 7 位)。总其大概,择其要者,按人物生年排序列表如下:

附表:17—19 世纪法国美学代表人物与文献概览

美学家 (含相关哲学家)	代表作	汉译 情况
德马雷 (Jean Desmarets de Saint-Sorlin,1595—1676)	《论判断希腊语、拉丁语和法语诗人》 (*Traité pour juger les poètes grecs*,*latins et français*,1670)	无
笛卡尔 (René Descartes,1596—1650)	《论灵魂的激情》(*Les passions de l'âme*,1649)	有
沙普兰 (Jean Chapelain,1595—1674)	《法兰西学院关于悲喜剧〈熙德〉对某方所提意见的感想》(*Sentiments de l'Académie sur le Cid*,1638)	有
高乃依 (Pierre Corneille,1606—1684)	"戏剧三论"(*Trois discours sur le poème dramatique*,1660)	有
菲力比安 (André Félibien,1619—1695)	《有关古今最杰出画家的生平及作品的谈话》(*Entretiens sur les vies et sur les ouvrages des plus excellents peintres anciens et modernes*,1660)	无

　　① Jacqueline Lichitenstein,"Préface",dans Eugène Véron,*L'Esthétique*,Librairie Philosophique J.VRIN,2007,p.8.利希滕斯坦发现,相比于维龙在哲学界、美学界的冷遇,今天的艺术史界并非同样健忘;2003 年,奥赛博物馆举办的展览"抽象的起源"(Les origins de l'abstraction)在展览目录当中提到了维龙。Jacqueline Lichitenstein,"Préface",dans Eugène Véron,*L'Esthétique*,Librairie Philosophique J.VRIN,2007,p.9,note 2.

（续表）

博乌尔斯 （Dominique Bouhours, 1628—1702）	《阿里斯特与欧也尼谈话集》（*Entretiens d'Ariste et d'Eugène*, 1671）	无
佩罗 （Charles Pérrault, 1628—1703）	《路易大帝的世纪》（*Le siècle de Louis le Grand*, 1687） 《古今对观》（*Parallèles des anciens et des modernes*, 1697）	无
布瓦洛 （Nicolas Boileau-Despréaux, 1636—1711）	《诗的艺术》（*L'Art poétique*, 1674）	有
丰特奈尔 （Bernard Le Bovier, sieur de Fontenelle, 1657—1757）	《死人对话新篇》（*Nouveaux dialogues des Morts*, 1683）	无
克鲁萨 （Jean-Pierre de Crousaz, 1663—1750）	《论美》（*Traité du beau*, 1714）	无
杜博 （Abbé Jean-Baptiste du Bos, 1670—1742）	《对诗与画的批判性反思》（*Réflexions critiques sur la poésie et sur la peinture*, 1719）	无
安德烈 （Yves-Marie André, 1675—1764）	《谈美》（*Essai sur le beau*, 1741）	无
孟德斯鸠 （Montesquieu, 1689—1755）	残篇《论趣味》（*Essai sur le goût*, 1757）	有
巴托 （Abbé Charles Batteux, 1713—1780）	《被划归到单一原则的美的艺术》（*Beauxarts réduits à un même principe*, 1746）	仅片段
狄德罗 （Denis Diderot, 1713—1784）	《百科全书》词条"美"（Beau, 1752）	有
德·昆西 （Quatremère de Quincy, 1755—1849）	《论理想在构图艺术之摹仿作品中的实践性应用》（*Essai sur l'idéal dans ses applications pratiques aux œuvres de l'imitation des arts du dessin*, 1805）、《论美的艺术中摹仿的性质、目标和方法》（*Essai sur la nature, le but et les moyens de l'imitation dans les beaux-arts*, 1825）	无
达维 （Emeric David, 1755—1839）	《古今对雕塑艺术的研究》（*Recherches sur l'art statuaire considéré chez les anciens et chez les modernes*, 1805）	无
库赞 （Victor Cousin, 1792—1867）	《论真美善》（*Du vrai, du beau et du bien*, 1836—1854）	仅片段

儒弗瓦 (Théodore Simon Jouffroy,1796—1842)	《美学教程》(Cours d'esthétique,1845)	无
希格 (Hippolyte Rigault,1821—1858)	《古今之争史》(Histoire de la querelle des anciens et des modernes,1856)	无
雷韦克 (Charles Lévêque,1821—1900)	《美之学》(La science du beau,1861) 《艺术中的唯灵论》(Le Spiritualisme dans l'art,1864)	无
维龙 (Eugène Véron,1825—1889)	《现代艺术高于古代艺术》(Supériorité des arts modernes sur les arts anciens,1862)、《美学》(L'Esthétique,1778)	无
丹纳 (Hippolyte Taine,1828—1893)	《艺术哲学》(Philosophie d'art,1865—1882)	有
克朗茨 (Emile Krantz,1849—1925)	《论笛卡尔美学》(Essai sur l'esthétique de Descartes,1882)	无
居友 (Jean-Marie Guyau,1854—1888)	《当代美学诸问题》(Problemes de l'esthétique contemporaine,1884) 《从社会学视点看艺术》(L'art au point de vue sociologique,1889)	仅片段

由上表可见,各文献之间具备相当强的关联性,直观地呈现出一种类似生命演化的有机脉络。本书所力证的"体系性"正基于此。历时性地看,古今之争和法国大革命是两个分水岭:围绕古今之争相关者共计 9 位;古今之争后至大革命之间共计 6 位;大革命之后共计 10 位。这基本能够满足以世纪为界,将法国现代美学分成三个阶段:17 世纪古典主义美学的奠基;18 世纪围绕"美"与"趣味"的各种系统著述;19 世纪"美"的复兴与最终失势。笔者将"古典主义"作为该美学体系的命名。

第三节　主潮美学史

书写美学,"什么是美学"既是先在问题,又是终极追问,需要史的叙事瞄准着它层层推进。

在当代美学史写作观念里,哲学美学(philosophical aesthetics)与非-哲学美学的身份界定不一定着眼于民族特征。例如,鲍桑葵[1]、盖耶等都将美

---

① 可参见鲍桑葵:《美学史》,张今译,广西师范大学出版社 2009 年版,"前言"第 1 页。

学作为哲学的分支,认为美学问题衍生自哲学问题。对盖耶而言,他所使用的"哲学美学"指的是在哲学系里被作为美学的方式加以延续的一类美学,而无论其是否出自哲学家之手。[①] 持非-哲学美学观念的人则认为,美学天然地包含文学艺术理论与批评(如塔塔尔凯维奇[②]、吉尔伯特与库恩[③]等)。当其以艺术思潮和现象为主要处理对象时,可称作"艺术美学"。该立场有助于将美学与今日中国的艺术学学科打通。此外,有的美学史家更愿意突出美学相对于哲学反思、文学批评、艺术史的纯粹性与独立性。如雷蒙·拜耶认为,要想呈现最有影响也最具原创性的学说,就必须描述其理论和观念,他于是将美学史整理为一部美学家的历史。[④] 我们可以把这类美学史的主导观念称作"纯粹美学"。上述各立场之间未必总是相容。例如,鲍桑葵放弃以美学家的历史为主线,首先聚焦于问题演变史,美学家的地位与作品次之。

美学史著作的构成本身,即是美学观的无声演示;通过对历史现场的还原,美学史家尝试重新面对和理解这一问题。美学史写作的价值,也恰在于这个不断阐释的可能性。在这个意义上,美学史的每一次有效书写,都将从原理层面给予美学学科新的元素。当时空关涉 17 世纪到 19 世纪的法国,这块幽暗地带所可能更新的观念力度或许更加可观。

本书专注于该时期的法国美学主潮,梳理主线脉络,钩沉核心文献。通过借鉴国内外既有成果,力图在思想诠释与文献廓清上达致均衡。为了尽可能梳理得清晰、深入,在宏观框架上,主要采用以问题为导向的研究方法,在每个论题下以古今贯通的视野加以通判。在微观框架上,注重文献版本考镜,从文本自身勾勒思想来源与美学立场,尽可能挖掘思想的隐微之处,力求"既见树木,又见森林"。

对于核心美学家(简介详见本书附录)的核心文献,本书追求尽可能最大化地使用其一手文献。这里的"一手文献",指的是原作者使用原语言撰写的原始文献,包括作者本人在世时出版或参与修订的版本,也包括由他人(时人或后人)编纂或整理的、被研究者广泛使用的版本。在如下两种情况下,笔者放弃依托一手文献:其一,已存在质量较好的权威中译本,如笛卡尔

---

① Paul Guyer,"Introduction",*A History of Modern Aesthetics*,Vol.Ⅰ,Cambridge University Press,2014,p.2.

② 参见:Tatarkiewicz,*History of Aesthetics*,Vol.Ⅲ,*Modern Aesthetics*,trans.Chester A. Kisiel and John F.Besemeres,ed.D.Petsch,The Hague:Mouton and Warsaw:PWN-polish Scientific Publishers,1974.

③ 可参见吉尔伯特、库恩:《美学史》(上卷),夏乾丰译,上海译文出版社 1989 年版。

④ Raymond Bayer,"Avant-propos",*Histoire de l'esthétique*,Paris:Armand Colin,1961,p.5.

的《谈谈方法》《第一哲学沉思集》等;其二,原始文献除使用法文外,夹杂一定数量的其他未被笔者掌握的语言,如巴托《被划归到单一原则的美的艺术》中掺杂大量拉丁文,故采用带译者注的英译本。最后,如果笔者对权威中译本有异议,则采用一手文献与中译本对照注释的方式。总之,本书在力所能及的范围内,希图保持文献的准确可靠。

第一部分

17 世纪：古典主义奠基

第一章　古典主义美学的体制成因

　　本章探讨法国艺术国家化的一段历程。"国家化"可以理解为我们今天常说的"举国体制",它涉及政治、经济、文化、体育等广泛领域,是当今国家政策的一种形态。就艺术国家化而言,其前提在于认定国家利益和诉求优先于艺术本身的价值,它不支持"为艺术而艺术",不认可"审美无利害";其主要特征可以概括为由国家(或国家意志的代表人:君主、贵族、学院机构等)来充当审美价值仲裁者,形成自上而下的艺术推动机制。作为一种美学观念,这个传统由来已久。早在柏拉图的国家规划里,除了颂神和赞美好人的诗歌外,"不准一切诗歌闯入国境"。[①] 柏拉图的立论并非着眼于诗歌本身的品质,而是侧重于它对国家而言的有用性;他提倡保留的诗歌种类有助于淳化风俗,并且不至干扰国家法律和真理的施行。我国春秋时期孔子删诗并立"温柔敦厚"为"诗教"准则,也可以放到这个题目下讨论。在这两个例子里,柏拉图和孔子作为代表国家意志和利益的贵族精英,提倡和引导艺术国家化的理念。有鉴于艺术本身的移风易俗作用,不少政治家重视艺术对国家治理的贡献,特别是在今天的世界,国家级的艺术资助政策对我们而言并不陌生。

　　在一些特定的历史时期,政治与美学关联得格外紧密,艺术国家化推行得较为彻底,官方所推崇的美学或艺术风格占据显赫的主流地位,涌现出该领域的众多大师。我们过去常谈论的苏联社会主义现实主义美学是这方面的一个显例,另一个典型例子就是 17 世纪法国古典主义美学。当然,在同时期的法国,还存在着其他美学形式,比如意大利巴洛克美学、贵族沙龙文学、民间传奇故事、"自由思想家"的哲理隽文,等等。它们逸出统治者的美学规范,也拥有各自的受众。古典主义不是 17 世纪法国美学的全部形态,它自身的美学价值也并非不值一提。但是,作为当时的官方美学,它的产生与发展均与法兰西民族国家的政治状况和统治理念紧密相连,对政权具有

---

① 《柏拉图文艺对话集》,朱光潜译,人民文学出版社 1959 年版,第 70 页。

较强的依附性,从而一方面为上升期的现代民族国家的崛起(尤其在文化外交方面)起到了重要的推助作用,另一方面则深刻体现出这种高度管制的艺术政策的潜在缺陷。

第一节 绝对主义及其敌人

19世纪,伊波利特·丹纳将时代精神和社会风俗作为艺术作品的基本成因,并把法国古典悲剧的兴衰作为典型例证。他指出:"法国悲剧的出现,恰好是正规的君主政体在路易十四治下确定了规矩礼法,提倡宫廷生活,讲究优美的仪表和文雅的起居习惯的时候。而法国悲剧的消灭,又正好是贵族社会和宫廷风气被大革命一扫而空的时候。"[①]丹纳式的决定论时因因果关系之片面而遭诟病,但在这个问题上,他的视角有可取之处。在这个后-文艺复兴时期的法国,一方面,现代民族国家已经成型,尽管有不少如笛卡尔那样所谓"自由思想者"逃逸在君主制和天主教之外,文化艺术仍直接受国家和教会的干预,中学至大学的受教育权主要为特权阶级所享有;另一方面,行政绝对主义体制的成功建立,各项国家权力高度集中在君主及其权臣手中,他们于是有能力去控制文化艺术的主流走向。这后一方面,也可以从经济角度理解为社会艺术史家豪泽尔所说的以"当时最进步的统治方式即君主专制"来为艺术的生产提供"充足的金钱保障"。[②]

从15世纪中期开始,法国的绝对主义政治进程尽管充满曲折甚至激烈的动荡,但终成大势所趋,于17世纪臻于顶峰。绝对主义的特征是王权的加强,在内政外交上成为绝对统治核心。这种绝对君主制在事实上主要有两个亦敌亦友的对手:在国内是割据贵族;在天主教欧洲是罗马教廷。在无权力冲突的情况下,二者皆是君主统治的得力助手和利益共享者,法国国王是他们利益的代表人和保护人;但二者同样是重要的分权者,在势力膨胀时是绝对君主制的极大威胁。

大贵族不仅拥有封地及自治权,也拥有独立的军队甚至外交,相当于坐拥国中之国。强大的亲王贵族常藐视朝廷,私斗成风,有时甚至发动叛乱,严重干扰王权和国法。在15世纪,经过法王路易十一的努力,王国内的封建领地除布列塔尼外,基本统一到王权控制之下;至1491年,路易十一之子

---

① 丹纳:《艺术哲学》,傅雷译,江苏文艺出版社2012年版,第14页。
② 具体可参见阿诺尔德·豪泽尔:《艺术社会史》,黄燎原译,商务印书馆2015年版,第255—256页。

查理八世与布列塔尼女继承人安娜结婚,布列塔尼从此转归法国王室,从此以后,王室领地几乎与王国幅员相吻合。① 封建独立大公国时代成为历史,豪强贵族被大大削弱。资产者作为一个阶级逐渐崛起,他们经济实力雄厚,并要求相应的政治权利。伴随着法兰西振兴经济的历程,卖官鬻爵成为普遍现象,商业资产阶级的政治地位上升,"穿袍贵族"的出现在客观上也有助于将旧有的军事贵族排挤出统治核心。②

罗马教廷是欧洲天主教精神中心,但往往以宗教事务为幌子,干涉天主教国家世俗内政,妄图成为各国君主的上级机构。法国国王与罗马教皇的冲突、对抗与和解伴随着王权加强的过程。1438 年,查理七世颁布《布尔日国是诏书》(*Pragmatique Sanction de Bourges*),宣布法国教会相对于罗马教廷在选举、司法裁决、赋税等方面的自治权,将上述权力收归法国国王,极大动摇了罗马的权威,成为罗马教廷屡屡尝试废除的文件。该诏书是"法国王权强化的一个重要表征"。③ 1516 年,《波伦亚教务专约》(*Concordat de Boulogne*)更是让法国国王牢牢掌握了本国主教和修道院院长的提名权,并掌握了教会财产的分配权。不过,这两个重要文件带有政教合一色彩,也埋下了宗教不宽容的隐患。

绝对主义政治进程需要理论的支持和造势。让·博丹的《共和六书》(1576)提出国家主权与君主王权并重的政治理念。他尽管认为君主应遵守国家的基本制度,甚至应受到三级会议的掣肘,但仍将法律的制定权和撤销权归于君主,从而在实质上强调了君主的绝对权威。因此,"博丹的《共和六书》对绝对主义理论的强化具有决定性贡献"。④

在文化上,法兰西民族意识要求国家的独立、自主、统一,逐渐形成了两个方面的文化条件。首先,民族意识逐渐增强。民族意识往往在国家外患时期被唤醒。百年战争中,圣女贞德的事迹大大激发了法兰西人民团结一心、抵御外侮的决心。在七星诗社时代,歌颂法国已经是民族文学中的一个传统主题,成为一股不可小觑的文化力量,为将来振兴"法式古典"文化奠定

---

① 相关史实可参见陈文海:《法国史》,人民出版社 2014 年版,第 117—118 页;乔治·杜比主编:《法国史》(上卷),吕一民、沈坚、黄艳红等译,商务印书馆 2010 年版,第 546 页。

② "穿袍贵族"区别于传统的"带剑贵族",不具备贵族血统,出身商人,因富有而被授予贵族头衔。这种授衔方式在 17 世纪之前并不多见。到了重商主义的黎塞留时期,这位红衣主教将贵族头衔"一视同仁地授予一切拥有两三百吨船只的普通人和所有富裕的批发商";而"到 1760 年,法国甚至允许所有大商人获得完整的贵族称号"。(参见 G.勒纳尔、G.乌勒西:《近代欧洲的生活与劳作(从 15 到 18 世纪)》,杨军译,上海三联书店 2008 年版,第 132—133 页)

③ 参见陈文海:《法国史》,第 116 页。

④ 乔治·杜比主编:《法国史》(上卷),第 608 页。

了民间基础。其次，法语受到重视。民族语言的发展在 16 世纪欧洲各民族国家中属于趋同现象。一方面，法语之受重视与民族文学中的爱国主义倾向是一致的。法国自公元 843 年建国以来，一直以拉丁语为官方语言，以现代法语的前身罗曼语为民间语言。这个惯例在 16 世纪发生了松动。比如，七星诗社的杜贝莱在《保卫和发扬法兰西语言》（1549 年）中不无遗憾地指出，时人把法语留给那些浅薄的文学，而在表达重要思想时则使用拉丁语。当时的作家努力挖掘民族语言中典雅准确的成分，"必要时还根据希腊语和拉丁语进行创造"。另一方面，维莱尔-科特莱法令（1539 年）的颁布，规定了司法文件领域的法语专用权，从此法语逐渐替代拉丁语而成为法庭用语，大大推进了法语官方化、正式化的进程。①

如史学家所指出的那样，16 世纪的法国是一个"爱国主义与对君主忠诚相混同的国家和时代"。② 人治大于法治、王权等于主权的君主专制观念深入人心，民族意识的觉醒在客观上呼唤一个强有力的王权做保障。

综上所述，从 15 世纪中期开始，在政治、理论和文化三个方面，绝对主义在法国逐渐成为难以逆转的走向。17 世纪的法国沿着这条道路继续前行。这个世纪约可分为两个时段：第一时段是 17 世纪上半叶，它是国家重建时期。当亨利四世于 16 世纪末（1594 年）即位时（作为曾经的新教徒，迫于国教压力，他于登基前一年改宗天主教），面对的是一个多事之秋的积弱之国：法国新教胡格诺派与天主教之间的矛盾日深，引发多次流血争端；三十年宗教战争令全国经济萧条，"法国商船已从海上消失"③；阶层之间矛盾重重，贵族与君主、中产阶级与贵族阶级等各方势力剑拔弩张。在亨利四世短暂而成功的整饬举措下，法国逐渐恢复元气。继而，红衣主教黎塞留（Armand Jean du Plessis de Richelieu，1585—1642）实施卓有成效的独裁政策，法国逐渐走上富强之路。贵族叛乱和宗教纷争仍然是国家大患。投石党乱甚至逼迫王太后与年幼的路易十四几度出逃首都。在首相马扎然的努力下，投石党乱最终被平定，议会制流产，权力更加集中。在 17 世纪中叶，国家整顿和重建工作基本完成。第二时段是 17 世纪下半叶，即所

---

① 参见乔治·杜比主编：《法国史》（上卷），第 598—599 页。

② 同上书，第 637 页。

③ 威尔·杜兰特：《世界文明史·理性开始的时代》，台湾幼狮文化译，华夏出版社 2010 年版，第 382 页。伏尔泰也说："路易十三登位时，法国连一艘大船也没有。"（伏尔泰：《路易十四时代》，吴模信、沈怀洁、梁守锵译，商务印书馆 1983 年版，第 8 页）

谓的"路易十四时代"①。这个时期的法国国力出现了前所未有的昌盛局面。路易十四于 1643 年登基,1661 年亲政,实际统治时间长达 54 年。从动荡年代成长起来的他饱受分裂之苦,于是坚持不设首相,用"朕即国家"宣告自己的施政理念,意在让自己成为真正意义上的权力中心,也是一切秩序的中心。

国王的愿望顺应了人心。经历了长期动荡的法国人普遍向往着一个强势的王权来把控大局,改变长期积弱的国家状况,重建稳定的国家和社会秩序,路易十四的出现可谓适逢其时。乔治·杜比这样概括 17 世纪法国的社会心理:

> 像整个欧洲一样,17 世纪的法国经历了一次影响人类所有活动领域的危机:经济的、政治的、宗教的、科学的、艺术的。各种对立的趋向在人的内心深处激荡冲突着。无论是教会、国家、社会团体,还是个人,都在为恢复自己的统一、秩序和稳定而斗争。在许多法国人身上,总体形势造成的困难以某种潜在的——有时是剧烈的——方式延续着一种焦虑情绪。投石党运动的记忆让他们恐惧。他们认可并希望王权的强化,而这种强化从一开始显露之时就与当时的危机展开斗争。②

在这个时期,国家权力的集中达到空前的高度,这在国内的一个重要标志是大贵族降为"侍臣"。③ 路易十四的侍臣是权力被削弱了的大贵族,其身份保留了贵族阶级原有的荣誉感和爱国精神,在此基础上增添了"忠君"这个绝对前提,从而又是品德高尚、堪为世范的人。

在当时已有的美学类型中,绝对主义政体之所以选中古典主义美学,是为了仿效意大利的文艺复兴。文艺复兴时代的意大利人复兴人文科学,重振古典拉丁文化,"让西方世界重新回归古典语言和古代艺术的准则",其文明成就深受同为拉丁语系的邻邦法国的艳羡。《十日谈》《愤怒的罗兰》等文学作品受到法国人的追捧,一流的建筑、绘画、雕刻作品吸引着法国艺术青年纷纷前往罗马朝圣。法国宫廷也刻意效仿意大利贵族生活方式,"人们的衣着、发式、舞蹈、打招呼甚至说法语的方式都在模仿意大利……意大利的风格成为时尚,1533 年卡特琳娜·德·美第奇的到来进一步推动了这一潮

---

① 伏尔泰在《路易十四时代》里甚至将这个时期的欧洲统称"路易十四时代",这个概称方式被历史学家们沿用至今,它代表着 17 世纪欧洲大陆君主制的趋同表现:对内专制,对外扩张。
② 乔治·杜比主编:《法国史》(上卷),第 710 页。
③ 参见丹纳:《艺术哲学》,第 59—62 页。

流,直至 1570 年左右达到顶峰。"①有意大利的榜样在侧,法国文化强国战略的方向被定位为古典拉丁文化。

　　绝对主义政制与古典主义有相通之处:首先,王权追慕荣耀,梦想重现传说中的伟大时代,君主希望媲美古典时代的盛世贤君(路易十四最爱听人赞颂自己是"亚历山大大帝再世"或"奥古斯都再世"②),希望在文化上重现古典时期那样的鼎盛局面;其次,绝对主义提倡君主至上,是权威型体制,而古典主义讲究法度,是规范式美学,二者在控制与被控制的关系上容易达到协调,高度服从性的文化性质容易符合高度集权化的国家体制之要求,也就是有学者所说的:"古典主义文化的基本特征,即规范化、整体化、统一化、稳定化和均衡化","与绝对君主制的政治理念恰恰是相通相连的"。③ 在这场文化艺术攻坚战里,先后有两位至关重要的人物:枢机主教黎塞留和法王路易十四。他们之所以能够将这场艺术国家化运动推向成功,确实有赖于绝对主义政治所赋予的绝对权力;而他们推动古典主义美学的过程,同样打上了大一统的深深烙印。

第二节　黎塞留的戏剧振兴政策

　　一代名相黎塞留在历史上素以重视奖掖作家和控制舆论闻名。他深知掌控政府喉舌之必要,因此积极地通过勒诺多的《公报》来宣传国家政策,树立君主形象。另外一项重要举措是设立法兰西学院(Académie française)④。黎塞留从 1634 年开始着手组建法兰西学院,它的使命是规范法语,提升其地位,保持其纯洁。这项使命关乎法兰西民族国家地位,因而是极其崇高的,学院中的四十位院士因此备受礼遇。如学院章程所言:

　　　　除了将我们所说的语言,从南蛮缺舌之列提升出来以外,否则要
　　寻求国家的幸福是不可能的……假如我们能一直留意的话,它已经
　　比现存的任何语言都要完美,最后甚至可能媲美拉丁文,就好像拉丁
　　文曾和希腊文媲美一样。院士的职责是净化语言,使它们免于过去

---

① 参见乔治・杜比主编:《法国史》(上卷),第 626—627 页。
② 参见彼得・伯克:《制造路易十四》,郝名玮译,商务印书馆 2007 年版,第 40 页。
③ 陈文海:《法国史》,第 153 页。
④ 区别于我们今天常说的"法兰西公学"(Collège de France)。陈文海《法国史》里认为它是以法语为研究对象的官方机构,宜译作"法语研究院"或"法兰西语言研究院"(第 153 页注释 2)。

已沾染过的亵渎,不管是出自庶民之口,或法庭中的群众……或那些无知的谄媚者。①

法兰西学院的具体工作是编纂词典和语法。然而直到世纪末的1694年,这个学院才推出两卷本的《法语词典》,其官僚习气和拖沓作风可见一斑。监督语言作品中的法语使用是否合乎规矩,是它义不容辞的责任。故而有人称之为黎塞留政府"用以调教文人的一根大棒"。② 令它载入美学史册的是著名的谴责《熙德》事件,它在此事件中扮演的正是"大棒"角色。我们稍后详谈。

法兰西学院仿佛当时文艺界的立法兼司法机构,诗歌和戏剧等语言艺术的领地都是其权力所及的范围。一般认为,17世纪法国古典文学的最高成就在于戏剧。而实际上,这个成就来之不易,它是执政者大力推动的直接结果,其中的头等功劳要归于黎塞留。

在这个世纪初期的时候,戏剧在法国还是一个非常低贱的行当。戏剧之所以处于这种地位,既有自身的原因,也同教会的态度有直接关系。当时社会上盛行一种轻松诙谐的意大利喜剧,以滑稽的杂耍闹剧为主要表现方式,其内容时常带有相当的低俗淫秽色彩,为博取观众上座率甚至不惜以性为噱头。戏剧从业人员大多收入菲薄,文化程度低,社会地位也不高,一般被说成是"被开除教籍的人",在正派雅士眼中,演员与娼妓同流。巴黎的教士们拒绝替演员行圣礼,拒绝在教地内为他们安葬;法律明文规定演员职业地位是卑贱的,不能担任荣耀的职务;法官被禁止看戏。③ 另外,在几乎整个16世纪,戏剧演出是流动性的,直到1598年,法国才出现第一家永久性的剧场。但这种早期剧院远非高雅之所,不仅多数位于社会治安较差的地区,而且演出秩序混乱,经常被喧闹的观众打断,赌博、斗殴也并非难得一见的事。④

黎塞留个人偏爱戏剧演出;作为一位枢机主教兼一国之相,他更希望借助戏剧来移风易俗,教化民众。黎塞留的设想可谓用心良苦:当时法国国民平均识字程度很低(在所有成年人口中,至少有80％属于文盲⑤),而戏剧的

① 威尔·杜兰特:《世界文明史·理性开始的时代》,第434页。
② 陈文海:《法国史》,第154页。
③ 参见威尔·杜兰特:《世界文明史·理性开始的时代》,第98页。
④ 同上书,第440页。亦可参见乔治·蒙格雷迪安:《莫里哀时代演员的生活》,谭常轲译,山东画报出版社2005年版,第13—14页,第98—101页。
⑤ 参见安东尼·列维:《路易十四》,陈文海译,人民出版社2011年版,第10页。

观赏门槛较书面文学低得多。法国戏剧的糟糕现状令他不满,他想以高雅严肃的法兰西戏剧,取代这种难登大雅之堂的戏剧,于是花费了相当的心力,试图"从道德、社会及宗教层面来提高法兰西戏剧的地位",①让它成为一门真正的艺术。

黎塞留的法兰西戏剧振兴计划称得上思虑周全,推行起来又是不遗余力,他本人甚至亲力亲为。首先,剧本是一剧之本,提升戏剧的品位,需要依靠严肃高雅的剧本,而法国现有的意大利戏剧有许多不足为鉴的元素,于是他提倡回归正统,去古典拉丁戏剧那里吸取主题和技巧。在主题上,主要是讴歌英雄和歌颂王权;在技巧上,要求使用雅化的语言,摒弃日常俗语,在结构上要严守三一律。他认为这样做能够让剧本的道德内涵和文化容量大大扩充,使之走上高雅文化的方向。他组织剧作家进行创作,有时还亲自参与合写剧本。他手中直接控制的五人创作班子(Société/Groupe des Cinq Auteurs)常被指定按照规定的主题和结构进行创作(剧作家高乃依在短期内曾是其中一员)。更重要的是金钱资助,那是黎塞留笼络和控制剧作家的主要手段。尽管高乃依一度不服从他的戏剧主题和结构授意,一意孤行地离开了五人创作班子,却仍未中止对这位宰相的经济依附,一直支领着后者赏赐的每年 500 里弗尔的恩俸。②

他的另外两项监管手段是亲自观剧和组织剧评。如果说前者更为直接,后者则更容易产生颇具影响的社会效力,著名的"《熙德》之争"即是一例。1636 年③,高乃依悲剧《熙德》④上演并大获成功(据说该剧收入超过其他顶尖剧作家的十部最佳戏剧),却遭到法兰西学院的谴责(详见下章)。不少学者,如丰特奈尔、伏尔泰、米什莱等,都深信黎塞留在这个谴责事件的幕后扮演了翻云覆雨者的角色;当然也有人认为黎塞留与此事无关,但考虑到这位铁腕宰相兼戏剧监管人的行事风格,我们很难相信他会完全置身事外。至于原因,有些人持"妒才说",认为黎塞留因嫉贤妒能而蓄意刁难。比如伏尔泰在《路易十四时代》一书里,就毫不客气地评价黎塞留:"出于他那种在其他方面表现得十分得体的高傲的性格,总想贬抑那些他气恼地感到具有

---

① 参见安东尼·列维:《路易十四》,陈文海译,人民出版社 2011 年版,第 86—87 页。

② 参见威尔·杜兰特:《世界文明史·理性开始的时代》,第 441 页。

③ 大部分当代学者接受 1636 年这个说法,部分学者认为应是 1637 年。有关《熙德》首演时间的讨论始于 18 世纪,可参见:H.Carrington Lancaster,"Le Cid:1637 - 1937",*The Modern Language Journal*,Vol.21,No.4(Jan.,1937),pp.227 - 230;M.Amelia,"The Cid - 1636 or 1637",*The French Review*,Vol.23,No.1(Oct.,1949),pp.28 - 30.

④ 笔者所据剧本可参见《高乃依戏剧选》,张秋红、马振骋译,吉林出版集团有限责任公司 2012 年版,第 1—100 页。

真正天才,很少屈从他人的人。"①而当事者高乃依本人,也确实一直深信自己的才华深为黎塞留所妒。② 但更多学者将黎塞留视为一位政治人物,一位被路易十三倚重的励精图治的治国人才,体会和推测其政治方面的考虑。综其观点,大略如下:

第一,颂敌。《熙德》的剧情改编自西班牙爱情题材,剧中歌颂了西班牙英雄。而此时的法国正处在"三十年战争"时期,与西班牙激战正酣。这种戏剧内容和效果,与黎塞留打击哈布斯堡家族(控制着与法国领土临近的西班牙和奥地利)的外交政策相抵触,也就是米什莱所认为的,它会产生为敌方宣传造势的效果。

第二,美化决斗。伏尔泰说:"在半受战争骚扰的二十年内,法国的贵族死于自己同胞之手的,比死于敌人之手的为数更多。"③这个说法可能有点夸张,但数据确实惊人:仅 1607 年,死于决斗的贵族约四千人。④ 在路易十三治下,1626 年之前已颁布五道法令来惩罚决斗,但屡禁不止。黎塞留的兄长于 1619 年死于一场决斗。黎塞留主张坚决严惩此类私斗事件。⑤《熙德》里安排了决斗情节:罗德里格与高迈斯决斗并杀死了后者。描写决斗或许无可厚非,因为它属于中世纪历史内容;但剧中流露出对决斗的美化和歌颂,无论如何不可容忍。决斗是贵族传统,代表着私法,与公法对立。在那个时期,君主和贵族之间的矛盾十分尖锐;贵族割据是横亘在法国绝对主义建制之路上最大的一块绊脚石。于是《熙德》的负面效果可想而知:"憎恨黎塞留的贵族们,以此剧表现了自掌法律的贵族政治而感到光荣"⑥。

第三,影射。剧中人物容易令人产生影射联想:软弱的国王唐·费尔南肖似路易十三;而那位敢于冒犯龙颜的唐·高迈斯伯爵,则不免让人想到当时藐视法王的贵族们。⑦

① 伏尔泰:《路易十四时代》,第 475—476 页。
② M.塞奇威克认为这种看法荒谬无稽,"一位像黎塞留那样位高权重之人,不可能屈尊参与文学厮杀"。(参见:M.Sedgwick,"Richelieu and the 'Querelle du Cid'",in *The Modern Language Review*,Vol.48,No.2[Apr.,1953],pp.144–145)如果我们相信黎塞留后来在弥留之际自述"从无私敌"(参见米歇尔·卡尔莫纳:《黎塞留传》,曹松豪译,商务印书馆 1996 年版,第 794 页),可能不会轻信"妒才说"的推测。
③ 伏尔泰:《路易十四时代》,第 29 页。
④ 陈文海:《法国史》,第 126—130 页。
⑤ 具体可参见米歇尔·卡尔莫纳:《黎塞留传》,第 522—523 页。
⑥ 威尔·杜兰特:《世界文明史·理性开始的时代》,第 442 页。
⑦ 相关材料可参见:M.Amelia Klenke,"The Richelieu-Corneille Rapport",in *PMLA*,Vol.64,No.4(Sep.,1949),pp.727–728.

数罪相加，人们判定高乃依不识大体、目无法纪。这些罪过难免触犯那位当权的枢机主教。其实，在黎塞留的怒火里，很难说不带有对高乃依当年不服管教、擅自退出五人创作班子的余怒：他曾评价高乃依缺少"恒心"（es-prit de suite），恐怕是对他不听吩咐的客气说法吧。① 但这件事的奇怪之处在于，黎塞留并未亲自指责高乃依，更没有动用政治手段公开严惩，而是采取了一个迂回战术：责令法兰西学院组织对《熙德》展开批判。表面看来，这是在把问题留给"文艺界"内部自行解决。对于黎塞留的深层用心，我们不妨做一番大胆揣测：这个做法，一方面可以检验自己麾下的"文艺法庭"是否得力，另一方面又能够避免因文艺作品的政治获罪而带来类似"文字狱"的不良影响（"影射"之说，更是不宜直接判罪），致使文学创作界人人自危，从而削弱自己的文艺推进政策。

于是，《熙德》上演五个月后，法兰西学院掌权人沙普兰（Jean Chapelain，1595—1674）执笔的《法兰西学院关于悲喜剧〈熙德〉对某方所提意见的感想》②经黎塞留批准后面世。它从文学创作的规范出发，对该剧本做了相当全面、细致而严厉的批判。作为结论，该书结尾以缓和的口气对该剧做出正面评价：

> 有此种种理由，我们的结论是：尽管按照亚理斯多德的理论，《熙德》的主题是有缺点的，结局是不完善的，剧本里无用的插曲太多，许多地方未免有伤大雅，布局也不见很好，许多诗文和措辞方式也不够精纯；但是剧中情感的真纯与热烈，许多思想的超拔和精妙，以及和这些毛病结合在一起的无法解释的令人喜爱的地方，使它比直到今天为止所有在法国舞台上露过面的诗剧都要明显的胜过一筹。③

然而这样一番措辞考究、力求公允持中的评语，并不可能改变这个事件的严重性质：一个官方权威监管机构，集中火力向一个剧本发起批判，这本身已经足够严厉和有震慑性，更何况那个机构的背后是位高权重的黎塞留；可以想见，一位天才剧作家的创作生涯有可能就此终结。经过这番施压，高乃依

---

① 参见：M.Sedgwick，"Richelieu and the 'Querelle du Cid'"，in *The Modern Language Review*，Vol.48，No.2（Apr.，1953），p.145；M. Amelia Klenke，"The Richelieu-Corneille Rapport"，in *PMLA*，Vol.64，No.4（Sep.，1949），p.727.

② 中译文可参见沙坡兰：《法兰西学院关于悲喜剧〈熙德〉对某方所提意见的感想》，《古典文艺理论译丛》第五辑，人民文学出版社1963年版，第99—126页。沙坡兰是旧译名，今译沙普兰。

③ 同上书，第125页。

吓得几欲封笔，[①]他只得服从对自己的宣判，并将接下来的作品《贺拉斯》献给黎塞留，以求缓和关系。

《熙德》事件以官方剧评的胜利而告终。以往的美学史在评价这个事件时，常常强调法兰西学院对三一律的极力维护，但那容易以文艺标准掩盖事件的政治本质。实际上，黎塞留扶助艺术，不是为了培养可能损害国家意识形态的自由思想家。自此以后，任何剧作家若想获得君相垂青，都会更加谨慎地严守法兰西学院定下的规矩，从主题到内容和遣词无一例外。

1641 年，在黎塞留的督促下，路易十三颁布了有关演员职业操守的诏书，在戏剧内容和戏剧语言等方面做了严格的规定。这一净化举措的一个后果是"肯定了在一定条件下的演员职业的尊严"："只要上述演员规范他们的演艺，在台上不说淫词秽语，让民众远离不良娱乐，得到消遣。我们的目的是让他们明白，为了避免授人以柄，他们必须在舞台上和日常生活中约束自己。要是他们违背了诏书中的规定，就随时会受到惩罚。"它的另一个后果是使得教会不再有足够正当的理由继续严禁戏剧演出（否则便与俗法相犯），于是随之暂时放宽了约束。在 1660 年庆祝比利牛斯山合约签署的弥撒上，勃艮第剧团的演员们也得以正式参加。当时的报纸报道了这一标志性的事件：演员的名誉似乎被决定性地扭转了。[②]

黎塞留的戏剧振兴政策取得了令人称羡的成功。短短几十年，法国出现了高乃依、莫里哀、拉辛等名垂青史的古典主义戏剧创作大师。他们的牢固地位直到 19 世纪才被动摇，[③]但至今仍不失其典范地位。戏剧行当的地位获得前所未有的提升："正是在黎塞留的倡导下，17 世纪 30 年代，戏剧开始摆脱街头说唱的地位而登堂入室；也正是在他的督促之下，人们开始检测戏剧作为高雅艺术所具备的潜能；也正是在他的统辖下，表演开始成为一种职业。"[④]人们发现，这种职业具有受人尊敬的潜质，演员并不全是在街头表演的杂耍艺人，只能吸引无鉴赏能力的平民的注意，他们也可能拥有高深的艺术造诣或高尚的道德水准，甚至符合贵族、教士阶层的审美趣味，提升平

---

①　参见：M.Sedgwick，"Richelieu and the 'Querelle du Cid'"，in *The Modern Language Review*，Vol.48，No.2（Apr.，1953），p.149.

②　参见乔治·蒙格雷迪安：《莫里哀时代演员的生活》，第 5—6 页。

③　比如，1822—1825 年，司汤达发表了一系列文章，批评学院派的古典主义戏剧，后结集为《拉辛与莎士比亚》一书。

④　安东尼·列维：《路易十四》，第 15 页。

民的品位。后一类人在今天被称作戏剧家,在17世纪的法国多为宫廷艺人和御用剧作家。他们同宫廷的密切关系,他们的备受君相宠渥的处境令人艳羡。我们知道,后来的拉辛退出戏剧界,与布瓦洛一起担任路易十四的王家史官。这种"剧而优则仕"的现象,大概为那个时代所独有。路易十四早期对莫里哀的数次襄助,对王家剧院演员弗洛里多的支持与赏赐,[①]在戏剧史上传为佳话。对于法国17世纪戏剧的昌盛局面,时人博乌尔斯神父称赞道:"红衣主教对戏剧的热情把喜剧推向完美,催生出一批戏剧诗人,他们几乎令古人黯然失色。"[②]后来的伏尔泰也盛赞道:"自黎塞留将戏剧带入宫廷后,巴黎足可与雅典比美。不仅学院保留有特别席位,而学院会员中有几位是教士,甚至主教们也有席位。"[③]这应该是黎塞留所乐见的结局——法国戏剧终于成为上流社会人士广为接受的高雅艺术,甚至成为后来古今之争中厚今派的一条有力证据。

　　黎塞留的戏剧振兴政策,开启了17世纪法国统治人物大力扶植艺术的传统。他逝世后,出身意大利的枢机主教兼宰相马扎然继续执行戏剧赞助政策,还邀请意大利的著名艺人来到巴黎宫廷。受此传统影响和塑造的路易十四,自幼热爱戏剧,常常参与表演。在马扎然的精心培养下,戏剧演出等娱乐活动成为帝王养成及宣传政策的一个重要内容。路易十四从12岁开始登台,在宫廷芭蕾舞剧里饰演过众多具有象征意味的角色,其中最有名的莫过于在《夜之芭蕾》(1653)中扮演太阳神阿波罗,从此有了"太阳王"的美名。

第三节　路易十四的全面艺术政策

　　路易十四本人拥有不错的艺术品位,是此前艺术国家化进程的结果和得益者。他重视扶植艺术人才的创作,常被说成是法国历史上最致力于保护艺术的君主。而负责艺术政策具体实施的大臣柯尔贝尔(Jean-Baptiste

---

① "除了经常性的赏赐外,国王还在1661年恩准他征收从夏约码头到龚凡朗斯门的塞纳河所有进出船只的停泊税。"(乔治·蒙格雷迪安:《莫里哀时代演员的生活》,第16页)

② Dominique Bouhours,"Entretiens d'Ariste et d'Eugène",Paris,1671.亦可参见:Hippolyte Rigault, *Histoire de la querelle des anciens et des modernes*,Paris:Librairie de L.Hachette et Cie, 1856,p.120.

③ 转引自威尔·杜兰特:《世界文明史·理性开始的时代》,第99页。

Corbert,1619—1683),则被誉为"各种艺术的梅塞纳"。① 这个说法始自伏尔泰,直至今天仍被津津乐道。需要补充强调的是,这个时期的政策既是黎塞留、马扎然艺术国家化政策之成果的延续和巩固,又具有显著的新特征,即它是围绕着君主形象塑造这个核心课题展开的。② 路易十四朝的政治集权必然要求文化上的集权。文学艺术须与这项政治任务步调一致,担负起一种施魅职能,让臣民、外国人甚至后世的人能够直观地领略路易大帝的光辉和荣耀。

路易十四的艺术政策主要由三个方面组成:年金制、学院制和艺术委托。

先说年金制。

艺术资助是在黎塞留那里已经开始的一项重要举措。到了国力强盛的路易十四时期,年金制作为一项国家奖励制度固定下来。1662 年,沙普兰向国王顾问、财政大臣柯尔贝尔递交了一份长篇报告,建言利用文学艺术"确保国王的事业永放光芒"。这份报告得到批准,并交由沙普兰具体负责。于是,从 1663 年起,路易十四政府原则上每年把总数达十万里弗尔的津贴赏给一定数量的作家和学者,这份钱分配在每人身上平均 800—3000 里弗尔不等。作为一项赞助制度,年金制针对的是对国家有突出贡献的学者、文学家、艺术家、科学家等,其中外国人占一定比例(25%左右),目的是吸纳世界上的优秀人才来为法王效力。荷兰的物理学家惠更斯被请来巴黎,领到高达每年 6000 里弗尔的赏金;意大利天文学家卡西尼的年金更是达到 9000 里弗尔,他后来加入了法国籍。在这项制度之下,每年约有四十名左右的受资助者,包括高乃依、莫里哀、拉辛、夏尔·佩罗等。这份赏金不单是一份生活保障,而且是一项至高荣誉。体制内的文人们趋之若鹜,不惜为"太阳王"大唱颂歌。路易十四借此把他们牢牢操控在手中。

1690 年,年金制被取消。从 1663 年到 1690 年的这 27 年间,法国政府的赏金虽然年年不断,但随着财政状况的变化,赏金预算的十万里弗尔并没有保障下去。好大喜功的路易十四连年对外征战,庞大的军费开支令国家财政吃紧,于是从 1674 年开始,年金发放总额几乎都在预算的半数以下。发放的形式也越来越怠慢:"1663 年,国王的赏金是装在真丝钱袋子之中送

① 伏尔泰:《路易十四时代》,第 488 页。梅塞纳(mécène/mécénat)原指古罗马的艺术与文学保护人,这个词常用来喻指在物质上或精神上施加影响、提供支持或通过经济手段直接赞助文学艺术的人,有时扩大至学术研究、教育、环境、体育、发明等的赞助人。在文艺复兴时期,洛朗德·美第奇和红衣主教乔治·安布罗斯都有"梅塞纳"之誉。

② 这方面的专门研究,首推彼得·伯克的著作《制造路易十四》(中译本由郝名玮译,商务印书馆 2007 年出版)。

到受恩人手中的。然而,到了1664年,装钱的袋子换成了皮口袋。从1665年开始,受恩人只能自己跑去建筑部,然后到财务那里领取赏金。而且,赏金的发放也逐渐开始拖延。"①即便如此,如此大手笔、大范围的国家级文化艺术资助仍是史上罕有可匹的。

再说学院制。

在欧洲,艺术学院建制古来有之,尤以文艺复兴时期为盛。意大利的迪赛诺、圣卢卡等艺术学院的教育方式,起着传承楷范的作用。不过,这个时期的法国学院并非简单挪用或借鉴意大利模式,两国学院的性质迥乎不同。法国学院对国家政权的隶属性极强,具有鲜明的官僚机构色彩:财政大臣柯尔贝尔的目标是"把所有的文化活动都置于王权的控制之下,这样才能更好地让它们为颂扬国王这一事业服务",②此其一;考虑到前述国王与贵族的尖锐矛盾,此举的间接效果是把文学艺术家"从私人资助者那里分离出来",以免他们在分裂王权的纷争中充当对手的宣传写手,"这有利于消弭争论,维护王国意识形态的统一性",③此其二。这种工具性特征突出表现为学院的集权化,具体而言,它体现在如下四个方面:

第一,原有的学院权力进一步集中。比如,成立于1634年黎塞留时期的法兰西学院职能仍在延续,1663年组建了它的院务委员会,即小理事会(petit conseil,1696年改称"铭文研究院",负责为歌颂国王的纪念章撰写铭文),小理事会的成员地位更高。又如,组建于1648年马扎然时期的王家绘画与雕塑学院于1663年改组,原有的院长选举自主权被取消。类似地,法兰西学院的院士遴选权也在1672年被夏尔·佩罗改到了国王手中。就这样,旧学院的自主权越来越被削弱。

第二,新学院遍地开花。例如舞蹈研究院(1661年成立)、罗马法兰西学院(1666年成立)、科学院(1666年组建)、建筑学院(1671年成立)、歌剧院(1671年成立,次年改为王家音乐学院)、王家自然科学研究院(1666年成立)、法兰西喜剧院(1680年成立,亦称"莫里哀之家")、法兰西剧团(1680年,合并了勃艮第剧团和盖内果剧团),等等。它们涵盖了文化艺术及科学的方方面面。

第三,学院整合。1663年,路易十四将法兰西学院、王家绘画与雕塑研究学院同小理事会合并起来。不难设想,学院整合是化零为整,有利于中央

---

① 相关史实可参见彼得·伯克:《制造路易十四》,第57—59页;又可参见安东尼·列维:《路易十四》,第252—254页。

② 安东尼·列维:《路易十四》,第256页。

③ 参见洪庆明:《路易十四时代的文化控制策略》,载《史林》2011年第6期。

政府更有效地加以管理和控制；也着眼于为学院定级别，使之产生竞争关系。夏尔·佩罗深知此理，1666年，他向柯尔贝尔提议建立一个更加庞大的"研究总院"（académie générale），将所有的研究院整合进去，并以四大研究院——法兰西学院、小理事会、自然科学研究院、王家绘画与雕塑学院为核心。倘若这个提议付诸实施，那将不啻为一个航母级研究院。

第四，学院活动更突出地围绕歌颂王权展开。从1663年开始，王家绘画与雕塑学院年年举办竞赛，从参赛作品中择选表现国王英勇形象最佳者。类似的竞赛出现在1671年以后的法兰西学院，赞美国王的最佳颂文会获得奖励。有几个学院争相聘请作曲家，请他们创作歌颂国王的音乐作品。[①]

学院的集权化是绝对主义君主制在文化政策上的体现。如果说年金制是一种施恩制度，那么学院制则是恩威并用，其严格的规训进一步推动了文化艺术人才身份的廷臣化。这是一种金字塔式的权力结构。位于塔尖的国王路易十四通过他的大臣和机构，管理着金字塔底部的创作者，这种管理有时是层层下达，有时是垂直控制。客观地看，各种艺术学院的成立打破了原来具有排他性的行会垄断，将专业艺术创作从民间行会的束缚转移到国家权力的严格管制之下。[②] 这种管制在短时期内就执行力而言是高度有效的，尤其有助于强化规范，快速推动宫廷风格的精致化。

最后谈艺术委托。路易十四希望广罗天下艺术珍宝，为本朝增光添彩。除了继承自先王们的艺术遗产外，艺术品主要来自两条渠道：其一，当时的驻外使节担负着一项任务，就是留意收集古典雕像、文艺复兴大师们的绘画等，意大利使节尤其不辱使命，从那块文艺复兴沃土运回不少传世佳作；[③] 其二，不少权贵兼收藏家，包括尼古拉·富凯、黎塞留、马扎然、拉法耶特等，其囊中的珍品以各种形式涌入国王手中。除了这些已有的作品，他还委托当世艺术家按照自己的趣味和要求进行创作。国王不可能事必躬亲，艺术委托的任务往往交给柯尔贝尔，而柯尔贝尔则非常信赖国王首席画师夏尔·勒布伦（Charles Le Brun，1619—1690）。经过这番权力传递，勒布伦成了颇有势力的国家艺术及用品采办人。在他的古典趣味的导向下，大量艺术精品涌入法国宫廷，成为我们今天看到的杰作荟萃的卢浮宫展品的主体。

---

① 上述相关材料可参见彼得·伯克：《制造路易十四》，第254—257页；安东尼·列维：《路易十四》，第58页。

② 关于绘画行会的具体情况，可参见葛佳平：《公众的胜利——十七、十八世纪法国绘画公共领域研究》，中国美术学院出版社2014年版，第22—23页。关于绝对主义体制在总体上削弱各行业的行会的具体举措，可参见G.勒纳尔、G.乌勒西：《近代欧洲的生活与劳作（从15—18世纪）》，第136—138页，以及第154页。

③ 参见彼得·伯克：《制造路易十四》，第61页。

1683 年,夏尔·勒布伦盘点了路易十四的油画藏品,共计 483 幅(其中约三百幅现藏卢浮宫),几乎全部是 20 年内购入的。路易十四无疑是那个时候最大的艺术赞助人。①

委托事项中值得一提的是建筑委托,典型的一例是卢浮宫东立面的重建。法国人出人意料地否弃了当时欧洲最有名的意大利(教皇亚历山大七世御用)建筑师贝尼尼的巴洛克/意大利式设计,而采用了佩罗、勒瓦和勒布伦的方案。"这个设计是法国和意大利古典元素的巧妙整合,最终形成一种新的和规定性的形式。法国凉亭式结构得到保留。"②中央门楣采用法国传统的金字塔式。这种优雅而庄严的"法式古典"样式,是法国宫廷古典趣味之特色的绝佳注脚;它提醒人们,此时复古、崇古的美学风格"实际上有其政治寓意,传达了一种政治观点",③那就是歌颂当朝的君主媲美甚至超越古代贤君。

最大的一件委托作品当数凡尔赛宫及其园林。凡尔赛宫的兴建原因,人们一般提到两点:一是路易十四幼年饱受投石党乱之苦,对首都巴黎感情淡薄,原路易十三的"打猎小屋"位于郊外的凡尔赛,可为其提供一处清心净地;二是路易十四在参观过财政大臣富凯(也曾是一位颇有品位的艺术赞助人)那无比豪华的维康府邸后,既羡又妒,念念不忘,在扳倒这位权臣之后,一心想要仿造并超越富凯豪宅,于是委托园林师勒诺特尔、建筑师朱尔斯·阿杜安-芒萨尔等人,从 1770 年开始设计兴建凡尔赛宫。从建筑到装饰,从园林到水利,它的设计极尽奢华,兴建过程耗费了庞大的人力、物力和财力。它对绝对君主制的象征功能是显而易见的:路易十四的卧房位于绝对中心位置,在园区主轴上,由之辐射出三条大道通向巴黎。这个结构难免令人联想到同时期的象征建筑:在旺多姆广场和胜利广场上,设计者芒萨尔把路易十四雕像置于正中央。这位建筑师的作品还有荣军院礼拜堂。直至今天,这些古典主义风格的建筑依然熠熠生辉。

第四节 辉煌背后

综上可见,法国 17 世纪的国家艺术政策美学的国家主义是在君相主

---

① 参见法国国家博物馆联合会编《法国路易十四国王藏画》,天津人民美术出版社 2005 年版。该画册印制精美,收入了路易十四的部分(87 幅)油画藏品。

② 参见弗雷德·S.克莱纳等编著:《加德纳世界艺术史》,诸迪、周青等译,中国青年出版社 2007 年版,第 772—773 页。

③ 参见彼得·伯克:《制造路易十四》,第 142 页。

持、机构规约之下形成的;艺术政策体现国家意志,是崛起中的法国的强国战略内容之一,它成效卓著,影响深远。有人认为,这个时期的法国宫廷奖掖艺术、文学、科学和哲学,只不过是为了"点缀国家的风光",①这个说法恐怕低估了所谓"文化软实力"的作用。很多人对这段时期的评价不吝溢美之词,比如18世纪的伏尔泰。他说:

> 这种说法是千真万确的:从黎世留红衣主教统治的后期起,一直到路易十四去世后的几年止,在这段时期内,我国的文化技艺、智能、风尚,正如我国的政体一样,都经历了一次普遍的变革,这变革应该成为我们祖国真正光荣的永恒标志。这种有益的影响甚至还不局限于法国的范围之内。它扩展到英国,激起这个才智横溢、大胆无畏的国家当时正需要的竞争热情。它把高雅的趣味传入德国;把科学传入俄国。它甚至使萎靡不振的意大利重新活跃起来。欧洲的文明礼貌和社交精神的产生都应归功于路易十四的宫廷。②

伏尔泰的这番高度评价,采取的正是艺术国家主义视角。它主要透露出以下两层信息:其一,这场文化变革与国家的政治变革关系紧密;其二,法兰西强盛的文化高度辐射周边国家,实现了对欧洲的文化征服。概言之,这是一场国家级文化攻坚战,它的胜利属于国家,它的荣耀泽被后世。关于第一点,我们在前文已有详述。关于第二点,我们认为伏尔泰还有许多未尽之意。因为,在某些辉煌胜利的背面,有时候是失败的暗流在涌动。粗略地看,至少在以下三个方面的胜利里,潜藏着变数或危机——

其一,君主形象的塑造。关于这个问题的专题研究,彼得·伯克的《制造路易十四》一书是20世纪末的代表成果,启发了学界不少新见迭出的同类研究。此书与伏尔泰的主观式写法不同,采取了较冷静中立的态度,尤其对艺术与政治的关系做了相当充分的史料分析,这一点恰恰是伏尔泰之短,③也是本章较为借重之处。前文所列种种艺术政策,都在为王权服务这一总体规划下出台和执行,而它们或直接或间接地致力于塑造一种近神的君主形象:直接者如带有国王肖像的油画、纪念章、版画、雕塑等视觉艺术,间接者如颂扬时代的铭文、戏剧等。彼得·伯克指出,路易十四的形象塑造

---

① 威廉·邓宁:《政治学说史》(修订版·中卷),谢义伟译,吉林出版集团有限责任公司2009年版,第158—159页。

② 伏尔泰:《路易十四时代》,第7页。

③ 彼得·伯克也指出了这一点(见《制造路易十四》,第3页)。

属于"中世纪和文艺复兴时期的君主神话"传统，在相当大的程度上有赖于传统的世界观和心态。那是一种"神秘心态"，通过"类比"的方式将表面看来并无共性的两样东西联系起来，比如国王与王国、国王与太阳、国王与父亲。通过一种替代性作用，君主被塑造/自我塑造成国家保护神的符号。不过，这个意识形态工程的世界观土壤正在暗中松动。在"17世纪里，西欧一些国家（至少是法国、英国、荷兰共和国以及意大利北部）的一些精英中发生了一场知识革命；这场知识革命动摇了这一神秘心态的基础"。① 从知识精英的世界观变化开始，理性的时代逐渐拉开帷幕，传统的以虔信为基础的世界观正在一个日益世俗化的世界里崩塌。路易十四形象工程的有效性及其对后世统治者的借鉴价值，取决于君主神话的世界观是否仍在发挥作用。

其二，法语地位的决定性提高。法国人长达三个世纪的改造本国语言的努力，终于在这个世纪下半叶取得成效。如伏尔泰所言，法语变得日益纯净而且形式固定，法兰西研究院功不可没。② 越来越多的作家弃拉丁文而选择使用母语写作：除了优秀的古典戏剧，哲学上有笛卡尔的《谈谈方法》，文论里有布瓦洛《诗的艺术》，散文中有帕斯卡尔的《致外省人信札》，历史小说有费奈隆的《忒勒马刻》，小品文有拉罗什福科的《箴言录》，寓言上有拉封丹的寓言诗，等等。他们的作品展现着这门语言的魅力：准确，生动，优美，雅致。随着法语本身的成熟以及法语优秀作品的涌现，更由于法国国力的增强连同路易十四的四处征战，法语开始扩张它的领地，以至"法国的语言成了欧洲的语言"。③ 一方面，法语成为欧洲上流社会的通用语言，在他们的沙龙清谈里变换着"雅言"的表达方式。"法语在所有语言中最能流畅地、清晰地、细腻地表达上流社会交谈中的各种内容，从而在整个欧洲对生活的最大乐趣之一作出了贡献。"④另一方面，正是在路易十四在位期间，法语开始决定性地成为外交谈判语言，⑤令法国人占尽先机。

不过，到了17世纪末，关于是否可以用法语替代拉丁语书写碑文、书写卢浮宫展品的题签，⑥学者们仍旧争执不下，最终扩展成一场广泛、持久、激

---

① 彼得·伯克：《制造路易十四》，第142—143页。
② 伏尔泰：《路易十四时代》，第467页。
③ 同上书，第486页。
④ 同上。
⑤ 让-皮埃尔·里乌、让-弗朗索瓦·西里内利主编：《法国文化史（卷二）：从文艺复兴到启蒙前夜》，傅绍梅、钱林森译，华东师范大学出版社2012年版，第269页。
⑥ 卢浮宫的画作题签使用何种语言，似乎是一个敏感问题。据笔者的观察，截至2014年，卢浮宫的题签仍然只有法文，并无包括英文在内的其他文字；而巴黎的其他博物馆、美术馆至少会使用英法两种语言。

烈的风波。这就是所谓的"古今之争"。这里不拟展开该论战的细节,只是要指出,围绕法语替代拉丁语的论争尽管只是该论战的一个小部分,也折射出这个事件的症结:17世纪的法国人到底希望把古典主义贯彻到什么程度? 他们要的到底是拉丁古典还是法国当代古典? 这个问题关系到这场复古运动的目的。对此,古典主义当中的激进态度和保守态度有着截然不同的回答,冲撞自然在所难免。

其三,学院派对巴洛克美学的驱逐。如前所述,此期法国艺术政策的榜样是文艺复兴时期的意大利文化,也从后者受益颇多。不过,从最初的吸收借鉴发展到后来的强势抵制,法国人越来越标举自身的艺术风格。1665年,卢浮宫收尾工程最终推翻了贝尔南的设计方案,此举象征着对受意大利影响的巴洛克风格的拒绝。[①] 驱逐巴洛克是一个标志,标志着法国文化在欧洲大陆奠立领头羊地位。甚至早在1682年就有学者声称,"意大利的文化霸权结束了,如今在所有的艺术领域都是法国在确立标准"。[②]

古典主义之所以能够驱逐巴洛克,首先当然是因为有雄厚的国力作后盾,但主要手段是靠着艺术的官僚体制化。正如有研究者在评价17世纪下半叶艺术时指出,当时的法国尽管没有产生像意大利的贝尼尼或荷兰的鲁本斯那样引领潮流的艺术大师,而是单凭一个机构——王家绘画与雕塑学院——发展起一种新风格,这种古典风格至少成功延续了30年,强有力地抵制了那个时代蔓延整个欧洲的巴洛克风格的影响,不得不说是一种惊人的现象。[③] 然而,学院式的艺术管理也暴露出古典主义美学的基础,那就是"纯洁体裁和清除忤逆者的规则或美学标准"。[④] 学院要求学生学习拉斐尔、普桑和古代艺术家,从而"导致了一种非常严格的(或者说过于严格的)定势"。[⑤] 这种训练有助于在规范创作题材、风格和类型的前提下集中于画作质量的提高,同时难免束缚想象,压抑个性,排斥主观。如休谟所言:"高尚的竞争是一切卓越才能的源泉。尊崇和节制自然会消灭竞争;而且没有

---

① 让-皮埃尔·里乌、让-弗朗索瓦·西里内利主编:《法国文化史(卷二):从文艺复兴到启蒙前夜》,第269页。

② 转引自洪庆明:《路易十四时代的文化控制策略》,载《史林》2011年第6期。

③ Gertrude Rosenthal,"The Basic Theories of French Classic Sculpture",in *The Journal of Aesthetics and Art Criticism*,Vol.2,No.6(Summer,1942),p.42.另外,美国艺术史家巴拉西称此学院的组建为17世纪"最重要的学术事件"(参见温尼·海德·米奈:《艺术史的历史》,李建群等译,上海人民出版社2007年版,第18页)。

④ 让-皮埃尔·里乌、让-弗朗索瓦·西里内利主编:《法国文化史(卷二):从文艺复兴到启蒙前夜》,第269页。

⑤ 参见温尼·海德·米奈:《艺术史的历史》,第19页。

什么比过分的尊崇与节制对一个真正伟大的天才更有害的了。"①这恐怕也是此期法国颇多画匠，却未培养出大师的原因吧。② 至17世纪末，美术学院也发生了一场"古今之争"，表面看来是围绕着色彩和线条何者更为重要的问题而产生了分歧，但"从更普遍的角度上来看，真正的问题是有关那种想要从强加的权威中解脱出来的欲望"。③ 而到了下个世纪，在启蒙思想家那里涌现出更多更激烈的批评。

除去上述三个方面，就该世纪法国最为辉煌的艺术门类——戏剧——而言，其命运的戏剧性也能够说明一些问题，引人反思绝对主义政制下的艺术政策之实效与局限。的确，在17世纪，黎塞留和路易十四奖掖创作、襄助作家，法兰西剧团的成立结束了演艺市场的无序竞争，但是，围绕着戏剧合法性、合道德性的争议一直没有平息过，戏剧行业的整体处境依然是微妙的、不稳定的，它的地位随着国王与教会态度的变化而动荡着，有时相当脆弱。1673年，临终前的莫里哀已受国王冷落，因此尽管他坚持行临终圣事，派了仆佣到郊区教堂去请神父，但终未得遂所愿。这是一个不好的信号。更剧烈的变动发生在1680年之后。随着路易十四渐渐听从曼特农夫人的建议，不再坚定地支持和欣赏演出，戏剧便开始失去自己的保护者。教会开始重新打击戏剧活动，局势变得越来越不利于戏剧人的生存：拉辛立下遗嘱，悔恨自己的戏剧生涯，并禁止自己的儿子看戏；莫里哀的对头、主教波絮埃（Jacques-Bénigne Bossuet，1627—1704）写下《对戏剧的箴言和思考》（*Maximes et réflexions sur la comédie*，1694—1695），激烈地谴责演员的罪行；越来越多的神职人员顺势而行，拒绝为演员办圣事，并纷纷攻击戏剧，谴责演员……而这一切，都缘于"国王不再看戏"。④

法国古典主义是一种自上而下的官方美学，它与绝对主义行政关联紧密，具有极强的管制性和规范性，与文学艺术创作的自由意志常常并不相容。管控与革新是一对相互抵抗的力量，规范与多样化往往背道而驰。国家艺术政策的首要目的是巩固权威，不可能任由艺术家肆意发挥；赏金固然是天才的催化剂，但相伴而行的就是设限与惩戒，从而有可能在总体上引导

① 休谟：《人性的高贵与卑劣——休谟散文集》，杨适等译，生活·读书·新知三联书店上海分店1988年版，第65页。
② 至于古典主义绘画大师普桑，无论是训练阶段还是从业阶段，主要都是在意大利完成的。
③ 温尼·海德·米奈：《艺术史的历史》，第23页。
④ 巴拉蒂娜公主说得很直接："对可怜的演员们来说，倒霉就倒霉在国王不想再看戏了。只要国王去剧场，演戏就不是件坏事。就连主教大人每天都去也算不了什么。……自从国王不去看戏后，登台演出就成了犯罪活动。"具体参见乔治·蒙格雷迪安：《莫里哀时代演员的生活》，第6—9页，第11—13页。

并鼓励一种遵命的文艺，一种歌颂的腔调，①一种趋同的创作，概言之，一种单数的文化。而这样一种可能性，在一个以君主专制为政体的国家里尤为加重。强大的君权保障了艺术政策的有效行使，也阻碍着自由创作所必然带来的逸出管控的多样化形态。19世纪的法国学者埃米尔·克朗茨虽未着眼于政策，但在总结描述17世纪艺术状况时所表达的忧虑，其实恰恰言中了统制型艺术政策所带来的后果：

> 在这个法国艺术的美好时期里，由于配合理想以及用以领会理想的理性，故而原则强于个性，作家们之间的相似远远比差异更多也更惹眼：美的类型是如此之单一，皆是清晰的、抽象的和静止的，这种美的类型吸引着天才们，使得他们的活动趋向一种同等的运动，使得他们的作品趋向于共有的、无变化的特征与品质的整体：还有如此之多的规则操纵着有才华的人，使之合理而严格地整齐划一，使之因服从命令而被迫相似……这种同一性……其潜在的危险在于，仅仅因重复与单调而带给受众趋同与统一的感觉。②

也有学者从更长远的视野出发，更明确地指出路易十四时代的"国家集权的垄断性文化体制，压抑了法国社会的活力和创造力，阻碍了文化产业的资本主义化，为法国18世纪中期之后的社会文化危机埋下了伏笔"。③这个判断尽管是后见之明，仍不失中肯。总而言之，法国的17世纪是"旧制度"的一次辉煌；而古典主义在其谨严的法度之下，蕴含着变革的因子。

---

①　曾为路易十四效力的古典剧作家拉辛说过："对我们来说，我们语言中所有的词汇，所有的音节都是珍贵的，因为我们把它们看做服务于我们伟大的保护者的光荣的工具。"（乔治·杜比主编：《法国史》［上卷］，第721页）

②　Emile Krantz, *Essai sur l'esthétique de Descartes：étudiée dans les rapports de la doctrine cartésienne avec la littérature classique française au XVIIe siècle*, Paris：Librairie Germer Baillière et Cie，1974，p.362.

③　参见洪庆明：《路易十四时代的文化控制策略》，载《史林》2011年第6期。

第二章 笛卡尔的美学幽灵(上)

勒内·笛卡尔(René Descartes)的形而上学体现出从经院哲学的权威下挣脱出来的愿望。他力图在"我思"中"找到知识确实性的最终基础,然后从这个基础出发采用逻辑演绎的方式把整个知识系统描述成其确实性可以层层传递的系统"。[①] 笛卡尔的重要地位不仅体现在其哲学方面的贡献,还有他对美学的启发性价值。比尔兹利在其美学史著作中,将笛卡尔视为理性主义美学的鼻祖和源泉。[②] 这种认定在我国的西方美学史写作中也很常见。

然而,笔者希望重新回答"笛卡尔如何进入美学史写作?"这个问题。对这个问题的解答有两条路径。一条路径是旧有的,即从笛卡尔本人论美、论艺术的片言和小册子(如《音乐简论》)里总结归纳他的美学思想。这些材料里的言论和论述方式大多并非专题研究,并且,无论从哲学还是美学上看,都无法媲美其形而上学的价值。更重要的是,笛卡尔本人明确表示,"研究各种复合事物的"一切科学都是"可疑的、靠不住的",他的形而上学偏爱算术、几何这类最简单、最一般的可靠的学科,[③]而美学的研究对象显然既具经验性又具复合性,既混杂着想象又常难于为所有人所赞同,故而应当位列他所排除的"不可靠"学科。这大概也就是为什么,对于"笛卡尔美学"这个题目,不少研究者认为它几无成立之可能。

考虑到上述情况,本书选择了另一条路径:从笛卡尔对同时代美学的影响入手。当然,笛卡尔的美学影响并不等同于笛卡尔本人的美学。更准确的表述是:笛卡尔以幽灵般的方式参与了 17 世纪法国美学的生成与塑造。以下分两部分讨论笛卡尔与古典主义美学之关系。首先以一本 19 世纪学者的研究成果为由头,讨论笛卡尔与古典主义文学(主要是布瓦洛)的关系。

---

① 汪堂家、孙向晨、丁耘:《17 世纪形而上学》,人民出版社 2005 年版,第 14—15 页。

② Monroe C.Beardsley, *Aesthetics from Classical Greece to the Present*, New York:Macmillan,1966,pp.140-163.

③ 笛卡尔:《第一哲学沉思集》,第 17—18 页。

然后以勒布伦的表现理论为核心,讨论笛卡尔与古典主义绘画的关系。借由这两种关系,笔者尝试构建一种笛卡尔的幽灵美学。

第一节　前克朗茨时期状况

笛卡尔有无美学思想? 他的形而上学与 17 世纪法国文学的关系是怎样的? 古今之争有无真正的思想史价值? 这类问题在 19 世纪末叶的法国知识界一度被热议。事情的起因是,1882 年,法国南锡大学文学系教授兼主任埃米尔·克朗茨(Emile Krantz,1849—1925)出版了一本名为《论笛卡尔美学》(*Essai sur l'esthetique de Descartes*)的书,它通过平行比较的方式,在笛卡尔与法国 17 世纪古典主义文学艺术之间建立起密切关联。该书与当时学界的一些共识发生了冲突,招致了不少激烈批评,甚至半个多世纪后余波未息。逐渐地,这部著作的观点在某种意义上形成一种传统,潜移默化地作用于后来的研究框架。然而,这本曾被美学家门罗·C.比尔兹利称作"最大胆的宣称"(the boldest claim)[①]的书,在今天的中文世界似乎已经湮没无闻,这不能不令人感到遗憾。本章将回顾这段充满争议的学术史事件,展现克朗茨这部消而不亡之作的主要观点和论证过程,勾勒它的思想背景和后续命运,以期为今天的美学史写作提供一点参照。

在克朗茨之前,法国知识界尚无关乎笛卡尔美学的专论。但这并不意味着无人论及笛卡尔哲学与同时代文学之关系。在《论笛卡尔美学》一书里,同时期活跃的两位同行的学术史著作被提及,一部是布里叶的《笛卡尔主义哲学史》,另一部是希格的《古今之争史》,它们体大而虑周,是各自领域的里程碑式成果,在很大程度上具有代表性。这两本书皆辟有专章讨论笛卡尔及笛卡尔主义者的时代影响,尽管着眼点各各不同。克著对二者有所参照和引述,同时也持有相当明确的异议。作为克朗茨之笛卡尔美学论的背景,我们首先简要回顾一下这两位学者的相关看法。

哲学史家弗朗西斯科·布里叶(Francisque Bouillier,1813—1899)的两卷本《笛卡尔主义哲学史》(*Histoire de la philosophie cartésienne*)于 1868 年面世。该书脱胎于 1842 年出版的《笛卡尔革命的历史与批评》(*Histoire et critique de la révolution cartésienne*),可以说,布里叶的著作

① Monroe C.Beardsley,"Review: Tatarkiewicz' History of Aesthetics", *Journal of the History of Ideas*, Vol.37, No.3(Jul.-Sep.,1976), p.554.

自1842年开始产生影响。该书第一卷第二十三章专题讨论笛卡尔主义对17世纪文学主流的影响。作者认为，笛卡尔主义在17世纪尽管屡屡遭禁，但最终取得了胜利，其表现就是笛卡尔精神深刻渗透到哲学、科学（数学、物理学、医学、天文学）和文学当中。[①] 笛卡尔主义对文学的影响，主要在于它从内容和形式两个方面改变了文学的方向："笛卡尔对17世纪文学产生了有益的影响，不单影响了其内容，而且影响到其形式和语言。在所有这些精神作品里，其趣味、秩序、确切、方法上的进步都要追溯到他，毫无例外。他本人所提供的榜样，以及在他之后的主要弟子们，对所有文学类别都产生了最具决定性的影响。"[②]

17世纪初期，无神论、唯物论、怀疑论思潮盛行，在某种程度上导致了一种放荡不羁、亵渎宗教的文学面貌。当时的作家们认为，笛卡尔所缔造的新哲学对于驱除这种文学而言不啻一剂良药，它的全新方法有助于澄清笼罩在真理身上的晦暗不明。保罗·佩利松说："他的形而上学思想是崇高的，理当与基督教最高真理相配。他的《谈谈方法》如此绝妙，我自幼酷爱阅读它，在我看来，它在今天依然是一部有判断力和良知的杰作。"拉布吕耶尔对笛卡尔崇敬有加，并用笛卡尔的论证来捍卫灵魂和上帝，反对无神论者。[③]

古典主义文人普遍崇拜和仿效笛卡尔。布里叶高度称赞17世纪下半叶的诗坛领袖布瓦洛对笛卡尔方法与思想的学习，甚至不无夸张地说，"《诗的艺术》称得上是文学和诗学上的《谈谈方法》"。[④] 因为在布瓦洛之前，阿尔诺和尼古拉都不曾说过"没有什么比真更美"之类的话，马勒布朗士也不曾提到一切都应有助于良知；倒是布瓦洛拉近了笛卡尔与文艺的距离，吸取了后者作品中那些良知规则、方法精神以及绝妙的逻辑学箴言，用在了《诗的艺术》里。古典主义剧作家拉辛由于王港修道院的关系，与笛卡尔有天然的亲近。其子路易·拉辛更是公开的笛卡尔主义者，他说过："在路易十四世纪的判断力里，就时间和天分的次序而言，在众多为法兰西赢得这个如此被尊崇的世纪的伟人名单里，笛卡尔理当位居翘楚。"[⑤]

布里叶概括了那个"路易十四的世纪"里诗歌作品的以下特点，认为它

---

① Francisque Bouillier, *Histoire de la philosophie cartésienne*, troisième édition, Tome I, Paris：Ch.Delagrave et Cie, Libraires-éditeurs, 1868, p.486.

② 同上书，第500—501页。

③ 同上书，第488—489页。

④ 同上书，第490页。

⑤ 同上书，第491页。

们折射出以笛卡尔为精神楷模的影响:缺少对自然的感觉,即便在必须出现自然时,对自然的描写也是枯燥呆板的;只关注人的生命、感觉和思想;疏远政治和宗教,不关心时代社会变革,只关心思想或心灵的变化。这种趋向于人心的"向内转",产生了一个客观后果,那就是文学的相对独立、自由的品格。在布里叶看来,正是由于这种独立品格,不少文人才敢于轻古重今,轻蔑荷马、亚理斯多德的作品,尽管这种鄙薄古人的行为时常出自不公正、浅薄的理由,尽管这些人在趣味、诗感、学识等方面颇多瑕疵,但却渐成气候,最终酿成 17 世纪末的"古今之争"。①

佩罗攻击古人的行为之所以在当时应者云集,厚今派的立场之所以具有前瞻性的价值,与笛卡尔哲学的滋养是分不开的。这恐怕是布里叶在该论题下得出的最具启发性的一个观点:笛卡尔主义是厚今派的思想根源,它所提供的可完善性(perfectibilité,或曰进步之必然性)学说成为该派的核心立场。笛卡尔哲学是革命性的,它为同时代文学领域的革命播下了火种。笛卡尔哲学的革命性,体现在对过去知识的告别和断裂,体现在对今胜古的信心和对人类光明前景的预言,这两者是相关联的。笛卡尔的新方法之崭新性,正在于撤去了对古代哲学、对经院哲学的凭依;在目睹了新科学之威力后,他找到了人类知识的真正可靠的基础——理性,这令他对人类的未来充满信心。布里叶指出,几乎所有笛卡尔主义者都持人类必然进步的观念。培根认为我们比古人拥有更多对事物的经验。马勒布朗士坚信自己生活在一个更古老、经验更丰富的世界,会发现更多真理。阿尔诺、尼古拉皆相信人类理性之改进。波絮埃、拉布吕耶尔也相信这种永恒的进步。在这个问题上,佩罗、拉莫特、丰特奈尔、特拉松等厚今派主力都属于笛卡尔阵营,所以布里叶说,古今之争的厚今派乃是受到笛卡尔主义之精神的激发,他们皆旨在解释、传达一个伟大的真理,那就是可完善性。②

以佩罗为例。布里叶说:"除了个别之处有所保留外,夏尔·佩罗……是笛卡尔的弟子。"笛卡尔主义本身就是佩罗用来证明可完善性的论据之一:在佩罗眼中,亚理斯多德乃至所有的古代哲学家都远远无法企及笛卡尔的高度。他还以个体人的成长设喻,指出古人处于人类的童年期,今人则经验更丰,年富力强。佩罗不单单肯定了人类改进法则之存在,而且以古今对观的方式,从科学、技术、风俗、美术、文学等方面来实证该法则。当然,同大

① Francisque Bouillier, *Histoire de la philosophie cartésienne*, pp.491 – 492.
② 同上书,第 493—496 页。

部分后世学者一样,布里叶并不认为佩罗做文艺领域的古今比较是明智之举。尽管如此,他仍赞许佩罗对于人性之改进的理解。[1]

布里叶总结道,厚今派诸杰的不少论证难掩粗糙,但他们确实称得上"是笛卡尔的弟子和杜尔哥、孔多塞的先行者;他们对古代的蔑视大大受教于笛卡尔及其原则——后者从哲学扩展到文学,孕育了古今之争,发展并表露为可完善性法则。因此,主要荣誉应该归给笛卡尔学派,而不该归给17世纪哲学。"[2]

如果说在布里叶这里,笛卡尔体现为一种为17世纪文人,包括古典主义者各取所需的共享资源,那么,在稍后面世的学术史著作《古今之争史》(*Histoire de la querelle des anciens et des modernes*,1856)中,伊波利特·希格(Hippolyte Rigault)则偏重于在古今之争发生的思想背景下讨论笛卡尔与笛卡尔主义者。总体而言,二人的观点是高度一致的,这表现在两个方面。

首先,希格同样将笛卡尔视作厚今派的思想资源之一。笛卡尔主义是一种果敢的精神,它的教导是:只有无视一切,方可重新开始。不过希格认为,当笛卡尔在表示自己要丢弃先前历史的一切知识,选择一个全新的开端时,实际上是在运用一种刻意的夸张手法。因为,要想反抗古代,崇敬之情恐怕只会造成阻力,而蔑视才是反抗的条件。但无论出于真心还是假意,笛卡尔的蔑视精神到了夏尔·佩罗那里变本加厉,后者高歌"路易大帝的世纪"辉煌无双,丝毫不输奥古斯都时代。[3] 基于此,希格明确提出:"佩罗是笛卡尔的后裔。"[4]

其次,希格同样认为,笛卡尔馈赠给厚今派的最有价值的武器乃是可完善性思想。对古代之轻蔑,源自对今世之伟大的感觉以及对未来的信心。希格认为,笛卡尔主义对古今之争的影响有哲学和文学两个方面:进步之观念和古今作家之对比。尽管这两个问题在古今之争的参与者那里不一定是相互关联地被提出的,甚至某位厚今派学者有可能不触及其中任何一个,但就问题本身而言,它们之间的联系性是不可抹杀的,并且其根源都在笛卡尔

---

[1]　Francisque Bouillier,*Histoire de la philosophie cartésienne*,pp.496-498.

[2]　同上书,第500页。

[3]　《路易大帝的世纪》是佩罗于1687年于法兰西学院大会上朗读的一首诗,它是古今之争正式开战的标志。诗中有言:"美好的古代总是令人肃然起敬,/但我从来不相信它值得崇拜。/我看古人时并不屈膝拜倒,/他们确实伟大,但同我们一样是人,/不必担心有失公允,/路易的世纪足堪媲美美好的奥古斯都世纪。"(Hippolyte Rigault,*Histoire de la querelle des anciens et des modernes*,Paris:Librairie de L.Hachette et Cie,1856,p.141)

[4]　同上书,第49页。

主义那里。在这个意义上,他反对同行勒胡(M.P.Leroux)的说法,后者认为"法国在与笛卡尔一起打开孤立的理性主义之路或心理学之路之后便退出此途,为的是踏上另一条路,即可完善性哲学之路"。他不认为法国人偏离了笛卡尔精神,因为可完善性正是从笛卡尔主义路线来的。①

第二节　克朗茨的笛卡尔美学论

以布里叶、希格的前述思想为背景,或许可以比较清楚地对照出克朗茨新说的独特之处,从而猜测出它在时人眼中的激进面貌。笔者认为,《论笛卡尔美学》一书的独特之处有三:第一,它是史上第一部(也可能同时是最后一部)专论笛卡尔美学的著作(至少就书名而言);第二,它确立了笛卡尔美学与古典主义美学的同一性(这在当时看来恐怕是颇为新奇,但在今天已经成为被不加反思地广泛接受的言论);第三,它将佩罗的死对头布瓦洛视作笛卡尔后裔(公然反对了布里叶及希格的意见)。实际上,克朗茨笛卡尔美学论的主要内容也正与这三个方面有关,它们构成该书的三个主要论题:存在笛卡尔美学;笛卡尔美学等同于古典主义美学;布瓦洛是笛卡尔美学在17世纪下半叶文学世界的代言人。②

无论布里叶还是希格,都仅限于谈论笛卡尔对文学艺术的影响。"影响"云云,如风吹而草动,仅表示一种联系的存在。然而到了克朗茨这里,则直接用笛卡尔命名了一类美学。此举究竟是惊险的一跃,还是宝贵的创见,要看他对上述三个互有重合的论题的证明是否有足够的说服力。

(一)　论题一:存在笛卡尔美学。

克朗茨承认,笛卡尔的书里并没有系统的美学,他也没有专论过美,③

①　Hippolyte Rigault, *Histoire de la querelle des anciens et des modernes*, p.55.

②　《论笛卡尔美学》共六个部分,包括五卷和"结语":第一卷为总论;第二卷为"笛卡尔与古人";第三卷为"笛卡尔与布瓦洛",此卷相对较长,占全书近四分之一篇幅;第四卷为"笛卡尔对古典主义文学之影响的间接结果",分"取消滑稽""取消自然""乐观趋势""道德视角缺失"四方面论述;第五卷为"几位古典主义大作家对布瓦洛美学理论之确认",主要是拉辛、拉布吕耶尔、伏尔泰、安德烈神父、布丰五位作家,可见并不限于17世纪;最后是全书"结语"。在这六个部分里,担负核心论证任务的是前三卷,篇幅超过全书的三分之二。这三卷支撑起克朗茨的笛卡尔美学论的主体部分,分别旨在解决两个核心问题:笛卡尔哲学包含一种潜在的美学,这种美学被古典主义文学艺术所表达;《诗的艺术》是笛卡尔哲学在诗学领域的一次成功实践。

③　克朗茨在该书别处还说过,"笛卡尔把实验心理学、理论道德学和美学抛到一边"(Emile Krantz, *Essai sur l'esthétique de Descartes*, Paris:Librairie Germer Baillière et Cⁱᵉ,1974,p.188)。

他还提到，笛卡尔哲学是一种自闭、自足的形而上学，那里想必不会存在着艺术哲学或美学这类混合型的跨学科。① 既然如此，"笛卡尔美学"何以成立呢？ 克朗茨的解释是：

> 任何一种形而上学，都或多或少含有一种美学［……］因为形而上学家为自己设定的双重目标是：首先研究诸事物的本质，然后研究我们认识诸事物的方式。然而，一种"存在"（Être）定义必然包含对一种美的类型的定义，因为该定义对诸存在所做出的评估，也就等于在它们之间设置了一种等级。另一方面，对自我（moi）的种种能力的规定，也在它们之间建立起一种与诸存在的等级相对应的等级，并赋予它们比其令我们认识到的诸存在更多的价值，放在一个更高级的行列里。从诸存在与诸能力之间的这样一种对称性当中，我们得出这个双重概念：存在之美与善；认识之美与善。研究什么是诸事物，也就是研究它们的不同存在方式，而美正是其中之一种方式。②

依此说，则任何形而上学都包含一种或潜在或显在的美学，即便它从字面上和表面看来缺乏对美和艺术的专论，但对此哲学的评判却可以从中抽绎出那样一种美学来。不过，从分析出一种美学到此美学之形成，这中间往往需要一个回溯性的过程，它或者有待哲学家本人完善自己哲学体系之需，或者有待后人的引申或总结。康德、黑格尔的情况应该属于前者，他们写出了自己哲学体系内的美学著作；笛卡尔应该属于后者。那么，我们或许能够从笛卡尔的形而上学出发，推导出这个体系里所可能出现的美的等级制和审美的等级制，从而勾勒出一种可能的美学框架。

　　然而，以上只是克氏的设定所引发的设想，他的实际做法并非如此，至少，他无意以此为主要方式。他在基础论证部分进行了一番关键性的转换或者说迂回，也就是该书副标题"笛卡尔学说与17世纪法国古典主义文学之关系"所指示的内容。这种关系可以简单表述为"笛卡尔美学＝17世纪法国古典主义美学"——如果把等号置换成约等于号，意思不会改变太多。把等号两边的"美学"约简，可以得到笛卡尔与同期古典主义的对等关系。

---

① Emile Krantz, *Essai sur l'esthétique de Descartes*, Paris：Librairie Germer Baillière et Cie,1974,p.12.

② 同上书，第Ⅱ—Ⅲ页。

(二) 论题二:笛卡尔美学等同于古典主义美学。

如何令这个等号成立?克朗茨使用的方法是设立一个中间项:"时代精神",然后让等号左右两方皆与这个中间项发生关联。

什么是 17 世纪的时代精神?他的答案是:古典主义。"在 17 世纪,法兰西精神形式乃是古典形式。"①这个时期法国的古典主义接续着文艺复兴时期追慕古希腊罗马文化的风潮。但尊崇和复兴古代文化只是宗旨,古典主义的精神实质却不是对古代的复制,而是一种当代精神。通过与浪漫主义精神进行对比,克朗茨突出了古典精神的特征。在他看来,浪漫精神是一种综合、观察的精神,古典精神则是一种分析、抽象的精神。② 浪漫精神采用具体的东西,即事实、活动、颜色,古典精神则通过分析、抽象来表现普遍,并给人以统一性的印象。③ 总而言之,古典精神的表现是庄严而抽象,严格而镇定,不会因遭遇偶然或因好奇心驱使而分神,在方法上主要是抽象、孤立与简化。④ 接下来的任务是要证明这种精神为笛卡尔哲学和当时的古典主义文学艺术所共有。

尽管在字面上,"古典主义"不言而喻是此类文艺的属名,而且就题材和规范奉古代作品为圭臬,但克朗茨还是根据上述古典精神的特征,就其为何是"古典的"做了一番说明。在 17 世纪戏剧中,起主导作用的是抽象。剧作家尽可能从个体身上抽绎出普遍的、类型化的东西,尽可能少地体现或拘泥于个体之个体性,尽力把一切具体可感的东西都清除出去,尽力将笔下人物化约至纯粹的本质。"精神在人性中区分出哪些能惹人喜爱,哪些值得表现,它在种种情感和欲望,种种德行和恶行里设置等级,在戏剧上唯有贵族式的心理才被承认。"⑤于是,在古典戏剧里,塑造人物的目标是传达普遍:"那些英雄既非真正的希腊英雄,亦非真正的罗马英雄,甚至并非真正的法兰西英雄,也不是 17 世纪法国人的理想英雄,也就是说,他们不属于特定种族,而属于人类。"⑥

不过,若说笛卡尔是古典主义者,这确实有违我们的一般认识。这样大胆的提法,如果不能很好地处理那些证明笛卡尔与古人相抵牾的文献,就只

---

① Emile Krantz, *Essai sur l'esthétique de Descartes*, p.6.
② 同上书,第 18 页。
③ 同上书,第 22—23 页。
④ 同上书,第 8 页。
⑤ 同上书,第 10 页。
⑥ 同上书,第 26 页。

能算作莽撞之言了。古典主义者在态度上尊古，在理想上复古，在行为上师古；而笛卡尔显然说过太多对古人并不太恭顺的话。比如在《谈谈方法》里那些有关求学及离开经院哲学传统的自述，又如《论灵魂的激情》里表示"我如果不远离古人的道路就不会有任何接近真理的希望"，[①]等等。面对这些棘手的材料，克朗茨的应对方式既灵活（也可能过于灵活了）又多样。比如，他尽力找到笛卡尔向古代大师致敬的证据。比如笛卡尔在致耶稣会神父的信中曾说："我从来都无丝毫意图去指责学校里使用的方法；我所知的一点东西皆归于它，也正是在它的帮助下，我才得以认识到自己所学到的那一点东西的不确定性。"[②]又如，对于一些可能做出两可解释的话，他努力朝有利于自己观点的方向引导。笛卡尔在《探求真理的指导原则》的"原则三"开头是这样说的：

> 必须阅读古人的著作，因为，能够利用那么多人的辛勤劳动，这对于我们是极大的便利；既有利于获知过去已经正确发现的东西，也有利于知道我们还必须竭尽思维之能事以求予以解放的东西。不过，与此同时，颇堪忧虑的是：过于专心致志阅读那些著作，也许会造成某些错误，我们自己沾染上这些错误之后，不管自己多么小心避免，也会不由自主被它们打下烙印。[③]

在这段文字里，笛卡尔原意是强调后半部分，即转折后的话语；而且，整篇"原则三"都在谈论循着可靠的路径来独立获得真知的必要性。但是，克朗茨颇有用心地转述为：对于心灵之独立，学识有可能是一种危险，但仍不失为一个必要的出发点；"倘若没有学识，心灵就找不到正确的路径，或无法权衡接下去怎么走"。[④] 就这样，他把笛卡尔的原意扭转了。

笛卡尔鄙薄古人的话语，最集中的地方是在《谈谈方法》开篇。这些是最难有转圜余地的了。但克朗茨仍有妙计。他根据笛卡尔把该书作为自己作品之序言的说法，推测该书斩钉截铁的语气实是为了"探测舆论，唤起好奇心，吸引注意力"，从而认为这篇作品与其说是一种已完成的哲学的一份完整而郑重的概论，倒不如说是对未来哲学的预想。[⑤] 以这种方式，克朗茨

---

① 笛卡尔：《论灵魂的激情》，贾江鸿译，商务印书馆 2013 年版，第 3 页。
② Emile Krantz, *Essai sur l'esthétique de Descartes*, pp.63 - 64.
③ 笛卡尔：《探求真理的指导原则》，管震湖译，商务印书馆 1991 年版，第 11 页。
④ Emile Krantz, *Essai sur l'esthétique de Descartes*, p.64.
⑤ 同上书，第 64 页。

降低了《谈谈方法》对于笛卡尔思想的代表性，并把从《谈谈方法》到《探求真理的指导原则》解释为一个问题逐渐一般化的过程。①

然而，阐释之法即令再巧妙，也无法否认笛卡尔方法之新。对此，克朗茨的对策是借用质料与形式的古老二分法，在观点（质料、内容、题材）与表达方式（形式）之间作区分。某观点可以是共有的、必然的，对此观点的表达方式则可以是个体的，即独创的。以此为据，他大胆地提出：笛卡尔之创新仅在于方法，而非观点；在观点上，他其实是古希腊罗马和经院哲学的继承人，而那种哲学岂止是古老，甚至是永恒的——用他的话说，是"永恒的崭新"。之所以说笛卡尔警惕革新，乃是因为他承认一种古今皆同的永恒理性。所以，无论是文艺之美还是哲思之真，都不是被发明出来的；世世代代的文学艺术家和哲学家，皆只发明表达美或真的方式方法。② 换言之，笛卡尔通过自己的方法，将古代哲学家、经院哲学家的学说以及基督教教义里的哲学元素化为己有；与此相似，拉辛通过自己的安排，将欧里庇得斯悲剧化为己有。若依此言，则笛卡尔和古典主义文学家确实是相同的：他们皆对前人有所借鉴亦有所创新，借鉴先贤作品的内容而创新形式，通过观念的安排和形式的结合来实现原创性。③

总之，他相信自己"在笛卡尔的形而上学里重新找到了古典美学的各种原则，在他的方法里重新找到了 17 世纪伟大作家的方法和守则"。④ 笛卡尔的哲学著作、布瓦洛的《诗的艺术》以及拉辛的悲剧作品，都"偏好进行一般化的表述和抽象化的建构"，⑤都是古典主义的，都分享了 17 世纪法国的时代精神。所以可以说，"17 世纪文学从各个方面实现了这种笛卡尔美学，只不过笛卡尔对之不着一字"。⑥

（三）论题三：布瓦洛是笛卡尔美学的代言人。

顺着论题二里质料与形式二分的逻辑，则不难理解克朗茨的话：布瓦洛作为"诗坛领袖"的权威性，与作为体制外思想家的笛卡尔之自由性亦可相通。既然题材或内容从古代开始已经被确定，那么唯有形式是有待自由创造的。此处，仍是那个永恒而人人共享的理性担负着沟通的角色："如果说

---

① Emile Krantz, *Essai sur l'esthétique de Descartes*, p.74.

② 同上书，第 67—69 页。

③ 同上书，第 364—365 页。

④ 同上书，第 361 页。

⑤ 同上书，第 15 页。克朗茨书中所说的文学艺术，基本限制在广义的"文学"，即文字艺术（"文艺"）范围内，也就是说，主要涉及诗歌、戏剧、小说，而并未涉及绘画、雕塑和音乐。

⑥ 同上书，第Ⅲ页。

是人类理性曾经激发亚理斯多德的《诗学》里的诸规范，那么，应该是同样的人类理性在后来为布瓦洛思想所运用，使之产生与亚理斯多德同样的看法。""一种理性必然性最终决定了布瓦洛之美与笛卡尔之真，只不过有偶然的差别：布瓦洛之前已有其他心灵规定好了美的类型，而笛卡尔则希望率先规定他的真理类型。"①二者的共同原则都是由理性来规范和限制的自由，所表达的共同内容都是普遍的、必然的、永恒的。②

前引布里叶书中的那句语义不详的"《诗的艺术》称得上是文学和诗学上的《谈谈方法》"，克朗茨不失时机地加以引用，并进一步说："贺拉斯和笛卡尔是《诗的艺术》的两位启发者。"③这个说法在当时想必是令人惊诧的。克朗茨自己也承认，布瓦洛对贺拉斯的模仿人尽皆知，无需过多说明；而笛卡尔精神在《诗的艺术》里的痕迹就不那么明显了。为了证明笛卡尔对布瓦洛的启发"是真实存在的"，④为了在二者之间搭建起沟通的桥梁，克朗茨分作三个方面讨论。他将这三个逐渐展开的方面分别命名"美之本质论""美之标准论""表达美之规则论"，用它们对应笛卡尔哲学的三个方面"真之本质论""真之标准论""达真之方法论"。⑤ 以下依次分述之。

克朗茨指出，布瓦洛在艺术里发现了笛卡尔在科学里所发现的东西，并以之作为可靠的起点，那就是理性（raison/bon sens）。支撑这个假说的头一个证据，是这两个含义相近的词汇在《诗的艺术》里高频率现身。⑥ 第二个证据是布瓦洛的美真同一论："没有比真更美了"。⑦ 虽说美真同一，真的地位确乎在美之上，布瓦洛所要求的艺术家之品质乃是科学家的品质："冷血、耐心、精准、公允，以及这一切之上的良知，即无动于衷之能力，径直走向观念，忽视或取消情感。"⑧这种理性主义文学热衷于追求普遍（l'universel）。这一方面呼应着笛卡尔哲学的一般化精神，另一方面也有 16 世纪复古思潮的影响。"因此，艺术对布瓦洛而言在实质上即是理性主义的。美是一种非

---

① Emile Krantz, *Essai sur l'esthétique de Descartes*, p.70.

② 同上书，第 74 页。

③ 同上书，第 92 页。

④ 同上。

⑤ 同上书，第 99—100 页。

⑥ 任典译本里译法不统一：raison 被译作"义理""理智""理性"，bon sens 被译作"理性""常情常理""常情"。

⑦ 布瓦洛：《诗的艺术》，任典译，人民文学出版社 2009 年版，第 101 页。"没有比真更美了"是诗题，该诗中点题的句子是："没有比真更美了，/只有真才是可爱；/它应该到处称尊，/连寓言也不例外：/在任何的虚构里那种巧妙的假象，/都只有一个目的：/使真理闪闪发光。"（见该书第 103 页）

⑧ 同上书，第 102 页。

个人化的理性（raison impersonnelle）形式……是对一件非个人化的事物的个人表达。"[1]

对布瓦洛而言，美之标准是合乎理性而非合乎感觉的；美之呈现并非通过情感，而是通过观念。说一物是美的，首要条件为此物是可理解的。由这种反-感性的美之观念出发，美之标准（条件）有三，它们围绕"明晰"[2]展开：理念之明晰；表达之明晰；布局谋篇之明晰。克朗茨还提供了另外的说法，似乎更为清楚：义理之明晰；辞章之明晰；二者之间结合之明晰。[3] 笛卡尔说："凡是我没有明显地（évidemment）认识到的东西，我绝不把它当成真的接受。"[4]布瓦洛说："美出现在合乎理性的、可理解的、明晰的东西里。"[5]可见，"明晰"在布瓦洛那里作为审美标准，与"明见性"（évidence）在笛卡尔那里作为真理标准，二者之间是相通的。二者皆因感性和情绪的晦涩不清晰而对之加以贬低，同属一类反-感性的理性主义。[6]

克朗茨坚称，在笛卡尔的形而上学理念论与布瓦洛的美学理念论之间，种种分歧都是表面现象，而笛卡尔逻辑学与古典艺术尤其共享了诸多基本规则。他运用笛卡尔的方法，[7]列出笛卡尔与布瓦洛（以及古典主义艺术，比如诗歌、戏剧、小说等）所共有的十条基本规则，包括：明晰；统一；同一；简洁；绝对完美；方法；分析与抽象；肖像；分类；秩序与演绎。以下择要简述之。

真正的"明晰"源于理性。布瓦洛贬低想象，如同笛卡尔贬低诸感觉，因为想象之明晰并不具有普遍性。提倡明晰的一个重要结果是取消象征主义。布瓦洛反对诗中掺入基督教的神秘隐晦题材，只推崇古代艺术的精神和方法，正是出于推崇明晰性的原因。笛卡尔提倡"统一"，是考虑到"拼凑而成、出于众手的作品，往往没有一手制成的那么完美"。[8] 戏剧创作的三一律尽管源头为亚理斯多德，却是因笛卡尔主义而在17世纪重新焕发生机，又由布瓦洛《诗的艺术》定为一规。[9] 克朗茨提出，不妨这么说：亚理斯多德和沙普兰为三一律赋予内容，而笛卡尔式的心灵为之赋予合乎理性的

---

① 布瓦洛：《诗的艺术》，第105—106页。

② clarté，此词在任典译本里有时也译作"清明""清晰"。

③ Emile Krantz, *Essai sur l'esthétique de Descartes*, pp.109–115.

④ 同上书，第117页。

⑤ 同上。

⑥ 同上。

⑦ 笛卡尔："我从最简单、最一般的问题开始，所发现的每一个真理都是一条规则，可以用来进一步发现其他真理。"（笛卡尔：《谈谈方法》，王太庆译，商务印书馆2000年版，第17页）

⑧ 同上书，第11页。

⑨ 布瓦洛："我们要求艺术地布置着剧情发展；/要用一地、一天内完成的一个故事，/从开头直到末尾维持着舞台充实。"（布瓦洛：《诗的艺术》，第32—33页）

形式。因为正是在笛卡尔主义的启发下，古典主义文学浸透着对统一性的热爱以及对心灵的绝对规则的喜好。"同一"即自身相一致（accord avec soi-même）。在笛卡尔那里，它既是一条逻辑学法则，也是一条道德法则。同一乃统一的一种形式，是古典艺术之美的条件。布瓦洛说，"你那人物要处处符合他自己，/从开始直到终场表现得始终如一"。① 由于时间是同一性的最大敌人，于是布瓦洛只允给诗人最短的时间（二十四小时），此即三一律中对时间统一性的要求。

在笛卡尔那里，对于人类心灵而言最好的方法乃是最简单的方法，②最高级的艺术家，即上帝，用最俭省的方式，花费最少的努力来创造他的作品③。布瓦洛在《诗的艺术》里亦频频要求诗句雅洁简朴，抵制繁冗、琐屑、堆砌。比如他说："头几句是就应该把剧情准备得宜，/以便能早早入题，/不费力、平平易易。"④简洁令认知更加容易，令心灵更容易得到理解的愉悦。笛卡尔形而上学乐于本着"非全即无"原则来为万事万物划分等级，要么是纯粹心灵（上帝），要么是纯粹物质，要么是介于二者之间的混合物，它们之间不是程度之别，其差异是绝对的。在古典主义艺术那里，美即完美；一件作品若非绝对的美，则是绝对不美："写诗和作文是最危险的一行，/一平庸就是恶劣，/分不出半斤八两；/所谓无味的作家就是可憎的作者。"⑤美是无品第的，比美略差即是丑。

布里叶说《诗的艺术》相当于文学与诗歌的《谈谈方法》，克朗茨则说《谈谈方法》是笛卡尔的《熙德》。⑥ 笛卡尔轻实验而重演绎，类似地，布瓦洛轻视观察，而重视分析、抽象、演绎这类合乎理性的方法。分析与抽象这两个规则是《谈谈方法》第二部分提出的，即四个规条之二："把我所审查的每一个难题按照可能和必要的程度分成若干部分，以便一一妥为解决。"⑦这在《探求真理的指导原则》中的"原则四"里进一步发展。⑧ 布瓦洛把分析与抽

---

① 布瓦洛：《诗的艺术》，第 38 页。
② 笛卡尔："不要立即考察十分困难而艰巨的事物，而应该一开始就去弄清楚最微末、最简单的一切技艺，主要是那些最有秩序的技艺。"（笛卡尔：《探求真理的指导原则》，第 53 页）
③ 笛卡尔《论世界》第六章里有"给我广延和运动，我将造出世界"云云。
④ 布瓦洛：《诗的艺术》，第 31 页。
⑤ 同上书，第 59 页。
⑥ Emile Krantz, *Essai sur l'esthétique de Descartes*, pp.182 – 183.
⑦ 笛卡尔：《谈谈方法》，第 18 页。
⑧ 笛卡尔："我们所说的这个方法极为有用，致力于学术研究，如不仰仗于它，大概是有害无益的，所以，我很容易就相信了：以古人的才智，即使只受单纯天性的指引，也早已或多或少觉知这个方法。因为，人类心灵禀赋着某种神圣的东西，有益思想的原始种子就撒播在那里面，无论研究中的障碍怎样使它们遭到忽视、受到窒息，它们仍然经常结出自行成熟的果实。"（同上书，第17 页）

象运用于文学,一方面规定了文类的区分,另一方面对人心的研究旨在创作出普遍的类型,即剥除了所有具体特殊的东西。分类是分析与抽象之方法的另一种形式。在古典主义文学里,区分文类具有同等的美学必要性,比如它不只严禁悲喜剧相混,而且赋予悲剧高于喜剧的地位。这个时期的文学艺术家尽管模仿古人,却在模仿中有原创,比如吸取笛卡尔的分析方法并应用于戏剧,通过抽象来寻求统一,相比之下,古人则更倾向于将统一看作一种综合,并通过调和来获得它。笛卡尔在《谈谈方法》里提出按次序进行思考,"从最简单、容易认识的对象开始,一点一点逐步上升,直到认识最复杂的对象"。① 真正的秩序是普遍而必然的。笛卡尔的秩序是非个人性的和演绎式的,布瓦洛对作家的要求与此相同,即一种源于理性而非想象的秩序:"必须里面的一切都能够布置得宜;/必须开端和结尾都能和中间相配;/必须用精湛技巧求得段落的匀称,/把不同的各部分构成统一和完整。"② 对于17世纪作家而言,所谓演绎,即是与所有善思的心灵在一种共有秩序里相遇。③

综上,克朗茨通过细密而具体的举证,在布瓦洛美学与笛卡尔哲学之间搭建起严丝合缝的对应关系,把布瓦洛解释成笛卡尔在诗学领域的代言人,进一步支持了笛卡尔美学/古典主义美学"同出而异名"的观点。他在全书结语里说,古典主义文学艺术从以下三个方面接受笛卡尔哲学:理想(idéal)、标准(critérium)、创作规则(règles)。在理想上,是表现人的普遍本质,去除一切偶然,尽可能去除感性;在标准上,追求明晰性、明见性,排除悲怆而扰人的晦涩不明;在创作规则上,核心趋向是简洁和统一,尽最大可能去简化时间、行为、人物等外部元素,以便尽可能给作家的自由和创造留出空间,摆脱诸事物的法则,突出心灵的主观法则。④ 对照书中的布瓦洛一章,可以看到它们是相互照应和支撑的。

最后需要补充的是,论题三不只是论题二的分论题,它还通向另一个重要推论:布瓦洛是笛卡尔的真正后裔⑤;继而,古今之争的学术史内涵需要被重估。克朗茨毫不理会既有的"可完善性"之说带来的挑战,只一味咬定布瓦洛与佩罗并无本质性分歧。他引用了佩罗的话:"我们比古人高明之处,并非来自我们自己原创和发明的另一种美学,而是由于我们更加灵

---

① 笛卡尔:《谈谈方法》,第16页。
② 布瓦洛:《诗的艺术》,第14页。
③ Emile Krantz, *Essai sur l'esthétique de Descartes*, pp.153-223.
④ 同上书,第365—366页。
⑤ 同上书,第63—64页。

巧精熟地从事着他们的美学。"①并愿意相信,古今之争中的两派分歧并没有表面看去那样尖锐,至少在文学理想观问题上,佩罗与布瓦洛之间并无根本争议,他们同属一个古典主义美学阵营,也就是笛卡尔美学阵营:"佩罗与布瓦洛同属一个派系,它们拥有同样的美的理论,即全然笛卡尔式的美的理论。"②

第三节　议论纷错

上文的简述里,克朗茨的论证已经暴露出某些险要的地方。并不太出人意料的是,《论笛卡尔美学》出版之后,反对的声音是剧烈、持久而广泛的。该书出版的当年,即1882年,布里叶即在《法兰西及域外哲学杂志》发表了一篇措辞直接的长篇书评。1896年,路易大帝中学修辞学教师居斯塔夫·朗松在《形而上学与道德杂志》发表了33页的长文《笛卡尔哲学对法国文学之影响》。尽管该文仅在开篇提及一次克朗茨的那部著作,但其论题和内容处处与之照应,与之抗辩,令人很难不将它看作一篇驳论,而且是众反对文章中最具建设性、说理最充分的一篇,因此广受好评,影响很大。③ 尤其是,他在文章起首即摆出两条方法上的禁令:不因术语相同而判定思想相通;不以笛卡尔作为文学中相似特征的唯一来源。这两条禁令固然是他的自省,但显然条条针对和批判着克朗茨的论证方式,又在客观效果上警示着后来的研究者。1898年,《论笛卡尔美学》再版,法国的《形而上学与道德杂志》刊登书讯广而告之,④然而批评的声音却超出了法国本土:是年7月,卡尔迪内在美国杜克大学的《哲学评论》上发表了一篇驳论性的短评。甚至时至1936年,反对的声音未弱反强:英国牛津大学的学者纳杰尔·阿贝克隆比在《现代语言评论》上发表长文《笛卡尔主义与古典主义》,通篇在对克著进行彻底而激烈的批评。批评者们持论不尽相同,但基本不外乎克著的三个主要论题。

反对者普遍认为,"论笛卡尔美学"这个书题/论题是不恰当、不慎重的。

---

① Emile Krantz, *Essai sur l'esthétique de Descartes*, p.73.

② 同上书,第72—73页。

③ 美国密歇根大学的路易·布莱德沃德曾高度赞扬朗松的驳文,称其在论题上推翻、在方法上批判了克朗茨的著作,在学术方法上提供了众多有价值的启示,值得每一位有志于相关性质历史研究的人学习。参见:Louis I.Bredvold, "Review, *The Journal of English and Germanic Philology*", Vol.36, No.4(Oct., 1937), p.590.

④ *Revue de métaphysique et de morale*, T.6, No.3(Mai, 1898), pp.6-7.

如前所述,按照克朗茨自己的说法,笛卡尔(主义)并没有写到美学(因为笛卡尔及其思想后裔的著作对美几乎只字不提),并且它不可能出现美学(因为笛卡尔只研究简单的东西,而美学是一门混合的、历史的、后天的学问),即便如此,却仍勉强以"笛卡尔美学"为题,如此岂非意味着"笛卡尔美学"既存在又不存在? 布里叶提出,不妨命名为"笛卡尔哲学对 17 世纪文学之影响",既更符合全书的内容,又可避免逻辑上的自相矛盾。①

朗松也认为"在笛卡尔学说里看不到任何美学的可能性",但出于与克朗茨不同的原因:"笛卡尔体系是一种普遍数理之表达。一种源出于笛卡尔主义的文学只可能是一种纯粹观念之文学,其语词只倾向于表象那些理智性的对象,其语句仅是用于表达理智性关联的符号之结合:笛卡尔文学应该是一种代数形式的观念学。"②言下之意似乎是,一种由笛卡尔学说导出的文学难以与感性发生关联,不成其为感性之学。

如前所述,在面对笛卡尔与古典主义美学之间的明显冲突时,克朗茨将之判定为表面冲突而深层相通,并采用了若干颇为狡猾的解释法。布里叶对此表示反感。他说,除去克朗茨的那些刻意曲解,即便是克朗茨从笛卡尔的《答辩》及通信里找出的若干看似言之凿凿的支持性话语,其实也不足为据,因为这两类文献有其语境上的特殊性:或则是针对某些通信者的客套话,或则是出于政治上的谨慎而试图掩盖自己学说的革新色彩甚至某些进步之处。③

在笔者看来,关于"笛卡尔影响说",无论在克朗茨还是在布里叶那里,其实都语焉不详、面目模糊:两者都以 17 世纪整体作为笛卡尔学说的影响时限,却难以面对古典主义文学内部的异质元素所带来的质疑;克朗茨不愿意直言此影响说,却在实际论证里暗中以此说为前提。

对这个问题阐发得最清楚的是朗松。他不认为 17 世纪法国的时代精神是古典主义,而是指出该世纪哲学和科学之进展带来了新精神,即"果断的知识独立,既非无政府主义亦无反抗意识,疏远冒险与幻想,好奇于秩序和理性"。④ 它们从 17 世纪早期开始体现于法国思想的各个方面,与复古

---

① F.Bouillier,"Review,*Revue philosophique de la France et de l'étranger*",T.14(Juillet à Décembre,1882),Presses Universitaires de France,p.556.

② Gustave Lanson,"L'influence de la philosophie cartésienne sur la littérature française",*Revue de métaphysique et de morale*,T.4,No.4(Juillet 1896),pp.534－535.

③ F.Bouillier,"Review,*Revue philosophique de la France et de l'étranger*",T.14(Juillet à Décembre,1882),p.557.

④ Gustave Lanson,"L'influence de la philosophic cartésienne sur la littérature française",*Revue de métaphysique et de morale*,T.4,No.4(Juillet 1896),p.522.

思潮并驾齐驱；而笛卡尔方法顺应了这种普遍状况，回答和满足了在当时法兰西精神里占主导地位的主要问题和需求，因此至少在某种程度上是时人所共有的知识需求的直接产物。于是，他分时段陈述"笛卡尔影响说"的有效范围：对于与笛卡尔同时期的文学，他认为二者具有紧密联系，却并无影响之可能性，因为它们都源出于新思潮；而1650年之后出生或受教育的作家，从布瓦洛、拉布吕耶尔到夏尔·佩罗、丰特奈尔，则可以说受到笛卡尔主义的直接滋养。

那么，这是否意味着该世纪下半叶的古典主义乃是笛卡尔主义影响下的产物呢？朗松认为完全不是。布瓦洛的崇古派与佩罗的厚今派从笛卡尔那里得到的教益，并非对古人的尊重与模仿，而是在路易十四朝基督教被权威化的生存环境下，如何让自由思想与宗教强势之间达成妥协。看来，前述布里叶所认为的笛卡尔思想的涤荡社会反信仰纷乱的功能，其实在下半叶的显赫作家心灵里仍在发挥作用，只不过方式更加隐蔽。在朗松的描述下，布瓦洛属于这样一类人：他在温和而不自觉地服从信仰与公开而大胆地不信教这二者之间摇摆着。正是亏得笛卡尔，亏得笛卡尔在理性与信仰之间的灵活周旋，他才承认一位上帝，一种不朽的灵魂，一种自由意志，一种绝对的善，才被引至宗教的近旁。换言之，布瓦洛并非虔信，而只是"被劝服了的笛卡尔分子"。[1] 这就是为什么朗松坚持认为，布瓦洛与笛卡尔是既重合又对立的。作为亚理斯多德、贺拉斯诗学的继承者，他的古典主义美学以模仿古人为宗旨，因此在基本观念上，难免与笛卡尔发生分歧。比如笛卡尔的"理性"，到了《诗的艺术》里便失去了原有的精确性，而转换为"图像的相似性"（模仿意义上的相像）。朗松的一个基本看法是：古典主义在笛卡尔主义的对立面，其对古人的模仿与笛卡尔精神南辕北辙，它在17世纪下半叶势头强劲，使笛卡尔主义遭到重创。二者的冲撞，集中爆发为世纪末叶的古今之争。"古今之争是笛卡尔精神对古典趣味的报复，是分析对诗学的报复，是科学对艺术的报复。"[2]朗松甚至指出，厚今派的所有观念，诸如挑战权威、文学进步论、数学精神等，都属于笛卡尔主义。换言之，笛卡尔充当了厚今派的有力武器。笛卡尔说过："良知，是人间分配得最均匀的东西。"[3]正是靠着这个古今皆同、人人共有的良知/理性，厚今派才被鼓动着在古典主义风潮下去指摘古人作品，才敢于判定其中凡不可理解之

---

① Gustave Lanson,"L'influence de la philosophie cartésienne sur la littérature française",*Revue de métaphysique et de morale*,T.4,No.4(Juillet 1896),p.530.

② 同上书，第535页。

③ 笛卡尔：《谈谈方法》，第3页。

处皆是混乱荒谬的。在这个意义上,"是笛卡尔主义在 17 世纪末对古典主义文学施以致命一击,摧毁了古代人在精神领域的尊严,使之失却了诗学意义和艺术意义"。[①]

相较之下,尽管观点趋同,布里叶的论证却温吞了许多。他的反驳文章大多是重复自己在《笛卡尔主义哲学史》里的看法:笛卡尔及其后裔最显豁的趋向之一是与古代的决裂,厚今派从笛卡尔哲学中吸取了可完善性学说,等等。他重申,就其精神实质而言,笛卡尔与厚今派具有更紧密的渊源关系,具有以下三个方面的共同之处:对古代学问和古代艺术的轻蔑;相信人类理性的种种进步;热衷于新哲学。所以,与其在布瓦洛与笛卡尔(主义)之间勉力搭建沟通的桥梁,倒不如在夏尔·佩罗与后者之间更加便捷。[②] 卡尔迪内也认为,克朗茨选择布瓦洛而非佩罗作为笛卡尔精神的后裔,是非常不合适的。笛卡尔既是最后一位经院哲学家,又是第一位现代人。在上述两个维度里,后一种是更为重要的,因为那是笛卡尔的独创性之所在,也是他的影响力的主要来源。换言之,笛卡尔的意义在于他与传统的断裂。

此外,对于克著所列举的布瓦洛与笛卡尔的逐条相似,反对者们也纷纷做出了抨击。朗松指出,《诗的艺术》里的美真同一观念并不通向笛卡尔,因为布瓦洛之"真"并非笛卡尔意义上的抽象的、普遍的、本质的真,而是诗歌的普遍真实,即物类的恒定类型、合乎标准的形式。[③] 阿贝克隆比的攻击更是不遗余力。在他看来,克著对布瓦洛思想的曲解比比皆是,它们甚至已经在一定程度上被接受,文中仅列出最严重的七条。比如,克著将布瓦洛的美之标准定为"明晰",不过阿氏认为应是"悦人"(pleasing),理由是,除了《诗的艺术》里明白表达诗歌或戏剧应当令人愉悦外,即连在提倡明晰之处,布瓦洛也表示那是为了愉悦读者。并且,这种悦人之美并不能够像克朗茨所谈论的"明晰"那样与纯粹的理智愉悦混为一谈,它是别具一格的艺术之美。[④] 又如,克朗茨认为布瓦洛虽持"绝对完美论"或曰"美无品第论",但实

① Gustave Lanson,"L'influence de la philosophie cartésienne sur la littérature française",*Revue de métaphysique et de morale*,T.4,No.4(Juillet 1896),pp.522-538.朗松的陈述令笔者叹服。本书不肯直写笛卡尔与布瓦洛之关系,也正是由于前人之述备矣,至少朗松之论无法超越。

② F.Bouillier,"Review,*Revue philosophique de la France et de l'étranger*",T.14(Juillet à Décembre,1882),p.558-559.

③ Gustave Lanson,"L'influence de la philosophie cartésienne sur la littérature française",*Revue de métaphysique et de morale*,T.4,No.4(Juillet 1896),p.535.

④ Nigel Abercrombie,"Cartesianism and Classicism",*The Modern Language Review*,Vol.31,No.3(Jul.,1936),p.366.

际上，其文艺审美标准相当有弹性，不仅有偏好，而且不止一次论及品第：在
布瓦洛眼中，高乃依高于拉辛，他自己高于雷尼耶，马莱伯高于当世作家。①

第四节　平议与影响

面对如此多的反对之声，克朗茨并没有像笛卡尔那样迎面反击，逐一做
出答辩。但反对者之众多，能否说明《论笛卡尔美学》是一部失败的著作呢？
笔者认为，克朗茨的观点固然可以商榷，却谈不上错误。在笔者看来，在他
之前，布里叶所持的"笛卡尔影响说"同样模糊且颇具误导性，而希格对其观
点的有所意图的使用也在客观上掩盖了事态的复杂性；阿贝克隆比的某些
观点反倒比克朗茨更为偏颇，更加不可取；而朗松认定围绕笛卡尔美学绝无
可谈之余地，这个看法也并非不可反驳……总之，我们不必简单地定论彼是
而此非。

更加不宜简单判定的典型问题，是他们在古今之争上的分歧。古今之
争是一场在论题、参与者、领域、后果等各个方面都面目复杂的学术史事件。
学者们围绕它长期以来聚讼不已，就连哪一派获胜，至今都无定论。"克朗
茨事件"仿佛古今之争的缩小版的后续战场，折射着两派的基本分歧。反-
克朗茨一派用佩罗来接续笛卡尔精神，意在强调古今之争与启蒙运动的连
续性，实质上也是认同"可完善性"学说，与厚今派站在了一个阵线上。克朗
茨则用布瓦洛接续笛卡尔精神，把古典主义文学观念的来源交给笛卡尔，②
又把笛卡尔解释为古代思想的拥护者，从而让古代世界成为永恒的知识源
头——他实在称得上是19世纪末期的崇古派传人。前者强调彼时的纷乱
笔战内含着一个有深度的、前瞻性的思想内核，从而抬高该事件的历史地
位；后者则降低古今之争两派对立的尖锐程度，否定两派争执的焦点问题
（比如"可完善性"）的价值，也即是否定古今之争事件的学术史意义。

---

① Nigel Abercrombie，"Cartesianism and Classicism"，*The Modern Language Review*，Vol.
31，No.3（Jul.，1936），p.367.

② 克朗茨把众学科分为经验学科和抽象学科。文学、艺术、历史这类与经验有关的学科，在
思想上缺乏独立性，需要仰赖宗教、哲学这类抽象学科，从中汲取观念。"在我看来，艺术并不单凭
自己来解释自己，无论文学还是历史都概莫能外；但一切皆相互解释，而如果整体需要一种至高解
释的话，则那正是哲学所试图提供的东西。"（Emile Krantz，*Essai sur l'esthétique de Descartes*，
p.38）文学表达观念，但不创造观念，而是从别处借取观念：从宗教或哲学，或二者之整体来借取。
克朗茨认为17世纪的文学即是后一种情况（同上书，第52页）。可见，在他看来，哲学是文学艺术
的观念提供者，后者不生产原创性的思想，在观念内容上被前者决定，而只从事表达的工作，也就是创
造形式。这就是为什么他将法国古典主义解释为"笛卡尔学说的美学表达"（同上书，第Ⅲ—Ⅳ页）。

公允地看,如果说《论笛卡尔美学》确有不尽如人意之处,毋宁说在于它的某些论证方式:教科书般的简洁明快是克朗茨的风格,可惜有时过于仓促,过于独断,过于片面(例如他由于高乃依、帕斯卡尔不符合自己设定的古典主义标准而贸然将之划入浪漫派),关键处却时常模棱两可、不置可否(例如他已然默认了笛卡尔影响说,却常在行文时表示愿意退一步,仅承认一种平行相似论)。这恐怕是我们在阅读该书时常有不满足之感的主要原因。用布里叶的话说,在克朗茨的行文里,有些看法过于抽象,而有些比较又显得勉强或肤浅;①用朗松的话说,克著的论述无法支持其论题;②用卡尔迪内的话说,"就其最终目标而言,它是无结论的";③用阿贝克隆比的话说,这部充满"曲解"的论著最令人痛心之处,是"混乱而模糊的思维习惯"。④

阿贝克隆比之文将对克朗茨的笛卡尔美学论的批评尖锐度推至顶点。在他之后,人们似乎再无兴致专门书写针对克朗茨的驳论,但实际情况并非如朗松所断言的那样简单——"在今天无人再支持它"。⑤ 阿贝克隆比曾经如此展现克著在 20 世纪 30 年代的影响力:"在今天,说 17 世纪法国文学的许多具体特征源自笛卡尔主义的影响,或者说(法国)古典主义体现着笛卡尔主义美学,这在批评界几乎是老生常谈。克朗茨的《论笛卡尔美学》似乎是此说的源头。"⑥事实上不止于此,克朗茨的笛卡尔美学论的回响是长久而广泛的。在后-克朗茨时代,在谈论 17 世纪法国美学状况时,美学史研究者无论是否愿意,已经不可能绕开《论笛卡尔美学》。

有不少学者选择接受克朗茨的观念。我们仅举美学领域的三个例子。⑦ 第一例是在 1939 年,吉尔伯特、库恩在其《美学史》里承袭了克朗茨

---

① 　F.Bouillier,"Review,*Revue philosophique de la France et de l'étranger*",T.14(Juillet à Décembre,1882),Presses Universitaires de France,p.557.

② 　Gustave Lanson,"L'influence de la philosophie cartésienne sur la littérature française",*Revue de métaphysique et de morale*,T.4,No.4(Juillet 1896),p.518.

③ 　H.N.Gardiner,"Review,*The Philosophical Review*",Vol.7,No.5(Sep.,1898),Duke University Press,p.550.

④ 　Nigel Abercrombie,"Cartesianism and Classicism",*The Modern Language Review*,Vol. 31,No.3(Jul.,1936),p.363.

⑤ 　Gustave Lanson,"L'influence de la philosophie cartésienne sur la littérature française",*Revue de métaphysique et de morale*,T.4,No.4(Juillet 1896),p.518.

⑥ 　Nigel Abercrombie,"Cartesianism and Classicism",*The Modern Language Review*,Vol. 31,No.3(Jul.,1936),p.358.

⑦ 　非美学领域也不乏典例。比如威尔·杜兰特在《西方文明史》里指出,笛卡尔的《方法论》不仅是法国散文的杰作,而且"语言与概念方面都为法国古典时代……立下典范。它强调法式心灵所适宜的清楚、明晰概念。它的擢升理性成为布瓦洛·德斯皮奥克斯古典体裁的首要原则:'爱理性吧,让你的作品/单由其中获得光辉与价值。'"(威尔·杜兰特:《世界文明史·理性开始的时代》,第 674 页)看得出,杜兰特也服膺于克朗茨传统。

（中译本译作格兰茨）的结论："人们已经注意到，笛卡尔关于思想要明晰和清楚的理想，同诸如高乃依、拉辛和布瓦洛这样的作家关于艺术要有条理性、优雅性和连贯性的理想之间有着密切的联系。"他们紧接着引用了《论笛卡尔美学》中的那句话："17世纪的文学界，各方面都体现了笛卡尔连第一句话也从未写过的笛卡尔美学。"[①]这两位作者也完全认可克朗茨的论题三："一大批文艺批评家都强调符合规则的方法的意义，然而，制定法规的却只有布瓦洛。也许，正是布瓦洛，在其他所有批评家之前，把诗歌同化于笛卡尔哲学关于明晰性和鲜明性的观念中。"[②]第二例是在1942年，罗杰·皮卡尔吸收克朗茨的笛卡尔美学论，提出笛卡尔对古典主义文学的确有深刻影响，这表现在：古典主义作家按照合乎理性的美学法则整理观念，删繁就简；他们去除描述和证明过程中次要的东西，在布局、风格和语言上逐渐摧毁了经院哲学的人为划分、传统修辞学的扩张以及晦涩或虚浮的隐语行话。[③]

　　第三例的情况稍有不同。我国的朱光潜先生的《西方美学史》（初版于1963年），写有"法国新古典主义"一章。该章分四节，重心放在第二节讨论笛卡尔和第三节讨论布瓦洛上。他说，"法国新古典主义文艺就是法国理性主义哲学的体现，这是一般所公认的"；[④]又说，笛卡尔的"思想基础是理性主义"，而"这个理性主义对新古典主义时代的文艺实践和理论却产生了广泛而深刻的影响"；[⑤]还说，新古典主义者由于是"笛卡尔的《论方法》[⑥]的信徒"，故而"把摹仿古典和'规则'或'义理'的概念结合在一起"。[⑦]这一章明显倾向于突出笛卡尔与布瓦洛的呼应，并贬低古今之争的意义。对照前文，我们很容易在这里看出克朗茨的影子。但"一般所公认的"一语，令我们不免猜想：在他当时所面对的丰富的西方美学史材料里，克著的观点已经普及到了相当广泛的地步，几乎形成一种牢固的传统。

　　对于这类后续情况，阿贝克隆比的态度比较悲观。他身处20世纪30年代的西方学界，在那时，克朗茨此著已经停印，也少被专题讨论，但不予讨论的理由若非出于认为其全是歪理、不值一论，便是出于对它的潜移默化的

[①]　吉尔伯特、库恩：《美学史》（上卷），第263—264页。

[②]　同上书，第282页。此句的译法与笔者略有不同。

[③]　Roger Picard，"'Obscurisme' et claireté dans la littérature française"，*The French Review*，Vol.16，No.2(Dec.，1942)，American Association of Teachers of French，p.111.

[④]　朱光潜：《西方美学史》（上册），商务印书馆1979年版，第182页。

[⑤]　同上书，第186页。

[⑥]　即《谈谈方法》。

[⑦]　朱光潜：《西方美学史》（上册），第192页。

接受,而后一种情况颇堪忧虑。他的忧虑并非没有道理,未加批判的接受确实可能出于思想的懒惰。然而,笔者并不持同样的悲观论调,因为阿氏忽略了后续情况的另一面——

实际上,经过了重重批评的洗练,"笛卡尔美学"一题的面貌,已经不像克著面世时那样莽撞而单薄,而是被批评者的智慧反复滋养,一步步蜕变为一份丰厚的思想馈赠,为后来者提供着各个面向的启示。我们看到,在后-克朗茨时代的美学史写作里,研究者对问题的微妙与复杂有着清醒的认识,持论更谨慎,路径更多样。我们也举三例。

比如,1934 年,贝索·威利在论到 17 世纪思想状况时,不肯轻易支持像布里叶、希格那样模糊的"笛卡尔影响说",他只慎重地提出,认为"笛卡尔对任何特定作家的思想或风格产生过直接影响将是轻率的",但笛卡尔"强调可靠而朴素的理性、清楚而分明的观念,以及他的精神与写作的数学式的明澈,与艺术复兴后的秩序、精确与正确……十分相似"。[1] 如此持论,很可能是由于阅读了克朗茨著作以及(尤其是)朗松的反驳。

又如,塔塔尔凯维奇在初版于 20 世纪 60 年代的多卷本《美学史》里讨论了 17 世纪哲学家与美学的关系,他点名批评克朗茨的"笛卡尔影响说",指出了后者的两点错误:其一,17 世纪美学中的理性主义其实早在《谈谈方法》出版之前就已出现,是沙普兰于 1623 年借鉴意大利 16 世纪艺术风格(Cinquecento)而提出的,所以,他不认为是笛卡尔引领诗学和艺术理论走向了理性主义;其二,笛卡尔尽管认为合理性的方法是唯一正确的方法,却认为此方法在艺术上并无用武之地,"他觉得艺术、诗歌和美是想象力的主观产物,而想象力并不服从于理性化"。[2]

再如 20 年代的路易·乌尔迪克、80 年代的亨利·苏逊,则以克朗茨的研究为背景资源,转向另一个古典主义美学领域:17 世纪法国绘画理论。[3] 笛卡尔与这个领域的关联纠葛着一系列可与文学领域对观的问题,如笛卡尔与古典主义美学之关联的可能性如何建立,笛卡尔学说如何波及美术学

---

① Basil Willey, *The Seventeenth Century Background*, Garden City, N.Y.: Doubleday, 1934, pp.94 – 95. 转引自: Gustaaf Van Cromphout, "Manuductio ad Ministerium: Cotton Mather as Neo-classicist", *American Literature*, Vol.53, No.3(Nov., 1981), Duke University Press, p.364.

② Tatarkiewicz, *History of Aesthetics*, Vol.Ⅲ, *Modern Aesthetics*, trans.Chester A.Kisiel and John F.Besemeres, ed. D.Petsch, The Hague: Mouton and Warsaw: PWN-polish Scientific Publishers, 1974, p.361.

③ Louis Hourticq, *De Poussin à Watteau*, Paris: Hachette, 1921. 又参见: Henri Souchon, "Descartes et Le Brun: Étude comparée de la notion cartésienne des 'signes extérieurs' et de la théorie de l'expression de Charles Le Brun", *Les Études philosophiques*, No.4, ⅩⅦ[e] siècle(Octobre-Décembre, 1980), pp.427 – 458.

院里的古今之争，等等。勒布伦在这里将扮演与布瓦洛类似的中心角色，这是本书下一节将讨论的主要内容。

　　难以否认，克朗茨拥有率先建立体系、推翻成说的意愿和勇气，他在学术史上首次尝试界定笛卡尔美学，尝试探测该问题的边界。至少可以说，就客观效果而言，这部混杂着新见与偏见的著作，把先前存在于这个领域里的未经认真反思的模糊见解摆到人们面前。从这个意义来讲，该书提供了一个难得的契机，刺激学者们第一次专题性地反思与笛卡尔美学相关的一系列更具普遍性的问题——诸如如何处理那些罕论美与艺术的哲学家的美学思想的可能性，如何处理哲学家的时代影响，等等。他们以及后来者把这类问题向更深、更广处挖掘，生产出不少富有见地的思想成果。就此而言，我们在今天回顾克朗茨及其作品，对于我们自己重新思考和书写美学史，可能也有所教益。朱光潜先生的西方美学史写作体例及观点，在相当大的程度上影响了我国后来的同类（以及文学史、戏剧史等）著作。那么，在考察了"克朗茨事件"之后，对于笛卡尔美学，我们是否可以有不尽相同的写法呢？

　　我们称此为一个"事件"，是因为它仿佛凭空偶然发生，又毫无征兆地戛然而止，却如风行水上，自然成文——它荡起的涟漪，一层一层传递着这个偶生又偶灭的事件的力量，这力量，可能就是我们今天已经习焉不察的"影响"。克朗茨事件的影响如是，而笛卡尔对同时代美学的影响，又何尝非是呢？

第三章　笛卡尔的美学幽灵(下)

第一节　引子:一幅普桑作品

　　1667年11月5日,路易十四的首席画师夏尔·勒布伦在王家绘画与雕塑学院举办讲座,解读路易十四所收藏的普桑作品《以色列人收集吗哪》(*Les Israelites recueillant la manne*,1637—1639)[①]的画法。[②]

　　勒布伦特别关注位于画面前景左侧的一组群像。这组群像的故事是围绕着女子对母亲的哺乳而发生的。一位年轻女子正敞开胸怀,一面为自己年迈饥饿的老母亲喂送自己的乳汁,一面满面愁容地侧脸朝向身旁同样饥饿的孩子,似乎行将出言安慰;她们身后是两位注视者,一位是蹲坐的男子,一位是站立的男子。按勒布伦的解释,两位女性形象是该群组的叙事主体,两位男子的形象是这个整体叙事的烘托者。其中,对于那位站立的男子,勒布伦的解读如下:

　　　　[……]这个人代表着一类被奇迹所震惊和打动的人:他的两只胳膊向后伸着,支撑着他的身体,因为,人在陷入巨大的震惊时,四肢通常都是向后伸展、相互支撑的,此时此刻,首先,那令我们震惊的对象只不

---

　　① 该作品现藏卢浮宫。以色列人收集吗哪的故事典出圣经。《出埃及记》记载,在出埃及之后的第二个月第十五日,摩西和亚伦率以色列人来到无水无食的旷野。人们又饥又渴,遂向二人发出怨言。耶和华闻言,在云中显现出荣光。清晨时分,从天降下白霜状的圆物,据说味如掺了蜜的薄饼,这就是吗哪。以色列人纷纷捡拾吗哪,并致谢耶和华。具体可参见《圣经·出埃及记》(中文和合本·中英对照),中国基督教三自爱国运动委员会2007年版,第118—120页。

　　② 讲座全文见:Charles Le Brun, "Sixième conférence tenue dans l'académie royale", *Conférences de l'académie royale de peinture et de sculpture pendant l'année 1667*, éd. André Félibien,Paris,1668,pp.76 - 104.《艺术理论选集》里收有这篇演讲的英译本节选版(参见:Charles Harrison,Paul Wood and Jason Gaiger(eds.), *Art in Theory*,1648 - 1815,*An Anthology of Changing Ideas*,Malden,MA:Blackwell Publishing,2000,pp.123 - 131)。

过在我们头脑里印下一幅图画，令我们吃惊于正在发生的事情，行为并未促使我们产生任何恐惧或害怕，不会令我们的感官颤抖并因此而寻求帮助或抵御威胁、捍卫自身。并且我们看到，对于一件如此非凡的事情，他唯有惊愕而已，他尽其所能地睁大双眼，仿佛只消用力去看，便可更加彻底地理解这个行为的伟大之处［……］

　　他身体的其他部分被精气所遗弃，呆若木鸡。他的嘴巴紧闭着，仿佛是担心刚才所领会的东西会溜走，也因为他无法找到词汇去表达那种行为之美。并且，由于呼吸通道在这一刻被关闭，使得腹部各部分比平时提得更高，隐约可见几块肌肉暴露出来。①

在这段话里，勒布伦把这个形象看成一种激情——震惊或者说惊愕——的载体，并分别描述了这种激情的外部成因、生理原理和身体的外部表现。此人目睹了正在发生的事情，即年轻女子在极端困厄的处境中反哺母亲这一非凡而罕见的善举。这一事件触发了男子的生理变化：动物精气离开身体的其他部分，全部流向大脑，呼吸通道被关闭。生理变化反映在身体外部，表现为四肢后伸，双目圆睁，嘴巴紧闭，腹部上提，呆若木鸡。

　　这段17世纪画评的语言带有鲜明的时代感，在今天看来格外新鲜。"精气"（esprit）一词在此指动物精气，是经院哲学所特有的命名。在该世纪的哲学家笛卡尔那里，对于类似激情也有相关描述。在早于此讲座十余年出版的《论灵魂的激情》（1649）里，"惊奇"（admiration）被列为第一种基本激情。其定义为："惊奇是灵魂的一种突然的惊讶，它使灵魂处于一种专心地思考一些似乎对它来说罕见和特别的事物的状态中。"②他把这种激情的外部成因分析为遭遇了外部事物的新异性："当我们与某个事物第一次突然邂逅的时候，我们判断它是一种新的东西，或者是与我们之前认识的东西非常的不同，抑或是与我们所设想的它应该是的样子完全相异，由此，这个事物就使我们感到惊奇、惊愕。"③"惊奇的出现，首先是由人们大脑中的某种印象引起的，这种印象把相关的对象显现为是罕见的，由此是值得好好地思考的。"④他指出，惊奇"是由动物精气的运动引起的，在这种印象的支配下，动物精气带着很大的力量涌向大脑，在那里，这种惊奇的激情就会被加强和得以保持，如此，那些动物精气又在这种印象的作用下从那里流向

----

① Charles Le Brun,"Sixième conférence tenue dans l'académie royale",pp.91-92.
② 笛卡尔:《论灵魂的激情》,第48页。
③ 同上。
④ 同上书,第56页。

人的一些肌肉中,这些肌肉可以使人的感官维持在当前它们所处的处境中,以便通过它们——如果这种惊奇是由它们造成的话——来维系这种激情的存在"。①

对照来看,关于惊奇的外部成因和体内状况,勒布伦与笛卡尔的论述基本一致。现在只剩下这种激情的身体外部表现了。笛卡尔在讨论"惊愕"这种更高强度的惊奇时提到:"这种惊讶,它有足够的力量使存在于大脑脑腔中的动物精气流向人们对自己所欣赏的事物保有着印象的区域,它有时还会把它们全部都推向该区域,使得它们如此地致力于保持这种印象,以至于根本不会有什么精气可以流向肌肉中,也不会有什么精气以某种方式偏离自己已经在追随的原来的痕迹,所有这些就使得整个人的身体像雕塑一样停在了那里……"②

至少在这个例子里,勒布伦与笛卡尔显示出文本上的相似。这难免令人疑心他曾受到这位哲学家的直接影响。早在 1708 年,比勒布伦年轻 16 岁的鲁本斯派(或曰色彩派)画评家德·皮勒(Roger de Piles,1635—1709)就表明了这个发现:勒布伦的激情论(Traité de Passion)里大部分定义都取自笛卡尔。③

20 世纪之后,在宏观艺术/美学史著作里,我们看到一种倾向:笛卡尔的影响力不单直接施与勒布伦,而且笼罩整个王家绘画与雕塑学院。1921 年,路易·乌尔迪克在《从普桑到华托》一书中专列一章"笛卡尔与勒布伦",他称王家学院的院士为"笛卡尔主义画家",认定他们把笛卡尔的概念和推理方式用于自己的古典主义美学,"在这项艺术-科学结构里,笛卡尔提供了形式和质料"。④ 80 年代,"新艺术史"家诺曼·布列逊(William Norman Bryson)在其《语词与图像:旧王朝时期的法国绘画》里断言,笛卡尔是以勒布伦为代表的"这整整一代画家背后的声音"。⑤ 在 2015 年面世的《早期现代美学》里,年轻的当代美学史家科林·麦奎兰也屡次指出,勒布伦的方法在很大程度上基于笛卡尔的《论灵魂的激情》。⑥

---

① 笛卡尔:《论灵魂的激情》,第 56 页。

② 同上书,第 58—59 页。

③ Coreau Roger de Piles, *Cours de peinture par principe*, Paris,1708,p.164.转引自:Jannifer Montagu, *The Expression of the Passions: The Origin and Influence of Charles Le Brun's* Conférence sur l'expression générale et particulière,New Haven & London: Yale University Press, 1994,p.192,note 42.

④ Louis Hourticq,*De Poussin à Watteau*,Paris:Hachette,1921,p.45,68.

⑤ 诺曼·布列逊:《语词与图像:旧王朝时期的法国绘画》,王之光译,浙江摄影出版社 2001 年版,第 58 页。

⑥ 参见:J.Colin McQuillan,*Early Modern Aesthetics*,Rowman & Littlefield,2015,Chapter 2.

　　另有一些研究者在做了更细致的考察后,更注重发掘勒布伦的误读或背离。其中,凡·海斯廷根(H.W. van Helstingen)的观点颇有分量。他不否认勒布伦使用了笛卡尔的文本,甚至不少地方"几乎是从笛卡尔作品中逐字抄来的";不过,勒布伦对笛卡尔的借鉴充其量是技术性的,貌合而神离,因为他对后者文本中若干细节的袭用脱离了语境,却"没能采用笛卡尔哲学中最为根本的部分",从而"暴露出对笛卡尔学说之实质的错误理解"。① 在他看来,勒布伦对笛卡尔的模仿是笨拙的、表面化的。这种观点在后来的研究里引起了显著的反响。有应和者指出,在勒布伦与笛卡尔的文本之间,确实只能看出语词上的接近。② 不过,当今最出色的勒布伦激情论研究者詹妮弗·蒙塔古(Jannifer Montagu)坚持认为,勒布伦理解并吸收了笛卡尔的思想,并对其未尽之处加以补足,其理论的原创性更值得重视。③

　　在这个问题上,笔者的观点是:第一,勒布伦的"表现说"借用了笛卡尔的激情论文本和若干思路,同时进行了明显的改造,在重要问题上背离了笛卡尔;第二,这改造与背离并非出于对笛卡尔学说的无意识的误解,而是出于一种有意的操作,说到底,它们出于勒布伦——作为画家和作为院长的他——的意图。因此,倘若忽略二者的边界,或许会夸大笛卡尔哲学对同时代艺术的影响(就像布列逊书中所做的那样);而假若不考虑勒布伦的身份及其相关意图,亦有可能低估艺术家/艺术理论家本身的问题意识(就像海斯廷根的断言那样)。本节希望通过考察这个问题,从细部折射 17 世纪下半叶法国古典主义美学的资源、方法与建制。

第二节　笛卡尔论激情及其表现

《论灵魂的激情》(*Les passions de l'âme*,1649)是笛卡尔有生之年面世

---

　　① 　H.W. van Helsdingen,"Body and Soul in French Art Theory of the Seventeenth Century after Descartes",*Simiolus*:*Netherlands Quarterly for the History of Art*,Vol.11,No.1(1980),p.14,p.19.

　　② 　比如 Adriana Bontea,"Regarder et Lire:La théorie de l'expression selon Charles Le Brun",*MLN*,Vol.123,No.4,French Issue:Christian Delacampagne:Philosopher of Modern Times/Philosophe dans les temps modernes(Sep.,2008),The Johns Hopkins University Press,p.865.该文作者并未明言此说是受到谁的影响。

　　③ 　参见:Jannifer Montagu,*The Expression of the Passions*,pp.17 – 18,and pp.192 – 193 note 46.蒙塔古(一译"蒙太鸠")这部专著《激情之表现:夏尔·勒布伦有关一般的和特殊的激情的演讲的源头及影响》是迄今为止对激情论最全面的研究成果。

的最后一部作品。在书中,笛卡尔把人分作界限分明、职能有别的两个部分:身体和灵魂。身体负责肢体的热和运动,灵魂负责思维。二者虽有关联,各自的职能却互不僭越。灵魂没有广延,也没有任何物质维度或物质特性,但它与(活的)身体之间拥有全面的关联,令这种关联得以发挥作用的主要身体器官就是松果腺。《论灵魂的激情》里也称之为小腺体。笛卡尔指出,松果腺是灵魂对印象进行初加工的处所。正是通过它,我们身上那些成双的外感官(眼睛、双手、耳朵等)从事物那里接受的双影像,才被领会为一个统一的事物。松果腺位于大脑最深处的正中央,下方是一只导管,导管通过里面的动物精气而连通着前后脑腔。所谓动物精气①,指的是血液中最有活力、最精细的物质,游走在与身体的运动和感觉有关的微细神经里,并遍布周身肌肉。位于心脏内部的热量是身体运动的原动力,而维持这种运动则是动物精气的职责。②

笛卡尔从灵魂里分出灵魂的行动和灵魂的激情。灵魂的行动指的是意志活动,因发生位置的不同而分为两种,即在灵魂自身中完成的行动和在身体上完成的灵魂行动。综合该书各处的表述,所谓"灵魂的激情",指的是通过动物精气的活动来影响松果腺,从而引发、维持和加强的知觉(或感觉、情感)。这个定义相当宽泛,但笛卡尔此书所关注的,是那些只"与灵魂自身相连"或"特别地相关于我们的灵魂"的知觉(或感觉、情感)。他格外侧重以身体为起因的知觉,鉴于此书思考的是灵魂与身体的联系,也就不难理解。从而,考察范围缩小到了狭义的"灵魂的激情"。

具体说来,在这个狭窄化了的定义里,以下这些知觉类型被排除出了《论灵魂的激情》关注的重心:以灵魂为起因的知觉(即那些相关于我们的意志和所有的想象的知觉);那些由身体引起,但不以神经为中介的知觉(即不与意志相关的想象,如梦境中发生的错觉,又如清醒时发生的幻想,它们属于对真实事物的漫无边际的印象);那些以神经为中介,我们把它们与外在物体相连的知觉(如看到烛光、听到钟声);那些以神经为中介、我们把它们与我们的身体相连的知觉(如饥饿、口渴);那些仅仅由精气的偶然运动所引发的想象(与前述第二种情况的表现类似,只是引发路径有别)。③ 这些被

① les esprits animaux,一译"元气""血气"或"生精"。早在《谈谈方法》里,笛卡尔已用它来描述哈维所发现的血液循环原理:"元气好像一股非常精细的风,更像一团非常纯净、非常活跃的火,不断地、大量地从心脏向大脑上升,从大脑通过神经钻进肌肉,使一切肢体运动……"(笛卡尔:《谈谈方法》,第43页)
② 参见笛卡尔:《论灵魂的激情》,第25—27页。
③ 同上书,第16—23页。

排除的激情在清晰程度上不尽相同,有一些在今天看来多属于生理现象,或可概称为"感觉";另一些或可名为"幻觉"。

在狭义的激情里,笛卡尔进一步分出原初的激情和其他激情。其中原初的激情有六种,分别是惊奇、爱、恨、渴望、高兴和悲伤。其他激情要么是对某一种原初激情在程度上的改变,要么由若干的原初激情组合而成,要么两种情况兼有,总之,皆可还原为原初激情。于是,只要考察清楚原初激情的特质,便可给出激情(按:指狭义的激情。下同。)的特质。在定义每一种原初激情时,笛卡尔的一般句式是:"由一种动物精气的运动所引发的……情感。"可见,狭义的激情以身体为起因,通常带有情感性(即笛卡尔说的"特别地相关于灵魂"),在强度上比上述被排除的诸激情更加剧烈,或可称作"情绪"。

这类激情/知觉往往在外物刺激之下产生,于是笛卡尔将刺激感官的对象视为"激情产生的和基本的原因"。[①]　至此,激情产生的过程可概括如下:外物刺激感官,在松果腺里,灵魂对感官接收来的印象进行初加工,驱动动物精气经由神经在周身血液和肌肉里冲奔,造成心脏的收缩或扩张,以及血液和肌肉的运动。在不同的激情状态下,人的血液和动物精气的运行方式——包括速度、数量、强度、位置、路径等方面——有所不同。以上是身体内部对外物的生理反应机制;自外观之,即是从面部到肢体的种种身体表现,如面部表情、肢体动作、皮肤颜色、呻吟和叹息等。

在提到笛卡尔所论的激情之表现时,蒙塔古表达了遗憾。在她看来,既然笛卡尔把激情的生理学原理解释得那样清楚,便有"可能"以此为基础,建立一种同样清楚的理论,来相应地解释激情的外在表现;然而笛卡尔的相关论述实在"再简略不过了"。[②]　公允地说,笛卡尔有关激情之身体表现的内容在全书里所占比例并不算小,论述也并不简略。《论灵魂的激情》第一百一十二条到第一百三十五条,都在专题讨论激情的外在表现及其生理学原理,其中一条总论,一条论脸部表现,四条论皮肤颜色的变化,一条论战栗,三条论无精打采,两条论昏厥,四条论笑,七条论流泪,一条论叹息,共计二十四条。因此笔者推测,真正令蒙塔古感到遗憾的,其实并不是笛卡尔在这方面论述之"简略",而在于"解释"得不够"清楚"。说得更明白些,她所不满意的应该是,笛卡尔没有像描述每种激情的确切而独有的生理过程那样,描述出其确切而独有的外在表现,因而也就没能建立起每种激情

---

① 具体参见笛卡尔:《论灵魂的激情》,第41页。

② 参见:Jannifer Montagu,*The Expression of the Passions*,pp.17-18.

状态下从内在生理活动到外在表现的清楚搭配,没有解释出这两个领域的准确对应关系,于是,笛卡尔没能建立一种具有普遍有效性的、系统化的激情表现论。

然而,笔者认为,这种表现论在笛卡尔那里并无"可能"。笛卡尔之所以不肯从每一种激情的生理学原理出发去描述其外在表现,正是因为他并不承认激情之外在表现的独有性。比如,《论灵魂的激情》第一百一十八条[①]指出,颤栗有可能是因为悲伤或害怕,也可能是由于强烈的渴望或生气。在前一种情况下,大脑的动物精气进入神经的数量过少,在后一种情况下,则是过多;过少会令血液变得黏稠,产生像害冷那样的颤栗;过多则精气拥挤不堪,会出现像醉酒一样的颤栗。所以,相反的精气运行状况,却可能导致相似的外在表现;故而,相似的外在表现可能指向不同的激情。

不止如此。在这二十四条里,笛卡尔在很多地方都提到了外在表现指向的模糊性,以及从外在表现去判断激情类型的困难。笔者试着把笛卡尔列举的情况,或者说造成困难的原因归拢起来,发现它们有三种情形。首先,通常所见的身体迹象,往往混合着数种激情,而其变化(尤其是面部表情的变化)之细微、之迅疾,更令人常常无法捕捉到全部表现。这可以算作一种客观原因。依笛卡尔的早期思想,简单的东西相比复合的东西更可靠、更易认知,而难以还原为简单之物的复合物则容易带来认识上的错误和混淆。其次,个体差异可能令身体表现有所不同,比如先天的生理构造或脾气秉性、后天的人生阅历等。这大概属于主客观兼有的原因。笛卡尔举例道,同样是流泪,老人的泪很可能包含喜悦,小孩的泪往往只是悲伤;但有的老人精神虚弱,也会在悲伤时流泪,有的小孩秉性强势,心有悲伤却只表现为面色苍白。再次,个体的动机会改变自然的身体表现。这全然是一种主观原因。比如在希望掩饰某种激情时,可以在一定程度上抑制身体的自然反应,甚至借助于可控的体外表现,有意在别人面前制造出别的激情的错觉。[②]

依我们的日常生活经验,读解身体的语言或曰信号,是经常发生的事情。在人际交往中,通过察言观色而从他人的喜怒哀乐、举手投足里获取信息,判断其心理活动,比如从语调上解读某句话的弦外之音,这对一般人来

---

① 参见笛卡尔:《论灵魂的激情》,第91页。
② 同上书,第86—104页。笛卡尔强调激情是可以而且应当被控制和训练的(比如该书第五十条),也就是说,他认可个人主观意愿对于激情具有改变作用(当然也包括对激情之外在表现的改变)。

说并不是太难的事。不过,有时候情况特别复杂。像笛卡尔所列举的那种有意假装某种激情的情况,就不易对付。更有甚者,刻意训练表情,甚至高明到以假乱真的地步,比如怀有秘密目的的间谍,又如练习过表情管理的政客、明星等公众人物。这样的话,我们若想洞穿实情,那就非得练就"世事洞明"和"人情练达"的功夫才行。① 所以,仅就一般的人际交往而言,当我们结合以中等水平的人生阅历,辅之以对当下的环境等因素的认识及判断,是能够胜任去解读激情的体外表现所传达的激情内容的,那属于我们的基本生存能力。

然而,问题的关键并不在于可解读性,而在于可描述性。对于灵魂激情的表现来说,即便已经具有了清楚准确的认识,也难以极尽其描述。设想一份清单,上面列出每种激情所可能对应的各种身体表现,那么,它的条件项可以无限罗列下去,不单人有气质、性格、性别、年纪、阅历等各异之别,而且具体判断发生的时机更加难以尽述。正如阿德里亚娜·波蒂埃(Adriana Bontea)指出的那样,人们尽可以领会到一个眼光想要说些什么,但要想把那些内容分割成块,并从中提取出每种特殊激情的截然分明的特征,恐怕是一件很难的事——"我们在一张面孔上读出的东西,尚未找到其在分析上的等价物"。② 昂利·苏逊(Henri Souchon)则更清楚地阐述道,那是由于外在表现的性质迥异于身体的内部活动,它易于感知和解释:"外在迹象的具体性……来自于它们易于被感知与被解释。就此而言,它们所具有的性质不同于产生激情的那些身体'内在'符号。它们无法被还原到那些令身体各部分活动得以可能的'内在'符号。"③意思大概是说,外在表现往往带有主体间行为所携带的不稳定的主观性,从而阻碍客观描述的可能。

所以,在笛卡尔这里,一种充分系统化的激情表现理论是不可能的。然而,这种不可能的理论恰恰在勒布伦的演讲里得到了充分的施展。蒙塔古认为它说出了笛卡尔的未尽之处。果真如此吗?

----

① 对于这类情况,今人尝试用"微表情"来解读。但这种方式无非对表情与对应心理进行了细化,仍不超出笛卡尔所列举的第一种情形的范围,并未在根本上克服困难。

② 参见:Adriana Bontea,"Regarder et Lire:La théorie de l'expression selon Charles Le Brun",*MLN*,Vol. 123,No. 4,French Issue:Christian Delacampagne:Philosopher of Modern Times/Philosophe dans les temps modernes(Sep.,2008),The Johns Hopkins University Press,pp. 865 - 866.

③ Henri Souchon,"Descartes et Le Brun:Étude comparée de la notion cartésienne des 'signes extérieurs' et de la théorie de l'Expression de Charles Le Brun",*Les Études philosophiques*,No. 4,XVIIᵉ siècle(Octobre-Décembre,1980),p.439.

第三节　勒布伦有关表现的演讲

勒布伦被贡布里希誉为"第一个系统研究人类表情的学者"。[1] 他的以激情之表现为主题的演讲,一般被称作"有关一般的与特殊的表现的演讲"[2],大约于 17 世纪 60—70 年代[3]在王家绘画与雕塑学院举办。与前述解读古典主义绘画作品的讲座不同,这次他只做理论阐述。演讲内容可分作三个部分:第一部分总论"表现",概要地点出其与激情的关系;第二部分是论述主体,分论各种特殊的激情及其面部表现(共计 22 种);第三部分简述各激情的肢体表现。除文字内容外,演讲还配有大量以特定激情命名的面部表情图示。在进入演讲正题之前,对于"一般的表现",勒布伦提供了一个多角度的界定:"在我看来,表现(expression)就是生动而自然地肖似我们所再现的事物:它是绘画的所有部分所必不可少的元素,绘画若缺少了它,将是不完美的;它描绘出事物的真实特征;亏得它,不同的身体性质被区分开;人物看似在活动,并且画上的每一样被仿造的东西都显得栩栩如真……它既体现在着色上,也体现在素描上;无论是风景之再现,还是人物之构图,都应该发现得了它……这,先生们,就是我此前的讲话里竭力向诸位呈现的东西;我现在向诸位明言,表现也是标示灵魂之活动、显现激情之效果的一个部分。"[4]

这三句话分别提供了"表现"的一般含义、它在绘画中的普遍性以及它

---

[1]　E.H.贡布里希:《图像与眼睛——图像再现心理学的再研究》,范景中、杨思良、徐一维、劳诚烈译,广西美术出版社 2013 年版,第 100 页。

[2]　该演讲最早出版于 1698 年,在勒布伦生前未获发表(勒布伦卒于 1690 年)。法文本可参考法国国家图书馆 Gallica 数字图书馆项目的影印本:Charles Le Brun, *Conférence de M. Le Brun*,...*sur l'expression générale et particulière*... (Ed.1698), Hachette Livre.较完整的英译本可参考蒙塔古的译本(Jannifer Montagu, *The Expression of the Passion*, pp.126 - 140)。《艺术理论选集》里亦收有这篇演讲的另一种英译本的节选版(参见:Charles Harrison, Paul Wood and Jason Gaiger(eds.), *Art in Theory*, 1648 - 1815, *An Anthology of Changing Ideas*, pp.131 - 132)。由于蒙塔古版本印刷质量比较好,故笔者选择它作为参考。

[3]　关于该演讲发生的日期,至今没有定论。根据苏逊的整理,情况大略如下:乌尔迪克认为该演讲发生在 1678 年 2 月 9 日。但蒙塔古经考证打破了这个成说,将时间大大提前到 1668 年 4 月 7 日,并认为勒布伦于十年后的 1678 年 1 月 29 日在柯尔贝尔面前进行了重述。此说受到了研究者的重视和广泛采纳。另外还有第三种说法:安德烈·冯丹在 1909 年出版的著作《法国艺术学说》(*Les doctrines d'art en France*)里提出,应为 1674 年底或 1675 年初,并于 1678 年复述。以上具体可参见:Henri Souchon, "Descartes et Le Brun:Étude comparée de la notion cartésienne des 'signes extérieurs' et de la théorie de l'Expression de Charles Le Brun", *Les Études philosophiques*, No.4, XVIIe siècle(Octobre-Décembre, 1980), p.458.我们在此综合各说,取了个大约的时限。

[4]　Jannifer Montagu, *The Expression of the Passions*, p.126.

与灵魂之激情的关系。勒布伦的"expression"指的是绘画对真实事物的忠实摹仿，所以，这个词更适宜对译为中文里的"表现"，而非偏主观一端的"表达"。17世纪画评通常关注四个元素：构图、素描、色彩、表现。勒布伦在第二句话里指出表现贯通其余三个元素，以展示其普遍性。"表现"广泛应用于多画种，无论是静物画、风景画还是肖像画，抑或通常兼含风景与人物的历史画。第三句话承前启后，预告此次专论激情问题。这等于是将"表现"范围缩小，只考虑对激情的身体外部表现的描摹。勒布伦所使用的"激情"一词，看来属于笛卡尔那里的狭义"激情"。就学院评价系统中等级最高的历史画而言，人物形象研究是必要的，而人物的面部表情和体态动作传达着情感状态，起到画面叙事的作用（如前述普桑作品）。可见，这里其实兼涉两种"表现"，它们在思维方向上正好相反：一是人的内在激情在身体外部的显现；一是画家用人物的身体符号对其内心激情的传达。对勒布伦及学院画家而言，研究前者，为的是更好地实现后者。

对前者的研究，如前所述，是笛卡尔在《论灵魂的激情》里尝试的工作。笛卡尔的生理学进路显然启发了勒布伦，他的演讲首先夯实激情的生理学基础。[1] 这是演讲第一部分的主要任务。同笛卡尔一样，激情在这里也被视作灵魂与身体发生关联的契机。勒布伦把激情发生的生理过程描述为，脑腔里的精气驱动肌肉里的神经末梢而引起肌肉的变化；血液持续地穿过心脏，携带着精气送向大脑，使大脑变热，使精气更加精纯；被精气充满的大脑通过神经，复将精气送回到其他部位的肌肉，从而带动肌肉及其中的血液活动起来。以上与笛卡尔的说法基本一致。在第二部分讨论特殊的激情时，生理学原理部分亦与笛卡尔基本相合，[2]这一点在本章起首的另一场讲座有关惊奇/惊愕之激情的生理学原理描述上已有展现，此处不赘。

我们着重要说的是，在讨论表现的一般理论时，勒布伦在两个重要问题上明显背离了笛卡尔：一是灵魂与身体发生关联的位置；二是激情的分类。下文我们将要展现的是，正是这两处背离相互支撑，一步接一步消解着笛卡

---

[1]　在蒙塔古看来，"调式说"与"生理学"乃是勒布伦表现说的双翼。关于"调式说"，详见：Jannifer Montagu, *The Expression of the Passions*, p.9.

[2]　对此，斯蒂芬妮·罗斯做过特别扎实的考察。她以"惊奇"为例，分别找出各个描述句在笛卡尔文本里的对应句。结果显示，它们有的是直接复制，有的是凝练简化。由此可知，勒布伦在这个方面对笛卡尔的借重是有据可查的（Stephanie Ross, "Painting the passions：Charles Le Brun's Conférence sur L'Expression", *Journal of the History of Ideas*, Vol.45, No.1[Jan.-Mar., 1984], p.29）。

尔激情论的基础,搭建起勒布伦自己的立论框架。

关于灵魂与身体发生关联的位置,勒布伦列出了两种观点:一种认为发生在大脑中央的小腺体,因为唯有这样,才能解释我们的诸多成双的感官所接收的成双图像或印象被合成为一个;另一种认为发生在心脏,因为我们是在这个部位感受激情的。前一种观点,我们知道,应是笛卡尔松果腺理论的简明版;至于后一种观点,参考笛卡尔研究者的说法,乃是源自柏拉图的《蒂迈欧篇》。① 而在《论灵魂的激情》第三十三条里,笛卡尔明确说,那种"认为灵魂是在心脏那里接受激情"的意见"完全不值得考虑"。② 面对水火不容的两种观点,勒布伦勉力做了折中调和,表明自己的观点是:灵魂在大脑中接收激情的诸印象,在心脏里感受到激情的诸效果。在此,虽未出现笛卡尔之名,仍不难断定,勒布伦是了解笛卡尔的激情理论的,他是有意对之做了改动。

这种综合笛卡尔与非/前-笛卡尔思想的做法,也被勒布伦应用在激情的分类方面。他说:

> 古代哲学家给灵魂的感觉部分赋予两种欲望,把简单的激情放到情欲(concupiscibile)之欲望里,把狂热而复合的激情放到愤怒(irascibile)之欲望里。因为他们主张,爱、恨、渴望、高兴、悲伤被包含在前者里,害怕、勇敢、希望、失望、生气和恐惧则属于后者。其他一些人则添加了惊奇,把它放在第一位,即爱、恨、渴望、高兴、悲伤的前面,从这些激情派生出其他复合的激情,诸如害怕、勇敢和希望。③

联系前文,这段话里的"其他一些人"应包括笛卡尔,然而,笛卡尔想必并不愿意简单地将"惊奇"添加到已有的激情分类里。他在《论灵魂的激情》第六十八条里表示,"不认为在灵魂中有任何部分的区分",所反对的正是"古代哲学家们"的这种灵魂学说。④ 显然,这里"古代哲学家"主要指的是亚理斯多德,亚氏认为灵魂分作理性灵魂和生长灵魂(感觉灵魂)。一般认为,这里的"两种欲望"理论主要来自经院哲学家托马斯·阿奎那的亚里士

① 具体可参见李珂:《身体的激情——论笛卡尔激情理论的现代性》,载《哲学动态》2015 年第 3 期,第 59 页。
② 笛卡尔:《论灵魂的激情》,第 27 页。
③ Jannifer Montagu, *The Expression of the Passions*, p.126.
④ 笛卡尔:《论灵魂的激情》,第 55 页。

多德主义。① 阿奎那将灵魂的感觉部分进一步区分为情欲（*concupisci-bilem*）和愤怒（*irascibilem*）。② 对于这两个词，我们不可从中译词的通常意义上直接理解。按阿奎那的说法，前者倾向于获得合适的事物并避免有害的事物，后者倾向于抵制那些破坏或阻碍其活动的东西。③ 经院哲学的这种灵魂理论在笛卡尔时代依然存续，比如在与《论灵魂的激情》同时出版的另一部五卷本巨著《激情的特征》（*Charactères des passions*，1640—1662）里就有所继承，其作者是物理学家、医生库洛·德拉尚布尔（Marin Cureau de la Chambre，1594—1669）。根据蒙塔古的考察，库洛与勒布伦颇多人生交集，难免彼此熟悉，加之这套著作在当时颇为流行，故而很可能也为勒布伦所用。库洛把"concupiscibile"解释为"在观善恶时并不考虑追求或逃跑之困难"，把"irascibile"解释为"考虑到追求善或远离恶之困难"，④这与阿奎那给出的解释略有差别，但拿来辅助理解勒布伦对激情的新分类方式倒是很适合：勒布伦将"concupiscibile"联系于利害感较不明显的轻度的、简单的激情，将"irascibile"联系于利害感较明显的激烈的、复合的激情。

此处与其说勒布伦综合了经院哲学与笛卡尔，倒不如说生硬地嫁接了二者；更准确地说，他把笛卡尔的激情分类嫁接到经院哲学的灵魂学说上，并不顾及笛卡尔本有的灵魂理论。

勒布伦按位置的远近来推断关联的直接性，提出一种内-外联动的生理学假说：既然大脑是灵魂直接发挥功能的位置，则脸部就是展现感觉的特殊部位；再者，既然位于大脑中央的松果腺是灵魂接收激情图像的地方，那么，双眉就是脸部最能分辨激情的部分。之所以选择双眉，而非人们（包括笛卡尔⑤）

---

① 持此观点的有斯蒂芬妮·罗斯（具体参见：Stephanie Ross，"Painting the passions：Charles Le Brun's Conférence sur L'Expression"，*Journal of the History of Ideas*，Vol.45，No.1［Jan. - Mar.，1984］，pp.28 - 29）、苏珊·詹姆斯（具体参见苏珊·詹姆斯：《激情与行动：17世纪哲学中的情感》，管可秾译，商务印书馆2017年版）等。海斯廷根也简略提过这一点，但仅点到"前-笛卡尔"，可参见：H.W.van Helsdingen，"Body and Soul in French Art Theory of the Seventeenth Century after Descartes"，*Netherlands Quarterly for the History of Art*，Vol.11，No.1（1980），p.19.不过，布列逊误以为，在两种灵魂的分类上，勒布伦"几乎一字不改地秉承了笛卡尔在《论灵魂的激情》中的话"（参见诺曼·布列逊：《语词与图像：旧王朝时期的法国绘画》，第54页），这导致他对笛卡尔影响的判定难免有所夸大。

② 这里采用的是托马斯·阿奎那《神学大全》中译本的译法。苏珊·詹姆斯《激情与行动》中译本将这两个词分别译作"贪欲"和"愤欲"。

③ 参见托马斯·阿奎那：《神学大全》第一集第六卷，段德智译，商务印书馆2013年版，第164—170页。

④ Jannifer Montagu，*The Expression of the Passions*，p.17，and p.193，note 50.

⑤ 笛卡尔说过，"任何一种激情都可以通过眼睛的某种特殊的活动表现出来"（笛卡尔：《论灵魂的激情》，第87页）。

通常更看重的眼睛或嘴巴，勒布伦的理由是后两者随心脏活动而活动。言下之意可能是，双眉的活动更加直接、快捷地受到大脑松果腺里动物精气的刺激。他进而指出，既然所有激情皆出自灵魂的两种欲望，那么，双眉的两种活动正可表现出两类激情活动：双眉向着大脑方向上扬，表现的是所有最轻柔而温和的激情；双眉向着心脏方向斜落，表现的是所有最剧烈而残酷的激情。双眉的简单活动表现一种简单的激情；如果激情是混合型的，则双眉的活动也是类似的；如果激情是温和的，双眉活动也是如此；如果激情是剧烈的，双眉活动也同样剧烈。①

就这样，双眉成了内心激情的风向标。这是关键的转捩点。在这里，第一条参照线，眉部中位线出现了。进一步的规定更加直观，更具有画面感：双眉在中间位置拱起时，表现的是愉快的情感；双眉斜落至中位以下，表现的则是痛苦与悲伤的情感。因此，激情在脸部的表现被描述为一个由双眉带动、其他感官配合的过程：

> 应该观察到，当眉毛抬至中位以上时，嘴角向两端伸展（按：此处指"欢乐"之激情）；而在悲伤时，嘴巴抬至中位以上。
>
> 但当眉毛落至中位以下时，它表现出身体之痛，此时嘴巴向反方向移动，因为它向两端拉扯。
>
> 在大笑时，面部的所有部分朝向一个方向，因为双眉向面部中央斜落，导致鼻子、嘴巴和眼睛随之活动。
>
> 在流泪时，活动是混合的和相反的，因为双眉内端将下沉，眼睛和嘴巴将抬至中位以上。②

由上可见，嘴巴的激情标示能力仅次于双眉。其原因可结合第一处背离来理解：心脏是感受激情之效果的地方，而嘴巴的活动与心脏形成联动，一如勒布伦所给出的双眉与大脑的关系："……应该观察到，当心脏悲痛时，嘴角下沉；当心脏高兴时，嘴角上扬；当心脏感到任何厌恶时，嘴巴撅起，上扬到中位以上。"③

仍以惊奇为例。勒布伦把惊奇看作一切激情里最温和的一种。在惊奇时，心脏所感到的波动最少，所以在面部表情上，五官的变化也是最少的，主要有：双眉高挑，两端几乎平行；眼睛比平常略大，眼球静止盯着引起惊奇的

① Jannifer Montagu, *The Expression of the Passions*, p.128.
② 同上书，第131页。
③ 同上书，第132页。

对象;嘴巴可能张开,但并没有显得比脸部其他部位有更多改变。① 与这些文字并肩发挥描述作用的,是勒布伦为每一种激情搭配的面部表情素描图。这些素描至今被珍藏在卢浮宫。在每幅激情图示上皆有三个人面简图,分别是正面像、侧面像和女性正面像。图中起到关键作用的是十一条参照线。它们包括八条横线与三条纵线,三条纵线用于为面部提供中轴线,八条横线用于为面部的主要符号确定位置。具体来说,两条横线确定头颅上下端,一条横线确定发际底端,三条横线确定眉眼,一条横线确定鼻翼下端,剩下一条横线确定嘴巴。在这八条横线里,其中四条的两端被标以星号,它们就是更具基础意义的中位线。就这样,通过相应部位在中位线上下的不同位移方式及其不同幅度,就可以展示出各种激情的面部表现之细微变化。

上述内容,再加上对肢体表现的简述,就是勒布伦的系统化的激情表现理论的基本面貌。文本上的差异显示出,笛卡尔的激情论受到大幅度的改写,被嫁接到与自身对立的非-笛卡尔哲学上。从勒布伦对笛卡尔文本的熟悉程度,我们可以断定这种改写是有意识的。勒布伦借助于曾被笛卡尔抛弃的古代哲学和经院哲学的灵魂理论,从中衍生出"大脑-双眉"+"心脏-嘴巴"这套组合,他视之为破解面部感官活动与内心动荡之关系的密码。他以此来架构对激情之面部表现的系统描述,并精心勾勒出与之相配的面部示意图。这些都是勒布伦"表现说"的独特之处。

倘若回顾前文并略加对比,会发现这种借助于异质学说的表现理论并未回应笛卡尔的问题。对于前述三种阻碍对激情之表现进行系统化描述的情形,勒布伦的讲座统统未予专题性的关注。有种观点认为,这种不关注所反映出的是勒布伦对笛卡尔的不理解,或者考虑不周。当时的学院秘书昂利·泰斯特兰(Henri Testelin,1616—1695)对勒布伦提出了以下补充意见:"鉴于形式与秉性气质的差别,给不同激情的迹象做出准确规定是不可能的,因为:一张宽大的脸与一张干瘦的脸不会泛起同样的皱纹……一个胆汁质的人与一个黏液质或多血质的人的活动会很不一样;相似地,蠢人的动作会迥异于聪明人;因此,画家必须注意所有这些差异,注意让激情之表现符合人物性格,以及比例和外形。"② 这个反驳立足于所绘人物在先天体貌与性格禀赋上的区别。我们知道,这些属于笛卡尔所举出的第二种情形,即

① Jannifer Montagu,*The Expression of the Passions*,p.132.
② Henri Testelin,"L'Expression générale et particulière",dans *Conférences de l'académie royale de peinture et de sculpture*,éd.Henri Jouin,Paris:1883,p.164.

个体差异。不过,让我们读一读勒布伦演讲的结语:

> 假如我们希望巨细无遗、时机精确地表现出所有激情,就需对其他东西再做观察。不过,先生们,我希望你们接受我出于对我们的保护人的尊重而勾勒出的这个小小的轮廓,将它当成一份与我个人的健康状况、与我其他工作所允诺我的时间相称的作品。由于担心令你们扫兴或丧失耐心,我知道还余有大量激情未被触及。待到这场聚会再次轮到我发言,我将向你们专讲面相学,以及激情在不同人身上产生的不同效果。①

除去这段话里的客套和官腔,可以看出两个重要信息:第一,勒布伦自知这场讲座并未穷尽对激情之表现的描述;第二,他自认擅长面相学,也颇为精通激情在不同人身上的不同效果。所以,他并非没有注意到个体差异所可能引起的表现之差异,只不过并未纳入现场谈论的内容。看来,泰斯特兰的批评并未切中肯綮。何况,很难设想像勒布伦那样一位成功的画家和才智超群的官员会犯那样低层次的常识性错误。所以,他很可能另有所图。

第四节　勒布伦的面部研究

　　笔者倾向于认为,勒布伦之所以会构建那样一种表现说,主要并不是受到笛卡尔的灵魂激情论的启发(因而也并不受其拘限),而是出于内外两个方面的作用:一是他对面部研究的长期兴趣;二是王家学院的任务与制度。它们分别关联于勒布伦作为画家和院长的双重身份。
　　勒布伦结语中所预告的专论面相学的演讲并未实际举办。不过,他对面部研究的浓厚兴趣至今仍留有佐证。蒙塔古根据曾任勒布伦助手的倪福龙(Nivelon)留下的文字,将勒布伦的面部研究分作三个方面:一是史上赫赫有名的古代统治者与哲学家的头部;二是人与兽之头部比较;三是人与兽之眼部研究。这对我们颇有参考价值。② 这些研究的图像资料十分丰富,现在主要保存在法国国家图书馆。至今留存的十一张兽眼素描和五张人眼素描,是勒布伦眼睛研究的部分图像证据。这项研究应该是对前两项研究

---

① Jannifer Montagu, *The Expression of the Passions*, p.140.

② 部分相关资料可参见:Jannifer Montagu, *The Expression of the Passions*, pp.20-30.亦可参见布列逊:《语词与图像:旧王朝时期的法国绘画》,第49—54页。

的延伸和细化,因此我们着重谈前两项研究。

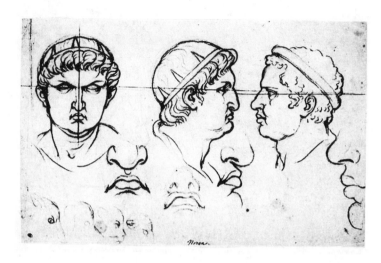

勒布伦:《尼禄》

勒布伦:《安东尼·庇护》

　　勒布伦画过睿智者如苏格拉底、亚理斯多德,也画过贤帝如安东尼·庇护、暴君如尼禄。这类古代伟人性格鲜明,而其头部图像亦可袭用传统制式,易于对照揣摩。在这项研究里,眼睛的斜度最具辨识性,或者用蒙塔古的话说,它被当作"支配性符号"(dominant sign),是决定肖像创作成败的要素。这很像"表现说"演讲中发挥关键作用的双眉位置之变化,只不过,这里讨论的是静态面容的不同种类,而非灵魂之波动的不同状态。勒布伦把眼睛的斜度分成上斜、水平和下斜三种,认定它们分别传达精神性递减的三种灵魂状态,其生理学依据是,在前两种斜度的面孔上,两条上眼睑延长线的交叉点正可对应于松果腺的位置。除此之外,他还考察了脸形、鼻形等相对次要的符号。

在勒布伦生活的时代,波塔(Giovanni Baptista della Porta,1535—1615)面相学相当风靡。其《自然的面相》一书写于16世纪末,于1655年和1665年两度被译成法文。书中利用人面和兽面相结合的图像,试图展示人的面部某些相似于某动物的特征,从而与该动物的性情建立关联,诸如山羊脸人机警、豹脸人优雅、乌鸦脸人严酷、鹦鹉鼻人善言,等等。[①] 波塔的图像尽管粗糙,却一度引起勒布伦的痴迷和效仿。出于勒布伦之手的兽-人面部图更加精美,在类型化上也更加精细。他甚至对同一动物的脸形再加细分,比如将同一奶牛形人脸分成“大胆”“执拗”“愚钝”“粗野”四类。这里透露出他与波塔在旨趣上的分野。他其实是在借助波塔的面相图示从事一种人物肖像实验,研究不同的秉性气质在面孔上的迹象,寻求一种具有普遍借鉴价值的作画之法。

在研究动物头部时,勒布伦发明了一套(据倪福龙宣称)“前所未有”的三角形系统:在侧面像上,以鼻孔和内眼角为端点做一条直线,此线延伸至耳朵或(如果有角)角根;以鼻孔和嘴角为端点拉一条直线并延长;以耳朵为起点,向前颈方向画线,使之与前两条线构成一个等边三角形。然后,以内眼角为起点,做一条与第三条线平行的线。倘若这第四条线恰好穿过嘴巴,则此动物为食肉动物,反之则为食草动物。再将这条线向上延长,倘若延长线切过突出的眉毛,则具有领导群兽的力量;倘若切过下陷的眉毛,其性情则为驯顺服从的。

尽管勒布伦也摹仿兽面画出了相应的狮-人或马-人面部像,却并不认为这个三角形系统适用于人面分析。在动物头部,有一条静脉从鼻孔通向内眼角,继而分成两支,一支通向大脑,一支通向耳朵(或角);人的视神经十分发达,并直接通向大脑,大脑当中的松果腺是动物所不具备的,相较之下耳神经和鼻神经则显得较小。动物主要靠嗅觉识别环境之吉凶,人则主要依靠视觉。故而,在人脸正面图上,若以两只瞳孔为端点做一条直线,此线正好穿过双耳和鼻子,而动物正面像上的眼、耳(或角)、鼻并不位于一条直线上。可见,动物面相与人之面相的根本区别源于生理构造之不同。

[①] 笛卡尔也曾提及怪诞图像。在“第一沉思”里,他说:“当画家们用最大的技巧,奇形怪状地画出人鱼和人羊的时候,他们也究竟不能给它们加上完全新奇的形状和性质,他们不过是把不同动物的肢体掺杂拼凑起来。”(笛卡尔:《第一哲学沉思集》,第17页)这是在批评人鱼、人羊图像是复合而成,故而缺乏可靠的确定性。

　　这些研究皆预设了灵魂决定论或生理决定论，从这个角度归纳总结人类的面部表现，作为参照而引入了兽面研究。在这里，动物被当作低-精神性之代表，与人类灵魂的等级进行对比，人与兽的相似与分野所表征的是精神性的共通与高下等级。另外，这些研究贯彻着变量分析法，即设定其他因素保持不变，观察某一变量的变化可能带来的不同效果，从而考察该变量的独特功能，比如双眉位置、眼睛斜度、鼻型，等等。综上可知，勒布伦的这三项研究与其"有关一般的和特殊的表现之演讲"之间是连续的和贯通的，它们属于画家勒布伦长期研究的主课题之一：面部表现对灵魂的传达。这个发现可以帮助我们进一步地否定泰斯特兰对勒布伦的指责：首先，这些形形色色的肖像实验，正是从先天属性（包括物种、秉性等）方面对个体差异的细致分析；其次，"表现说"之演讲同样应用了变量分析法，预设一张抽象的、无差别的人脸作为恒量，为的是观察包括双眉在内的面部感官随内心激情变化而发生的位置改变。

第五节　王家学院的规矩

　　蒙塔古曾经指出，勒布伦的面部研究在当时达到了前人所无法比拟的精细与成熟。我们确实能够看到，其中贯透着一种科学家般的求真意识，一种对绘画的"客观性"的刻意追求。勒布伦用灵魂理论和生理学来保障这种客观性。这种求真意识未必催生于笛卡尔的实验精神，却也不一定缺少相通性，毕竟，它们共享着当时最先进的生理学成果。不过，倘若因此而以为勒布伦的思想中存在着进步主义的端倪，则实在是大大的误解。这位王家绘画与雕塑学院院长是普桑派（线条派）的代表，在立场上是保守的复古分子。该学院古典主义美学的头一个规矩，就是对古典主义大师作品的严格模仿。而作为院长的勒布伦应被看作一个体制的拟人化存在，[①]而非一个自由的、独立的理性主体。

　　王家绘画与雕塑学院组建于1648年，1663年改组。成立的初衷是同

──────────

　　① 勒布伦与国家制度的关系相当紧密。他是财政大臣柯尔贝尔倚重的得力助手，掌控着王家绘画与雕塑学院、罗马学院以及哥布林制毯厂。1662年，他因历史画《大流士家眷拜见亚历山大大帝》博得路易十四欣赏（赞其为"法兰西史上最伟大的艺术家"），被授爵位，成为国王的首席画师。1663年，他开始担任王家绘画与雕塑学院的院长；由于在趣味上甚契圣意，卢浮宫的阿波罗厅、凡尔赛宫的镜厅以及诸多王宫官府的装饰工作，皆交由他来负责。至少在柯尔贝尔去世之前，勒布伦是法国体制内最有权势的画家，是法国绘画界的立法者，他一手塑造、指导并向外输出着他所理解的古典主义美学，即所谓的"路易十四风格"。

当时的画家行会相对抗,将画家从行会转移和汇聚到国王的统一管理之下,为国王的事业增添荣光。这是总体性的绝对主义政治在艺术管理上的落实。① 法国行会对艺术作品交易准入资格的管束和规定相当苛刻,不利于年轻一代画家的发展。据记载,1646 年,法国画家行会要求议会限制官方画家的数量以及为私人客户画画的自由,激起宫廷画师的不满,宫廷画师组成王家绘画与雕塑学院并提交了一份完整的艺术教育方案。② 为了聚拢画家,学院打出了为绘画恢复"自由艺术"③地位的旗号。这不仅客观上将艺术家提升至博学的人文主义学者,也决定了学院的教学方式不限于技法传承,而是实施跨学科的博雅教育。④ 在这样的主旨下,学院设立了一系列新制度,比如开展命题绘画竞赛、定期的讲座和交流等。经财政大臣柯尔贝尔提议,讲座自 1666 年开始成为每月的常设项目。现场发言和讨论的内容由官方速记员记录,⑤集成书面文字后公开发表。在一份 1667 年 3 月 28 日由柯尔贝尔签字的计划书里,讲座制度被进一步规范化,要求每一场演讲者需陈述前一场的主题,有演讲意向者,需预先递交一份发言概述,等等。引人注意的是,讨论受到高度重视和鼓励:

> 学院的各项决定应当伴之以何以如此解决的原因,在决定之前,先要提出各个方面的论据并加以讨论,不能无凭无据地颁布给公众,就像迫使人接受的神谕似的。由于这些事情都服从于讨论,故而不会有人不同意学院的决定,除非他没有看到那些被交代的原因和证明,以及针对他所提出的异议的一种恰切的回应。所以,最好是每年只处理和决定两三个问题,此前对它们进行充分深入的检验,倘若缺乏有说

---

① 关于王家绘画与雕塑学院的更多史实梳理,可参见尼古拉斯·佩夫斯纳:《美术学院的历史》,陈平译,商务印书馆 2016 年版,第 82—130 页。

② 具体可参见克里斯蒂安·埃克:《艺术可以教吗?——在理想和制度之间:16 世纪到 19 世纪的欧洲美术学院和学校》,见朱青生主编:《美术学院的历史与问题》,广西师范大学出版社 2012 年版。

③ 传统意义上的"自由艺术"以语法、逻辑、修辞为核心,皆以语言为基础。

④ 从学院的人文主义新定位的角度,也适合于探讨当时的绘画理论与哲学的关系。鉴于这条路径离本章主题稍远,暂不赘述,感兴趣的读者可以参见伦斯勒·李的《诗如画——人文主义理论(续)》(李本正译,载《新美术》1991 年第 1 期),以及罗斯的文章《描绘激情:夏尔·勒布伦有关表现的演讲》(罗斯的结论是,学院"对系统化和图示化的渴望并不来自于新近产生的对科学的羡慕或对哲学的关注,而是来习惯和争论,而它们已经长久搅动其姊妹艺术"。参见:Stephanie Ross, "Painting the passions:Charles Le Brun's Conférence sur L'Expression", *Journal of the History of Ideas*, Vol.45, No.1[Jan.-Mar.,1984], p.47)

⑤ 我们今天看到的演讲文字之所以皆以第三人称叙述的方式出现("某某先生说……"),就是因为出自速记员笔下而非演讲者之手。

服力的证明或者至少非常坚实的论据来支撑，切不可做出大量决定，因为，相较于大量被肤浅处理的问题，一个被严肃对待的主题是更有成效的。①

这段话表示，任何看法皆有待检验，主观的、个人的看法是靠不住的；通过多人反复的商讨、辩难，可以得出客观的、正确的看法。这些话表面上不像是出自艺术学院的语境，它对语言和逻辑力量的信赖，倒更像在谈论哲学或科学研究。

这样的讲座制给整个学院带来理论化的压力。长期处在行会控制下的绘画界，原本并无太多直接可用的理论资源，于是演讲者们纷纷向其他学科求助。布列逊曾指出，雕塑家奥布斯塔（Gerard van Obstal）以及勒布伦的政敌米尼亚（Nicolas Mignard），也同勒布伦一样不言明地使用了笛卡尔的激情论。比如，关于拉奥孔雕塑的脑袋为何垂向肩膀，奥布斯塔解释道："人在担忧时，躯体的所有血液收缩到心脏区域，失血的部位变得苍白，肉也不结实，由于四肢失却正常的热量和力量。"②又如，米尼亚在论及兴奋这种激情的表现时说："兴奋使心脏膨胀，这样，变得更加温暖更加纯粹的机体气力，就上升到了大脑并遍及脸部，尤其是眼睛；热化了血液，扩张了肌肉，舒展了眉头，致使整个面貌都神采奕奕。"③布列逊在《论灵魂的激情》里找到了这两段话的（疑似）出处，显示出二人其实几乎在机械地照搬笛卡尔，以应付讲座制的要求。④ 但他们同勒布伦一样仅限于引用，并未加以解释或消化，而是径自谈论另外的道理。所以，笛卡尔确实影响和塑造着学院的话语，但只是一种表面的渗透，一种登高去梯式的应用。

从那段学院计划书的文字还可看出，讨论只是抵达学院之"决定"的途径。最终的"决定"被视同于普遍有效的真理，将用于规范学院的观念。可见，王家学院并不接受"趣味无争辩"，他们认为多元的趣味是成问题的，恰恰需要通过"争辩"来达成一致，从而得出最终的"决定"，也就是"正确"的趣味。在这个视觉艺术的最高机构里，求真与求美混为一谈，更准确地说求真高于求美，就像布瓦洛那句诗所言——"没有比真更美的了"。所以，讨论的目的是化多为一，众水归流，形成一个笼罩性的单一审美趣味和单一创作方式，温尼·海德·米奈称之为一种非常严格（或者说过于严

① Jannifer Montagu, *The Expression of the Passions*, p.70.
② 参见诺曼·布列逊：《语词与图像：旧王朝时期的法国绘画》，第58页。
③ 同上。
④ 同上。

格)的"定势",①这正是"古典主义"。

这种"正确"的趣味、严格的"定势",在苏逊的文章中被称作"美的生产规范"。他指出,勒布伦之表现说的深层缘由,正是为学院创设一套"美的生产规范"之需要,而唯有通过这种体制性的创造,其表现说才是有意义的。②在笔者看来,表现说的意义并不只有参照其体制才能成立,如前所述,勒布伦的绘画研究课题自然地衍生出一种关乎激情之表现的理论,而该课题本身自有其价值。不过,笔者认同苏逊的前半句话,它点出了勒布伦改造笛卡尔激情论的外部压力:"表现"是绘画研究的课题,也就是在可见之处表现不可见的东西,用面部的细微活动传达内部灵魂的动荡;笛卡尔虽然谈之甚多,却难以令勒布伦满意,因为体制要求他构建一种严密而系统的表现理论,用于教授学生、规范创作;于是他求助于其他理论资源,重建激情表现说,并配以一幅幅面部表情素描,作为"美的生产规范"。

规范是排他性的,是"正确"的标准,违反规范的绘画就是"错误"的。这是学院的规矩,也是表现说所暗含的规训意味。人们对勒布伦表现说以及学院古典主义美学的负面批评,主要就源于这一点。③ 它也进一步强化了与笛卡尔的异质性。笛卡尔虽未专题性地讨论过美学,却显示出相对主义的审美取向:"一般地说,所谓美和愉快的都不过是我们的判断和对象之间的一种关系;人们的判断既然彼此悬殊,我们就不能说美和愉快能有一种确定的尺度。"④所以笛卡尔不可能支持美学领域的立法。那种学院古典主义美学势必与笛卡尔背道而驰。正如苏逊所评价的那样,"勒布伦用他的表现说而延伸、完成、激进化并因此而脱离了那本应是一种真正的笛卡尔美学的

---

① 参见温尼·海德·米奈:《艺术史的历史》,第 19 页。

② 参见:Henri Souchon, "Descartes et Le Brun: Étude comparée de la notion cartésienne des 'signes extérieurs' et de la théorie de l'Expression de Charles Le Brun", *Les Études philosophiques*, No.4, XVIIe siècle(Octobre-Décembre, 1980), p.445.

③ 比如冯丹说:"可怕的是,当时的绘画有不少照此模式描出的头部图。毫无疑问,勒布伦不可能糟蹋任何真正的天分……但我们应该对他的影响力深表遗憾,因为二流画家原本能够保持对自然的忠实,从而生产出有趣的作品。"转引自:Stephanie Ross, "Painting the passions: Charles Le Brun's Conférence sur L'Expression", *Journal of the History of Ideas*, Vol.45, No.1(Jan.- Mar., 1984), p.33, note 9.冯丹这部《法国艺术》对普桑和勒布伦着墨甚多,辟有专章讨论,原书可参见:André Fontaine, *Les doctrines d'art en France: peintres, amateurs, critiques, de Poussin à Diderot*, Paris: Librairie Renouard, 1909.

④ 见 1630 年 2 月 25 日笛卡尔致麦尔塞纳神父的信,北京大学哲学系美学教研室编:《西方美学家论美和美感》,商务印书馆 1980 年版,第 78—79 页。他还说过:"同一件事物可以使这批人高兴得要跳舞,却使另一批人伤心得想流泪;这全要看我们记忆中哪些观念受到了刺激。例如某一批人过去当听到某种乐调时,跳舞的欲望就会又起来;就反面说,如果有人每逢听到欢乐的舞曲时都碰到不幸的事,等他再次听到这种舞曲时,他就一定会感到伤心。"(转引自朱光潜:《西方美学史》[上册],第 184 页)

东西"。①

　　至此,勒布伦及其背后的王家学院与笛卡尔的关系可总结如下:勒布伦的"表现说"修改了笛卡尔激情论的理论基础,这种改造一方面是画家勒布伦一以贯之的面部研究的一种延伸,另一方面是院长勒布伦对外部制度压力的应对之策。在这个17世纪的古典主义美学案例里,哲学与艺术其实走在既交叉又分离的道路上。

---

① Henri Souchon,"Descartes et Le Brun:Étude comparée de la notion cartésienne des 'signes extérieurs'et de la théorie de l'Expression de Charles Le Brun", *Les Études philosophiques*, No.4, XⅦ^e siècle(Octobre-Décembre,1980),p.451.

第四章　古今之争

在 17 世纪至 18 世纪，围绕着古今何者更具优越性的问题，欧洲知识分子发生了一场旷日持久的论战，史称"古今之争"。

它最先爆发于 17 世纪初的意大利，主要发生在法国和英国，在其他欧洲国家也有回响。这场文人间的战争声势浩大，在 17 世纪末达到高潮，掀动了整个欧洲知识界。在法国，当时饱学之士几乎都被卷入古今之争，王家学院随之分裂为两个阵营：崇古派（les anciens）与厚今派（les modernes）。参与者写诗赋文，唇枪舌剑，蔚为一时之盛。一种观点认为，两派都是古典主义者，只不过前者"自觉是家道中落的后嗣"，后者"自觉是青出于蓝的嫡派"，从而尖锐对立；①另一种观点认为，厚今派已经分裂出古典阵营，而属于现代派，是启蒙者的前身。至少就古典主义美学的特征——规范、严整、简练、明晰、崇尚理性②——而言，厚今派并未有所违背，他们其实仅只反对古典题材和古代作家的独尊地位，所以，在这个意义上说古今之争是古典主义内战，应该是没有问题的。

第一节　古今之争的写法

关于古今之争的历史，自古至今有很多种写法，歧见迭出，难以一统。19 世纪中叶伊波利特·希格的《古今之争史》以史为主，以论为辅，史料细致扎实，为这段历史的研究留下很好的文献参考。该书把古今之争分为两个主战场（英法）和三个阶段，被后来不少研究者沿用和借鉴。

近十年来，随着西方古典学相关文献的翻译和研究，尤其是列奥·施特劳斯复兴古典学的讨论受到关注，我国学界越来越重视与古典学历史

---

① 吕健忠、李奭学编译：《西方文学史》，浙江大学出版社 2013 年版，第 213 页。

② 李赋宁总主编：《欧洲文学史》第一卷《古代至 18 世纪欧洲文学》，商务印书馆 2010 年版，第 294 页。

有着直接关联的古今之争，从思想史的角度重审它的价值。新近研究中，刘小枫的研究最具代表性，也最引人注目。他注意到"我国学界对这场古今之争一向缺乏兴趣"，却一反成说，把古今之争的历史地位提高到前所未有的程度，认为它是"发生在文艺复兴至启蒙运动之间的重大文化事件……不仅堪称与文艺复兴和启蒙运动三足鼎立的文化思想史事件，甚至堪称西方近代更具标志性的文化事件"。如其所言，这样的定位，初看之下确实有违中国人乃至欧洲知识人的"常识"。他用以颠覆这个常识的有力论据是：古今之争"并非仅仅关涉文学艺术，甚至也并非仅仅关涉广义的学问，而是更关涉古代文明与现代文明的优劣"，而文明传统之争更加具体地指向近代早期聚讼不已的政治制度之争。于是他从政治角度出发，将这场古今之争定性为现代民主制和古代贵族制两种制度之争。受施特劳斯影响，我国近年来在这个领域的研究成果也大多在（政治）思想史维度上展开。[1] 如此一来，战局其实比通常设想的宏大得多。上至文艺复兴，下至启蒙运动，举凡为近代新政制、新文明做过反思的学问家，都免不了思古而论今，并于二者择一，因此其实都是在以各自的方式选择站在崇古或厚今的一方。甚至时至今日，战火仍未曾平息。[2] 经过这样一番视角转变，古今之争不再单单是一个具体历史事件，更是一条问题线索，是近代以来学术界问题意识连续性的一个证明。

事实上，把古今之争设定为一条问题线索，从而将之普遍化为西方近现代思想演化过程中的矛盾聚合点，是近年来国际研究界重新审视这场论争时所采取的共同策略。只不过，不同的学者从各自的研究脉络出发，在这场论争中选取不同的材料作为侧重点详加处理，从而做出了相当不同的定性研究。

西方的古今之争研究，是伴随着当代学术方法的转型而逐渐兴起的。前文所借重的伊波利特·希格的《古今之争史》，为后世留下了较可靠的历史材料。距此书面世半个多世纪之后的1914年，斯特拉斯堡大学教授于贝尔·吉洛（Hubert Gillot）出版《法国古今之争：从"捍卫法语名誉"到"古今

---

[1]　该领域的研究可参见刘小枫：《古今学问之战的历史僵局》，载《贵州社会科学》2015年第4期；刘小枫：《"古今之争"与"文艺复兴"的疑古倾向——为新文化运动一百周年而作》，载《海南大学学报》2015年第2期；刘小枫：《斯威夫特与古今之争——为新文化运动100周年而作》，载《江汉论坛》2015年第5期；何卫平：《解释学与"古今之争"》，载《武汉大学学报》2014年第4期；王升平：《施特劳斯与"古今之争"：一个文献述评》，载《理论界》2010年第11期；郑兴凤：《古今之争与古典政治哲学》，载《浙江学刊》2006年第2期。

[2]　以上引文参见刘小枫：《古今之争的历史僵局》（中译本导言），载斯威夫特：《图书馆里的古今之战》，李春长译，华夏出版社2015年版。

对观"》①。该著作专注于法国战场,对古今之争的阶段进行了重新划分:从文艺复兴发源到佩罗的《古今对观》,一直延续到浪漫派革命。在一定程度上改变了希格著作强于梳理而弱于分析的特点,在深度上做了进一步挖掘。

在该领域较近的研究成果的代表,是 2001 年出版的一部近九百页的大书:《古今之争:17 至 18 世纪》②。它由马克·弗马洛里(Marc Fumaroli)作序《蜜蜂与蜘蛛》(Les Abeilles et les Araignees),由安娜-玛丽·勒考克(Anne-Marie Lecoq)注释和编纂文章选辑、年表、批评目录提要以及名词索引,由让-罗贝尔·阿尔莫加特(Jean-Robert Armogathe)撰写后记《一场古老的论争》(Une ancienne querelle)。它表面看起来是一部文集,其实也是研究著作,因为其前言长达两百多页,后记也有五十页之多。书中融入了文献拣择的视角和较新的研究进路。有意思的是,这三位研究者对待古今之争时限的方式并不一样。勒考克在书中收入了一些不太为人所知的文献,对古今之争作品范围做了扩充:从 1594 年杜瓦尔(Du Vair)的《论法国辩才》(Traité de l'éloquence française)到 1770 年伏尔泰《哲学辞典》(Questions sur l'Encyclopédie)的"古人与今人"一章。前言和后记的不同作者以及序言的作者弗马洛里把时限规定为 1612 年至约 1720 年;而阿尔莫加特的后记则把古今之争的时间范围拉长:从塞涅卡到莱布尼茨。

此处粗略比较一下刘小枫与海厄特,着重考察两者观点之差异。刘小枫聚焦于古今之争中的古今文明之争,尤其是古今政制之争,侧重讨论英国战场,尤其是崇古派的坦普尔《论古今学术》(Essay upon Ancient and Modern Learning,1690)、斯威夫特《书籍之战》(The Battle of the Books,1704)所开启的一脉。这样的做法给人的印象是:这场古今之争,究其实质而言,乃文学其表、政治其里。而古典学家、文学史家吉尔伯特·海厄特的侧重点恰好相反。在《古典传统:希腊-罗马对西方文学的影响》一书中,他将这场辩论放到古典传统在西方文学史中如何延续、变迁、冲突的考察里。从这个总体视野出发,他认为在法国上演的才是"真正的战斗",而此期在英国发生的冲突是"有趣但次要"的。③

对于古今之争的时间起讫,各人的看法亦不相同。刘小枫将厚今派崛

---

① Hubert Gillot, *La Querelle des anciens et des modernes en France, de la "Défense et illustration de la langue* française*" aux "Parallèles des anciens et des modernes"*, Paris: Librairie Ancienne Honoré Champion, Edouard Champion, 1914.

② *La Querelle des Anciens et des Modernes*, XVIIe- XVIIIe *siècles*, précédé d'un essai de Marc Fumaroli, Paris: Gallimard, Folio classique, 2001.

③ 吉尔伯特·海厄特:《古典传统:希腊-罗马对西方文学的影响》,王晨译,刘小枫、雷立柏、哈罗德·布鲁姆序,北京联合出版公司 2015 年版,第 220 页。

起的时间设在文艺复兴末期,即流行废黜古典权威的时期(在意大利、法国、英国都有所表现,只不过出自不同的政治思想背景),认为欧洲知识人共同体自那开始分裂,这个裂痕一直未得到修复,反而以不同的形式屡屡加深,并延续至今。(在时间起讫问题上,伏尔泰也持泛化的态度,把起始时间推得更靠前。他在《哲学辞典》的"古人与今人"词条中说:"古与今的大论战还没有完结;自从紧接着黄金时代而来的白银时代起就在争论了。"①)而在海厄特那里,古今之争是严格作为一个具体事件被处理的,它于1716年在主战场法国落下帷幕。尽管海厄特也同意,"这次论战只是一场延续了两千年并且仍在进行的大战争中的一次冲突……是传统和现代主义之间的战争,是原创性和权威之间的战争",②但他坚称此后"争论的焦点抑或参与者的立场"都发生了改变,③不再继续追论。

如果考虑到二人史观的差异,就不难理解上述区别了。一方对传统的断裂现象情有独钟,旨在追究"新"如何生于"旧";另一方则着眼传统的延续性,描绘的是古典传统如何历经变异而保持同一。

在思想史家伯瑞的视野里,古今之争主要出现在进步论的发展链条上。在他看来,近代自然科学频频取得重大突破,为近代人的心灵带来乐观与自信,文艺复兴时期盛行的(复古)退步论与以培根、笛卡尔为代表的近代实验理性之间的冲突集中爆发,体现为这场古今之争。④ 而在艺术史家米奈的眼中,古今之争事件中所折射出的时代问题,乃是官方艺术学院内部对权威的争夺,"宣称古人对艺术与自然的了解胜过我们是为了诉诸于权威"。⑤

第二节　法国战况始末

古今之争在公众(主要指民众中的识文断字者)中造成了广泛而深刻的影响,客观上推动了知识的普及化,呼唤着启蒙时代的到来。在世纪的转折点上,这场论战以其复杂的面向、丰富的作品,吸引着当时和后世研究者的目光。从美学的视角审视这场古今之争,笔者所关注的是:古典主义美学为何及如何遭到质疑、反驳与抵制,以及现代美学问题如何在这场论争中萌芽

① 伏尔泰:《哲学辞典》,(上册),王燕生译,商务印书馆1991年版,第94页。
② 吉尔伯特·海厄特:《古典传统:希腊-罗马对西方文学的影响》,第220页。
③ 同上书,第241页。
④ 具体可参见约翰·伯瑞的《进步的观念》一书。
⑤ 温尼·海德·米奈:《艺术史的历史》,第104页。

和成型。鉴于此,本节以希格《古今之争史》所提供的材料及评价为依据,梳理古今之争第一阶段法国战事的主要情况。

根据希格的记载,古今之争最初在意大利知识界爆发。1620 年,意大利诗人、历史学家亚历山大·塔索尼(Alessandro Tassoni,1565—1635)的《杂见》(Pensées diverses)面世,引起轩然大波。塔索尼在书中做了一番古今对比,得出的结论是:今人在各个领域皆胜过古人,这些领域不单包括科学、工业、农业,还包括文学、艺术、辩才、诗歌和绘画。[①] 据迪拉博斯基(Tiraboschi)说,该书"惹怒了当时的大部分作家,他们发现书中对荷马的诗句与亚理斯多德的看法进行了激烈的贬责,同时对文学的效用做出明确的质疑,上述种种令他们大为光火,仿佛塔索尼是在向所有学科和全体学者宣战"。[②] 文人战争拉开帷幕。

很快,塔索尼的著作被让·博杜安(Jean Baudoin,1590—1650)译介到法国。这位译者于 1634 年入选法兰西学院,成为第一批"四十把交椅"之一。塔索尼作品的译介,点燃了蛰伏在法国知识界的、与意大利类似的矛盾。1635 年,博杜安的法兰西学院同僚、黎塞留手下的五人(悲剧)创作班子成员布瓦洛贝尔(Boisrobert)在法兰西学院大会发表演讲,抨击古典文学,攻击荷马。这是法国厚今派第一次发动攻势。

不过,在希格看来,首战的爆发并非出自一个慧眼独具、洞察先机的伟大心灵,而只是一次偶发事件,一场蝴蝶效应。布瓦洛贝尔的观点并非出自敏锐而深刻的哲学思想,他只不过意在提出一个"简单的趣味问题",却无意间点燃了一场将持续至少上百年的战争。[③]

第二位出场的厚今派成员是德马雷·德·圣-索尔兰(Desmarets de Saint-Sorlin,1595—1676),他也是黎塞留五人创作班子成员。这是一位中年皈依的坚定的天主教徒,曾建言国王出动一支十四万人军队根除异端。与布瓦洛贝尔不同,他之所以反对因袭模仿古代诗歌,主要出自他的宗教狂热。古代诗歌是异教诗歌,而今人应当写作基督教诗歌。在他看来,异教诗人无论具有多高的天资,都无法像基督徒诗人那样伟大,因为魔鬼栖居在他们身上并唤起他们的错误,而居住在基督徒诗人体内的却是圣灵,圣灵将他们带向真理。[④] 他本人践行了这个观念,创作出一些基督教主题诗歌,如《克洛维斯》(Cloris,1657)、《抹大拉的玛丽亚》(Marie-Magdeleine,1669)。

---

① Hippolyte Rigault, *Histoire de la querelle des anciens et des modernes*, p.75.

② 同上书,第 72 页。

③ 同上书,第 76—77 页。

④ 同上书,第 107 页。

崇古派领袖布瓦洛于 1674 年发表诗体理论著作《诗的艺术》(*Art poétique*),在该书第三章里针锋相对地批评了德马雷。他坚决维护神话作为诗歌的主要题材。几年后,高乃依在一场事件中发表了对崇古派有利的意见。他力主神话入诗,除了像布瓦洛那样指出神话的审美价值,还相当机智地运用自己的创作经验进行说理。他提出,自己在写作诗歌时并不把那些异教神奉若神灵,而是根据异教徒的信仰来描写他们的言语;对于那些不以基督教真理为基础的错误的诗歌神性,他主张大可不必严厉驱逐,因为它们可以用在不严肃的诗歌上,比方说爱情抑或其他快事。①

在古今派交战的这一回合里,局面激烈而紧张。应该说,厚今派的德马雷并没有太占优势,也没有掀起太大风浪。1675 年,德马雷自知时日无多,在一首诗里呼唤道:"佩罗,去捍卫那正在呼唤你的法兰西吧;/跟我一道打败这群逆贼,/这伙敌人虚弱不堪又死不悔改,/宁肯选择拉丁作品也不要我们的歌唱……"②

德马雷把佩罗当成自己的继承人,而在佩罗公开加入厚今派阵营之前,另有两学者站出来发声。首先是博乌尔斯神父。他思维细腻而敏捷,善发新见。在其主要作品《阿里斯特与欧也尼谈话集》(*Entretiens d'Ariste et d'Eugène*,1671)里,博乌尔斯神父为厚今派的其他人贡献了新的思路。

阿里斯特和欧也尼的对谈彬彬有礼,不温不火,并不像其他厚今派那样充满攻击性和侵略感。不过,他们的谈吐中虽尽力避免进行古今对比,但最终仍难掩今胜于古的优越之处。欧也尼说道:"希腊人和罗马人极其珍视自己国家的荣耀,人们完全没法跟他们辩论,不然他们就会翻脸,就会跟世界上最勇敢、最有才华的人们结下梁子。对我而言,由于我并不喜欢为自己树敌,所以宁愿向希腊人和罗马人让步,并真心实意地承认,跟古希腊和古意大利的价值比起来,所有国家在英雄方面都是贫瘠的。"③这段话看似恭维古人,但若细细品味,说它是对崇古派的影射之词,说他采取了"以退为进"的策略,恐怕也不牵强。阿里斯特也不否认希腊罗马的精神之美,但不失时机地补充了"当今的精神之美",它们存在于法国人、意大利人、西班牙人、英格兰人以及莫斯科人那里;到处都有才识,而这其中,唯有法兰西具备最完美的才识(bel esprit),"这要么出于气候方面,要么是我们的秉性对此有所推助"。④ 他还说,一个国家的粗野或机敏,可能是此一时彼一时,"上个世

① Hippolyte Rigault,*Histoire de la querelle des anciens et des modernes*,p.99.
② 同上书,第 113 页。
③ 同上书,第 118—119 页。
④ 同上书,第 119 页。

纪对意大利来说是教义和礼貌的世纪……本世纪对法国而言,有如上个世纪之于意大利;人们说,世界上的全部才智和全部科学现如今皆备于我们,还说,跟法国人比起来,其他所有地方的人都是野蛮人……"[1]这仿佛是在说,文明的接力棒从希腊、罗马,到意大利,如今传到了法国。话语间颇有些当仁不让的意思,虽未抑古而扬今,却着实是在颂今。

再有一位是大名鼎鼎的丰特奈尔(Bernard Le Bovier de Fontenelle,1657—1757)。据说他为人"相当机智,非常有野心同时却又极端冷漠"。[2]他之所以站到厚今派阵营,可能部分是出于年轻人出人头地的愿望。他宣称,在趣味方面,一切皆真,一切皆假。[3] 丰特奈尔的参战作品主要是《死人对话新篇》(*Nouveaux dialogues des Morts*,1683)。这篇对话让苏格拉底、蒙田等不同时代的名人会聚一堂,拟设了他们的言论,并将作者自己的看法隐藏其中,具有强烈的讽喻色彩。比如这段对话:"我承认现代人是比我们更高明的物理学家,他们甚至认识自然,然而他们不是比我们更高明的医生……我们看到这里天天都出现更多的死人。"对方回答道:"对人认识得更多,却治愈得更差,这真是咄咄怪事。既然如此为何要耗费时间去完善人体科学呢? 弃之一旁岂非更好。"[4]这段话还触及古今之争的一个重要话题:科学知识的进步问题。

丰特奈尔的《死人对话新篇》是佩罗的《路易大帝的世纪》(*Le siècle de Louis le Grand*)的前奏。[5] 1674 年,由于夏尔·佩罗之父皮埃尔·佩罗在攻击古希腊诗歌时犯了两点错误,被拉辛抓住后大做文章:"奉劝那些先生(按:指厚今派)不要再如此轻易地在古人作品上做决定。尽管他们处心积虑要谴责欧里庇得斯,但像他那样的人至少经得起他们的检验。"[6]其实,就总体而言,厚今派阵营的古典学水平远不及以渊博著称的崇古派,于是在这场复杂而多反复的战争里,古典知识上的硬伤屡屡成为厚今派受嘲弄和批评的引线。

古今之争的标志性事件发生在 1687 年 1 月 27 日。当天,法兰西学院院士齐聚一堂,庆祝国王路易十四身体康复。崇古派领袖布瓦洛在场。聚会中程,身为国王营造总管的佩罗起身,宣读了一首诗,即《路易大帝的世

---

[1]　Hippolyte Rigault, *Histoire de la querelle des anciens et des modernes*, p.120.

[2]　同上书,第 121—122 页

[3]　同上书,第 124 页。

[4]　同上书,第 126 页

[5]　同上书,第 129 页

[6]　同上书,第 133 页。

纪》。它的开头一段很有名:

> 美好的古代总是令人肃然起敬,
> 但我却从来不相信它值得崇拜。
> 我看古人时并不屈膝拜倒:
> 他们确实伟大,但同我们一样是人;
> 不必担心有失公允,
> 路易的世纪足堪媲美美好的奥古斯都世纪。①

这段诗常被引用。它诗意浅白,反倒具有直接的力量。为路易十四唱赞歌,本是王家学术机构的职责所在。尽管如此,在这样公开、重大而严肃的场合,借颂今为由而断然否弃对古人的崇拜,是前所未有的——之前的古今交火,大多发生在书面上,或者属于暗地里的小动作。这不啻咄咄逼人的宣战。

作为读者,我们不难注意到一个细节:在佩罗所诵读的诗句里,列举了不少可与古人成就相媲美的今人,独独不见布瓦洛的名字。可以想象,这一公然的举动令盛名久负的布瓦洛相当不舒服。更加令布瓦洛愤怒的是,在他眼中神圣不可侵犯的那些古人作品,被佩罗拿来与今人平起平坐。后来,佩罗在自己的回忆录里不无暗爽地记录道,在自己发表这场演讲期间,布瓦洛坐在扶手椅中焦躁地晃来晃去,显得极不耐烦、如坐针毡。布瓦洛的崇古派战友于埃(Pierre Daniel Huet,1630—1721)回忆道,布瓦洛在演讲行将结束时愤然起身离席,叫嚷着"这场演讲实乃学院之耻"。② 不过,整个演讲过程并无其他院士打断或表示异议,甚至在演讲结束时,听众全体报以了掌声。院士们的反应加重了布瓦洛的不安:局面似乎在倒向厚今派。进展到这个阶段,事情变得相当戏剧化。

布瓦洛尽管耿耿于怀,却一直没有做出公开正式的回应,只在几封私人信件里说了些不怎么理智的气话。③ 当然,法兰西学院的分裂已是众目昭彰之事。1687年,丰特奈尔出版《占卜史》,指出古代异教神使乃是基督教

---

① Hippolyte Rigault, *Histoire de la querelle des anciens et des modernes*,p.141.

② 同上书,第146页。

③ 可能是布瓦洛的讽刺诗伤人太多,也可能出于妒忌或文人相轻等种种原因,布瓦洛在法兰西学院里拥护者并不多。他在致布洛瑟特(Brossette)信中曾说,学院里只有"两三位"有良好趣味的院士。其实,学院里的崇古派除了布瓦洛和拉辛,至少还有波絮埃、费内隆、弗雷谢尔、于埃,等等。布瓦洛口出此言,恐怕是气昏了头,或者有所夸张(Hippolyte Rigault, *Histoire de la querelle des anciens et des modernes*,p.152)。不过,学院里的厚今派实力强大,于此可见一斑。

僧侣设置的骗局,抨击了轻信古典的愚昧心灵,这对崇古派造成又一次打击。[①] 1691 年 5 月 15 日,丰特奈尔入选学院。这一事件无疑为风头正劲的厚今派又添了一把柴。曾被布瓦洛嘲弄过的拉沃神父(abbé Lavau),在谈话中将丰特奈尔与西塞罗并提,这让崇古派相当不满。又过去两年,崇古派的一位重要成员入选学院,他就是以写作《品格论》(*Caractère*)闻名的拉布吕耶尔(Jean de La Bruyère,1645—1696)。拉布吕耶尔是布瓦洛的崇拜者,也迅速加入了辩论。

崇古派是一群信而好古的学问家,精通古希腊语、拉丁语,其中不少人是古代文献的翻译者,比如布瓦洛(翻译朗吉努斯)、隆热皮埃尔(Longepierre)、达西耶(Dacier)夫妇(翻译贺拉斯)等。面对厚今派咄咄逼人的架势,他们一开始并无实质性的还击,所做的往往不外乎讽刺(梅纳日[Ménage])或斥骂(布瓦洛、达西耶)。在佩罗公开宣读《路易大帝的世纪》后,有人匿名写了一首拉丁文讽刺诗(据说出自梅纳日之手,但他本人否认这一说法)。诗中写道:

> 亲爱的萨贝利,你的好友佩罗
> 做了一首诗,取名为《世纪》,
> 他在里面信誓旦旦、大放厥词。
> 说什么勒布伦比阿佩利斯懂得多,
> 说什么我们的哇哇怪叫比西塞罗说得妙,
> 说什么我们的拙劣诗人比玛戎还强。
> 多么暗淡而无脑的《世纪》啊![②]

佩罗把这首诗译成法文,礼貌而强硬地指出这种辱骂"超出了文人之间所允许的自由"。[③] 他早就不无得意地预言过这个局面:"我们在愉快的争论里乐此不疲/这争论没完没了地进行下去:/我们将一直摆出各种理由,/他们将一直说着辱骂之词。"[④]当然事实并非完全如此,比如崇古派的隆热皮埃尔男爵就是例外。他在《谈谈古人》(*Discours sur les anciens*)里措辞是礼貌有加的。然而,除了无节制地赞美古人完美无瑕,他并未贡献出有益

---

① 参见 J.S.布朗伯利编:《新编剑桥世界近代史》第 6 卷"大不列颠和俄国的崛起,1688—1725 年",第 123 页。

② Hippolyte Rigault, *Histoire de la querelle des anciens et des modernes*, p.210.

③ 同上书,第 212 页。

④ 同上书,第 193 页。

的论据。在崇古派占下风、局面僵持的时刻，出现了一位引人注目的调停者德·卡利耶尔(de Callière)。他的《古今之战的诗史》(*Histoire poétique de la guerre des anciens et des modernes*, 1688)①以佩罗《路易大帝的世纪》演讲后学院分裂为对立的两派为由头，由真入假，杜撰了真假一炉、古今一体的精彩故事：信息女神在巴纳斯山播下警告，命令那些居住在此圣山上的最负盛名的古人和今人像法兰西学院那样分成两大阵营作战。荷马任希腊诗歌统帅，维吉尔为拉丁诗歌统帅，狄摩西尼率领希腊演说家，西塞罗统领拉丁演说家；在今人里，统领法国、意大利、西班牙文坛的将领分别是高乃依、塔索②和塞万提斯。该书风趣活泼，引人入胜，广受公众的欢迎。其写法后来被斯威夫特借鉴，于是有了英国战场的标志性成果《书籍之战》③。故事的结尾表达了平息战争的愿望：阿波罗下令停止互骂，以个个封赏、人人有份的方式，缔造了新的和平。卡利耶尔的著作受到古今两派(除佩罗外)的一致欢迎，使得他本人在发表次年即获得法兰西学院的席位。这是崇古派第一次以活泼机敏的方式得到辩护。④

　　崇古派的更加理性的意见发表在于埃与佩罗的通信里。佩罗曾把自己的《古今对观》寄给于埃，请他做出坦率而无偏见的评断。于埃回了一封长信，在必要的恭维后，毫不客气地一一指摘书中的错误。比如，他认为佩罗是由于错解了《奥德赛》里诗句的意思，才会指责荷马把基克拉迪群岛放到热带，于是尖刻地嘲笑并批评道："这就好像是指责夏普兰先生搞不清布尔日或波尔多的位置……荷马的用语根本不是您所说的意思……"⑤佩罗没有回信。可以想象，知识硬伤令他羞赧。

　　法兰西学院院士们的激烈争执，在法国知识阶层造成了广泛的影响，可以说，在某种程度上，知识人全体发生了自上而下的分裂。有些流亡海外的法国博学之士发表了意见。不少报刊也卷入进来。当时参与古今之争的法

---

　　①　参见：François de Callières, *Histoire poétique de la guerre, nouvellement déclarée entre les anciens et les modernes*, Genève: Slatkine reprints, 1971.

　　②　塔索(Tasso, 1544—1595)，文艺复兴晚期的意大利诗人，代表作品是长篇叙事诗《被解放的耶路撒冷》。

　　③　中译本可参见乔纳森·斯威夫特：《书籍之战》，见《图书馆里的古今之战》，李春长译，刘小枫主编"古今丛编"，华夏出版社2015年版，第195—220页。文中对崇今派的讽刺力度，几乎让法国崇古派里的任何一位难以望其项背。比如"作者序"里的这段话："有种头脑，只有一层浮沫可供撇去。有这种大脑的人需慎重收集起这种浮沫，并小心经营这点积蓄，但首先要谨防它们受到更智慧的人的攻击，因为那会令它们全部飞散，主人却找不来新的补给。无知的聪明是一种奶油，一夜之间膨胀而起，一只灵巧的手即可以把它搅成泡沫；然而，一旦撇去浮沫，下面露出来的只配丢去喂猪。"(第196页)

　　④　Hippolyte Rigault, *Histoire de la querelle des anciens et des modernes*, pp.213 – 215.

　　⑤　同上书，第218—219页。

国报刊主要有《学人杂志》(*Journal des savant*)、《风流信使》(*Mercure ga-lant*)、《特雷乌回忆录》(*Mémoires de Trévoux*)等。《学人杂志》曾拥护崇古派,后保持中立;《风流信使》则与丰特奈尔、佩罗交好;耶稣会掌控下的《特雷乌回忆录》与布瓦洛势同水火。① 总体上讲,社会舆论倾向于同情和支持厚今派。另外,知识女性也大多站在厚今派一边,唯有少数几位女性例外,如赛维涅夫人、孔蒂公主等。至于原因,受教育程度是一个重要方面。就像崇古派人士时常愤愤不平的说辞那样,为厚今派鼓掌助威的观众往往缺乏古代知识,未加深究便贸然藐视古人和古典学。②

崇古派向来不善于处理舆论。面对女性的不支持,布瓦洛的反应乃是写出第十首讽刺诗(Satire Ⅹ)加以嘲弄。此举大大加重了来自女性读者的敌意。在有权势的女性的干预下,法兰西学院院士的新交椅并未如布瓦洛所愿地留给德·米摩尔(de Mimeure),而是被推给了德·圣-奥莱尔(de Saint-Aulaire)。这个事件令布瓦洛气恼不已。③ 善于审时度势的佩罗利用了这一戏剧性事件,在 1694 年发表了《为女人一辩》(*Apologie des femmes*),不失时机地揶揄布瓦洛:"难道你不知道女人们的礼貌生而伴有诚挚吗?"这巧妙而狠辣的一击,为佩罗的崇古派拉拢了更多的拥护者。④

正是在同一年,当崇古派的名声跌至谷底的时候,布瓦洛终于醒悟,以他所擅长的方式发表了《有关朗吉努斯的反思》(*Réflexions critiques sur Longin*,1694),不理情面地一一指陈佩罗曾经做出的知识误判。他认为造成误判的原因是佩罗不通古文字,只能够读古代作品的译本,而译本难免有讹误。

事态进展到难以收拾的局面时,佩罗和布瓦洛共同的朋友们开始出面调停。佩罗把自己的《为女人一辩》寄给了八十岁高龄的大阿尔诺。这位宗教领袖彼时正在布鲁塞尔流亡,但仍密切关注着法国文坛局势。大阿尔诺在回信中指出,布瓦洛的讽刺并无过错,因为它既未攻击婚姻,亦未侮辱女性尊严,非但如此,那些段落反是优美的讽刺诗篇;更重要的是,讽刺诗作为一种文体,是文学性的,因此在"真"的问题上拥有某些豁免权,如果我们像对待哲学论文那样对待它就是不合适的。大阿尔诺表达了希望二人和解的

---

① 关于古今之争期间报刊上讨论的情况,可参见:Hippolyte Rigault, *Histoire de la querelle des anciens et des modernes*,pp.223 – 233.
② 同上书,第240—241页。希格还补充说,女性是天生的厚今派,因为她们既不通拉丁文亦不通希腊文,即便在女性沙龙地位较高的17世纪里,她们也一般是通过阅读古代作品的节译本来了解古典学的(第242页)。
③ 同上书,第245页。
④ 同上书,第248页。

愿望。① 1694年8月4日，也就是大阿尔诺去世前四天，布瓦洛和佩罗握手言和，论战至此告一段落。然而，它只是在某些领域获得了暂时的平息。战火很快烧到英国，又在下个世纪初的法国再掀风浪：18世纪初，围绕着《伊利亚特》译本是否可以改写为散文体的问题，达西耶夫人和剧作家乌达尔笔战几个回合，崇古派和厚今派又各自捍卫观点，这次纷争相对第一次的声势较小，最终在费内隆的干预下止息。

第三节　参战人物及其论题

在第一节里，我们按照古今之争法国战场（第一阶段）的主线，简述了这场事件的爆发、进展和（暂时）收尾。在本节里，我们将围绕该事件的三位主要人物，更加详细地讨论其论题和论证方法。

（一）德马雷

德马雷是第一位有意识、有系统地向崇古派发起挑战的法国学者。他主要在以下四个方面为后来的厚今派提供了思路，形成了传统。

第一，基督教诗歌的优越性。1673年，他的诗歌《克洛维斯》再版，增写了一篇开场白，强调唯有基督教主题适用于英雄诗歌。他态度坚决地说："某些作者试图掩盖自己的狡猾，狡辩道，正是出于对宗教的尊重，他们才不愿在诗歌中处理宗教，还说那种胆敢将虚构混同于宗教的纯粹真实的做法是相当鲁莽的；然而，他们妄称尊重宗教，实为蔑视和憎恨宗教，他们难以自禁地在自己的诗歌和不信教的言语中流露出这一点。当人爱一样东西时，必不会保持这样的沉默；而是会带着与这样东西相配的重视和尊敬去谈论它。"②

德马雷代表着法国厚今派中因反异教而反对古代文化的一类观点。这类观点与基督教的反异教传统紧密关联，也与当时错综复杂的宗教局面有关系。在同一历史时期，基督教教会同样坚决反对神话题材戏剧，也可归入这个传统。

那么，德马雷果真对非基督教题材寸步不让吗？希格发现，其实德马雷的立场原本留有余地，他只不过提倡基督教题材在英雄史诗里享有特权，高

---

① Hippolyte Rigault, *Histoire de la querelle des anciens et des modernes*, p.246, 258.

② 同上书，第97页。

于异教史诗、遣兴诗和爱情诗而已。后来，随着论争的延伸，他的观念才推向了极端。①

　　第二，法语的高贵性。法国人对这个问题的关注由来已久，至少可以上溯到 16 世纪以七星诗社为代表的民族语言运动。经过上百年的雅化过程，法语虽然在很大程度上被官方化，并在文学、艺术、科学语言里得到应用，但并未完全取代拉丁文的至高地位。1680 年，法兰西学院内部发生了争执，这场争执被法语捍卫者称作"法语声誉"（Illustration de la langue française）问题或"法语的无上卓越"（Précellence du langage français）问题。② 问题的焦点是：凯旋门上的铭文应该沿用拉丁文还是改用法文。大部分院士主张改用法文，比如财政大臣柯尔贝尔和夏尔·佩罗。另一派院士则不主张放弃拉丁文这种"拥有恺撒和奥古斯都之不朽性的语言"。③ 佩罗认为，拉丁诗歌已被遗弃在深夜里，声望和体面荡然无存。崇古派则歌颂拉丁缪斯，用拉丁语诗句说道：人称龙沙为"法语之父"，而他那些粗野的喧哗刺痛了我们那敏感的耳朵；巴黎对马莱伯吝于赞美……④在布瓦洛等人的力争下，这场争执的结局是崇古派取得了胜利。

　　早在这场争执发生的十年前，即 1670 年，德马雷就发表了《论判断希腊语、拉丁语和法语诗人》（Traité pour juger les poètes grecs, latins et français），除了旗帜鲜明地主张今人诗歌高于古代诗歌外，还触及到古今之争的另一个话题：语言问题，具体而言是法语的地位问题。因此可以说，他预见到了语言问题将是古今争论的焦点。按照德马雷的看法，今天的法语是活的语言，它直接感染今人的心灵，由此产生出种种优点；古人的语言已经无可救药地死去，唯留造作的虚浮。在德马雷看来，维吉尔的诗歌是贫瘠的，奥维德虽有才智却欠缺精致。⑤ 就其丰富、灵活、和谐而言，法语远远高出拉丁语和希腊语。⑥

　　第三，进步观。德马雷的进步观受培根和笛卡尔派思想家的影响：虽说古代值得尊敬，但比不上后来的时代那样幸福、博学、丰富、豪华，"那才是真正完熟的老境"。它就像世界之秋，拥有了丰富的果实和收获，能够判断和利用所有发明创造、经验与错误；而古代呢，只不过是年轻而质朴的时代，就

---

① Hippolyte Rigault, *Histoire de la querelle des anciens et des modernes*, p.99.

② 同上书，第 101 页。

③ 同上书，第 102 页。

④ 同上书，第 103 页。

⑤ 同上书，第 108—109 页。

⑥ 同上书，第 104 页。

像世纪之春，只开出一些花朵。谁愿意拿世界之春同我们的秋天做对照呢？那就好像是愿意把人的初季媲美于我们国王的奢华花园。① 他的基本论据是，自然乃是上帝的作品，因而是完美的；文学、艺术与科学是人的作品，所以需要一个走向完美的过程，这个过程就是从不完美向更加完美的进步："自然在任何时间都生产完美的作品：在任何时间都存在着美的身体、美的树木、美的花朵。海洋，河流，星辰的出现与隐没，自创世以来就同样的美；但人的作品就另当别论了：它们一开始是不完美的，一点一点臻于完美。上帝的作品从创世以来就是完美的，而人的发明创造则不断被纠正，根据上帝赋予他们的天赋，越往后进行纠正的人就越幸运，越完美。"②"诗歌是人的一项发明，自然不曾为之提供摹本。人必须发明一些方式，把字词以某种尺度排列成诗句，然后根据或简单或庄重的主题写出多种多样的诗歌，作出英雄诗歌以再现人们的伟大事迹。"③这种将作者与作品分而论之的方式，其实对于证明"今胜古"而言十分便捷，在另一方面也颇合今天的世界对于环境美学的看法，有助于论证"自然全美"之说。

　　第四，攻击荷马。法国厚今派的一个主要策略，是攻击西方"诗歌之父"荷马。这个惯例是由德马雷开创的。希格说，德马雷"猜中了现代战略的主要原则：在侵略战争中，必须迅速直捣都城。在对古代的攻击里，他给后继者树立了榜样：直奔《伊利亚特》，它是整个古代的要塞和要冲"。④

　　综上所述，德马雷提出了不少颇具启发性的论点，它们在后来的辩论中被更多的人展开和深化。作为总结评价，希格认为他虽然"模糊地预见到自然力的永恒性这一观念"，"预感到基督教文学的丰沃性，向最广泛的崇古派下了战书"，因而在当时称得上"是厚今一派的真正关键的人物"，然而，"他缺少分寸，不知轻重，虽有些最天才、最正确的见解，却因条理不清而有所损害，又因傲慢自大而闹了笑话"，加之"他没什么学识，几乎对艺术陌生，从而无法把自己的种种观念普遍化，仅把观点局限在诗歌，尤其是英雄诗歌上"。⑤ 正是出于上述原因，尽管他早发先声，却往往不被视作厚今派的第一人——人们把这项荣誉给了佩罗。

（二）佩罗

　　这里的佩罗指佩罗家族的夏尔。该家族有三位成员，组成反布瓦洛的

---

① 　Hippolyte Rigault, *Histoire de la querelle des anciens et des modernes*, pp.105 – 106.
② 　同上书，第 106 页。
③ 　同上书，第 107 页。
④ 　同上书，第 109 页。
⑤ 　同上书，第 112 页。

三人集团:父亲皮埃尔,兄长克劳德,以及排行第七的夏尔。① 夏尔在《路易大帝的世纪》里,用自然力之永恒性挑战崇古派的历史衰微观:

> 在这个广袤宇宙的未可测知的围墙里,
> 上千的新世界已经被发现,
> 还有新的太阳,当夜幕降临时,
> 还有众多星辰②[……]
> …………
> 塑造心灵,有如塑造身体,
> 自然在任何时代做着同样的努力。
> 它的存在永恒不变,
> 而它用于制造一切的这种自如之力
> 并不会干涸竭尽。
> 今天的我们所看见的当日星辰,
> 绝非环绕着更加璀璨的光芒;
> 春天里的紫红玫瑰,
> 绝非多加了一层鲜艳的肉粉。
> 我们苗圃里的百合与茉莉
> 带有耀眼的釉色,
> 白色的光芒并不逊于以往;
> 温柔的夜莺曾经用它的新曲
> 令我们的祖先迷醉,
> 而在黄金世纪里,
> 夜莺唤醒在我们的树林里沉睡的回声,
> 两种声音乃是同样的悦耳动听。
> 无限的力量用同一只手
> 在任何时代制造出类似的天才。③

《路易大帝的世纪》是一份宣言。夏尔的说理著作是 1697 年出齐的洋洋四卷本《古今对观》(*Parallèles des anciens et des modernes*)。这套书采

---

① Hippolyte Rigault, *Histoire de la querelle des anciens et des modernes*, p.131.
② 同上书,第 142 页。
③ 同上书,第 143—144 页。

用对话体，从科学、医学、哲学、音乐、文学、辩术等各个方面比较了古今成就。书中既充满风趣的机智、尖锐的意见，也不乏偏执的成见，以及轻率的话语。希格评价它"精神自由，出人意表，敢于冒险"，认为里面的辩论不仅属于夏尔·佩罗，也来自德马雷、丰特奈尔、皮埃尔·佩罗的观念，因而可以代表厚今派的主要思想。①

在佩罗的论证里，有三条论据值得我们注意：

第一个论据基于对人类理性的信心。佩罗相信，要想判断所有的文学问题，只要拥有自然的趣味、通常的教育、心灵的文雅就足够了，并不需要特殊的教育，以及更加精致的、比常人更加练达的趣味。② 在这一点上，佩罗显然受到笛卡尔及其知识圈子的影响，尤其是笛卡尔"怀疑-检验"方法的影响。佩罗明确宣称，希望把笛卡尔带入哲学的自由应用到对心灵作品的检验中，摆脱文学权威的束缚，就像笛卡尔摆脱形而上学的束缚那样。③ 提出这一点，在很大程度上可能是为了降低古代作品评价者的准入门槛，尤其是为厚今派确立资格。因为总体而言，崇古派里不乏古典知识的渊博之士，加之当时法国的经院式教育，给文艺批评规定了不少严格的规矩。然而，倘若仅以理性为准绳而做出的独立判断是可靠的，并足以令人信服，那么，古典学就无法享有特权，而很多不以古典学见长的厚今派人士也可以放心涉足了。

第二个论据基于对自然之永恒性的信心。创造不应以古今分高下，首创者并不更加伟大。他甚至举例说道，第一位造船者无非模仿了贝壳类动物，如果古代创造者比今天的创造者更伟大，岂不是贝壳类动物最伟大？若论熟练程度，今人具备更充分的认识和更悠久的习惯，自当比作为初学者的古人高明。他的持论依据是，作品与作者可以分而观之；而自然的产品是永恒不变的（树木在今天所结的果子与古时相同，人的观念古今同一）。乍看起来，颇有些中国人董仲舒说的"天不变，道亦不变"的意思。不过，有意思的是，二者的观念正好走在相反的方向上：董仲舒的话旨在说明作为统治之道的纲常的稳定性，从而常被保守派引以为（政治）守旧的依据；而佩罗则希望扭转西方自古代以来的社会衰落论，把近代人提升到与古代人平等的地位，从而为近代的创新寻求根本支撑。在他看来，就像大自然年年都会出产大批量的中品和差品的葡萄酒，但也会有品质上佳者，同理，任何时代都有

---

① Hippolyte Rigault, *Histoire de la querelle des anciens et des modernes*, p.206.
② 同上书，第 178 页。
③ 同上书，第 179 页。

也会有平庸的普通人，却不乏卓越的天才。① 因此，"当我们在做古今对比时，所针对的并不是它们的纯自然天赋的卓越性，那些天赋在任何时代的杰出人士身上都是相同的，都具有相同的力量；我们的古今对比仅仅针对他们的作品之美，针对他们对于艺术和科学所具有的知识，那是依时代不同而千差万别的。由于科学和艺术无非是一堆反思、规范、规则，因而，诗歌作者有理由主张这堆必然随着日积月累而增多的东西更加伟大，并走在所有时代的最前列……"②

第三条论据基于对自然科学的信心。比如他认为，古人粗知七大行星和其他一些醒目的星星，今人还认识了一些卫星和众多新发现的小星星；古人粗知灵魂的激情，但今人还了解与之相伴生的无限多的微妙病症和状况；从而，"我可以让你看到我进一步把所有激情依次重新结合在一起，使你相信，在我们的作者的作品里，在他们的道德论著里，在他们的悲剧里，在他们的小说和雄辩篇章里，存在着成千上万的细微感触，那是古人所不及的"。③总而言之，今人相对来说具备更多的几何学、透视法、解剖学等领域的知识，加之掌握了更加完善的工具，又在技巧理论上取得了更多的进展，因此会出现比古人更加伟大的雕塑家、画家、建筑家。

在《古今对观》结尾处，佩罗充满感慨地说："读一读法国和英国出版的杂志，看一眼这些伟大王国的研究院所出版的书籍，这样就会笃定认为，自然科学在过去二十或三十年内所做出的发现，比整个古代在学术上的发现还要多。我认为自己很幸运地得以知道我们所享受的幸福，我承认这一点；纵览过去的所有时代，目睹一切事物的诞生和进步，这是莫大的快乐，但是那些在我们的时代尚未获得新的增长和光泽的东西则另当别论。我们的时代差不多已经达到完美的巅峰。自从过去的若干年前以来，进步的速度一直缓慢得多，看上去几乎难以察觉——正如夏至日点临近白昼似乎不再延长一样——很可能没有多少东西会使我们需要对未来的后代表示羡慕，一想到此便会有一种欣悦之感。"④

然而，佩罗的论证并不严密，也不乏自相矛盾之处。在第一条论据里，一个可想而知的隐患是，知识的去精英化难免造成知识精度的下降。在第二条论据里，他把作家和作品分开讨论的做法，即便论证出自然的作品持久

---

① Hippolyte Rigault, *Histoire de la querelle des anciens et des modernes*, pp.179 – 180.

② 同上书，第 181 页。

③ 同上书，第 186 页。

④ 转引自约翰·伯瑞：《进步的观念》，范祥涛译，上海三联书店 2005 年版，第四章"退步论：古代与现代"，第 36—37 页。

而永恒,却也会妨碍把这一条论据引向对古人价值的判定;况且这条原则并没有贯彻始终。崇古派的于埃就敏锐地发现了这个问题。[①] 就这条论据而言,佩罗的方式不如德马雷的方式明智:如前文所述,后者断言上帝的作品(即自然)是无往而不美的,而人的作品(包括文学、艺术、科学)则有待于逐渐趋向完美,这样做一劳永逸、干净利落,令反面意见的反驳无从下手;佩罗的方式则给自己制造了麻烦。

被更多人指摘的是第三条论据。人们认为他把科学和艺术混为一谈,将科学的进步视为艺术进步的原因。比如,希格就批评佩罗只知工巧而不懂趣味,只看质料而忽视思想。[②] 其实说到底,佩罗之所以产生如此误解,是其用科学标准来评价艺术问题所致。希格认为,佩罗的问题在于没有能够区分两种艺术:"一种艺术,其臻于完美需要时间,而另一种艺术则从开端时就能够是完美的。"[③]我们如果将前一种"art"译作"技艺""工艺"或"技术",希格的意思就很明白了。这种"art"的近亲是科学。科学的发展过程是从无知到有知,经验和知识的积累对于科学而言十分重要。今天的我们站在历史的下游向上回溯,能够看得比较明白:艺术史不是凭借经验积累而发展的历史,在艺术上,后发性不等于优越性,后出现的艺术不一定比先前的更高明。佩罗混淆科学与艺术的性质,放在他那个时代的背景下也是可以理解的;与其说是个错误,不如说是时代的思维特色。在 17 世纪的法国,科学有了相当新异和突破性的进展,科学的观念,如实验、机械论等,已经大大改变了知识精英的思维方式,但学科领域的界线与今天相比是相当模糊的(类似地,文艺复兴时期出现了那么多科学艺术无所不能、璀璨有如繁星的全才,并不完全是命运之神格外眷顾,也部分出自知识分界模糊的原因,博学者一通而百通),科学成就也颇为有限(在《古今对观》中,佩罗只看到了舰船相对于渔船的进步、卢浮宫相对于茅屋的进步,等等,当然,这些足以令其感慨不已了)。

在谈到古今诗歌对比的时候,佩罗接续了前述德马雷与布瓦洛的争论,即作为题材,基督教和神话两者之中何者更应该入诗。但他更改了讨论的重点。他先指出,有两类装饰可以为诗歌灌注生气、美化描写,一类是各个国度所共有的、自然的装饰,比如情感、激情、话语等,另一类是只属于某些地域的装饰,如古人诗歌中的众神,又如基督教诗歌中的魔鬼与天使,它们是人为的装饰。后一类装饰尽管会带来美化效果,但它们并不属于诗歌的本质。

---

① Hippolyte Rigault, *Histoire de la querelle des anciens et des modernes*, p.217.

② 同上书,第 185—186 页。

③ 同上书,第 186 页。

比方说,我们完全可以把古人诗句中的异教神置换为基督教的天使。因此,古人对神话的利用并没有什么高明,至少不比今人使用宗教题材更为高明。既然旨在美化装饰,那么他也同等地不反对布瓦洛所提倡的寓言入诗。

另外,布瓦洛还曾表示,把基督教人物掺入诗歌这样的想象力游戏是大不敬的(详见下文)。对此,佩罗有一套成熟而理智的看法:"诗歌在被用于游戏时,它是一种心智游戏;但当涉及重要题材时,它就不再是心智游戏,而等同于那些演说、颂词、布道里的伟大雄辩术。我们不能说大卫和所罗门的诗歌是一种纯粹的心智游戏,亲爱的主席,您不会乐意以此称呼《伊利亚特》或《埃涅阿斯纪》的。所以,确实存在相当严肃的诗歌作品,在那里放入天使和魔鬼完全不会有失体面。由于我们相信,上帝之所以把这些鬼神放入人类行为,要么是为了诱惑他们,要么是为了拯救他们,那么,鉴于我们大多数人并不懂得的种种原因,诗人难道不能够遵循诗歌的特权把它们彰显出来,令它们变得具体形象吗?"①

就总体而言,佩罗确实是一位灵活机智的辩手。② 当时,《古今对观》第一卷的出版令崇古派震怒,他们纷纷指责厚今派只不过是一帮妒忌者。在《古今对观》第二卷序言里,佩罗风趣地回应了"妒忌说":巴黎的文人有两种,一种文人认为古代作家尽管娴熟精雅,却犯了些今人没有犯过的错,他们赞扬同行的作品,认为它们与那些模范同样优美,甚至往往比大部分模范更加正确;另一些文人,他们宣称古人乃是不可模仿的,今人远不可追,从而鄙视同行的作品,一旦遇到就从言辞和文字上加以诋毁。"他们在开始时直截了当地宣布我们是无趣味(sans goût)、无权威(sans autorité)的人。到了今天则又指责我们妒忌;明天大概就会说我们顽固不化了吧。"③这一类俏皮话举重若轻,有亲和力,它们时常令崇古派的古板面孔显得颇为滑稽,为厚今派赢得了不少女性支持者和报刊舆论的支持。

不过,俏皮与机智只适合于作为锦上添花的技巧,只有在进行单方面阐

---

① Hippolyte Rigault, *Histoire de la querelle des anciens et des modernes*, pp.198 - 199.

② 另外,佩罗尽管并无独特的审美理论,但他不仅谈论过美,还区分过相对的美与绝对的美。前一种美以美女为例:"前段时间,我与三五好友一同发现了一件事情。有位奇人,热衷搜集当今欧洲最美女人的肖像,以及那些曾在上个世纪轰动一时的女人的肖像。我们看了四五十张肖像,其中并无任何两张是相似的或同属一种类型的美。我们选出自己最喜欢的肖像,希望看一看是否有所重合。结果选择落在了如此多样的美上……"这种美被他视作特殊而暂时的美。后一种美以既自然又实用的建筑为典型:"在建筑上,自然而务实的美往往令人愉悦,那是由于让建筑高耸、宽敞,在建筑时选取相当光滑平坦的石块并接榫得几乎不露痕迹;在水平和垂直方向上做到完美,以牢固的东西支撑脆弱的东西,该方则方,该圆则圆,棱角尖锐分明,整体切削合宜。"他视此为普遍而永恒的美(同上书,第 186—187 页)。

③ 同上书,第 193 页。

述或单个回合的辩论时，它们的作用才会比较有效地发挥出来。一旦面临复杂的学术问题，需要多方深入论证时，系统性、知识性的缺乏很容易暴露无遗。佩罗式的轻盈巧辩，尚需厚重的古典学知识来支撑，才可能无往不胜。尤其是，崇古派提出的一个严肃指责，令以佩罗为代表的厚今派不得不认真面对："厚今派不懂希腊文，也不懂拉丁文；他们靠译本来判断作者；他们注定会做出糟糕的判断。"①

（三）布瓦洛

厚今派的德马雷提出了神话应否入诗的问题。布瓦洛在《诗的艺术》第三章里用了四十多行诗（第 194—237 行）提出反驳，力求论证神话入诗的合理性及神话题材的优越性。

古典主义美学注重文艺的教化功能，认为写诗的目的在于劝谕人、教育人，使之乐意接受某个道理；唯有使用令人愉快而可信的内容，诗歌方可达到劝谕的效果，这就是"寓教于乐"。贺拉斯在《诗艺》里曾经指出这条创作原则："诗人的愿望应该是给人益处和乐趣，他写的东西应该给人以快感，同时对生活有帮助……寓教于乐，既劝谕读者，又使他喜爱，才能符合众望。"②作为贺拉斯诗学的继承者，布瓦洛也主张写诗作文首先要讲究"情理"/"理性"（"永远只凭着理性获得价值和光芒"）③。这是《诗的艺术》的总体立场。

按照这个线索，在神话题材之合法性的问题上，笔者猜想布瓦洛会采用如下论证逻辑：诗歌应当实现教育劝服的目的，为此应当具有令人愉快的效果，而神话正是令人愉快的，所以可作为诗歌题材。然而我们发现，布瓦洛在这个部分并未怎么提到诗歌的教化目的，而是纵情谈论"诗情"、诗味。他指出，神话之所以具有令人愉悦的功能，乃是由于它的虚构性。神话故事"装饰、美化、提高、放大着一切事物"，化抽象为具象，变平凡的现实为瑰丽的想象，变"抽象的品质"为性格鲜明的"神祇"；它们令"一切都有了灵魂、智慧、实体和面容"，所以诗歌才会那样引人入胜、令人着迷。布瓦洛没有就此引导到"寓教于乐"的大题目上去，话语间倒更看重诗歌本身的审美价值："若没有这些装饰，诗句便平淡无奇，/诗情也死灭无余，或者是奄奄一息，/诗人也不是诗人，只是羞怯的文匠，/是冰冷的史作者，写得无味而荒唐。"④

① Hippolyte Rigault, *Histoire de la querelle des anciens et des modernes*, p.194.
② 参见亚理斯多德、贺拉斯：《诗学·诗艺》，人民文学出版社 1962 年版，第 155 页。
③ 参见布瓦洛：《诗的艺术》，第 5 页。
④ 同上书，第 40—42 页。

"寓教于乐"的原则在这里似乎不见其"教",仅见其"乐"。当然,"理性"作为一个大前提贯彻在《诗的艺术》全书里,在神话题材这个具体问题上是不言而喻、无须再提的。但如同本书第二章所述,布瓦洛不惮于重复贺拉斯说过的话。一个可能的解释是,布瓦洛在写下这些作为反驳意见的诗行时,心情难免有些急切。他珍视古希腊罗马的神话史诗传统,衷心热爱那些美妙的寓言故事,因此急于驳倒德马雷,捍卫神话题材的合法性,满腹的道理不吐不快,表达时却略失轻重。比如这几句诗:

> 并不是说我赞成在基督教题材里
> 作者也能狂妄地崇偶像乱拜神祇。
> 我是说,如果他写非教的游戏画图,
> 也丢开古代神话,竟不敢寓言什九,
> 竟不让潘神吹笛,让巴克剪断生命,
> 不敢在水晶宫里不知写虾将蟹兵,
> 不敢让那老伽隆用他催命的渡船
> 同样把牧竖、君王渡向阴阳河彼岸;
> 这岂非空守教条,愚蠢地自惊自警,
> 无一点妙文奇趣而想受读者欢迎?
> 进一步他们将不许画,①
> 不让那特密斯神蒙着眼、提着小称,
> 不许写战争之神用铁的头颅相触,
> 不许写光阴之神飞逝着提着漏壶;
> 并从一切文章里,借口于卫教为怀,
> 把寓言一概排除,诋之谓偶像崇拜。②

连续的排比修辞,仿佛为言辞布下鼓点密集的声音背景,显出责备驳斥的咄咄气势,布瓦洛的急切与激动溢于言表。诗中一系列"不许""不让""不敢"的内容,是布瓦洛相当怕见的诗坛景象。进一步看,神话既然如此令人愉悦,若借以"载道",宣扬基督教的教义,岂不方便? 一百年前,意大利诗人塔索的《被解放的耶路撒冷》(1575)就是这样做的。但布瓦洛坚决反对把神话掺入基督教文学。他说:"基督教徒信仰里的那些骇人的神秘/绝对不能产

---

① 参考当页译者小注可推知,原文此处似乎漏掉了"贤明之神"(参见布瓦洛:《诗的艺术》,第45页)。

② 参见布瓦洛:《诗的艺术》,第42—45页。

生出令人愉快的东西。/福音书从各方面教人的只有一条:/人生要刻苦修行,作恶就恶有恶报;/你们胆敢拿虚构来向《圣经》里掺杂,/反使《圣经》的真理看起来好像神话。"①也就是说,神话题材与基督教义相混,势必伤害宗教的严肃性。布瓦洛的观点至此似乎较清楚了:受詹森派教义影响,他主张美善分离;由基督教信仰来教人明辨是非,而充满想象力的神话令人产生审美愉悦。

由上可见,布瓦洛坚信虚构和想象是诗歌及文学的生命,它们所带来的愉悦感是诗歌的魅力所在,从而主张师法古代诗歌,以神话为主要题材,反对以基督教义入诗,反对以宗教教条取代审美乐趣。用今天的眼光看,布瓦洛的文艺观似乎比德马雷更为宽宏,至少他并未像德马雷那样,以"宗教正确性"作为一种专断的美学标准。② 但他对德马雷的诘难却不大令人信服。在西方文学史上,优秀的基督教文学并不鲜见。高乃依写过两部基督教题材的悲剧,弥尔顿的基督教诗歌《失乐园》(1667)同样获得了成功。

布瓦洛的鲜明主张,在另一方面体现出异教诗歌与基督教诗歌在当时的激烈较量。关于基督教义可否及如何入诗,或者说可否及如何作为文学主题,这个问题十分复杂。希格认为,在基督教里,地狱比天堂更具诗性,因为唯有地狱向种种激情开放,这就是为什么撒旦乃是《失乐园》的真正主角。基督教的天堂是完美的统一体,各品级的天使异名而同类,它们只被上帝的思想激活,被上帝的意愿驱遣。说到底,在天堂里只有一个人物,那就是永恒的上帝。这个上帝是纯粹心灵,其非物质性使得诗人难以下笔为之着色或施加想象力。③

后来,19世纪的"新传统主义者"基佐在其《欧洲文明史》中表达了与布瓦洛类似的意思:"在近代文学中,也有这种特性。我们不得不同意,在艺术形式和美的方面,它们比古代文学差很多,但在思想感情的深度方面,它们远更丰富而有力。我们看到人类的灵魂在更多方面被更深地感动了。形式的不完善就是这种原因造成的。材料越多越丰富,就越难使它们变成一种纯粹而简单的形式。构成一篇文章的美,构成艺术作品中我们称为形式之美的技巧因素,是清晰、纯朴、及象征的统一性。由于欧洲文明中的思想感

---

① 参见布瓦洛:《诗的艺术》,第43页。

② 希格也在书中评判道,德马雷混淆了宗教与文艺,后者不求"真"而求"美";造就更伟大的诗人者,并非观念之真,而是"情感之真、想象之美、激情之热烈、语言之光辉"(Hippolyte Rigault, *Histoire de la querelle des anciens et des modernes*, p.108)。这个说法恐怕有些苛责前人。希格身处19世纪,那个时候的浪漫派已经标举了"为艺术而艺术";但在17世纪,审美尚无自主地位,因此德马雷在标准上以宗教代审美,倒也不足为奇。不过,希格还提到德马雷的论据在他的时代重燃。

③ Hippolyte Rigault, *Histoire de la querelle des anciens et des modernes*, p.94.

情非常多种多样,更难以达到这种纯朴性和清晰性。"①

在布瓦洛去世时,他与佩罗的官司经大阿尔诺调停已经达成和解,而在耶稣会士那边,尽管他努力示好,却并未得到一个令人满意的结局。

第四节 古典主义的内在矛盾

综上可以看出,这场文人战争牵涉诸多复杂问题,甚至卷入私人恩怨。后世对之历来褒贬不一,甚至对其研究价值亦无定论。布里叶认为,古今之争里那些围绕古希腊罗马杰作展开的争执多是肤浅的,唯有"今胜古"观念所体现的进步观,或换言之,唯有对人类理性之可完善性(perfectibilité)的坚持,才是这场大争论里严肃的方面和具有哲学价值的地方。② 彼得·盖伊以启蒙运动的观念生成为立足点,将古今之争视作启蒙前史。③ 科林·麦奎兰从美学发展史的角度对其持肯定态度,他认为,这场发生在前美学时期的论战辅助了人们将艺术与哲学归拢一处,从而对于我们了解美学的生成具有重要的参考价值。④ 如果我们持一种连续性的历史观,则无论我们相信历史的演进道路是前进的还是后退的,皆会倾向于认为历史现象或事件事出有因,至少在时间上能够分出"前"因与"后"果。那样的话,古今之争就不会是空穴来风。就它在时间链条中所处的位置而言,它上承古典主义美学,下启启蒙运动。那么,是否可以从古典主义美学的角度切入,尝试解释它出现的原因,进而阐发它与启蒙运动的勾连呢?⑤

通过梳理这场古今之争的过程,分析主要人物的主要论题,使得一个总题越来越彰显,那就是:古与今何者更为优越? 参与者从各自不同的角度,以不同的论点切入这个总题。前述分论题涉足宗教问题(基督教与异教)、进步问题(文学、艺术、科学的进步)、语言问题(法语与拉丁语、古希腊语)等

---

① 基佐:《欧洲文明史》,程洪奎、沅芷译,商务印书馆 2005 年版,第 26 页。

② Francisque Bouillier, "Review", *Revue philosophique de la France et de l'étranger*, T.14 (Juillet à Décembre, 1882), Presses Universitaires de France, pp.558 – 559.

③ 参见彼得·盖伊:《启蒙时代(上)·现代异教精神的兴起》第五章"异教徒基督教的时代",刘北成译,上海人民出版社 2015 年版。

④ J.Collin McQuillan, *Early Modern Aesthetics*, London/New York: Rowman & Littlefield International LOGO, Chapter 1.

⑤ 当然,如果我们相信历史是断裂的,并且将这种断裂性绝对化,那么,我们眼中的历史现象或事件皆是偶然发生的,历史时间上的诸点之间彼此并无关联,从而,我们不会也无法谈论一种历史观念或历史哲学。

五花八门的领域。

在讨论古典传统对西方文学史的影响时,海厄特将古今之争的论题进一步扩展,做了如下清晰而充分的描述:"问题是这样的:现代作家是否应该推崇和模仿古代伟大的希腊语和拉丁语作家? 或者古典的鉴赏标准是否已被超越和取代? 我们是否必须追随古人的脚步并试图效法他们,以达到他们的水准为最大愿望? 或者我们能否自信地期待超过他们? 这个问题的范围还可以大大扩展。在科学、艺术以及整体文明上,我们取得的进步是否已经超越了希腊人和罗马人呢? 或者我们是否在某些领域领先他们,但在另一些领域落后呢? 或者我们是否在所有方面都不如他们,我们是半开化的野蛮人,只是享受着真正文明人类所创作的艺术?"①这一连串的问题提示我们,或许可以把那场喧扰的战争理解为一种自我身份的焦虑,理解为当代人对当代文化之品质的矛盾性反思:古希腊人和罗马人是光荣的,我们当代法国人是否同样光荣?

这样的反思,最深刻地纠缠着法国最高学术机构法兰西学院的知识精英,他们肩负着知识传承的重要责任。这个责任的首要任务在于,权衡和断定怎样的文化最值得推崇,最能够为当代、为自己的民族国家带来益处。他们面临两种文化:古代文化和当代文化。前者被封为神圣不可侵犯的完美样板,后者拥有丰富的成果,呈现出繁荣的态势。他们中间的一些人在进行鉴赏对照时,发现当代文化并不输于古代文化,甚至可能在一些地方有所超越。比如佩罗说过:"古人是卓越的,这一点不可否认;但今人不遑多让,甚至在很多地方更加出色。"②可见他身为厚今派却不一味贬低古人,而只是更看重今人的优胜之处。按希格的话说,佩罗仰慕古人,只不过并非古人的崇拜者;他称颂古人,但并不夸赞古人的所有作品,而是有所拣选,有所批判。③ 这种对待古人的态度,在厚今派里相当有代表性。

然而,他们为何会为这样的问题所纠缠甚至争执不休呢? 路易十四时代难道不是一个古典主义美学趣味笼罩下的大一统时代吗? 推崇并仿效古代文化,难道不正是一切古典主义的题中应有之义吗? 正是在这个问题上,古典主义美学内部发生了分裂。

夏尔·佩罗断然反对向年轻人灌输古代文化,也不认为古人作品都是神圣而完美的。他说:"有那么一些人,把这种偏见灌输给年轻人的心灵,置入他们的行为,这些身披黑色长袍、头戴方形无边软帽的人,建议年轻人去

---

① 吉尔伯特·海厄特:《古典传统:希腊-罗马对西方文学的影响》,第221页。

② Hippolyte Rigault, *Histoire de la querelle des anciens et des modernes*, p.177.

③ 同上书,第180页。

读古人作品,不单把它们说成是举世之珍,还将之标举为美的典范,如果年轻人终于能够模仿那些神圣的摹本,便送上预先备好的冠冕。他们就靠这个糊口。"①夏尔·佩罗的这段话并非理论话语,看似寻常却很有代表性,不容轻忽。如果留心,会发现这类话语在古今之争期间是常见的,可以说形成一种时代症候。夏尔的兄长皮埃尔也说过类似的话。1678 年,夏尔之父皮埃尔·佩罗以书面形式说道:"我认为,我们在当下仍能看到的对古代作家的伟大反驳,仅仅是因为他们的作品问世于一个精神既粗俗又无学识的时代;就因为有些作品确实优秀,其他同时代作品难以匹敌,它们就激起了较高的评价,这评价强烈渗透到那个时代的精神之中,它之所以能够轻而易举地从父辈传给孩子,从师辈传给学生,乃是由于,作为年轻人,孩子和学生是盲目服从的,而他们的父辈和师辈向他们信誓旦旦地说那些作品是神圣而不可模仿的。"②他们所忧心的是年轻人的教育问题:应该教什么? 由谁来教? 换言之:应该将怎样的文化传承下去? 这是无论在任何时代都至关重要的课题。或许正是在这里,透露出厚今派对古典学权威的真正不满。

18 世纪的启蒙作家伏尔泰站在厚今派一边。从他的《哲学词典》里,我们可以发现他对佩罗兄弟的呼应:"我们对当代已经过分为人所熟悉的伟大成果态度冷漠,古希腊人却对微小的成就十分赞赏。这正是我们的时代对古代具有极大优越性的又一明证。法国的布瓦洛和英国的坦普尔骑士执意不承认这种优越性。这一古人和今人之争至少在哲学领域里已经得到了解决。今天,在文明开化的国家里,没有人再用古代哲学家的论述来教育青年了。"③按伏尔泰的说法,厚今派在某种程度上获得了成功,至少牢牢掌握了教育的方向。

不少研究者指出,古今之争的一个重要内容乃是反权威。认识到这一点,难免会将古今之争与文艺体制联系起来,也就是说,把古今之争视作学院派里的在野派对学院权威的不满的集中爆发,视作一场文化权力争夺战。不过,这样的解释尚欠确切,容易引起误解,甚至可能掩盖问题的实质。以布瓦洛为例。他在成为文坛领袖之前,也曾是与拉辛等同道一起反对沙普兰权威的年轻人。在这种通常意义上的反权威,所关涉的是同质文化内部的权力分配问题:在野派希望夺取文化领导权和稀缺资源,取代现有权威而成为新的权威。这种代际更替并不更改文化的性质与方向。如果说厚今派

---

① Hippolyte Rigault, *Histoire de la querelle des anciens et des modernes*, p.192.

② 同上书,第 131 页。

③ 伏尔泰:《路易十四时代》,第 497 页。

确实也反权威，则这种反对与革新的诉求是更为激烈，也更为根本的。他们希望弃拉丁语而起用法语，弃异教神话而起用基督教题材，用当今科学之昌明来彰显古代文明之粗陋，这些方案都有志于把异质文化传统扭转为以当代法兰西文化为主导。

换言之，需要在更深广的意义上理解古今之争中的反权威现象。厚今派成员的攻讦之辞，无论出于怎样的私意，在整体上看或就客观效果而论，都在进行着对文化方向的争夺。这种争夺恐怕折射出文化总体的深度病症。那么，法国古典主义美学究竟出了什么问题，以至竟会在其知识精英内部发生这样严重的分裂和根本性的纷争？

再次强调，17世纪法国的古典主义美学是一种自上而下的官方美学，是国家政策的附属性产物。从枢机主教黎塞留到法王路易十四，他们的文艺政策一脉相承，皆紧密依附于绝对主义君主政体，是其总体强国战略的组成部分。这种美学先天地带有一种潜在的错位：它在体制和内容上是古典主义的，在目标诉求上则是民族主义的。古典主义在内容上要求尊古、复古，在体制上要求规范化、模式化、典型化。民族主义的强国诉求，则包括了诸多着眼于当代现实的战略考虑，比如，它需要诗歌与绘画来歌颂国王的战功与伟绩，需要提升民族语言的地位，从而至少在外交上掌握更多的主动权，它还需要吸纳最新的科学发明，以服务于可能的国防需求，等等。可以说，这种古典主义追求的是一种旨在提高法兰西民族文明、增强法国综合国力的"当代法国古典"。

在这个诉求清晰、内涵矛盾的词汇下，透露出两种相当异质的指导思想：一是体制所严格要求的限制与管控；一是文化艺术科学创新所需的自由意识。这两者显然难以长期共容，势必发生碰撞。而此消而彼长的结果，将决定法国文化品质的历史走向：要么是管制扼杀创作，要么是自由冲破规矩。正如希格曾经指出的那样，布瓦洛之于文学界，有如路易十四之于最高法院；法王的治下一直涌动着暴力的或无声的政治反抗，而布瓦洛的文学管控也长期面临着一股反对力量。①

所以，古今之争中两派的尖锐对立，或许正反映出现代文明初始阶段的阵痛。我们可以从宗教文化的角度，把古今之争看作是已然逝去、余韵犹存的古代异教文化与基督教现代社会之间的冲突，也可以引入一个阶级视角，就像布克哈特的《文艺复兴时期的文化》所启示的那样，认为它体现了上升期

---

① 　Hippolyte Rigault, *Histoire de la querelle des anciens et des modernes*, p.150.丑化路易十四形象的事情在当时并不少见，英国崇古派主力乔纳森·斯威夫特就曾在一首颂扬威廉三世的诗歌里把路易十四贬低为"贪得无厌的暴君"（参见彼得·伯克：《制造路易十四》，第十章"反面形象"）。

的资产阶级对封建文明的抵抗。新兴的资产者集宗教信徒与渴望世俗成功者于一身,他们的文化精英(这一点在佩罗兄弟身上很典型)更加重视获得文化的广泛受众的支持,更加有意识地针对公众进行写作,表现在诸如坚持使用法语,并力求语法浅白、内容通俗。这令他们的作品带有启蒙著作雏形的色彩。

在路易十四去世之后的奥尔良公爵摄政时期(1715—1723年),二十岁的伏尔泰与已逾花甲之年的丰特奈尔,在苏利馆(Hôtel de Sully)沙龙畅叙。伏尔泰衷心称赞丰特奈尔为路易十四时代最多才多艺之人。[1] 确实,厚今派与启蒙思想家在精神特质上有诸多相似之处:二者皆具有反叛精神,敢于向现有的权威挑战,皆推崇理性,讴歌科学。不同之处在于,厚今派身处法国绝对君主制的强盛期,分化自一个高层的文化共同体,着眼于文化上的除旧布新,但所倡导的新文化仍属于旧体制;启蒙者则处身绝对君主制摇摇欲坠的阶段,其所谋求的思想革命更彻底地带有政治革命诉求,立足于科学理性来鲜明而激烈地反君权、反神权。厚今派和启蒙思想家都深知舆论造势之道,他们较自觉地保持着集体观念、活动的一致性,重视较广泛受众的反应,充分利用各种传播渠道来为自己争取支持。厚今派的笔战出现在书信和出版物上,也出现在上流社会的沙龙里。除了这些媒介,启蒙思想家还利用了图书馆和咖啡馆等舆论阵地。

那么,古今之争的那段历史,或许可以从这个角度解释为古典主义美学与启蒙美学彼此消长的二项对立时期。法国17世纪的古典主义美学内蕴着自身的反对力量。它本该是一种权威化、规范化的美学,以古典美学为样本,在各种艺术领域设定权威以作为法则的代表。而新成果的诞生,往往出自具有批判和怀疑精神的头脑。层出不穷的新的文化成就,颇合笛卡尔的彻底怀疑精神。启蒙文明的一个重要特征是倚赖理性,信任人人皆生而有之的基本判断力,就像厚今派的圣·艾弗蒙(Saint Evremond,1610—1703)所说的那样:"荷马的诗永远会是杰作,但不能永远是模范。它们培养成我们的判断力,而判断力是处理现实事物的准绳。"[2]

在古今之争的喧嚣里,某些重要的东西被动摇了。就此而言,它确实称得上启蒙运动的先声。然而,从文化权威的倒掉,到神权与君主制的松动,这之间的复杂转变,却不是单纯考察古今之争能够尽言的。无论如何,我们已经看到,古今之争与启蒙运动之间的相似性在某种程度上支撑了历史延续论。

---

[1] 参见威尔·杜兰:《伏尔泰时代》,第23页。

[2] 圣·艾弗蒙:《论对古代作家的模仿》,朱光潜译,高建平、丁国旗主编:《西方文论经典(第二卷):从文艺复兴到启蒙运动》,第456页。

第二部分

18 世纪：美与趣味

第一章　连续与断裂:在古典主义与启蒙美学之间

　　波兰美学史家塔塔尔凯维奇曾经在其《美学史》第三卷当中提出一个主张:从 1400 年到 1700 年这三百年里,美学的基本类型是古典主义美学,它时常被用来指代"客观主义"和"理性主义"。后两种命名基于两种考虑方式:就其认定美(或丑)的根源归属而言,有客观主义和主观主义两条美学路径,前者认为美(或丑)属于事物本身,后者认为美(或丑)来自人对事物的经验;就其考虑美(或丑)是如何获得而言,有理性主义(rationalist)和情感主义(emotionalist)两种美学理论,前者认为美(或丑)是理性地被领会到的,后者认为美(或丑)纯粹是被感受到的。[①] 塔塔尔凯维奇在这里谈的"古典主义美学"(classical aesthetics)应当理解为"古典式的",即复古与摹古。

　　18 世纪通常被称作启蒙的世纪,此期的美学相应得名"启蒙美学"。单看塔塔尔凯维奇的这个时段划定,或许会误以为美学上的古典主义至 1700 年戛然而止,向着启蒙美学的整体转折即将发生。而实际上,《美学史》第三卷还从过渡形态的角度,专论了活跃于 18 世纪上半叶的三位法国美学家,即克鲁萨、杜博、安德烈。安德烈的《谈美》出版于 1741 年,[②]已经进入了这个启蒙世纪的中叶。这提示我们思考:法国的启蒙美学是否被强力投射着前一个世纪里古典主义美学的影子? 本章对这一问题持肯定回答。作为证明,笔者尝试截取 17 世纪中叶至 18 世纪中叶这个时间段,用宏观(美学思潮)与微观(美学范畴)两种方法,从古典主义与启蒙世纪两个视角来回望美学史,分析古典主义美学与启蒙美学之间的连续与断裂。

---

　　① Tatarkiewicz, *History of Aesthetics*, Vol. III, *Modern Aesthetics*, trans. Chester A. Kisiel and John F. Besemeres, ed. D. Petsch, The Hague: Mouton and Warsaw: PWN-polish Scientific Publishers, 1974, p.452.

　　② 不过需要注意的是,塔塔尔凯维奇在《美学史》中弄错了安德烈《谈美》的出版时间,误以为其早于克鲁萨《论美》。

第一节　古典主义的表里与启蒙二元性

"古典主义"这一命名，通常主要基于题材或形式上的考虑，着眼于知识的内容及方式的来源，即一种以古代作品为美学标准的、普遍性的时代意识。比如，认定勒布伦是一位古典主义画家，并非主要依据其《路易十四肖像》《大法官》等现实题材作品，而是依据《圣母怜子》《大流士家眷拜见亚历山大大帝》等拟古之作。再如布瓦洛，他仿效贺拉斯《诗艺》撰写出《诗的艺术》，并谨守和尊崇古代创作法条。人们在判定莫里哀是否为古典主义戏剧作家时发生争议，与其非古代题材作品的比例之高有着直接关联。19世纪末，克朗茨在《论笛卡尔美学》一书中激进地主张将高乃依归属为浪漫派，同样基于高乃依对三一律这一古代创作规范的轻视。而较易证明的是，题材或方法上的相似性未必造就相似的美学类型。那么，所谓"古典主义"恐怕是一种表面的命名。当然，这里的"表面"仅仅是就其知识源流关系上的直接性而言的。

自此观之，塔塔尔凯维奇用"客观主义"和"理性主义"界定"古典主义"，相当于一种纵深化的理论努力。综合塔氏的看法，古典主义美学主张美来自于事物本身，人能够通过分析事物之属性而探求美的本质；它同时主张审美判断是一种认知活动，而非纯粹的感受。由此还引出另一个初步推论：他所使用的"客观主义"和"理性主义"二词，应看作"古典主义"的描述词；换言之，二者既非"古典主义"的代名词，亦非判定此美学类型的充分条件，它们与"古典主义"之间无法进行等价互换。为了进一步弄清楚法国古典主义美学在美学史上的具体亲缘关系，以下将从分析法国启蒙时期的主要美学论题入手，做一番整体考察。

相比于17世纪，法国启蒙美学的突出变化之一在于出现了集中探讨审美现象的若干著作。启蒙世纪的美学著作，涉及既相互关联又交叉重叠的两大论题。第一大论题是"美"。涉及这一论题的主要作者、作品包括克鲁萨《论美》、安德烈《谈美》、巴托《被划归到单一原则的美的艺术》、狄德罗《论美》，等等。

瑞士人克鲁萨的《论美》是第一部用法语写作的体系性的美学专著。它的主要美学贡献在于冲破了笛卡尔对美的相对性的规限，从日常语言分析入手奠定了"美"的可论性，从而首开法语世界以哲学思维观照美学问题之先河。其美学思想对神学的依附性很强，也存在压抑感性的倾向，其所继承的是法国古典主义美学成熟时期的观念与特征。安德烈的《谈美》以美的两分法和三分法构成内外紧密镶嵌的框架。表面看来，这种做法旨在对美的各种类型做尽可能全面的概括，但实际上，安德烈的真正意图在于明确美的等级，继而在此等级结构中贬低甚至驱逐低级的美。后者主要指的是"可感的美"（le beau sensible）当中的非视听之美，以及"任意美"（Beau arbitaire）当中的纯粹一时兴致之美（Beau de pur caprice）。巴托旨在为五门"美的艺术"（音乐、诗歌、绘画、雕塑、舞蹈或姿态艺术）寻找统摄性的单一原则，这个原则就是摹仿。在巴托的这番努力之下，"美"成为对艺术和自然的标准修饰词，奠定了古典主义美学的基本话语，成为现代艺术体系形成脉络中的关键一环。在巴托的"美的自然"这个概念里，"美"指的是"必须通过呈现自身完美的物——并扩展和完善我们的观念——而令心灵感到悦适"，①此处所强调的"完善""观念"与"心灵"，显示出美是一种认知而非官能感受，其所带来的是一种心灵之乐。在这个论题下，无论是克鲁萨所主张的"美在比例"，还是安德烈所提倡的"美在统一"，皆不外乎从审美对象一方的特性寻求美的本质，属于客观主义美学；就巴托的摹仿论的主要倾向而言，其关于美的理论亦是理性主义的。

至狄德罗，情况变得相对复杂。他在为《百科全书》撰写的词条"美"当中，相对全面地总结了18世纪欧洲知识界围绕"美"的各种相互冲突的论说，尤其大力称赞了安德烈的《谈美》，在此基础上提出了自己的"美在关系"的主张。该主张一方面承续安德烈等人的古典主义美学立场，坚持审美的客观性，明确反对英国人哈奇生等所提出的主观主义美学，另一方面重视审美现象中的主体相关性，强调"关系"在主观一方的根源是"知性"（在狄德罗这里，"知性"大致相当于梅洛-庞蒂那里的"知觉"）。依笔者之见，究其实质，"美在关系"这一主张最终应当放在"关系主义"这条美学史脉络中加以理解，它在审美的主客双方上刻意保持不偏废任何一方，这说明它既脱胎于古典主义美学，又携带着启蒙精神的开放性。

第二大论题是"趣味"。涉及这一论题的主要作者、作品包括杜博《对诗与画的批判性反思》、安德烈《谈美》、巴托《被划归到单一原则的美的艺术》、孟德斯鸠《论趣味》（残篇），等等。该论题与第一个论题之间的张力是显而易见的。法国人之所以在当时会同时讨论这两个论题，分析起来有如下三个原因。

第一个原因，受惠于欧洲"文人共和国"的频繁交流。

---

① Charles Batteux, *The Fine Arts Reduced to a Single Principle*, Translated with an introduction and notes by James O. Young, Oxford: Oxford University Press, 2015, p.43.

　　杜博同巴托一样对现代艺术体系的形成做出了贡献，他的多卷本《对诗与画的批判性反思》是18世纪上半叶驰名欧洲、最受瞩目的美学著作之一。该著对趣味问题的贡献远不止于提出了"比较趣味"（goût de comparaison）这类概念，而在于他以人工激情论为核心，建构起一种在当时的法国显得相对前卫的情感主义美学。这是18世纪法国最具代表性的主观主义美学形态。杜博之所以能够拥有如此独特的美学观念，应该说与他长年的外交生涯不无关系，尤其是，他在英国时曾经与经验主义哲学家洛克有过交往，其视野比之一般法国人更为开阔。杜博思想是当时的欧洲"文人共和国"频繁交流局面的一个产物，其著作亦因迅速被翻译成英、德等语言而得以在欧洲各国畅销，从而反过来深刻影响和塑造了欧洲人的美学取向。

　　第二个原因，即"影响的焦虑"，法国人面对"趣味主义"的"入侵"，尝试捍卫原有的古典主义美学标准。

　　当时的法国人已经意识到，安德烈的《谈美》恰恰站在杜博美学的对立面。该著在立场上维护理性主义和客观主义美学，而其论题的缘起则与"趣味"问题更为接近。该书的写作动力发端于18世纪初期英、法两国几乎同时进行的一场争论，其实质是美的客观主义观念与趣味的主观观念之间的论争，我们可以名之为"趣味之争"。可以想象，杜博的情感主义至少在客观效果上协助了主观主义美学一派。安德烈站在客观论一方，捍卫古典主义美学传统的客观标准，抵挡趣味主义者的侵犯。早在安德烈写作《谈美》（即18世纪30年代）之前，孟德斯鸠在20年代就已经完成了《论趣味》的主体内容。从其与他人的通信来看，他在当时也密切关注过这场趣味之争。有意思的是，这个迟至50年代才得以在《百科全书》刊出的残篇，与海峡对岸休谟的《论趣味的标准》同年发表。这个历史的巧合引导我们在二者之间做一比较：笼统说来，二者的主要区别在于孟德斯鸠比休谟更加强调认知在趣味判断中的作用。结合以孟氏本人对意式古典风格的偏好，可以说，孟德斯鸠在趣味学说里延续了古典主义美学，尽力支持了安德烈的观念。

　　不过，安德烈恐怕并未成功抵制英国人的强势观念对本国的影响，因为后来的法国人对于探讨趣味问题的兴趣似乎更加浓厚。巴托的《被划归到单一原则的美的艺术》就是一个明证。该书的第二部分全部用以探讨"趣味"问题。巴托说："趣味是借助于感觉对规则的认知。这种认知方式比理性思考更加敏锐、可靠。对于一个想要创作的人而言，若无趣味，心灵的所有洞见几乎都是无用的。"①这就意味着，在审美与艺术领域里，巴托明确地将趣味放在理性之上，认可鉴赏能力拥有彻底无法为逻辑分析所替代的价值。

由这两大论题的讨论情况可见，当时对美的分析大多带有本质论倾向，尽管判定标准暗暗向主观一方逐渐发生松动，整体上却并不出乎客观主义和理性主义，从而基本保持了与古典主义美学之间的连续性；而法国人对趣味问题的前所未有的主题化探讨，则彰显出主观主义美学观念地位的上升。由此可见，法国启蒙美学呈现为过渡形态，既有很强的保守性，又暗中酝酿着革新性。

鉴于此，笔者赞同美学史家科尔曼在《法国启蒙时期的美学思想》一书里的主张：法国启蒙美学可剖析为一系列二元对立，即理性与感性、规则与自发性、模仿与创新。② 这种宏观的二元性同样投射在这个时期从事美学理论写作的作家个体身上，在巴托、孟德斯鸠、狄德罗三人那里相对明显，而即便是坚定捍卫古典主义美学观念的安德烈，同样在一定限度内谨慎地承认趣味之美（Beau de goût）。③ 面对情感主义、主观主义美学的强力冲击，他们有意识地尝试着将之与传统上的理性主义、客观主义美学进行折中调和。应该说，这些调和之努力就其开拓性而言值得称赏，但在当时，无论是哲学还是艺术理论，都对此缺少充分的准备性工作，于是那些先行者的努力有时进展得不太顺利，他们的美学观念也时而显得摇摆不定或面目模糊，呈现出一些内在矛盾。

塔塔尔凯维奇用 1400—1700 年来规限古典主义美学的时段，或许主要基于对欧洲文化状况的整体观察。从 15 世纪开始，欧洲各国民族意识开始逐渐觉醒，到了 17 世纪，原本统一在拉丁-罗马文化之下的欧洲共同体发生分裂，生成了以各地方语言为基础的各具特色的新文化类型。因此，我们在进行美学史定性研究时，有必要依时间和空间之不同来做具体分析。法国美学的情况尤其如此。如果具体地去验证该国 17 世纪中期到 18 世纪中期这个时段，就会发现，它们之间的复杂关系难以为世纪的分界所道尽。该时段的美学呈现出一种明显的总体性。这启发我们重视所谓"启蒙世纪"在美

① Charles Batteux, *The Fine Arts Reduced to a Single Principle*, Translated with an introduction and notes by James O. Young, Oxford: Oxford University Press, 2015, p.49.

② Francis X.J.Coleman, *The Aesthetics Thought of the French Enlightenment*, London: University of Pittsburgh Press, 1971.

③ 需要注意的是，安德烈对"趣味之美"做了严格限制，认为它必须"建基于对自然美的清晰感觉"，并用"谦虚适度"来限制趣味的"时尚潮流"（Yves-Marie André, *Essai sur le beau*, Paris: Ganeau, 1770, pp.61-62）。这几乎透露出对单一趣味（即古典主义趣味）的维护。

学上的保守面向。据说，当19世纪的人们在反思启蒙思想时，曾经提出两个"审判"：一是审判否认一切的政治，二是审判"一种过分的古典美学和被典型几何学控制的认识论"。[①] 第一个审判当然剑指大革命的激进政治；这第二个审判的对象恐怕正是启蒙美学的保守一面，即它从古典主义美学那里延续下来的观念。

17世纪崛起的法兰西民族国家刻意建构了一种古典主义美学形态，其艺术国家主义成功规训出一种严整、规则的理想美学形态，而18世纪上半叶的法国美学出现了一些新情况，比如对"趣味"概念的重视以及对趣味多样性的承认，恰恰抵制了古典主义美学对单一趣味之正确性的维护。这确实说明启蒙美学主要是一种过渡美学。然而，倘若单纯集中于"趣味"论题来讨论这段美学史的转折情况，则容易给人造成一个印象，以为法国启蒙美学相对于古典主义美学的断裂主要是英国思想的异质因素之介入所致。

第三个原因，或许古典主义美学暗藏着其他不同的面孔。

根据塔塔尔凯维奇，古典主义美学其实亦非铁板一块，而是同样具有二元性（或许在二元分裂程度上与启蒙美学不同），这主要表现在它的美学理论与艺术例示之间。艺术上的新探索逐渐被美学上的理论所吸收，这股从内部萌发的革新动力暗中推助着美学理论的发展变化。比如，古典主义美学一方面坚持美的客观性，宣称美皆可还原为规则与算计，由此主张某物令人愉悦的原因必定能够被解释清楚，然而另一方面，它有时（尤其在涉及具体的艺术现象时）又不得不承认，这些令人愉悦的东西时常是说不清道不明的（nescio quid/je ne sais quoi）。[②] 这就提示我们注意，或许早在启蒙时代的趣味之争以前，古典主义美学已埋伏着一条关注非理性及感觉的暗线。从这里面，甚至可能透露出当时美学从内部断裂的若干征兆，换言之，亦可能是内在地向启蒙美学延伸的征兆。

为避免像前述那种粗线条梳理所可能造成的疏漏，以下将从宏观视角转入微观视角，专注于以"不可名状"（Je ne sais quoi，亦作 Je-ne-sais-quoi）这一词语为基点展开考察。该词与"风雅"（grâce）构成一个美学范畴组。法国美学文本当中对它们的讨论从17世纪一直延续到18世纪。

---

① 让-皮埃尔·里乌、让-弗朗索瓦·西里内利主编：《法国文化史（卷三）：启蒙与自由，18世纪和19世纪》，朱静、许光华译，李棣华校，华东师范大学出版社2012年版，第178页。

② Tatarkiewicz, *History of Aesthetics*, Vol. Ⅲ, *Modern Aesthetics*, trans. Chester A. Kisiel and John F. Besemeres, ed. D. Petsch, The Hague: Mouton and Warsaw: PWN-polish Scientific Publishers, 1974, pp. 454-455.

第二节　暗线：“不可名状”

16 世纪的蒙田曾说：“这首诗拥有不可名状的鲜活感。”①“Je ne sais quoi”②,直译为“我不知道什么”,本是一个平平无奇的中性陈述句。在 17 世纪的法国语言里,它逐渐变成一个时常带有褒义色彩的名词性实词。在 1635 年 3 月 12 日法兰西学院的一次讲话中,贡博(Gombauld)针对“不可名状”在法语中名词化的情况做了专门论述。③ 该词被收入 1681 年出版的理什莱(Richelet)字典,这标志着它在法国大众语言中的普遍使用。

被用在美学上时,“不可名状”一般作为一种正面评价。对于它在通俗美学与艺术观念中的盛行程度,最生动的证据当属路易·德·布瓦西(Louis de Boissy)所创作的戏剧《不可名状：带嬉游曲的独幕剧》(*Le Je ne sais quoi：comédie en un acte un divertissement*)。这部隐喻剧于 1731 年首次公演。剧作家把“不可名状”拟人化为一个有血有肉的人物。这位名叫“不可名状”的先生,天生具有迷人的优雅风范。剧中写道,他虽然很受欢迎,但巴黎生活的矫揉造作令他逐渐心生厌倦,他于是退居沙漠,此时,令人意想不到的事情发生了：他的离开,令一切都失去了活力。无论是滑稽戏,还是诗歌、悲剧,抑或美、艺术、爱,皆不复往昔的光彩。于是,包括阿波罗、阿佛洛狄忒在内的诸神纷纷赶到沙漠,使出浑身解数逗他开心,希望引导他回城。据说,此剧当时在巴黎的意大利戏院连演十四场,不仅大获成功,而且广受赞誉。④ 这个精心设计的剧情,连同其社会效应,巧妙而生动地展现出 18 世纪的人们已经相当认可“不可名状”在文艺中的必要性和重要性。尽管其讨论方式不是学术性和理论性的,易被今天有意对语言追根溯源的学者们遗

---

①　“Ces vers ont je ne sais quoi de vif”,cité par Pierre-Henri Simon,“La raison classique devant le ‘je ne sais quoi’”,au Xᵉ Congrès de l’Association,le 21 juillet 1958,p.105.

②　笼统地看,“Je ne sais quoi”表示一种不可解释亦难以描述的迷人特质,似乎类似于中文里的“妙处难与君说”“妙不可言”,等等。当然,中文的“妙”字本身已经包含“言之无尽”的意思,看起来也可以作为其近义词。不过,倘若用“妙”字或含有“妙”字的词组来对译这个法文短语,可能会带来额外的麻烦或混淆,因为二者毕竟出于截然不同的文化语境,粗略地说,“Je ne sais quoi”并不包含中文“妙”这个概念的哲学背景和形上指向。为了尽量还原这个法文短语的原貌,笔者特意借鉴孟德斯鸠《论趣味》中译本的译法(孟德斯鸠：《论趣味》,出自《罗马盛衰原因论》,婉玲译,商务印书馆 1962 年版),权且中性地将“Je ne sais quoi”直译作“不可名状”。

③　参见：Pierre-Henri Simon,“La raison classique devant le ‘je ne sais quoi’”,au Xᵉ Congrès de l’Association,le 21 juillet 1958,p.105.

④　参见：Wolfgang E.Thormann,“Again the ‘Je Ne Sais Quoi’”,*Modern Language Notes*,Vol.73,No.5(May,1958),pp.351–355.

忘，但作为一种侧面写照，它留存了这一美学术语在普通法国人的日常文化生活中的见证。

至此可以初步认定，"不可名状"深刻地贯穿了17世纪到18世纪的美学观念。以下将从来源考究和意涵分析两个方面，探求这一美学范畴的具体指向。

关于作为美学范畴的"不可名状"一词的来源，艾布拉姆斯同塔塔尔凯维奇一样，都接受多米尼克·博乌尔斯（Dominique Bouhours，1628—1702）的看法，将之归于文艺复兴时期的意大利人。彼特拉克曾经表示，美是那使我不可名状的东西（mon so che）；至16世纪，罗多维柯·多尔斯也说，美使人愉快，但莫可名状（e quel non so che）。塔塔尔凯维奇继而指出，这个成语"在17世纪间变成了美学讨论中的一个热门的部分，因此在拉丁文和法文中，它都获得了标准的表达方式：nescio quid 和 je ne sais quoi（我不知它是什么）"。① "但是我们在莱布尼兹的著作中，也同样发现到它，他说：审美的判断是 clairs（引者按：即明晰），但同时也是 confus（引者按：即混淆、困惑），这种情形使人只有借助像'et au reste il faut dire que c'est un je ne sais quoi'这样的实例方能表现它们。"② 艾布拉姆斯也表示，"不可名状"这个词先是流行于西班牙（西班牙语为 no se que）、意大利，后传播到法国，最后在英国扎根。③ 综合起来看，这个词应该是来源于意大利、西班牙，自17世纪开始演变为欧洲各国的流行热词。

博乌尔斯的对话体代表作《阿里斯特与欧也尼谈话集》④中专设一章以"不可名状"为题，其中说道："在每件绘画和雕塑里，那吸引我们的东西是一种不可解释的品质。因此那些伟大的大师发现，在自然里唯有那些其吸引力无法得到解释的东西才是令人愉悦的，他们往往小心翼翼，用技巧来掩藏作品，从而努力使其有魅力。"⑤这里特别强调了该词所包含的不可理解性

---

① 塔塔尔凯维奇：《西方六大美学观念史》，刘文潭译，上海译文出版社2006年版，第140页。

② 同上书，第140页。引号中的法文意为"只能说这是一个不可名状之物"。

③ M.H.艾布拉姆斯：《镜与灯——浪漫主义文论及批评传统》，郦稚牛、张照进、童庆生译，王宁校，北京大学出版社2015年版，第224页。

④ 此书面世于1671年，1687年出版续篇，1705年出版英译本。英译本更名为《批评艺术》（The Art of Criticism）。书中人物如此感慨："千真万确，'不可名状'几乎从未被哪本书当成主题来写过，也从没被哪位博学之士费力讲清楚过。形形色色的讲演、论著、论文书写过非常奇怪的题目，而据我所知，却没有哪位作者写过它。"（Charles Harrison, Paul Wood and Jason Gaiger[eds.], Art in Theory, 1648 -1815, An Anthology of Changing Ideas, Malden, MA: Blackwell Publishing, 2000, p.231）这里当然有些夸大，因为菲力比安的讨论实际上在博乌尔斯之前，不过单就影响力而言，菲力比安恐怕难与博乌尔斯比肩。

⑤ 同上书，第230页。

和不可解释性,即便这种不落言筌的风格是被刻意营造出来的。博乌尔斯的看法影响很大。1690年版的弗尔蒂埃(Furetière)字典在"QUOI"(什么)词条下如此定义"不可名状"(je ne sais quoi):"我们用不可名状(*je-ne-sais-quoi*)表示某种无法解释的吸引人的性质,博乌尔斯在他的著作里留下了关于此词的一篇精彩论文。"1701年出版的该字典修订版保留了这条解释,并具体援引了博乌尔斯的论述。① 由此可见,作为美学范畴的"不可名状"一词的意涵,主要包括两个必须同时成立的因素:"不可知"(不可言明)和"吸引人"(神秘性)。如果说第一个因素涉及"不可名状"对"知"(savoir)的抵抗,第二个因素则可以说涉及它对"美"(beauté)的贬低。②

先说第一个因素。当蒙田说"这首诗拥有不可名状的鲜活感"时,他知道此诗是鲜活的,但并不知道其因何而鲜活。这说明含有"不可名状"的审美判断大致是一种在"知"与"不知"之间进行的心灵操作,知其然而不知其所以然。博乌尔斯有时称"不可名状"为"神秘的东西",只能以比喻的方式来谈论。就其美化效果而言,它被比喻为光:"美化一切,人人可见,却莫知其所是……所以就我的思维方式而言,我们无法再更进一步地谈论它,因为它既不可诉诸解释,也不可诉诸理解。"③"不可名状"属于这类事物:"对于它们,我们仅能从其产生的效果上去了解。"④我们无法觉察其本身,并非因为它不可见,而是因其速度快到足以逃避肉眼乃至心灵之眼的捕捉。于是它又被比喻为风、磁铁以及被射出的子弹、弓矢,"行动如此迅疾,以至灵魂难以察觉"。⑤ 尽管这些比喻和类比在物理学发达的今天看来不很恰当,甚至会引起误解,但清楚的是,对于"不可名状"的"所以然"的那一部分,博乌尔斯认为是彻底不可知,亦无需费力探求的。

在古希腊传统里,"知"是一种美德。当苏格拉底承认自己无知时,他为这份美德增添了诚实以及更高的智慧,即对无知的有知(但同时也可以说,他的这种对无知的佯装本身不够诚实)。自此以后,对无知的知识同样能够是一种美德,甚至美德的起点。文艺复兴末期,蒙田的名言"我知道什么?"

① 参见:Richard Scholar, *The Je-Ne-Sais-Quoi in Early Modern Europe: Encounters with a Certain Something*, Oxford & New York: Oxford University Press, 2005, pp.47-48.
② 由此来看,朱光潜先生曾经说的"法国人往往把'美'叫作'我不知道它是什么'(Je ne sais quoi)"(朱光潜《谈美书简》,《朱光潜全集(新编增订本)》第15册,中华书局2013年版,第10页),这个判断应当来自该术语被普及化后的日常话语,未必具备美学史意义上的严格性。
③ Charles Harrison, Paul Wood and Jason Gaiger (eds.), *Art in Theory*, 1648-1815, *An Anthology of Changing Ideas*, Malden, MA: Blackwell Publishing, 2000, p.228.
④ 同上。
⑤ 同上。博乌尔斯还说:"在所有移动迅疾的东西当中,最迅疾者当数命中心灵的箭;而所有时刻中最短暂者,当数那个'神秘的什么'造成其效果的时间。"(同上书,第229页)

121

引领了一股怀疑论风潮,对事物之存在及其状况问题的这种审慎的搁置,为判断当中的非理性成分提供了容身之所。随后,笛卡尔从正面回答了人的知识边界问题,启用"我思"(Cogito)作为知识的起点,在效果上有助于人们克服皮罗主义蔓延所造成的普遍虚无感。然而笛卡尔的回答并不延伸到审美领域,这一点尤其体现在他致梅塞纳神父信中对美之相对性的支持。其后的帕斯卡尔在《思想录》中明确主张诗歌之美的不可言说性。他指出,我们谈论诗歌之美,却从不谈论几何学之美或医药学之美,"其原因就在于,我们很了解几何学的对象是什么,以及它得包括证明;我们也了解医药学的对象是什么,以及它得包括治疗;然而我们却并不了解成为诗歌对象的那种美妙都包括些什么"。① 有意思的是,在帕斯卡尔看来,正是当由于不懂得"美"是什么而勉强去谈论它时,人们才会使用一些"大话",一些"稀奇古怪的名词""莫名其妙的话"来谈论美,诸如"黄金时代""我们当代的奇迹""命运的",等等。② 这个看法与维特根斯坦那句"凡是不可说的,就应当保持沉默"有相似之妙,引申一下就是:既然诗歌之美不可言说,那就不妨尊重其不可言说性。看来,审美领域的不可知论在当时未曾遭遇哲学上的阻力。

不过,体制上的阻力倒实有其征。根据语言学家理查德·斯考勒的考证,在法国,作为书面语名词的"不可名状"的盛行,开始于蒙田故世之后和帕斯卡尔时代之间的时期。③ 蒙田于1592年辞世,帕斯卡尔于1662年辞世,因此斯考勒所说的时间段大体上是17世纪上半叶。此期法国从政治体制到文化风尚都发生了决定性的转变,绝对主义君主制在法国逐渐成型。总体而言,整个17世纪法国的文化艺术体制是被刻意朝着古典主义方向引导的。以1661年路易十四开始亲政为界,在此之前,文化艺术管控相对松弛,样态更加多元,诸如蒙田怀疑论、帕斯卡尔的非理性主义这样的思想尚有滋长的土壤,这就给像"不可名状"这样带有巴洛克文化之无规则特征的鉴赏话语留有一定传播空间;至路易十四朝,文艺治理变得相当严苛,在年金制、学院制、委托制等举国体制之下,从生产到流通再到评价等各个环节都被严格管控,自上而下贯彻与规训着古典主义美学标准。

如上节所述,唯有承认美是可学可知的,才能够在此前提下推行统一的

① 帕斯卡尔:《思想录》,何兆武译,商务印书馆1985年版,第17页。
② 同上。帕斯卡尔在此书中还引述了高乃依之剧《美狄亚》里对爱情之"不可名状"的描写,感慨人类虚荣(la vanité)之非理性原因与后果(第88页)。这一条论据虽与美学无关,但从侧面证明了"不可名状"的日常用法之宽泛性。
③ Richard Scholar, *The Je-Ne-Sais-Quoi in Early Modern Europe: Encounters with a Certain Something*, Oxford & New York: Oxford University Press, 2005, p.21.

规矩;"不可名状"含有反规则、反算计等意思,不大可能被古典主义美学完全归化和吸收,也很难成为主流话语。它之所以能够在崇尚古典的17世纪法兰西保持活力,主要应当归功于像安德烈·菲力比安(André Félibien,1619—1695)[①]、博乌尔斯这样一些独具慧眼的思想家,得益于他们的美学趣味的精细、独立及坚定。对美的非认知性的承认,还会引向对作为古典主义美学之基础的摹仿论的质疑。"不可名状"的美是非示范性的。博乌尔斯在比较鲁本斯与拉斐尔时指出,鲁本斯的作品尽管不乏生动与高贵,却欠缺拉斐尔的精致性(délicatesse)。所谓精致就是一种"不可摹仿的风雅"(grâce inimitable)。[②] 这就需要进一步讨论"风雅"概念。[③]

瓦萨里在其《名人传》里对"grazia"做了概念式的使用,并以无规则、不学而知、自由自若为其特征。[④] 1694年出版的法兰西学院字典在"QUOY"(什么)词条下指出,"不可名状"作为名词性实词,"意指某种无法解释的东西。在美当中有种不可名状的东西,它比美本身还要摄人"。[⑤] 比之前述词典当中的"吸引人",这个"比美本身还要摄人"的定义更明显地提示我们,存在着一种比"美"更高级的范畴。它就是"风雅"。在这里,"风雅"是"不可名状"的描述词。至于"风雅"和"不可名状"作为审美范畴出现的时间孰先孰后,考察起来恐怕比较烦琐,对美学史的意义也并不太大。在此我们权且接受艾布拉姆斯的意见:人们先是接受了"风雅"范畴,后来为了描述其不可解释性和不可表达性,才勉强使用了"不可名状"并固定成为惯例。孟德斯鸠

---

① 菲力比安拥有较为独立的审美判断力,这一点在哈里森等人主编的艺术理论选本的相关导读中亦有提及(参见:Charles Harrison,Paul Wood and Jason Gaiger[eds.],*Art in Theory*,1648-1815,*An Anthology of Changing Ideas*,Malden,MA:Blackwell Publishing,2000,p.220)。

② 参见:Pierre-Henri Simon,"La raison classique devant le 'je ne sais quoi'",au Xe Congrès de l'Association,le 21 juillet 1958,p.108.

③ "grâce"(grazia)一词意涵较多。在与美相关时,它有优雅、雅致、魅力等多义。在1681年出版的菲利波·巴蒂努齐(Filippo Baldinucci)编写的《托斯卡纳造型艺术词汇》(*Vocabolario Toscano dell'arte del Disegno*)当中,"风雅"一词(意大利文为 vaghezza 或 grazia)被解释为:"吸引人的、唤起人观看之欲望的美"(参见:Tatarkiewicz,*History of Aesthetics*,Vol.Ⅲ,*Modern Aesthetics*,trans.Chester A.Kisiel and John F.Besemeres,ed.D.Petsch,The Hague:Mouton and Warsaw:PWN-polish Scientific Publishers,1974,p.453),这里很适合译作"魅力"。在《镜与灯——浪漫主义文论及批评传统》中译本里,该词被译作"韵致"或"雅致",亦有其道理。不过,其中"致"字或许会引起"精细打磨"(如"细致""精致")之类的联想,与"grâce"本来的自然天成、妙手偶得之义似有相违。鉴于此,笔者权且选用"风雅"来对译它,其中的"风"字亦有感染之义(如"风化""风教"等),或可彰显"grâce"所包含的既不可抗拒亦不可言说之魅力。

④ 相关论述请参见李宏:《瓦萨里和他的〈名人传〉》,中国美术学院出版社2016年版,第115—128页。

⑤ Richard Scholar,*The Je-Ne-Sais-Quoi in Early Modern Europe:Encounters with a Certain Something*,Oxford & New York:Oxford University Press,p.47.

在其《论趣味》残篇里专列"不可名状"一节，也提出了类似的看法："有时候，在某些人或某些事物身上有一种不可见的魅力，一种自然而然的风雅，我们无法界定它，被迫称之为'不可名状'。"①无论如何，这两个词在当时如此频繁地成对出现，以至在词义上构成某种可互换性。

它们的最重要的特征是神秘性。博乌尔斯从两个来源上解释这种神秘性：宗教的和占星术的。"Grâce"原本就有"神恩"之义。博乌尔斯曾引述一位神父的话道："真正忠诚的灵魂认识到，我们之所以被塑造成基督徒，并非由于此世此生之善，而是由于另一层面的不可名状，即上帝对此世此生所做的承诺，那是人所无法构想的。"②在1681年版理什莱字典中，在"QUOI"（什么）词条下定义"不可名状"："一种从星辰那里产生的影响，一种由我们出生时上升的星辰所产生的印象；心脏对于一个动人的物体所感受到的倾向和直觉。"例句为："他带有某种风雅，一种不可名状的东西，胜过爱情的最甜美的魅力。"③理什莱词典此处给出的定义亦来自博乌尔斯，这侧面说明博乌尔斯的看法已经被广泛接受。无论是上帝还是星辰，都属于人类生活世界之外的另一种秩序，这就为"风雅"/"不可名状"赋予超现实的、非人力所能达致的特权。应该说，这种特权，尤其是宗教上的追根溯源，很可能为这组审美范畴在一种高度规训化的美学环境下的存活提供了保障，令它们得以长期与路易十四朝的文艺苛政，与笛卡尔引领下的科学精神平行存在、相安无事。

然而，这种神秘性确实对古典主义美学标准形成干扰。博乌尔斯指出，若缺少了风雅，即使一切看起来都很合于比例，也不会令人愉悦；而单有风雅就会产生莫大的效果。④它实质上设置了两个层级的美：在一般层级上，美在于比例、对称、统一性等可见于事物外表的性质；在"不可名状"的层级上，美不仅无迹可寻、不可言说，而且彻底无法习得，这也就是艾布拉姆斯所概括的："风雅"被视作"自然或上苍的一种赏赐，因而如果说还有可能获得的话，也只有漫不经心一途，而人为的努力或凭规则办事则绝无问津之

---

① Montesquieu, *Essai sur le goût ; précède de Eloge de la sincèrité* , Paris：Armand Colin Editeur, 1993, p.56.中译可参见孟德斯鸠：《论趣味》，见《罗马盛衰原因论》。笔者对中译本有所改动，以下直接使用法文本。

② Pierre-Henri Simon, "La raison classique devant le 'je ne sais quoi'", au Xe Congrès de l'Association, le 21 juillet 1958, p.113.

③ Richard Scholar, *The Je-Ne-Sais-Quoi in Early Modern Europe : Encounters with a Certain Something* , pp.46 – 47.

④ Charles Harrison, Paul Wood and Jason Gaiger(eds.), *Art in Theory , 1648 –1815, An Anthology of Changing Ideas* , Malden, MA：Blackwell Publishing, 2000, p.227.

可能"。① 这意味着这类范畴抵制着"摹仿"这一古典主义美学的基本方法,进而透露出后来在康德以及浪漫主义者那里被大力颂扬的天才观——不服从任何规矩,而是为艺术立规矩。

当然,博乌尔斯对"不可名状"之神秘性的描述是比较彻底的,而在菲力比安那里则并没有达到类似的强度。后者的《有关古今最杰出画家的生平及作品的谈话》②将"不可名状"界定为"将身体与灵魂这两个部分联结在一起的神秘扭结……是各部分的美丽对称与和谐运动的自然结果……源自一种高度细微、隐蔽的过程"。③ 这个话题很可能受到笛卡尔《论灵魂的激情》的影响。只不过,笛卡尔的解释诉诸松果腺和动物精气,在某种意义上将身体与灵魂的结合实体化、物理学化了;菲力比安则更愿意保持这种结合的神秘性,并从这种神秘性出发,进一步肯定精神性之美的魅力:我们无法通过任何方式去再现或表现它,"不过我们可以说,它可以在一张面孔上被留意到,带着仿若玫瑰在清晨初启花瓣时所展露的那种清新与新奇;形状与颜色之美具象化了精神性之美的闪耀多彩"。④

所以,对于菲力比安来说,"风雅"相较于"美"的高级之处正在于其精神性。"美诞生于有形的、物质的各部分相遇时的比例与对称。风雅则出乎灵魂的诸情感和感觉所导致的内在活动的一律性。"⑤在一件被称赞为完美的雕塑或绘画作品里,美和风雅是相得益彰的。而一件纤毫不爽地复制了某人或某物之外观的蜡像,在他看来之所以毫不足观,正是由于蜡像这门手艺难以解决运动问题:蜡像模特为了复制的方便而被迫保持周身静止,抑制灵魂的任何波动,于是做出的蜡像在很大程度上不易捕捉并呈现模特的生命感,即便在外形上肖似,也难以说服人的心灵去接受这种相似性。概言之,蜡像所欠缺的正是风雅。或许可以这样理解:蜡像仅仅达到了"应物象形"的水准,而风雅则是一种"气韵生动"的动态魅力的可见外显,后者是上乘佳作的必备品质,但形似始终是不容违背的基本要求。菲力比安的形神兼备原则有可能针对的是摹仿论,这里所强调的动态可能暗示着法国以外的天

① M.H.艾布拉姆斯:《镜与灯——浪漫主义文论及批评传统》,第 224 页。

② André Félibien, *Entretiens sur les vies et sur les ouvrages des plus excellents peintres anciens et modernes*, Paris: chez Pierre le Petit, 1660. 该书中相关内容的部分英译材料,可参见: Charles Harrison, Paul Wood and Jason Gaiger(eds.), *Art in Theory, 1648–1815, An Anthology of Changing Ideas*, Malden, MA: Blackwell Publishing, 2000, pp.220–231.

③ André Félibien, *Entretiens sur les vies et sur les ouvrages des plus excellents peintres anciens et modernes*, p.36.

④ 同上书,第 38—39 页。

⑤ 同上书,第 36 页。

主教地区盛行的巴洛克风格特征。与在博乌尔斯那里类似，这里的"风雅"同样不服从美的外在形式特征的客观性。

在这个问题上，孟德斯鸠更多地延续了菲力比安的看法。他说："通常，风雅更多地位于心灵里而非面孔上：因为一张美的面孔首先显现，几乎一览无余；但心灵唯有在它愿意的时候才如其所愿地一点一点展示自身：它能够为了现身而自我隐藏，能够提供这一类的惊讶，而这类惊讶恰恰造成各种风雅。"①"由于不适和造作不会令我们感到惊讶，故而风雅不存在于不适或造作的仪态里，而是存在于在两个极端之间的一定的自由或轻而易举当中；灵魂非常高兴地惊讶于看到人们避开了这两个暗礁。"②不同之处在于，孟德斯鸠增补了对相关心理状态的分析。他同样持审美等级论，认为美是有限的、可见的，是炫目的第一印象，但其效果并不持久，比如美丽的女人、豪华的装饰；"不可名状"给人以平平常常的第一印象，却长久散发魅力，比如不起眼的女人、朴实的服装。这个看法来自孟德斯鸠对审美心理经验的观察："不可名状"伴随着心理上的起伏状态，即先抑后扬，外在情感的表现类似于惊讶，因此，这种美要求对象需要能够长时间地提供比观者所期待的更多的美。

就此看来，莱布尼茨在《形而上学论》（1686年成书）里触及审美经验的难以言表性，并在《人类理智新论》（1704年成书）里使用"Je ne sais quoi"谈论感性品质的不确定性之必要性，③应与其跟巴黎知识界的交往有关，而未必如拜泽尔所认为的那样是一种新发现。④莱布尼茨更倾向于将"不可名状"看作审美趣味的起点，并且将终点设置为道德与理性上的教导。⑤这与前述法国人更愿意将之看作审美经验的本质性特征似乎有所不同。

综上所述，在18世纪的法国美学中，另有一种断裂性在暗中酝酿，它并非完全来自外部刺激，而源出于曾经暗涌于古典主义美学内部的一股

---

①　Montesquieu, *Essai sur le goût；précède de Éloge de la sincèrité*, Paris：Armand Colin Éditeur，1993，p.57.

②　同上书，第58页。

③　莱布尼茨说："一个观念可以同时既是明白的又是混乱的；而那些影响感官的感觉性质的观念，如颜色和热的观念，就是这样的。它们是明白的，因为我们认识它们并且很容易把它们彼此加以辨别；但它们不是清楚的，因为我们不能区别它们包含的内容。因此我们无法给它们下定义……直到对它的联系结构都辨别出来以前，我们得说它是个不知道是什么的东西。"（莱布尼茨：《人类理智新论》[上册]，陈修斋译，商务印书馆1982年版，第274—275页）

④　参见弗雷德里克·C.拜泽尔：《狄奥提玛的孩子们——从莱布尼茨到莱辛的德国审美理性主义》，张红军译，人民出版社2019年版，第48—50页。

⑤　参见吉尔伯特、库恩：《美学史》（上卷），第300页。

潮流。这说明,启蒙世纪继承了古典主义美学的主要面向,也延续并发扬了后者的隐性维度。美学的独立意识并未被艺术的国家主义体制所阻断,而是在主流宏大话语之下暗中延续了文艺复兴时期的一条非理性主义或者说反理性主义美学线索,并通向德国浪漫派美学的"天才"概念。这条线索对于艺术创作的规则性与欣赏上的可知性极具破坏性,促使美学想办法"使灵感理性化"。①

---

① 参见吉尔伯特、库恩:《美学史》(上卷),第 452 页。

第二章　克鲁萨的《论美》

第一节　《论美》其书

让-皮埃尔·克鲁萨(Jean-Pierre de Crousaz,1663—1750)[1]的身份主要是拥有神学背景的数学家、逻辑学家、哲学家和教育学家。相比之下,他对艺术作品的关注不太突出,在美学上的成就也相对较小。[2] 其唯一的美学著作是《论美》(*Traité du beau*)。该书的副标题为"表明人们称何者为美,并从大多数艺术和科学中选例"。该著含十一章,以及一封致友人的书简。前七章讨论关于美的一般原理;第八章至第十一章,按作者的说法,将这些原理应用于三个大主题:科学之美、德行之美、雄辩之美。[3] 最后第十一章讨论音乐之美,共分八节,占全书超过四分之一的体量。

该书1714年于巴黎出版,1715年在阿姆斯特丹再版。[4] 1724年又一次再版时,增加了一篇《大希庇阿斯篇》的法语译文,那是苏格拉底论美的名篇。或许其初版影响不大,致使大部分研究者将该书的面世时间标注为1715年。按其语言和影响范围,我们将这本书视作广义法国美学的成果之一。《论美》的面世先于主题相近的杜博(1719)、安德烈(1741)、巴托(1746)、孟德斯鸠(1757)、狄德罗(1752)等人的美学专论,当之无愧是最早出现的法语美学论著,安妮·贝克称之为"最早的成体系的美学反思"。[5]

---

① 一译"克罗查斯""科鲁沙"等。

② 有一桩逸闻或可为证:贝尔努伊(Bernoulli)曾抨击克鲁萨书中关于音乐的章节,克鲁萨便在1724年再版时将此章置换为他更擅长的宗教学内容。

③ 第十章"雄辩之美"涉及诗歌、文学等各种语言艺术,不单讨论辩术。

④ 笔者所依据的法文本,即为1715年的阿姆斯特丹版本的再版(J.P.de Crousaz, *Traité du beau*, Amsterdam:François L'Honoré,Genève:Slatkine Reprints,1970)。

⑤ Annie Becq, *Genèse de l'esthétique française moderne 1680－1814*, Paris:Éditions Albin Michel,1994,p.403.

当然,依卡西尔的看法,18 世纪法国出现的任何一部美学著作都不是体系性的,它们难以同鲍姆嘉通等德国美学家意义上的"体系"同日而语。[①] 然而,至少就其占得先机而论,克鲁萨的《论美》位于 18 世纪法国美学浪潮暗流涌动的开端。

起步最早的克鲁萨,在美学史上的影响力和地位却远不如后来的杜博等人,围绕着他生出一些非议。很多同时代人评价过克鲁萨:狄德罗批评过他的美学,夏特莱夫人说他啰嗦,伏尔泰认为他是最不哲学家的哲学家、最饶舌的饶舌者……以至曾有人专门研究他与启蒙世纪的观念冲突。[②] 可见,他是一位与同时代思潮不太合拍的学者。后世出现的很多评价也是负面的。有人尖刻地指出,"作为一位自由思想的启蒙时代的哲学家,对他的最高评价就是:他的才智增长被历史超越了"。[③]

对于他的美学,一般的评价都是"缺乏原创性"。如 R.纳夫指出过,克鲁萨担不起人们在美学史上给他安置的地位,他充其量是一位纯粹的"几何学家",其唯一的原创性不过是在四百页的纸上用几个公式论证了一个主题。[④] 这个看法很有代表性,大概也是在有关西方美学史的著作里不常出现克鲁萨之名的原因。

但正面的评价和研究也存在。塔塔尔凯维奇是少数将之列入自己的美学史著作进行专节讨论的美学史家之一。他并不否认克鲁萨的美学思想缺少独创的成分,但认可其优点在于能够将其他人的思想进行系统化。[⑤] 这等于肯定克鲁萨对前人的承续。科尔曼则更肯定他的开创性,这表现在他是第一位将笛卡尔式严谨用于美学的法语哲学家,其《论美》是法国第一部哲学性的美学著作。[⑥] 克利斯特勒从艺术史的角度指出,这本书"确实对视

---

① 可参见卡西尔:《启蒙哲学》第七章"美学的基本问题",顾伟铭等译,山东人民出版社 2007 年版。

② 可参见以此题名的著作《让-皮埃尔·德·克鲁萨与启蒙世纪之观念冲突》一书(Jacqueline E.de La Harpe, *Jean-Pierre de Crousaz* [1663 – 1750] *et le conflit des idées au siècle des Lumières*, Berkeley and Los Angeles:University of California Press, 1955)。

③ Leland Thielemann, "Review", *Comparative Literature*, Vol.9, No.1(Winter, 1957), p.86.

④ R.Naves, *Le Goût de Voltaire*, Paris, Garnier, s.d., p.101.转引自: Annie Becq, *Genèse de l'esthétique française moderne 1680 –1814*, Paris:Éditions Albin Michel, 1994, p.307.针对这一类负面评价,安妮·贝克针锋相对地指出,克鲁萨的美学远不是纳夫们所说的那样贫乏,其《论美》的初版也的确称得上现代美学史的一个重要事件。

⑤ Tatarkiewicz, *History of Aesthetics*, Vol.Ⅲ, *Modern Aesthetics*, trans.Chester A.Kisiel and John F.Besemeres, ed.D.Petsch, The Hague: Mouton and Warsaw: PWN-polish Scientific Publishers, 1974, p.431.另外需要指出的是,就其使用法语写作,就其与法国思想文化的连续性而言,我们可在同样的意义上将克鲁萨、卢梭这一类作家视作法国作家。

⑥ Francis X.J.Coleman, *The Aesthetic Thought of the French Enlightenment*, University of Pittsburgh Press, 1971, p.7.

觉艺术和诗歌有所讨论，也专门探讨了音乐。并且，这是一项重要的尝试，它给予美以不同于善的哲学分析，从而重申和发展了古代和文艺复兴柏拉图主义者的概念"。① 这也肯定了克鲁萨对艺术史的推进之功。

上述正面意见是公允的。诚然，克鲁萨美学陈旧有余、独创性不足；但《论美》的确是笛卡尔之后第一部哲学美学意义上的美的专论，此举本身已具有一定的开创性价值，因为他克服了笛卡尔理性主义观念内美的不可言说性。

按笛卡尔的看法，美是相对的，所以难以作为研究对象。笛卡尔说过："一般地说，所谓美和愉快的都不过是我们的判断和对象之间的一种关系；人们的判断既然彼此悬殊，我们就不能说美和愉快能有一种确定的尺度。"②美的相对性源于人的判断受到个体遭际及其留下的情绪记忆的影响："同一件事物可以使这批人高兴得要跳舞，却使另一批人伤心得想流泪；这全要看我们记忆中哪些观念受到了刺激。例如某一批人过去当听到某种乐调时，跳舞的欲望就会又起来；就反面说，如果有人每逢听到欢乐的舞曲时都碰到不幸的事，等他再次听到这种舞曲，他就一定会感到伤心。"③于是，当人与人彼此谈论美时，他们的话中所指很可能不是相同的东西，故而时常难以相互理解，难以有效沟通。同样出于这个原因，研究者也难以把这个歧义迭出的、浮动的美作为对象，除非切断它的日常经验，讨论一种纯粹形而上的美。

要想走出笛卡尔留下的这个死胡同，必须消解美的相对性。这是克鲁萨《论美》所面对的重要任务。他的证明实际上分三步进行：先是论证美之观念和美之感觉可以相互独立；接下来论证美之观念的一般性以及美的实在性；最后论证美之观念才是美的真正根源，而美之感觉只是伴随性的。通过消除相对主义的美论，克鲁萨展开了他对美的专论，树立起一种以神学为奠基的审美理性主义。与此同时，感觉和想象在审美活动中的作用受到压抑，致使克鲁萨令人遗憾地与现代意义上的美学/感性学的诞生擦肩而过。

第二节 美的一般观念

克鲁萨没有选择切断美的日常经验，恰恰相反，他以日常谈美的语言分

---

① Paul Oskar Kristeller,"The Modern System of the Arts: A Study in the History of Aesthetics(Ⅱ)", *Journal of the History of Ideas*, Vol.13, No.1(Jan., 1952), p.17.
② 见1630年2月25日笛卡尔致麦尔塞纳神父的信,《西方美学家论美和美感》,第78—79页。
③ 转引自朱光潜:《西方美学史》(上册),第184页。

析作为《论美》的开篇。讨论不是从"美"(Beauté)这个名词开始,而是始自"美的"(Beau)这个形容词("美的某某"),或者说谓词("某某是美的")。这种转换恰恰易于将分析带入日常语境,因为日常话语通常不谈论什么是"美"(那是哲学话语),却常说"某某是美的"。那么,这句话是什么意思?克鲁萨认为,这是个双语义的句子:语义一,"它令我赞同";语义二,"它令我感到愉悦"。他称前者为"观念"(Idées),称后者为"感觉"(Sentiments)。① 需要指出,感觉并不是简单的观念,而是外界事物对我的某种或某几种知觉的触发。

美之观念关联于赞同,美之感觉关联于愉悦。当某人说"某某是美的"时,可能既赞同又愉悦。克鲁萨不否认这种情况是常见的。但他更关注另外两种特殊情况是否存在:其一,我们说"某某是美的",纯粹出自赞同而毫无愉悦感;其二,我们说"某某是美的",纯粹出于愉悦感而毫不赞同。

第一种情况:当一个人在考虑一个对象时,仅致力于形成对它的观念,致力于获取有关它的精确认识,他不动声色地倾注思想。此人此时会说,这里没有什么触动他、令他高兴的东西,即便他认识到此物是美的。克鲁萨举了一例:假设一个人正在法官候见厅里焦急地等待一桩与自己相关的案子的判决。此时他若看到一幅画,必定毫无心思去感受美的愉悦,然而,他仍可判定这幅画是美的,并有着超群的技巧。在这样的情况下,美之观念的产生既不依赖于也不伴随着美之感觉。

第二种情况:某物可能丝毫不带来可赞同的观念,但却刺激愉悦的感觉。比如在不合宜的感官愉悦里,主体的愉悦遭到了其理性的反对,理性不愿分享和参与这份愉悦。②

观念和感觉之所以在有的时候能够各自独立产生美,是由于它们分别关联于心灵(Esprit)和心脏(Cœur)。基于这个生理/心理基础,观念和感觉具有截然不同的性质和作用方式。先说观念。"观念令我们愉快、锻炼我们的注意力或有时令我们劳神,取决于对象是否为复合的,取决于它们相互结合的程度。"③观念之喜悦来自观念的清楚、简单、复合④或有序,取决于观念所表象的对象是否值得我们注意。再说感觉。"感觉支配我们,控制我们,决定我们的偏好,令我们感到高兴或悲伤,取决于它们是香甜的还是令人烦

---

① J.P.de Crousaz, *Traité du beau*, p.7.
② 同上书,第9—11页。
③ 同上书,第8页。
④ 依笔者的理解,克鲁萨在这里说的"复合"应是简单之物的复合,故而不失其清晰性。

恼的,是令人愉悦的还是令人不快的。"①感觉对我们的推动或刺激的强度,则取决于它们的密度或钝度。观念在一定程度上是可由主体控制的,感觉则依赖于外物以及某种内在脾性,它们都不受主体掌握。最重要的是,观念是易于表达的,感觉则是难以描述的,尤其是对于毫无相似经验的人来说,就更加难以交流。②

这样看来,只有在涉及美之观念时,"美"才有可能成为可谈可论的题目。所以,"某某是美的"这句话之所以常常显得模棱两可,之所以人们(如笛卡尔)会武断地认定美难以成为研究对象,正是由于忽略了这种双语义性质,用感觉的难以言传性掩盖甚至替代了观念的可表达性和可交流性。

然而,关于美之观念,谈论起来仍有困难,它乍看起来也不像一个稳定的研究对象。对于同一事物,有人认为美,也有人认为不美;即便是同一个人,此时认为此事物是美的,彼时却可能断定其不美。可见,对于美之观念,人与人、人与自身之间能够达成的共识极其有限。比如自古代以来,西方人就倾向于认为合乎比例的东西是美的;然而,对于合乎怎样的比例才美,不同的人往往持不同见解。就此,克鲁萨提出了"美的一般观念"(idée générale du Beau)这个概念。

他指出,有一类表示实体的词,比如一匹马或一棵树,它们可以在绝对意义上被使用。我们可以说"这里有一匹马"或"那是一棵树"。又存在着另一类表示非实体的词,仅用于表达一种关系,一种心物关系。这类词包括"真""正直""健康""美",等等。设定该词为 A,则当我们说某物是"A 的"(其形容词形式),我们的意思其实是:该物符合 A 观念。比如,当我们说一个命题为真,指的是观念与其所应用的事物之间的关系是相符的。三角形有三个角,"三个角"符合三角形之观念。木头是可燃的,"可燃"符合木头之观念。又如,当我们说某行为是正直的,指的是该行为符合正直之观念;当我们说某食物是健康的,意思是说它符合健康之观念。如此等等。真之观念在不同的人那里可能有所不同,然而,但凡使用真之观念,皆着眼于某物与真之观念的关系。比如,有的地方的人可能认为木头不可燃,由此而判定"木头可燃"之命题为假,而将"木头不可燃"判定为真,那么在后一个句子里,"不可燃"仍符合其木头之观念。又如"正直",苏格拉底和孔子都曾使用"父子相隐"的典故来探讨它。有人认为父子相隐是不正直的,有人(如孔子)恰恰认为"直在其中矣"。两种观念截然不同,但同样着眼于父子相隐这

①　J.P.de Crousaz, *Traité du beau*, p.9.

②　同上书,第8—9页。

种情况与正直观念之间是否相符。

这就是克鲁萨所说的"一般观念"。它表示思与物的符合关系,它是"人所共有且恒久不变的,即便在使用上并不相同",因而,它拥有包容了相异性的普遍性、包容了相对性的一般性。克鲁萨也把这种一般性表述为"实在性",即不是被任意捏造出来的空幻之物。在他看来,美同真、正直、健康等一样,都不是想象性的,而是实在的;不过,它是相对的实在,而非绝对的实在,[①]即非同于一匹马或一棵树那样的实在。

"美的一般观念"也是如此。它指的是在我们的观念(或感觉,或知性,或心灵)与被称作"美的"的事物之间的符合关系。不可从实体意义上理解美之观念,它的含义不可能是绝对的、固定的;因此之故,我们不可仅因某一种比例不被广泛接受为美的,而否认美之观念的普泛存在。

通过这个概念,克鲁萨实质上提出了一种"美在关系"说。如前所述,"美在关系"不是全新的想法,它早在笛卡尔那里已经被表述过。但克鲁萨对之进行了改头换面的重新阐发,从而疏通了被笛卡尔堵塞的论美之途。他用美之观念所基于的普遍而恒久的稳定的结构关系,取代了审美主体与对象之间因个体差异而造成的任意关系,以此消解了审美关系中的主观随意性,同时又容纳了审美现象的相对性。在这个意义上,克鲁萨的关系说克服了笛卡尔那里因相对主义而导致的美的虚无主义,维护了美的(相对)实在性,从而为论美找到一个相对可靠的起点:"美的一般观念"。这种关系美学的思路得到了塔塔尔凯维奇的欣赏,因为这种哲学式的思维在当时法国的艺术和诗歌批评里是很少见的。[②] 这是克鲁萨美论的第一个可贵之处。

第三节 美的一般原理

解决了论美的起点问题后,克鲁萨自信地表示,此时只要我们发现一种原理并正确而精准地使用该原理,就可以在美的问题上达成一致。美的一般原理指的是,在满足怎样的条件时,人们必然说某某是美的。

这个一般原理在克鲁萨这里有多种表述。他有时称其为"从多样中见出统一"。他发现,"对美而言,往往需要从多样性化约到某种统一性"。[③] 这种统一性或者说一律性有三种形式:规范(régularité)、秩序(ordre)、比例

---

① J.P.de Crousaz, *Traité du beau*, p.51.

② Tatarkiewicz, *History of Aesthetics*, Vol.Ⅲ, *Modern Aesthetics*, p.431.

③ J.P.de Crousaz, *Traité du beau*, p.50.

(proportion)。克鲁萨说这三者"必然令人类心灵感到惬意",[①]它们是美的实在特征,是建立在自然和真理之中的美的特征。克鲁萨也将这三者统称为"比例"。

"美在比例"仍旧不是新观念,它可以远溯到毕达哥拉斯学派。该学派认为,身体美在于各部分之间的比例对称。古罗马的西塞罗也说过:"美是物体各部分的适当比例,加上悦目的颜色。"这个观念传布得如此深广,以至到了新柏拉图主义者普洛丁生活的年代成了被广泛接受的意见,反衬得普洛丁对这个观念的怀疑相当特殊。[②] 在中世纪的教父哲学家那里,"美在比例"这一观念进一步被强调。圣奥古斯丁写过一部多卷本的《论美与适宜》(已亡失),圣托马斯·阿奎那也认为协调的比例组成美的事物。在各种形式的古典(主义)美学里,比例都是一个核心概念,比例上不合宜的事物一般被认为违反了美的基本规律。

鉴于这一情况,塔塔尔凯维奇认为,相比之下,在这部分论证里唯有多样性与统一性这对组合较有新意。[③] 鲍姆勒也视其为克鲁萨的首创,不过,这种首创性的贡献被卡西尔彻底否定了。卡西尔在其《启蒙哲学》中令人信服地点明了该原则的数学渊源,并认为莱布尼茨和布瓦洛早已在这方面有所建树。[④] 在笔者看来,尽管并非首创,但相比于"美在比例","从多样中见出统一"仍更适合担当克鲁萨那里美的一般原理。一方面,一般意义上的"比例说"仅道出"从多样中见出统一"中的一端,因而后者更全面、更完整;另一方面,"比例说"暗含着客观主义倾向,"从多样中见出统一"则着眼于主体能力与客体的关系,更符合克鲁萨提出的美的一般观念。按此原理,正如贝克曾指出的那样,美"并非先天地存在于客观上可认定的比例里,而在于与人的能力的相符"。[⑤]

在日常经验里,事物的多样性与统一性对人的心灵而言各有其用途。多样的变化令人摆脱千篇一律所带来的无趣和乏味,统一性则削弱多样性所可能导致的混乱和疲倦。这是一种容易获得的经验心理学上的解释。不过,它无法从根本上说明如下问题:为何这条原则不是反过来写作"从统一中见出多样性",为何只有统一性能够担当这个二元运动里的终点,为何唯有在最终见出统一性时,这两种对立性质的并存才能够带给人

① J.P.de Crousaz, *Traité du beau*, p.14.

② 具体可参见《西方美学家论美和美感》,第 56—57 页。

③ Tatarkiewicz, *History of Aesthetics*, Vol.Ⅲ, *Modern Aesthetics*, p.431.

④ 具体可参见卡西尔:《启蒙哲学》,顾伟铭等译,山东大学出版社 2007 年版,第 269—270 页。

⑤ Annie Becq, *Genèse de l'esthétique française moderne* 1680‑1814, p.309.

愉悦感,换言之,为何多样性若想生发审美快感,就必须处在统一性的调节和掌控之下。

　　对于这个问题,克鲁萨从认知主义的角度给出一个神学依据。人的心灵被创造出来,去认识形形色色的受造物,最终目的是认识其创造者,也就是唯一的神,唯一的客体,上帝。上帝这位造物主,这位"自然的作者"(Auteur de la Nature),自身是至高的和谐统一(不和谐的上帝是不可想象的),他将自身的统一以不同的方式投射到所创造的世界中的万物里,在万物身上生成变化。与创造世界的方向正相反,人对世界的认识正是从多姿多样的万物开始,向至高的统一性进发:"他在呈现于他面前的这个多重客体里寻找并发现相似的特征,尽管它们复杂多样,却令他将若干事物关联于唯一的首脑,将较大的数量化约到唯一的等级,把多重性最终化作一种组配;因此,正如多样性使其知识多样化和扩展一样,统一性使他的知识得以在记忆里巩固和固定下来。"[1]于是,审美活动被解释为一种宗教性的认知活动,从多样的万物身上识别出那个隐匿的上帝,那个最终的统一性。

　　使用"从多样中见出统一"这个普遍原则,可以相对方便地解释丑怪题材的美感生成机制。这是"美在比例"说所难以胜任的,因为那些题材的作品是反比例的。确实,绘画不只画优美怡人的题材,也描绘丑陋可怖的对象,比如蜘蛛、妖怪、野蛮人、杀人场景,等等。怪诞形象与丑陋题材有些类似,同样以其不规范性夺人眼目。既然这些题材在现实中令人产生不适的感觉,那么,当我们欣赏以此为原本的绘画时,为何会产生美的判断?

　　克鲁萨的解释可分作两个层次。第一,绘画只是摹仿,因而不包含原题材中的任何罪恶的或危险的东西,于是,我们不会因此而感到实物所可能引起的恐惧或危险;第二,更重要的是,我们在被描绘的对象与绘画之间发现了相似性关联,由于"心灵从这种巨大的多样性中发现了统一性,故而会感到愉快"。[2] 人喜欢浏览这类形象,为的是从这种极端的"无秩序、不连贯、无联系、无一律性"中觉察到比例,同样地,人们之所以上千次地激起他们的欲念,"为的是随后更加甜美地充实它们","拒绝它们,为的是提供更多的丰裕"。[3] 这种解释所看重的是丑怪题材以其极端的多样性挑战人类的心灵,从而具备激发出不寻常之乐趣的潜力。主体辨认出作品与其摹仿的现实题材之间的相似性,从而产生认知的愉悦;丑陋的尤其是荒诞的题材增加了这项认知活动的难度,一旦认知达成,愉悦感会更为强烈。于是在克鲁萨这

---

[1]　J.P.de Crousaz,*Traité du beau*,pp.12–13.

[2]　同上书,第45页。

[3]　同上书,第45—46页。

里,丑陋题材和怪诞题材的艺术作品非但无法成为反驳"从多样中见出统
一性"这一结论的证据,反而从主体的角度和层面再次确认了这个结论。
安妮·贝克进一步指出,"它们的美既不在于其与实在之类似,也不在于一
种内在的和谐,而在于这一事实:它们实现了一种任意的自主秩序"。[1] 这
种自主秩序实为对人的认识能力的肯定。

对于克鲁萨有关这两类题材的审美心理的描述,熟悉美学史的人都会
觉得它们似曾相识。向前追溯,它们令人窥见亚理斯多德摹仿说的影子,向
后看,会令人想到几年之后杜博在《对诗与画的批判性反思》(1719)中对艺
术欣赏中感觉强度的集中阐释,以及伯克、康德对崇高感的心理分析。这个
发现从侧面提示我们,克鲁萨恐怕确实是西方美学史的一个承前启后的重
要节点。

当然,克鲁萨在《论美》中并未对"从多样中见出统一性"和"美在比例"
说进行比较,更未像本章处理得这样厚此薄彼。他本人的态度是含混的,几
乎把二者当作一回事来谈。他甚至说,比例可以是多样的,多样的比例仍是
成比例的。比如,行星轨迹所画出的弧线,可能既非正圆亦非椭圆,但这并
不意味着没有规范性,只是这规范性很难确定而已。因此,克鲁萨所极力阐
发的这个"比例"概念过于宽泛,愈发显得面目模糊,缺乏概念设定所必需的
准确性,难以担起帮助分辨何者为美的原则的任务。

几十年后,英国人伯克在《论崇高与美两种观念的根源》(1756)里坚决
否定了比例说。他指出,"比例几乎完全只涉及便利,所以应看作理解力的
产品而不是影响感觉和想象的首要原因。我们并不是经过长久的注意和研
究,才发现一个对象美;美并不要求推理作用的帮助;连意志也与美无
关……"[2]伯克坚信美是感觉和想象的产物,而比例是理解力的产品,二者
之间不可能存在直接的、内在的关联。这与克鲁萨的理性主义美学立场完
全相对。下文我们将看到,对克鲁萨而言,审美活动中的感觉仅仅是观念的
一个伴随物,并且,美与想象之间的关系在根本上是不可能成立的。

第四节　美的感觉论

在1724年的新版《论美》里,克鲁萨增补了如下陈词,以说明审美过程

---

① Annie Becq, *Genèse de l'esthétique française moderne* 1680 - 1814, p.407.

② 《西方美学家论美和美感》,第119页。

中愉悦感的生成机制："对象以其种种同我们的器官的比例在我们的感官上造成一种惬意的印象，在这种比例里包藏着一种实在的美（beauté réelle）；由此而生发的感觉有别于它的原因，一如我们的种种感觉有别于它们的原因。感觉之愉悦是美的一种结果，美有赖于原因（Cause）之比例，比例与主体的秉性才能一同活动，主体接受其作用……"①这番话清楚地表明：审美活动肇始于一种感官印象，该印象之惬意来自于主体的心意能力与对象之间关系（比例）上的合宜，也就是前文所说的美的一般观念；从逻辑上看，关系（比例）是原因，愉悦的感觉是结果，是被动的伴生物。可见，对克鲁萨而言，感觉在审美活动中仅发挥一种辅助性的功能，其作用方式是伴随式的，其有效性需要由观念来保障。用安妮·贝克的话说，"感觉更多地被吸收进了理性"。②克鲁萨的这种美的感觉论，与其美的观念论相辅相成，进一步奠定了理性主义立场。

　　我们把这段引文结合于前面对于"某某是美的"这句话的语义分析来做进一步理解。当"某某是美的"的言下之意为"它令我感到愉悦"时，克鲁萨曾强调，在这种情况下，仍需要区分这感觉是否既愉悦又美，抑或是仅仅愉悦而非美。从这段引文也可推知，判断某物为美，仅仅依据愉悦的感觉是不可靠的，那等于是由果溯因，而造成愉悦感的原因不一定是美。存在着仅仅愉悦而无美的情况，也就是愉悦而不赞同。所以，愉悦感是美的非充分条件，只有当它同时获得理性的赞同时，才出现真正的——即实在的——美。

　　那么，愉悦感是美的必要条件吗？这等于是以另一种方式究问，当"某某是美的"的言下之意为"它令我赞同"时，仅仅依据主客之间合宜的关系（比例），是否足以断定某物为美？《论美》里对这个问题的态度并不太明确。单从上段引文来看，愉悦的感觉的产生属于这个审美过程中的必经环节，它帮助我们对美进行确证，是美的必要条件。克鲁萨还说，"美的本义就是营造愉悦的感觉"。③按此，则愉悦感是美的必要条件，主客之间合宜的关系（比例）或者说"从多样中见出统一性"也是美的必要条件。然而，在前述那个候见厅看画的例子④里，愉悦感被压抑，当事人纯粹因赞同而做出了正确的"美"的断言。按照这种解释，愉悦感不是美的必要条件，主客之间合宜的关系（比例）或者说"从多样中见出统一性"是美的充分必要条件。该如何解

　　①　转引自：Annie Becq, *Genèse de l'esthétique française moderne 1680－1814*, pp.309－310.
　　②　同上书，第312页。
　　③　J.P.de Crousaz, *Traité du beau*, p.73.
　　④　科尔曼认为这个例子矛盾重重。此处不赘，具体请参见：Francis.X.J.Coleman, *The Aesthetic Thought of the French Enlightenment*, University of Pittsburgh Press, 1971, pp.10－12.

释这种前后不一的矛盾态度呢？

笔者认为，《论美》一书实际上贯穿了应然和实然两种情况，但行文里对二者的区分并不太明显，缺少一些必要的说明，以致给读者带来一些疑惑。"应然"的意思是从道理上讲应当如此，属于理想情况：在主体方面，应具备理想的人格、理想的心绪、理想的能力；在客体方面，一物在大小、形状、质地、各部分比例上配得上一个开明的心灵的赞同，此物并非作用于感官，它使得灵魂里诞生出一种令人愉悦的感觉，此感觉令其萌生评价和欢喜。[1]本节开篇的引文属于应然的情况，候见厅看画的例子则属于现实中的特殊变形，这位看画人之所以能够进行正确的美的判断，乃是由于在抵制了不利环境及其压力的干扰的前提下，发挥出了理性的识别能力。设若看画人心绪不宁到了理性难以正常运转的程度，也就无法得出应然的结论。由此可知，从原则上讲，愉悦的感觉对克鲁萨而言是审美的必要非充分条件。

对克鲁萨来说，应然状况的完美性在根本上得自上帝。同美之观念一样，美之感觉的根源也在上帝这位完美的作者身上，同样是人这种受造物与上帝发生关联和沟通的产物，所不同的是，美之观念是对上帝的主动认知，而美之感觉则是对上帝的被动顺从——二者的等级高下在这里再次体现出来。克鲁萨举例道："当我的鼻子靠近一朵花，我并不是让上帝身上诞生一种新的意愿，我也不是向他呈现一种新的消遣的内容，我仅仅是利用了上帝在先于我存在时就建立起来的一种法则（Loi），我所感受到的感觉在我身上诞生，它是一种意愿的结果，这意愿是上帝始终拥有而永恒持存的。"[2]

以此为前提，则审美活动中观念与感觉之间理当（应该）是和谐的："人有观念和感觉两种能力，这是一个确凿的事实，也是一个经验原则。既然他的造物主拥有无限的智慧，其思想或作品便不可能相互冲突，那么，这位造物主便不可能让人拥有两种截然不同的思维方式，导致在他身上出现一种对立和悖反的源泉。但凡是造物主认为就其类别而言已臻完成或视作完成，抑或趋于完善的东西，人类的心灵假如正确思考并拥有对它的知识，就不会不同意这一点。正是出于这个原因，它天然地喜欢秩序与和谐……但值得赞同的东西同时也应当激发愉悦的感觉，我们的观念与我们的感觉之间的这种一致性与我们的完美作者相配。"[3]在上帝这位全知全能的"自然的作者"的作品里，不单人的观念和感觉在美的判断里是和谐一致的，审美对象的本质与其带给人的印象是和谐一致的，而且这些印象与其随后的感

---

[1]　J.P.de Crousaz, *Traité du beau*, p.68.

[2]　同上书，第66页。

[3]　同上书，第64页。

觉也是和谐一致的。就这样,克鲁萨用神学加持理性主义,设定了审美的理想(应然)状态。

克鲁萨提出,长期以来,人们时常无法清楚地意识到感觉、激情与我们的理性之间的和谐。这里说的正是不够理想的情况。我们知道,不理想的情况往往是现实中最常发生的情况,比如候见厅中的看画人因毫无心绪而厌弃那幅或许非常完美的画作。克鲁萨提到,我们在感觉一物时所感受到美和愉悦,往往不单单是出于此物的优点,也出于我们在感受它的当下此刻所怀有的特殊心绪。① 某些笔触或颜色之所以会格外令人愉悦,要么它们确实拥有美,要么就纯粹是偏见的结果。同样地,一个人的脾气、话语、风度可能是合情合理的,也可能仅仅出于与我们自己的脾气秉性或习惯的相配。② 脾气秉性、风俗习惯等因素,以及个体际遇、前后语境等,都会塑造不同人的审美期待,塑造他们的趣味,从而具体地影响着每个人在每时每刻的审美判断。克鲁萨相当耐心地梳理出干扰理性进行正确判断的偏见之源——脾气秉性、自爱、习惯、激情、轻率。它们彼此之间密切关联,相互加强作用效果,致使我们的审美偏离理性的正规,走入迷途。

如果说克鲁萨从一种折中的态度出发,给感觉、脾性、激情、惯例等非理性的、携带着个体差异的因素留下一定余地,那么,在艺术创作问题上,他则相当坚决地阻断了对天才(以及灵感)概念和想象(以及幻觉)概念的严肃探讨。在他看来,美既然是实在的,便不是想象性的、抽象的;与此相关,创作一件艺术作品,便不是一种神秘的、不可知的过程,而是将在某种程度上确凿无疑的规则铁律进行落实的行为。③ 克鲁萨不遗余力地维护着美的实在性和客观性,这符合已在当时法国盛行半个世纪的理性主义审美标准。

上文屡屡提到,《论美》中的"想象"概念多以与"实在"相对立的形式出现,从而无法与美发生真正的关联。他从一种粗糙的唯物主义视角来解释想象力发挥作用的过程:外部感官接收到的印象传入大脑,当这些印象所留下的痕迹被再度打开时,会令人几乎认为造成它们的事物重又现身了。这一过程常常伴有我们的添油加醋,于是那个事物呈现的样子往往不同于之前所见的样子。另一种时常发生的情况是,我们在大脑里凭空捏造些全新的痕迹,这将导致全新的想象的产生。"想象力唤起它所曾见之物,使之发生万千变化,甚至呈现出它所从未见过的大相径庭之物。注意力把秩序放

---

① J.P.de Crousaz, *Traité du beau*, p.72.

② 同上书,第56—57页。

③ 他还说:"如今若是有人呼唤缪斯,那多半是语带讥讽。"而最伟大的诗人,如布瓦洛,也向缪斯求援,他们为的却是经由它而转向那些最严肃、最高级的主题(同上书,第147—148页)。

入观念，而这秩序为了让位于混乱的局面而使自身消散，甚至人们停止了聚精会神的反思和思考；这样的情况尤其出现在遐想中。"①"想象力对一种秩序的选择经常出于心血来潮，有时决定选择那些看起来最轻松的，有时习惯于那些超凡脱俗的道路，希冀着显出一种更精熟的样子。"②这里把想象看成是反秩序的。所以，想象虽然是一种不在场的事物呈现得宛在目前的能力，但并非一种积极的能力，而是将思维的混乱、错误、无节制等负面特征展现无遗。想象是制造虚幻、酿成错误的根源，这是克鲁萨从笛卡尔-马勒伯朗士传统中接受的东西。正如克罗齐在追溯这段美学历史时所说："笛卡尔主义不可能有一个关于幻想的美学。"③既然美是实在不虚的，想象便无法成为一种审美的能力。

第五节　克鲁萨的美学史位置

如果把历时性的西方美学史看作一个观念争斗的战场，则克鲁萨必不是一位耀眼的胜利者。用不了几年，杜博的光芒就会将他的身影遮蔽，感性将受到前所未有的重视；再后来，鲍姆嘉通将为这个研究混乱知识的学科进行命名，尝试建立一个"想象的逻辑"，④赋予它一个哲学门类里的位置；再后来，狄德罗毫不客气地指出，克鲁萨用复数的美的特性代替美的一般性，从而把美特殊化了，难以切中美的本质；⑤再后来，康德将寻求对感性普遍性做出哲学解释，把美当成知解力和想象力的自由游戏……18世纪的欧洲美学史似乎在越来越彻底地反驳着克鲁萨在《论美》里的思想，不留情面地将其抛在遥远的、不合时宜的过去。就此而言，我们能够在一定层面上理解当时和后世对他的负面评价。不过，假如我们不用后见之明来苛责古人，那么不妨承认，克鲁萨在美学史上确有一席之地，有其独特贡献。以下是本章对他的总结性评价：

第一，在观点上，它并非一部刷新视听、引领潮流的作品，而更是一部继承之作、总结之作。其所代表的是法国古典主义美学成熟时期的观念和特

---

① 转引自：Annie Becq, *Genèse de l'esthétique française moderne 1680 – 1814*, pp.405 – 406.

② J.P.de Crousaz, *Traité du beau*, pp.105 – 106.

③ 克罗齐：《美学的历史》，王天清译，袁华清校，商务印书馆2015年版，第53页。

④ 这是卡西尔的看法。具体可参见恩斯特·卡西尔：《人论》，甘阳译，上海译文出版社2013年版，第234—235页。

⑤ 可参见狄德罗：《关于美的根源及其本质的哲学探讨》，《狄德罗美学论文选》，张冠尧、桂裕芳译，人民文学出版社2008年版，第4—5页和第19页。

征,全书立场相对保守、拘谨,有的地方令人略感陈旧。然而,它能够在美的理论上既遵循笛卡尔的理性主义,又突破其相对主义对论美造成的障碍,这一点殊为难得。

第二,在论证方式上,《论美》在很多地方的确有机械、粗糙的毛病,对基督教神学的借重尤其给人以"机械降神"之感,总体上缺乏德国式的严整、严格、细腻以及体系意识。尽管称克鲁萨为"美学家"有些勉强,不过我们又不得不承认,他的这种将哲学思维引入对"美"的讨论的尝试,命中了美学这门学科在 18 世纪的发展方向。

第三,在立场上,他虽然不愿意放弃神学和理性主义的基本态度,但折中主义倾向又使其涉足了感觉领域,在一定程度上尊重了审美经验的事实,尽管对想象力和天才问题的彻底忽略令其错失了真正现代意义上的美学。

第三章　杜博的情感主义

第一节　《对诗与画的批判性反思》

让-巴蒂斯特·杜博神父（Abbé Jean-Baptiste du Bos,1670—1742）[①]在外交和史学上曾做出突出成绩,其美学思想集中于《对诗与画的批判性反思》(*Réflexions critiques sur la poésie et sur la peinture*,1719)[②]一书。当年,这部著作一经出版,立即获得引人注目的成功。1738年,伏尔泰评价它是"欧洲各国对这些题目的所有写作当中最有用的书"。[③] 温克尔曼也高度欣赏它。此书的有用性很直观地体现于它的高引用率。人们热衷于引用该书中的内容,有时甚至直接"挪用":一个极端的例子是《百科全书》的"绘画"词条(署名 Jaucourt 撰写),它将从杜博那里"借"来的约三十个片段拼贴在一起,这些片段短者几行,长者竟达几页。[④] 在这种高关注度的推动下,《对诗与画的批判性反思》成了一部不折不扣的畅销书。仅在18世纪,它被重印的次数就达16次之多。[⑤]

此书在1719年初版时为两卷本,后来再版时更改为三卷本。该书共修订过五次。根据杜博自述,三卷本的《对诗与画的批判性反思》主要包括如下内容:第一卷主要解释何为画之美或诗之美,二者的规则以及从其他艺术

[①]　"du Bos"亦作"duBos""Du Bos""DuBos"。中译名有时被译作"杜博斯"。"杜博"之译法系从法文音译而来,其词尾"s"不发音。

[②]　同年,英国学者乔纳森·理查德森出版了《一个鉴赏家的学识》(*The Science of a Connaisseur*)一书,与杜博所处理的问题有所关联。

[③]　https://plato.stanford.edu/archives/sum2013/entries/aesthetics-18th-french/.

[④]　同上。

[⑤]　参见:Tatarkiewicz, *History of Aesthetics*, Vol. Ⅲ, *Modern Aesthetics*, trans. Chester A. Kisiel and John F.Besemeres,ed.D.Petsch,The Hague:Mouton and Warsaw:PWN-polish Scientific Publishers,1974,p.433.

那里的借鉴;第二卷探讨伟大的诗人或画家应具备哪些品质,比如,创作为何丰产或才尽,声名何以短暂或持久,甚至超越其所生活的时代;第三卷考察古代人的剧场娱乐如何兴起和发展。第三卷本是初版第一卷的部分,后在别人建议下独立成一卷。① 全书总计 1500 页,可谓洋洋大观。

该书的英译本系由托马斯·纽根特(Thomas Nugent)翻译,于 1748 年出版。纽根特所参照的法文版是 1740 年面世的第四版,那同样是一个三卷本。与同时期法国同类著作相比,此书的英译速度显然遥遥领先。纽根特在译者序中十分热忱地表示,当时很少有著作在学术世界里所获得的接受程度和声誉超过此书。② 这大概应归因于杜博思想与英国主流思想的亲和性。英译本的书名十分冗长,不过确实全面涵盖了书中的主要内容:"对诗、画和音乐的批判性反思,以及对古代人剧场娱乐之兴起与发展的考察"。《对诗与画的批判性反思》的德语译本于 1760—1761 年面世。美学史家普遍认为,早在这两个译本出现之前,其法文本已经在英国和德国广为流传了。③ 不言而喻,译本的出现会大大推助杜博美学在非法语世界的传播。可惜的是,这部 18 世纪的畅销书至今尚无中译本,相关的专门研究也不多见。本章的写作所参考的是 1755 年在巴黎面世的《对诗与画的批判性反思》法文第六版。

在今天,人们对杜博思想的认识经历了一个再发现的过程。K.S.劳里拉研究指出,启蒙时期的喧嚣过后,尤其在法国,杜博的重要性曾长期遭到忽视和误解。④ 改变发生在 20 世纪初期。隆巴尔在 1913 年出版的专著中划时代地将杜博定位为"现代思想的开创者",⑤自此以后,杜博作为现代先行者的身份逐渐被确认。"现代"一词有众多面向。⑥ 笔者认为,"现代"一词是就与我们所处世界的思想连续性而言的;也就是说,它首先意味着对今人而言最低的隔阂感,能够被纳入与当今时代共享的知识型。在杜博身上,"现代"主要体现为对"古典"的告别。在 18 世纪的诸多启蒙思想家当中,杜

---

① Du Bos,"Avertissement",*Réflexions critiques sur la poésie et sur la peinture*,sixième édition,Vol.1,Paris,Chez Pissot,1755.

② Thomas Nugent,"The Translator's Preface",in Du Bos,*Critical Reflections on Poetry, Painting and Music.With an Inquiry into The Rise and Progress of the Theatrical Entertainments of the Ancients*,trans.Thomas Nugent,London,1748.

③ 参见:Paul Guyer,*A History of Modern Aesthetics*,Vol.I,Cambridge University Press,2014,p.78.亦可参见彼得·基维主编:《美学指南》,第 21 页。

④ K.S.Laurila,"Quelques remarques sur l'esthétique de Dubos",*Neuphilologische Mitteilungen*,Vol.32,No.1/3(1931),p.61.

⑤ A.Lombard,*L'Abbé Du Bos:Un initiateur de la pensée moderne* (1670 - 1742),Paris,1913.

⑥ 参见:Etiènne Souriau(éd.),*Vocabulaire d'esthétique*,Quadrige/PUF,1990,pp.1016 - 1018.

博较早展现出与古典思想之间的明显断裂。

杜博美学里的现代性萌芽同样主要表现在与古典美学的对立,以及相关地对未来美学的启示或者说预见性。就像安娜·贝克所指出的那样,杜博《对诗与画的批判性反思》代表着现代美学之诞生的一个关键阶段。[①] 该书不单单反思诗与画,还涉及雕塑、音乐、戏剧,它们通常被首字母大写,杜博以同样首字母大写的"艺术"(Arts)统称它们。这意味着,该书实际上默认了"艺术"这个集合体的存在,并致力于探讨一种一般艺术理论。[②] 按照克利斯特勒的看法,杜博的这份"主要艺术"(major arts)清单推动了巴托后来提出五门"美的艺术",从而也为现代艺术体系在18世纪中叶的确立做出了贡献。[③] 不过,杜博美学的现代性主要并不在于其艺术清单如何拣选罗列,更在于杜博对艺术感受性的重视及其对启蒙美学风潮的引领作用,这在当时的古典主义语境里具有革命意义。

具体说来,杜博美学对现代性的贡献主要有以下三个方面:其一,他提出一种具有相当原创性的、相当不寻常的艺术本质理论;其二,他以一种非常重要的方式为一种环境理论(théorie du milieu)奠基;其三,围绕着美学批评,杜博提出了相当具有独创性和现代性的观念。杜博的艺术环境论最看重气候对艺术的影响,这个理论在大约一百五十年后的丹纳艺术哲学那里得到重现。而其批评观念同样相当超前,足以视作现代批评的先驱。[④]

由于篇幅所限,本书将主要讨论杜博对美学最重要的贡献,也就是其艺术本质理论。该理论的核心是一种情感主义艺术理论。"根据此一理论,一件艺术作品往往是艺术家个人感觉的表达,此表达倾向于唤起他人身上相似的感觉。"劳里拉认定这是杜博艺术理论的实质,也是其理论的崭新性、原创性和重要性之所在。[⑤] 文本将阐述这种独特的、诉诸情感的艺术本质论,并从这一视角出发,具体地探讨杜博艺术理论及其启蒙意识与美学现代性甚至当代性之间的无尽对话。

---

① Annie Becq, *Genèse de l'esthétique française moderne 1680 - 1814*, Paris: Éditions Albin Michel,1994,p.244.

② Tatarkiewicz, *History of Aesthetics*, Vol.Ⅲ, *Modern Aesthetics*, trans.Chester A.Kisiel and John F.Besemeres, ed.D.Petsch, The Hague: Mouton and Warsaw: PWN-polish Scientific Publishers,1974,p.434.

③ 参见:Paul Oskar Kristeller,"The Modern System of the Arts: A Study in the History of Aesthetics(Ⅱ)", *Journal of the History of Ideas*, Vol.13, No.1(Jan., 1952), pp.18 - 19.

④ K.S.Laurila,"Quelques remarques sur l'esthétique de Dubos", *Neuphilologische Mitteilungen*, Vol.32, No.1/3(1931), pp.61 - 71.劳里拉的这些总结能够代表美学家们对杜博的一般评价。

⑤ 同上书,第63页。

第二节 "人工激情"论

在《对诗与画的批判性反思》一书的开篇,杜博提出了诗画欣赏中的感性愉悦之谜:我们在日常经验里确能感到这种愉悦,对其性质却难以解释;因为它在很大程度上与苦痛相似,而其症状有时像最深的悲伤那样动人。诗与画往往最能唤起我们的怜悯之情,而在流泪的作品面前却感受到更大的愉悦。又如在看戏时,令人痛哭流涕的悲剧所带来的愉悦,往往超过令人抚掌大笑的喜剧。这些艺术所描绘的行动越是唤起我们的同情,其所尝试的摹仿就越能感动我们,带来的愉悦也就越多,仿佛诗人或画家的摹仿行为掌握着某种神秘的魅力。① 问题在于,为何同是悲伤,现实中的悲伤令人难抑,诗与画却会将我们进一步引向愉悦呢? 换言之,审美情感具有怎样的心理机制,以至能够比日常情感多出至少一个层次,能够令人将负面情绪升华为正面情绪? 这是杜博在《对诗与画的批判性反思》一书里试图澄清的重要问题。

杜博对这一系列现象的解释立足于亚理斯多德的摹仿说,并承认摹仿说所暗含的等级论:"最完美的摹仿也具有一个人工的存在,一个借来的生命,而不具备被摹仿物那里的自然的力量与活动。"②摹仿物的地位之所以较低,是由于其在来源上并非是出于上帝之手的造物,因而是不真的。杜博借用昆体良的话说:"在我们所欲摹仿的事物身上有着自然之力量和效力,而在摹仿物身上则仅有虚假之虚弱。"③亚氏认为,艺术的价值在于因摹仿而带来愉悦:"事物本身看上去尽管引起痛感,但惟妙惟肖的图像看上去却能引起我们的快感,例如尸首或最可鄙的动物形象。"④参照亚氏此说,杜博构建了同样具有等级色彩,但心理机制有所不同的艺术愉悦理论。

诗画艺术作为摹本,其所带来的印象与被摹仿物所带来的印象理当类似,故而引发的激情也有相似之处;不过,这两类激情的区别更值得探讨。杜博依据来源的不同,将被唤起的激情分成两种:被真实物唤起的是真实的激情(passion réelle),也称真正的激情(passion véritable),被诗画艺术唤起

① Du Bos, *Réflexions critiques sur la poésie et sur la peinture*, Vol.1, pp.1–3.

② 同上书,第 27 页。

③ Charles Harrison, Paul Wood and Jason Gaiger (eds.), 1648–1815, *An Anthology of Changing Ideas*, Malden, MA: Blackwell Publishing, 2000, p.396.

④ 亚理斯多德、贺拉斯:《诗学·诗艺》,第 11 页。参见:Du Bos, *Réflexions critiques sur la poésie et sur la peinture*, Vol.1, p.27.

的是"人工激情"(passion artificielle),有时亦以"人工情感"(émotion artifi-
cielle)代称。① 关于它们的区别,杜博说道:

> 事物的摹本应该在我们心内激发一种可为该事物本身所激发的激
> 情之复本。但这种摹仿所带来的印象不如事物本身会产生的印象那样
> 深刻;而且,摹仿物的印象不是严肃的,原因在于它并不感染我们的理
> 性,而理性高于那些感觉的虚幻冲击……最后,由于摹仿物所产生的印
> 象仅只感动感性的灵魂,所以它不会太持久。因此,这种由摹仿物所产
> 生的浅表印象会很快被消抹,而不会像诗与画所摹仿的事物本身那样
> 留下永恒的遗迹。②

由此可见,摹本与原本作用于人心的强弱程度不同,摹本的感染力弱于
真实物,故而人工激情在强度上低于真实激情;二者对人产生作用的通路不
同,前者仅对人的感性起作用,无法感染理性。相比于摹本所带来的激情的
感染力,原本所带来的激情更加深刻、严肃、持久。诗画艺术摹仿在我们身
上激起真实激情的事物,但它们引发的激情仅仅是浅表的,而且容易消逝。
"人工激情"的这种浅表性和易逝性,使其看起来是一个消极的审美反应概
念。然而,杜博却把这个概念解释和转化为"一个对于我们的情感参与其中
的愉悦的积极阐释",③从而认为人工激情能够对人生起到积极的作用;换
一种更直接的说法:"艺术的弱点正是其卓越之处"。④ 何以如此呢? 总体
上看,杜博的解释包含如下两个层次,⑤它们与其前辈亚理斯多德的理论拉
开了距离——

在第一个层次上,杜博提出,艺术所带来的激情占据我们的心灵,消除
贫乏的痛苦,保护我们免受无聊的侵扰。他受苏格拉底的启发,提出了一种

---

① 需要说明的是,杜博此书中并未明确提出"激情"(passion)、"情感"(émotion)、"感觉"
(sentiment/sensation)这些概念之间的区别,而是侧重于将它们视同一心理层面的活动(这在今
天通行的中译词上看不太明显)。按当时的用法,"激情"在强度上较高并带有被动性,"情感"含有
外物对内在的撼动,"感觉"是相对中性的感官(sens)功能。三者都具有相当宽泛的语义,在很多情
况下可以混用。它们都属于主体方面对外在刺激的反应,与它相关联的客体在主体内部的表象
被称作"印象"(impression)。

② Du Bos, *Réflexions critiques sur la poésie et sur la peinture*, Vol.1, pp.26 - 27.

③ 保罗·盖耶的观点,出自彼得·基维主编:《美学指南》,第 15 页。

④ Katharine Everett Gilbert and Helmut Kuhn, *A History of Esthetics*, London: Thames and
Hudson, 1956, p.277.

⑤ 此处对这两个层次的说明,参考并修改了科尔曼在《法国启蒙美学思想》一书里的观点。
在科尔曼看来,杜博的论证分作三个步骤,具体可参见:Francis. X. J. Coleman, *The Aesthetic
Thought of the French Enlightenment*, University of Pittsburgh Press, 1971, pp.102 - 104.

贫乏与充实的辩证法。苏格拉底曾以比喻的方式指出,爱是贫乏神与丰富神相结合所生的儿子,[①]于是,人的天然愉悦无不生于贫乏。这当然并非意味着单凭贫乏就能带来愉悦,因为贫乏本身是一种消极价值,只能带来痛苦;而是说,贫乏是生成愉悦的必要(非充分)条件之一。杜博指出,在人身上,没有哪一种天然的愉悦不是需求的结果,而需求的强烈程度与因满足而愉悦的强烈程度成正比。这里的需求包括灵魂的和身体的。就身体需求而言,任何珍馐美馔之于缺乏食欲的人,都抵不过一顿粗茶淡饭之于饥饿难挨的人所带来的愉悦那么强烈。而无聊(ennui),则是灵魂或者说心灵的贫乏所导致的不快感。对这种最难忍受的不快感的逃避,是人生所需要的一种基本愉悦。

杜博说:"人的最大需求之一,就是让心灵被占据。灵魂的不活动立刻会带来无聊,无聊对人而言是如此痛苦的一桩坏事,以至为了免除无聊的折磨,人经常会从事一些最费力的劳作。"[②]这些费力的劳作,既包括某些危险的、容易付出不菲代价的消遣,如斗牛、赌博等高强度、高风险游戏,也包括反思和冥想等思维活动。不过,思维活动虽然可以祛除无聊,并会因有所获得而带给人情绪上的满足感,却也容易令人陷入无休止的思虑所伴随的焦虑之中。相比之下,另一种祛除无聊的方式更加易得,也更为轻松愉悦,那就是让事物激发心灵中的感性印象。它停留于感性层面,不至像思虑那样伤神,也不至空乏其心神,因而似乎是一种无所挂碍的、松弛随意的活动。

感知和情感反应之发生,早于对事物的理性分析。比如,陌生人的眼泪会感动我们,这种感动发生在我们鉴别出哭泣的前因后果之前;一个人的哀号立刻令我们动容,只要我们是人类的一分子,就会即刻感受到号叫者的苦痛;在知晓面部表情所表达的主题之前,我们将先行被其面孔上的欢乐所感染。[③] 杜博对人心的可感性的这些表述,颇类于孟子所说的人皆有之的"恻隐之心",即同样是一种天然的能力,也同样构成人的社会性的基础。于是,一个人身上可感性的缺乏是令人遗憾的,它同目盲和耳聋一样,属于基本感知力的残疾。艺术的必要性在此凸显出来。在欣赏艺术作品时,这种感性层面的反应因无须借助理性的中介而较易发生,虽浅表却易得,虽短暂却迅疾,从而便于以轻松的方式填补人生的空虚时辰。

在这个层次上,重要的是人的基本需要必须得到满足,人生的最大不快

---

① 具体可参见《柏拉图文艺对话集》,朱光潜译,人民文学出版社1959年版,第206—207页。

② Du Bos, *Réflexions critiques sur la poésie et sur la peinture*, Vol.1, p.6.

③ 同上书,第37—38页。

必须被驱遣。在此前提下，无论艺术的主题所引起的情感是痛苦的还是欢乐的，但凡它能够让"人工激情"占据我们的心灵，至少令人暂时地脱离人生的庸常与无聊，其功用就可以被认可为是积极的。就这样，杜博将艺术的本质奠基于人的本质，[①]将艺术的功能奠基于人摆脱灵魂之贫乏的基本需求。如果说这个层次涉及人生幸福的底线，提示出艺术情感之于人生的必要价值，那么，第二个层次则涉及"人工激情"相对于真实激情的优势，或者说，审美情感相对于日常情感的优越性。杜博以反问的方式表达了对艺术的肯定：

> 既然我们的真实激情所能提供给我们的最大愉悦继之以如此之多的不幸福时刻，并被那些时刻所平衡，那么，艺术竭力将我们激情的低落的尾声从我们沉迷其间的迷人愉悦中分离出来，难道不是一件高贵之事吗？创造一种新的自然存在，难道不是艺术的力量吗？难道艺术不是谋求生产能够激发人工激情，不是令我们真实感受到它们，同时不会在事后感到真实的痛苦或苦恼的东西吗？[②]

也许是意识到了"人工"一词所可能导致的误解，杜博在提出"人工激情"概念后不久，就在这段话里清楚地指明了此类激情的非虚假性。人工激情或人工情感是一种"真实感受"，[③]并非出于有意或无意的假装。比如当我们因剧中人的悲惨遭遇而留下怜悯的泪水，这不是惺惺作态的表演，而是经历了真切情感反应的自然表现。杜博还在别处指出，我们在绘画上或剧场中所体验到的愉悦不是幻象造成的。在这类审美感受当中，沉浸在欣赏状态中的我们一般不会将其表象误以为真；无论摹仿技艺何等高明，我们仍将艺术作品当作摹本而非真实物来对待。不可否认的是，我们有时会暂时陷入艺术所营造的那个幻象世界而不辨真假，然而当这种迷幻状态消逝时，愉悦仍然持续存在着，这就证明：幻象并不是愉悦之源。[④] 所以，"人工激情"里的"人工"一词，仅仅表示其来源并非"天成"而是人造。激发这类激情的东西是人工的产物，它们是艺术家（画家、雕塑家、剧作家、演员等）在某种具体

---

① Katharine Everett Gilbert and Helmut Kuhn, *A History of Esthetics*, London: Thames and Hudson, 1956, p.275.

② Du Bos, *Réflexions critiques sur la poésie et sur la peinture*, Vol.1, p.24.

③ 保罗·盖耶在谈及现代美学之缘起时，正确地指出了杜博"人工激情"的真实性。他说："对杜博斯整个论述至关重要的是：这些情感是真实的，爱和恨、恐惧和欢乐的真实情感，它们可以无需通常的代价就可体验到。"（参见彼得·基维主编：《美学指南》，第 23 页）

④ Du Bos, *Réflexions critiques sur la poésie et sur la peinture*, Vol.1, pp.411–417.

意向的指引下所创造的可感物,这些可感物相较于其现实原本的身份为假,就其所激发的激情则为真。于是,人工激情与真实激情的相异之处并不在于情感是否真切。

人工激情具有真实性,而且在某些方面还优于真实激情,这就涉及二者的其他差异。在前述第一个层次上,无论激情的性质是正面还是负面的,都能够填补灵魂的空虚;而在第二个层次上,区分艺术题材的必要性就凸显出来了。表面看来,喜剧诗比悲剧诗更加吸引人,而且,我们在那些悲剧人物身上辨识不出日常生活中身边朋友的影子,而在喜剧人物那里则可以辨识出。不难想象的是,摹仿欢愉题材的艺术作品同样带来欢愉的体验,尽管这种体验相对短暂而浅表。这样来推断的话,似乎欢愉题材更能够打动我们,吸引我们,造成更多的愉悦感。其实不然。杜博指出,悲剧题材一般取自古代传说或实有的历史事件,相对于喜剧所惯常选取的身边题材,其后果要严重得多,这种时空上的距离也使欣赏者的态度更加郑重,他们不会像对待身边人、事那样对此类题材抱有嘲讽心态。悲剧人物的激情更加剧烈,"而且,对于这些激情来说,法则仅仅是一种相当疲弱的假装,于是,它们的后果不同于喜剧诗中的人物的激情。因此,描述悲剧性事件的绘画在我们的灵魂里所激发出的恐惧与怜悯,相比于喜剧在我们身上激发的笑与轻蔑,要更多地占据我们的心。"①上述原因造成了悲剧给我们带来的人工激情较之喜剧更为强烈。题材愈不幸,痛感愈深切,则愉悦愈强烈。

那么,这种更强烈的激情何以带来愉悦感呢? 杜博的解释立足于摹本的虚假性。真实的人生中充满真实的痛苦,伴随着切肤的悲情,这类悲情有时强烈到足以击垮人活下去的勇气。然而,悲剧性题材毕竟存在于艺术世界而非真实世界,它对人心的撼动力是真切的,其危险却是虚假的,这就是杜博在前面引文里说"却无法在事后令我们感到真实的痛苦或苦恼的东西"的意思。人的理性在这里扮演着重要角色。如前所述,理性不受这种感性的感染,但它在此类情形下并不缺席,而是以旁观者的姿态始终在场。之所以这样说,证据就是悲剧的观赏者始终"知道"这里的虚假性。在正常的欣赏者的头脑里,艺术作品无论多么肖似真实,始终是被当作真实世界的替代品,也就是说,欣赏者明确意识到那是摹本,于是很清楚自己被它所激起的痛苦拥有时间和强度上的限度(画框和舞台都在提示着这个限度),比如,他会预感到这类痛苦将随着审美行为的结束而告终,他也不会因欣赏艺术时痛苦难抑而寻求他人的安慰。杜博说得很清楚:"这苦痛只位于

---

① Du Bos,*Réflexions critiques sur la poésie et sur la peinture*,Vol.1,pp.54 – 58.

我们的心的表层,我们清楚地感到,随着那催泪的巧妙虚构的上演,我们的眼泪将会终止。"①就这样,悲剧中的一桩桩不幸,凭借自己似真而假的身份,帮助我们拉开艺术与人生的距离,营造了一个有惊无险的艺术世界。因此,如果说前述第一个层次上的愉悦感是一种因填补空虚、驱遣无聊而带来的充实感,那么,这第二个层次上的愉悦感,应该被理解为一种因隔离痛苦而带来的轻松感、安全感。

杜博在这方面的示例包括勒布伦画作《屠杀无辜者》(*Le Massacre des Innocents*,1665)②和拉辛悲剧《菲德拉》(*Phèdre*,1677)。当我们目睹画面上所描绘的惨状时,血泊中母亲怀里被滥杀的婴孩令我们动容,而我们心中却不会留下任何烦恼,这些场景尽管激起我们的怜悯,却不给我们带来任何真正的苦痛。悲剧里爱恨情仇所引发的极端命运令人唏嘘不已,我们受到人物悲情的感染,甚至留下同情的眼泪。但那并不等同于现实中的悲伤,我们只是以此情绪为玩乐(杜博在此描述中使用了"游戏"[jouir]一词)。区别在于,倘若这些事件中的当事者果真现身于我们面前,哀叹其所遭际的种种不幸,则会勾起我们的不适感,令我们被迫面对那些严重的现实后果;但当他们在画面上和诗句里同我们交谈时,尽管同样倾诉着此类不幸,我们却不必为后续的现实麻烦而操心,从而得以悠游地保持欣赏的愉悦。③

这种因理性的在场而发挥的可控性,是人工激情相对于真实激情的另一种优势。在非审美状态下,我们因涉身实际利害而无法始终掌控自己的情绪,故而不可能应付裕如;在审美状态下,观赏者是自己的情绪的主人,他的理性发挥着辨别功能,因洞悉真相而生发出一种事不关己、哀而不伤的超离意识。人在欣赏悲伤题材的艺术作品时所感到的愉悦,正是由这种自愈性的超离意识来保障的。当杜博说"纯粹的愉悦"(plaisir pur)④时,这里的"纯粹"指的正是无须操心切身实际利害,无须夹杂现实世界的杂念,也就是说,因静观摹本而来的愉悦,脱离了任何现实利害混杂的不纯粹。于是,艺术所创造"新的自然存在",即艺术作品,其价值在于用人工激情的必然的无害性替代了真实激情的可能的有害性。就此,杜博断言艺术是高贵的。

关于杜博的哲学立场,研究者们的看法不尽相同。杜博阅读过洛克、艾迪森等人的英文原著(这在18世纪初的法国并不多见),或许正是在他们的影响下,发展出当时法国少见的感觉主义取向,于是有人认为他是"公然敌

① Du Bos,*Réflexions critiques sur la poésie et sur la peinture*,Vol.1,p.29.
② 此画现藏英国杜尔维治美术馆。
③ 同上书,第28—30页。
④ 同上书,第28页。

对于笛卡尔推理方法的洛克派"。[①] 但也有人根据他在致友人信中怀着同样的崇敬谈论洛克和马勒伯朗士,判定他同时是经验主义和理性主义的拥护者,因而其思想总体上是折中主义的。[②] 放在"人工激情"论的范围内观察,我们发现杜博的美学既有保守的部分,也有前卫的地方。他继承了亚理斯多德摹仿论的相似性原则以及相关的等级论,并且同崇古派一样尊崇古人及古人作品的典范价值。其保守的限度止步于对审美判断中理性至上的质疑。杜博无意反理性,他只是将感性层面作为一个基础的、独立的层面提出来并加以承认,并因此放弃了古典主义美学以规则为优先的艺术创作论教条。

于是,杜博的情感主义美学其实暗中扭转了摹仿论的方向。传统上,人们更重视艺术作品对表象或形式的再现,主张再现作品的精确性,从而提倡"统一性"等形式原则;但到了杜博这里,欣赏主体的心理感受被前所未有地突出,甚至被置于艺术本质论的核心,决定着艺术本质的其他方面,尤其是创作论,这也就促成了题材高于形式的创作理念。于是,艺术家的构思应当优先考虑如何更深切地触动受众的心理感受。杜博提出,当被摹仿的事物不在我的身上产生效果时,摹仿就无法感动我们。比如一场乡间宴会,又如在警卫室里玩乐的一群士兵,"对这类事物的摹仿可能一时间令我们高兴,甚至引得我们对艺术家的摹仿能力击节称赏,但绝无法令我们升腾起任何情感或挂虑"。[③] 因为"我们虽赞扬艺术家摹仿自然的功力,却并不赞同他选择一个对我们而言没有多少代入感的事物"。[④] 哪怕一幅风景画,都不该是无关痛痒的。风景画无论如何传神,即令出自大师妙手,也无法媲美原风景之动人,这是摹本在代入感上的天然缺憾。既然如此,则不妨在风景中添加人物,进一步让人物有所行动,产生叙事性,借以营造情感上的张力。聪明的画家,如普桑、鲁本斯等大师,皆深谙此道,他们极少会选择荒芜的或无人物的风景素材,而是偏爱描绘具有感染力的人物群像。"一般而言,他们画思考的人,是为了引发我们的思考;他们画人的激情骚动,为的是唤醒我们的激情,让我们感受这种骚动。"[⑤]这条原则对各式体裁的诗歌同样适用。

① Thomas E.Kaiser,"Rhetoric in the Service of the King:The Abbé Dubos and the Concept of Public Judgment",*Eighteenth-Century Studies*,Vol.23,No.2(Winter,1989-1990),p.191.

② 在 1699 年 7 月 21 日致圣伊莱尔神父的信中,他说洛克是位"颇有才学的英国人,其著作对精明能干者而言是如此新颖,就跟当年《真理的探寻》面世时的事情差不多"(Annie Becq,*Genèse de l'esthétique française moderne* 1680-1814,Paris:Éditions Albin Michel,1994,p.243)。《真理的探寻》(*Recherche de la vérité*)是笛卡尔主义者马勒伯朗士的代表作。

③ Du Bos,*Réflexions critiques sur la poésie et sur la peinture*,Vol.1,pp.50-51.

④ 同上。

⑤ 同上。

就这样，摹仿论在杜博手中从艺术形式理论变成了艺术情感理论，并且这种审美情感是由作品的内容激发出来的。

美学史家塔塔尔凯维奇正是从这个方面肯定杜博的美学史地位。他说，《对诗与画的批判性反思》中的美学理论"是全面的、清醒的以及合乎逻辑的；他表现出比前人更多的对心理学问题的兴趣；他十分强调情感因素；他把史学上的考虑引入美学理论；他用身体因素来说明对艺术之起源的反思"。[①] 他指出，这些贡献并非全然原创，不过杜博将笛卡尔、尼古拉、霍布斯等人的种种观念"做了更加系统化和更加细致的发展"，"从而推动着抽象的艺术原则和不变的美的概念转向美学研究的阶段"，相比之下，"安德烈和克鲁萨却仍旧捍卫着往昔"。[②]

第三节　公众情感判断的有效性

然而，如果仅仅从上述方面考察杜博的情感主义艺术理论，尚不能彻底展现其真正的前卫性之所在。实际上，杜博提出情感或者说观众的审美感受才是判断一件艺术作品好坏的真正标准，从而明确肯定公众情感判断的有效性，而人工激情论只是这个观念的一个理论基础。这在当时是相当超前的思想。杜博美学的革命性和现代性，这种情感主义艺术理论的启蒙意识，主要应归于它的这一面向。

杜博对公众感受力的关注与探讨，其文字证据可追溯到《对诗与画的批判性反思》一书面世二十多年前，即 1695 年 6 月写给友人的一封信。信中讨论了当时文艺界发生的一个事件：德马雷斯特（Demarest）的一部名为《迪东》（Didon）的歌剧，非但就通行的美学标准而言是较弱的，其二流班底的二流表演也遭到了批评界普遍的严厉指责，然而上演后却获得了异乎寻常的成功。[③] 这个事件涉及公众趣味与权威批评家的对立，而杜博坚定地站在前者的立场上。在《对诗与画的批判性反思》第二卷当中，杜博花费了

---

① Tatarkiewicz, *History of Aesthetics*, Vol. III, *Modern Aesthetics*, p.437.

② 同上。塔氏还指出，该书具有显而易见的缺陷，尤其是它只承认欧洲艺术，而对诸如波斯艺术、中国艺术等既不重视，也无探究的兴趣。笔者认为这是不足道的。

③ Jean-Baptiste Dubos, "Documents de critique musicale et théâtrale：Dix lettres extradites de la correspondence entre Ladvocat et l'abbé Dubos(1694－1696)", éd.Jérôme de la Gorce, XVIIe siècle, 139(1983)：283－283.Cited from Thomas E.Kaiser, "Rhetoric in the Service of the King：The Abbé Dubos and the Concept of Public Judgment", *Eighteenth-Century Studies*, Vol.23, No.2(Winter, 1989－1990), p.182.

大量篇幅来讨论这个问题。

　　杜博坚定地指出，对艺术作品的判断是且只是情感判断。在这个问题上，推理不具备权限，因为它是感觉的管辖范围。杜博用了一个烹饪的例子做类比：考察一份炖肉烧制得好不好，难道应当先提出味道的几何学原理，界定这道菜中每种食材的品性，讨论它们的混合比例吗？即便是不了解烹饪规则的人，但凡品尝了这道菜，就能够用感官来判定其优劣。对精神产品及绘画的判断，我们也尽可以仰赖感官，比如用眼睛来看画，用耳朵来听诗听曲。但眼耳尚不构成独立进行情感判断的感官，因为这后一种感官的运转更加神秘。杜博曾借用昆体良的话说道："我们判断作品打动人、愉悦人并非靠着推理。我们做判断，靠的是一种难以解释清楚的内在活动。"[①]正是由于这种内在活动难以被阐释得明白，从 17 世纪末期开始，法国人越来越多地将该判断的神秘性归诸艺术作品的神秘性，认为那是一种"不可名状"的性质。

　　不过，杜博还是尽力在主体能力方面解释这种神秘的活动，他很有可能是从英国人那里借鉴而来（他没有做出相关说明，并且只是偶尔使用此概念），称其为一种尽管存在却不可见的"第六感官"(sixième sens)。[②] 他说，这个感官属于我们身体的一部分，它通过印象做判断，无须诉诸规则或权衡即可做出表态。而用以知晓作品是否能够唤起人之同情或怜悯的感官，恰恰是感受到作品唤起的同情与怜悯的感官。第六感官所做出的情感判断具有迅捷性。它与理性判断需要时间来反应和检验不同，其感性通路先于理性通路而发生，是一种"突然的感觉"(sentiment subit)和"最初的领会(apprehension)"，足以先于任何讨论而判断出艺术作品的优劣，[③]因为此类判断所依靠的是感官（包括第六感官）印象而非规则："当涉及一件作品的优点在于打动我们时，造成此表现的就不是种种规则，而是作品带给我们的印象。我们的感觉愈精致……则表现愈正确。"[④]

　　不难看出，情感判断的有效性，其基础正是前述的杜博"人工激情"论：诗画等艺术的首要目标在于打动我们，唯有达到这一目标的作品才可能是好的作品；情感唤起愈强烈，则作品的水准愈卓越。[⑤] 一言以蔽之，情感是

　　① 　Du Bos, *Réflexions critiques sur la poésie et sur la peinture*, Vol.2, pp.348－349.
　　② 　同上书，第 341—342 页。杜博的这个概念应该主要借鉴的是夏夫兹博里。哈奇生在《论美与德性观念的根源》（中译可参见弗兰西斯·哈奇森：《论美与德性观念的根源》，高乐田、黄文红、杨海军译，浙江大学出版社 2009 年版）里着力讨论过"第六感官"，不过该书出版于 1725 年。当然，在《对诗与画的批判性反思》多次修订再版过程中，杜博很有可能读到过哈奇生这部名作。
　　③ 　同上书，第 343—344 页。
　　④ 　同上书，第 345 页。
　　⑤ 　同上书，第 339 页。

判断艺术优劣的唯一有效标准。

在杜博看来，只有公众才具备这种情感判断的能力。面对一件新的艺术作品，专业人士（指相关专业出身的人士，杜博亦称之为"批评家""先生"）的判断一般来讲是糟糕的，这是由于专业人士的判断有如下三个特点：其一，专业人士的感性是衰退的；其二，专业人士通过讨论来判断一切；其三，专业人士预先对艺术的某些部分抱有好感，并给予其与自身价值并不相称的好评。① 相比之下，公众只要具备充足的经验，在一般情况下都能够做出有效的判断。这与公众判断的两个特点有关：其一，公众与批评家不同，他们对其判断并不在意；其二，公众靠感觉来判断，受情绪、情感影响。② 既然一件作品是好是坏跟它是否令人愉悦是一回事，那么仅仅依赖自己的愉悦感或不快感来做出评价的公众，总体上是不易出错的、经得起考验的。

杜博是法国文人里较早承认艺术感受之正当性的人。这必然与他率先受到英国主观主义美学的影响，较早对理性主义-古典主义美学进行批判性反思有关；同时，也与他对公众意见的重视直接相关。理性主义-古典主义美学是一种高度权威化的美学，它轻视艺术欣赏中感受、情感方面。杜博虽学贯古今，却自视为公众之一，并不自恃专家或权威。在《对诗与画的批判性反思》一书开头，他虽不讳言期冀自己的反思能够对艺术家有所助益，却强调那些反思乃是他自己作为"一名平头百姓（simple citoyen），从过去年代的事例里得出的一些发现"。③ 他宣称自己并不具备什么合法的权威，并随时准备接受来自读者的批判。④ 他说：

> 我所敢于处理的题材呈现在所有人面前。每个人都拥有可应用于我的各种推断的规则或楷范，一旦它们稍稍偏离真理，每个人都会感觉到那里的错误。
>
> 当人被一首诗或一幅画触动时，会以非常公正而广泛的眼光对待我们的艺术家的作品之普遍效果，认为他们的观念看起来如此不完美。我必须请这些绅士多多包涵，因为我在本书过程中如此频繁地给予他们艺术家称号。⑤

---

① Du Bos,*Réflexions critiques sur la poésie et sur la peinture*,Vol.2,p.383.

② 同上书，第339页。

③ Du Bos,*Réflexions critiques sur la poésie et sur la peinture*,Vol.1,p.4."simple citoyen"直译为"简简单单的公民"。

④ 同上书，第6页。

⑤ 同上书，第3页。

如果我们拿这一类言辞与安德烈神父《谈美》做对比，就会鲜明地感受到后一个文本中那种宣教式的语气和不由分说的态度。杜博是极度自谦的，但同时又相当勇敢，因为那不啻向古典主义美学下了一份严峻的挑战书：杜博将艺术评判的权力下放给公众，而在法国，该权力曾长期被严格把控在王家各艺术类学院的极少数人手中。

需要明确的是，杜博那里的"公众"一词，指的并不是粗野鄙俗的无知大众。杜博表示，该词在本书中只包括那些或则通过阅读，或则通过社交而具备了学识（lumières，即"启蒙"）的人。他们并非拥有对所有欣赏领域的确凿知识，但拥有某种辨别能力，该能力可称作一种"比较趣味"（goût de comparaison）。公众的数量因时因地而扩大或缩小。首都的公众比例多于外省，17 世纪末期的公众远多于 13 世纪。其数量的增长与文化环境的变化直接相关。比如，巴黎歌剧院的建立，使得巴黎公众当中能够谈论音乐感觉的人显著增多。[1] 可见，"公众"概念[2]具有浮动性。公众的判断能力、文化趣味是可培养的。杜博敏感地注意到具有良好教育背景的艺术爱好者群体日益壮大，愿意承认和重视他们的艺术趣味和要求，并以这类人的视角为立足点、出发点。在杜博看来，相比于操持手艺的艺术家，以及进行概念性反思的哲学家，艺术爱好者更多地从自己的主观感觉出发来欣赏艺术，因此，具备相当教育水平的公众应当比诗人或画家以及其他权威更有资格评判艺术作品。

在 17 世纪末 18 世纪初的转折时期，公众受教育程度的提高、文化交流的普及等新情况，加速着公众知识群体逐渐形成；市民阶层在经济上的崛起，也逐渐改变着艺术市场的面貌，曾经仅仅面向王公贵族创作的艺术作品逐渐考虑富裕市民的欣赏趣味和具体需求。1719 年《对诗与画的批判性反思》首次面世时，法国正处于奥尔良公爵摄政时期。此时，宫廷已经丧失了曾在路易十四统治盛期达到高潮的文化趣味垄断，而所谓的"文人共和国"（république des lettres）已具雏形，其重要标志便是形形色色沙龙和聚会的举办，[3]启蒙运动的社会条件基本具备。

杜博情感主义艺术理论的开明、外向的态度，至少部分地推助了其美学著作的成功畅销，同时也颇具预见性地呼唤了启蒙美学的到来。在观念的

---

① Du Bos, *Réflexions critiques sur la poésie et sur la peinture*, Vol.2, pp.351–353.

② 有关"公众"概念的启蒙内涵及其与大革命的关联，可参见罗杰·夏蒂埃：《法国大革命的文化起源》第二章《公共领域与公众舆论》，洪庆明译，译林出版社 2015 年版。

③ 具体可参见《法国文化史（卷三）：启蒙与自由，18 世纪和 19 世纪》，第 41—46 页。

亲缘上，他更接近英格兰和苏格兰的英语世界。由于以感受作为审美经验的代称，他与博克的美学思想被并称为"新经验主义美学"。①　哈奇生、夏夫兹博里和休谟等人的反思性情感主义，为启蒙运动提供了伦理学维度。②在杜博之后，18世纪的艺术批评家越来越多、越来越大胆地讨论艺术公众问题，呼吁艺术作品重视对受众的感性触动，致使王家学院的种种陈规逐渐被蔑视和打破。在绘画上，18世纪40年代以后，绘画界的沙龙展览以及相关的公众艺术批评兴起，逐渐取代了以权威趣味为标准的旧作风。这种艺术批评反对古典主义美学最为看重的历史题材绘画的寓言表达方式，反对绘画因诉诸学识而导致的晦涩性，主张将明快直接的感性吸引力放在首位，把绘画变成视觉和情感的活动。③　在其他艺术领域，诸如狄德罗的情感戏剧、卢梭后期作品中的浪漫风格，等等，皆形成与杜博情感主义的共鸣，并搭建了通向浪漫主义文学艺术的桥梁。由此可见，杜博是启蒙时代的一位名副其实的先行者。

第四节　未尽的对话

杜博美学对情感（感觉、情绪等）的极端强调，既构成其在美学史上独树一帜的鲜明标签，又埋下了长久的质疑与非议的隐患。甚至直到今天，我们对杜博美学的反思尚在进行，且远未完成。

如前所述，杜博对于艺术情感的解说分作两个层次。在第二个层次上，它容易通向与审美无利害学说合流，走向审美超越论，进入美学史的主流观念。比较麻烦的是第一个层次，而倘若能够在这个层次上开显出超越性，则对于美学而言价值会更大得多。

对于杜博来说，艺术的基本功能是心理调节，即驱遣人生的空虚无聊。这个看法并不是杜博的首创，在他之前，克鲁萨也曾在《论美》一书中指出过，那或许代表着当时的一种流行意见。杜博的独特之处在于将之理论化，使之能够解释广阔、复杂的艺术现象。塔塔凯维奇就此称赞杜博道：

①　弗雷德里克·C.拜泽尔：《狄奥提玛的孩子们——从莱布尼茨到莱辛的德国审美理性主义》，第196页。

②　相关研究可参见迈克尔·L.弗雷泽：《同情的启蒙：18世纪与当代的正义和道德情感》，胡靖译，译林出版社2016年版。

③　具体可参见葛佳平：《公众的胜利——十七、十八世纪法国绘画公共领域研究》，第121—140页。

在 17 世纪艺术理论的豪言壮语之后，杜博的清醒论述，即宣称艺术并非创造伟大或文明价值，而是单纯用于娱乐消遣，定会给人留下深刻印象。[1]

杜博直率地肯定，满足感性之乐是人的基本需求。他观察到这种感性之乐的非智性本质对人的强烈吸引力，并不带任何指责意味地将之公之于众。比如：

> 人们往往偏爱触动人的书籍，而非教育人的书籍。对他们而言，无聊比无知更难忍受，所以他们更喜欢被感动之愉悦，甚于被教育之愉悦。[2]

这样的话语在我们看来很容易导向"寓教于乐"的主题，比方说，艺术的教化功能应以感性层面的成功为前提。然而，杜博仅仅是要告诉我们：感性之乐的价值高于认知之乐，这是一种天然的观念。杜博显然不是在作一种价值提倡，而是在描述我们的真实心理趋向，即一种普遍可见的好逸恶劳、趋乐避苦的人生追求，它大概等同于我们常说的"游戏人生"。

如前文所述，杜博确实（很可能出于不经意）点到过这种感性经验的游戏性。保罗·盖耶相当敏锐地在杜博话语间抓住了这个词。盖耶指出，审美这种感性方式的优势恰恰在于让心灵保持在"游戏"状态，而非休止状态或劳作状态；[3]于是，审美经验与其说是更纯粹的知觉能力或理智能力，倒不如说是我们的情的自由游戏。[4] 这种言论，令人很容易联想到康德美学里有关"知性和想象力的自由游戏"的说法。倘若拿康德的游戏说来作比照，则更加凸显出其美学的极端性。尽管杜博强调公众的情感及趣味应该受到专业知识的培育，但其理论根基毕竟带有某种程度的反智倾向，所以，杜博的情感主义艺术理论经常给人以"娱乐至上"的印象。另外，这使得今天的人们在套用他的理论来解释某些主要诉诸理智的艺术类型，尤其是现代主义艺术之后的某些非摹仿艺术类型时，很容易捉襟见肘。

再者，感性与激情等是作为一种基础性的情感被提出的，杜博并没有界定它们在艺术领域和其他领域的区别或界限何在。这样看来，艺术心理的

---

[1] Tatarkiewicz, *History of Aesthetics*, Vol.Ⅲ, *Modern Aesthetics*, p.434.

[2] Du Bos, *Réflexions critiques sur la poésie et sur la peinture*, Vol.1, pp.63 – 64.

[3] 参见：Paul Guyer, *A History of Modern Aesthetics*, Vol.I, p.80.

[4] 同上书，第 81 页。

独特性,在这个过于广阔的感性世界里似乎并不重要。观看斗牛,观看赌博,甚至于观看一场公开的行刑,诸如此类的旁观行为,同样不会造成严重后果,且同样可以用强刺激来驱遣人生的无聊并带来快感,那么,它们岂不是有着跟欣赏悲剧艺术相似的功效吗?"高雅艺术"或"艺术"的独特价值成为后续难题。后世美学家对杜博的批判,基本上都是围绕这个问题展开的。比如卡西尔在指出杜博美学是一种欣赏论而非创作论之后,说:

> 这种美学把全部审美内容化为情感,继而又把情感化为兴奋状态和激情。激情的存在这一事实,最终变成了艺术作品唯一可靠的价值标准:"认识一首诗的优点的真正手段,永远是看它给人们的印象。"[1]

然而,如果我们有意为杜博做辩护,不妨理直气壮地发问:那究竟是杜博理论的缺陷所致,还是人性的固有弱点如此呢? 换言之,我们是否有资格从这个角度指摘杜博? 我们的时代是否超越了杜博所描述的人性呢? 毕竟,如果我们赞同艺术的本质建基于人的本质这个观点,[2]就需要回应人性中的情感构成这个问题。

在一篇近年的文章里,有电影研究者虚拟了一场发生在 2022 年的有趣访谈,题目为《电影与人工激情:一场与杜博神父的对话》。[3] 在那个不远的将来,杜博有幸成为被新科技选中的复活者,他有机会跟进了艺术的新形式:电影。在受邀观赏了今天的一些电影作品后,他发现,那里照样充斥着大量暴力冲突,电影场景更多地令他想起自己前生所见过的马戏、斗牛甚至公开处决的场景,而非作为自己时代精华的古典戏剧。他由此尖锐地发问:是什么激发了观赏者的兴趣与潜在愉悦? 难道不是被再现的主题本身? 难道真的仅仅在于艺术家的技巧吗?

杜博是难以被轻易否定与超越的,尤其在我们这个"娱乐至死"的时代里,种种现象比理论和逻辑更加有力地诠释、证明着"无聊比无知更难忍受"的真理性。看来,在我们与杜博之间的这场未尽的对话里,启蒙的任务远未完成。

---

① 卡西尔:《启蒙哲学》,顾伟铭等译,山东人民出版社 2007 年版,第 305 页。

② 参见吉尔伯特、库恩:《美学史》(上卷),第 362 页。

③ Paisley Livingston,"Cinema and the Artificial Passions:a Conversation with the Abbé Du Bos",*Revista Portuguesa de Filosofia*,T.69,Fasc.3/4(2013),pp.419-429.

第四章　安德烈的《谈美》

第一节　《谈美》

伊夫·马利·安德烈（Yves-Marie André），人称安德烈神父（le Père André）。① 这位广博的学者以一部《谈美》（*Essai sur le Beau*）留名美学史。该书在当时一经面世即令作者获享声名，是安德烈在世时所出版的为数不多的作品中较有影响力的一部。

按埃米尔·克朗茨的说法，安德烈的《谈美》实际上由十篇系列谈话组成，这些谈话在 1731 年前后陆续出现在卡昂学院的系列会议上，并在十年后合成一部文集出版。② 《谈美》首次正式出版于 1741 年③（本章的写作参考的正是 1741 年版本④）。这是一部排版疏朗的小书，由于版心窄小、边白阔大，故而虽达三百页之多，体量却不算厚重。该书在 1763 年出版增订本，

① 详情参见《天主教百科全书》（*Catholic Encyclopedia*）"安德烈"词条（http://www.newadvent.org/cathen/01469c.htm）。

② 参见：Emile Krantz, *Essai sur l'esthétique de Descartes*, Paris：Librairie Germer Baillière et Cie，1974，p.317.不过，就阅读体验而言，在 1741 年版《谈美》中，除第四章显然由两篇文章组成外，我们无法看出其他三章的内部何以能够切割为数篇独立文章；若说是该书由五篇独立的论文组成，倒更可信。

③ 关于安德烈《谈美》的出版时间，说法不尽一致。塔塔尔凯维奇在《美学史》里标明该书出版年为 1715 年（Tatarkiewicz, *History of Aesthetics*, Vol.Ⅲ, *Modern Aesthetics*, trans.Chester A. Kisiel and John F.Besemeres, ed.D.Petsch, The Hague：Mouton and Warsaw：PWN-polish Scientific Publishers，1974，p.429)，并将对安德烈美学的论述放在克鲁萨（1714）和杜博（1719）之前，视其为 18 世纪第一位法国美学家。不过，除意大利文维基百科将出版时间同样标注为 1715 年外，在笔者搜集的范围内，再无其他与此一致的意见。早在 1882 年埃米尔·克朗茨的《论笛卡尔美学》一书就已认定出版时期为 1741 年，而且该日期为比尔兹利、科尔曼、安妮·贝克等欧美学者采用。这样看来，塔塔尔凯维奇弄错《谈美》出版年的可能性比较大。笔者推测，他可能误用了克鲁萨的那部从书名到主题都颇为接近的著作《论美》的出版年。

④ Yves-Marie André, *Essai sur le Beau*, chez Hippolyte-Louis Guerin, & Jacques Guerin, Libraires, rue S.Jacques, a S.Thomas Aquin, 1741.

添加了论时尚、装饰、优雅、美之爱、无利害的爱等主题的共计六篇随笔。1770年，这部增订本获得重印。①

关于该书的二次传播情况，可分作翻译和引用两方面来谈。先说翻译。该书在1759年即被翻译成德语，但完整的英译本迟至2010年才出现，②这势必直接影响其在英语世界的传播。③

再说引用。最著名的引用出现于1752年出版的《百科全书》第二卷的词条"美"。该词条由狄德罗撰写，第三段和第四段整个是对安德烈《谈美》的引用，另有以转述为形式的多处整段暗引。狄德罗对《谈美》的评价很高，不仅将之放入"为美写过卓越论著的作者的见解"之列，而且认为，安德烈神父是到那时为止对"美"这个问题研究得最深入的人（相较于克鲁萨、哈奇生、巴托而言）："他对这个问题的范围和困难认识得最清楚，提出的原则最真实、最稳妥，因此，他的著作也就最值得一读。"④

另一位引用者名气相对小些，但引用比例较高。在1882年初次面世的《论笛卡尔美学》里，埃米尔·克朗茨几乎将《谈美》全书内容择其大要重述了一遍。之所以这么做，一方面是由于在克朗茨写书的那个时代，即19世纪晚期，该书已经湮没无闻，不大为人所知了⑤；另一方面，克朗茨认定安德烈的《谈美》意义重大。他认为安德烈的《谈美》是第一部用法语写作的美学论文（当然其实并不是。第一位用法语写作的美学论文应是1714年出版的克鲁萨的《论美》），更重要的是，他认定安德烈与布瓦洛、拉布吕耶尔等作家一样，是笛卡尔主义意义上的古典主义者，⑥故而安德烈此书对美学的贡献是独特而不可取代的。

第二节　写作动机

撰写此书的动机和背景，据安德烈的交待，乃是起因于文人共和国里围

---

① Père André, *Essai sur le Beau*, Paris: Ganeau, 1770.

② Yves-Marie André, *Essay on Beauty*, translated and annotated by Alan J. Cain, Ebook, 2010.

③ 参见：Paul Guyer, *A History of Modern Aesthetics*, Vol. I, Cambridge University Press, 2014, pp.248-249.

④ 可参见狄德罗：《关于美的根源及其本质的哲学探讨》，《狄德罗美学论文选》，张冠尧、桂裕芳译，人民文学出版社2008年版，第1—3页。

⑤ Emile Krantz, *Essai sur l'esthétique de Descartes*, Paris: Librairie Germer Baillière et Cie, 1974, p.311.

⑥ 同上。

绕美进行的一场争论。安德烈视自己的论敌为当时的皮罗主义者，也就是自古有之的怀疑论者。这些人认为美是无规范的。[①] 安德烈对他们痛恨有加，把他们指斥为"蛮横无理""疯狂与荒谬"。[②] 他认为，皮罗主义者的辩术仅限于从人一无所知推出人一无所知，这些人谈论美，却不知自己在说些什么。这对当时的哲学家研究美的态度产生了消极影响。[③]

古希腊哲学家皮罗认为，一件事物是真还是假，这样的判断既不可依赖于我们的感觉，也不可依赖于我们的意见。我们的感觉是无所谓正误的，所有意见也可以相互冲突。所以，我们不该做出肯定或否定的判断，而应该在看到任何一面时，都同时考虑到其对立面并等而视之，保持一种悬而不决的非判断状态，并且通过这种方式远离纷扰，获得灵魂的平和宁静。由于皮罗将他之前业已存在的怀疑主义发挥到了极致，人们将这种更彻底的怀疑主义称作皮罗主义。

至于18世纪上半叶发生在文人共和国的那场围绕美的争论，安德烈并没有进一步详谈其细节。毋庸置疑，自16世纪开始，尤其是17世纪末到18世纪初，全欧洲的知识界广泛盛行怀疑论。按彼得·伯克的解释，这股风潮与宗教改革、笛卡尔哲学、科学的进步、信息的激增等皆有关联，这是从旧的知识结构向新的知识结构转化的过程中必然产生的混乱局面。[④] 然而，怀疑论立场与辩论并不相容。以追求灵魂的平和为目标的人，理当超然世外，不会参与关乎立场的纷争。所以，当时围绕美的问题进行争论的参与者，可能是一些持有怀疑论倾向的文人，而未必是真正意义上的皮罗后裔。那么，安德烈的论敌实际上是谁呢？

克朗茨主张，《谈美》这个小册子旨在反对当时的文学，特别是卢梭的文学类型，即新生的浪漫主义；而安德烈所大力推举的那种文学，正是古典主义法则的一个见证。[⑤] 这个解释单只在时间上就讲不大通。毕竟，卢梭是从1750年那篇论科学与艺术的文章才开始因文成名的。即使克朗茨仅将卢梭作为浪漫主义的代称而并非实指卢梭的作品，其解释仍不大靠得住，原

---

① 比如，安德烈说："有关可见之美的意见与趣味是无限多样的，基于此，皮罗主义者的结论是：对于判断可见之美，不存在什么规范。但我们究其根源，用良知（bon sens）的首要原则来检验那些东西，得出的结论却恰恰相反：并不是不存在判断可见之美的规范，而是大部分人乐于做出无规范的判断。"（Yves-Marie André, *Essai sur le Beau*, p.61）

② 同上书，第13页。

③ 同上书，第6页。

④ 具体可参见彼得·伯克：《知识社会史（上卷）：从古登堡到狄德罗》，陈志宏、王婉旎译，浙江大学出版社2016年版，第224—232页。

⑤ Emile Krantz, *Essai sur l'esthétique de Descartes*, p.311.

因有二：其一，在当时的法国，浪漫主义尚未集聚起压倒性的气势，"浪漫主义"至18世纪和19世纪之交才成为一个拥有固定内涵的术语；①其二，在浪漫主义者与怀疑主义者之间并非没有联系，但实难直接画等号。

所以，克朗茨的解释不尽妥当。他所开辟的这条路太过狭窄，而且有点像以今度古的后见之明。虽然浪漫主义确实是古典主义的反题，但我们不准备完全采信克朗茨的意见。毕竟，对于历史事件或现象的成因，只能到更早的历史中去寻找。故此，笔者试图换一条路径，在客观主义与主观主义之争的脉络上来理解安德烈所说的那个事件。具体说来，笔者希望从17、18世纪之交古典主义美学的危机出发，来做一些侧面的推测。

17世纪前期，相对主义美学在崇尚意志自由的笛卡尔那里略有展露，但在法国当时的局面下并未形成强有力的影响。17世纪下半叶绝对主义政治权力的巩固，直接催生出一套强势的审美话语和僵化的美学标准，强有力地支撑起一种客观主义美学。而到了该世纪末的古今之争，学院的固有审美标准开始松动。厚今派主将夏尔·佩罗的兄长、建筑学家克劳德·佩罗（Claude Perrault）指出，一些比例被视作客观的、绝对的美不过是习惯、成规使然，是偶然现象或社会征候；②在王家绘画学院里，德·皮勒等开始关注趣味问题……随着古典主义文人阵营的分裂，尤其是文化教育普及性的提高，18世纪初的法国文人，如伏尔泰等，尝试着书写关于趣味问题的专论。③

类似的趋向在英吉利海峡两岸几乎同步发生，而在英国更甚。从哈奇生到休谟，几乎演变为一场针对美的客观主义观念的战争。据乔治·迪基，在18世纪初，围绕着趣味理论，出现了由美的客观概念向趣味的主观概念的转向，并在1725年的时候，哈奇生第一次向英语世界提供了相对精熟的、系统的、哲学的趣味学说。④哈奇生的趣味学说很快被传播到法国，推助了围绕趣味之标准问题的争论。综合各种资料会发现，在20、30年代的法国沙龙里，"趣味"已经是一个被竞相谈论的热词，这当中很难排除哈奇生以及其他英国人的趣味学说的影响。

很有可能，在陆续写作《谈美》各篇章的时期，即18世纪30年代，安德

---

① 参见塔塔尔凯维奇：《西方六大美学观念史》，第193页。
② 克劳德·佩罗：《根据古代方法的五种柱式布局》，参见塔塔尔凯维奇：《西方六大美学观念史》，第140—141页，以及第216—219页。
③ 成书为《趣味的圣殿》（*Temple du goût*）。
④ George Dickie, "Introduction", *The Century of Taste: The Philosophical Odyssey of Taste in the Eighteenth Century*, New York, Oxford: Oxford University Press, 1996, p.3.

烈置身于关于趣味之标准的讨论，目睹了趣味学说对审美判断的普遍标准带来的冲击，尽管他在《谈美》中并没有像休谟他们那样将"趣味"当作一个中心概念去集中讨论。所以，笔者推断，《谈美》中所说的"皮罗主义者"，应当就是赞同"趣味无争辩"这条英谚的人，我们不妨称其为"趣味主义者"。

按"趣味无争辩"的含义，结合皮罗主义的哲学立场，可以推知，(安德烈口中的)皮罗主义者在美的问题——即对于某物是否为美的判断——上会持不决断的态度，否认事物中可能存在任何因其自性而令人愉悦的品质。这符合安德烈的描述：争论中的这一类文人认为，人在做出审美判断时，依赖于各各不同的意见和趣味，而这些意见和趣味受到时代、地域、年龄、秉性、境遇、兴趣等因素的影响，因此其对错优劣是无须判别的。① 比如，同一件艺术作品，在西班牙或意大利令人愉悦，到了法国却可能普遍地令人不快；一位在外省受欢迎的诗人，到了巴黎却会遭遇失败；在巴黎成功的诗人，到了宫廷却可能事业不顺……所有这些现象，都令人怀疑在审美中是否确有任何固定的、绝对的标准。② 一言以蔽之，美是人的主观意见，不可能存在绝对的标准。

按上述逻辑，美是不可谈的，或者说只能谈些有关美的个体意见，无权期许普遍性的赞同。较之克鲁萨的书名"论美"，"谈美"③一题相对柔和，却同样以首字母大写的"美"（Beau）为论证对象："为了仅仅提出不可置疑的东西，我想说的是，在所有心灵里存在着一种美的观念；该观念亦被称作卓越、愉悦、完美；它向我们把美再现为一种卓越的品质，相对于其他品质，我们更加看重它，发乎内心地喜爱它。问题在于……它对所有专注的心灵而言都是显而易见的；这正是我提出的计划。"④

安德烈意图发现美的普遍规范，发现卓越、愉悦、完美的恒常性。就此动机而言，他站在客观主义和理性主义的美学立场，旨在反对审美上的相对主义或怀疑主义。在他看来，皮罗主义者看不到美的绝对性，是由于被无规范的流变之美遮蔽了眼睛。他努力在《谈美》中证明美的本质恒定地存在于审美的各个领域，而缺乏本质的流变之美只是比例极小的一部分现象。他要将这极小的一部分从主流中剔除出去，所以，分类法在安德烈这里不仅必要，而且重要。

---

① Yves-Marie André, *Essai sur le Beau*, p.40.
② 同上书，第137—139页。
③ "essai sur le Beau"也可译为"美的随笔""美的漫谈""试论美"，等等。略带反讽的是，书题中的"随笔"一词，作为一种文体，始自大怀疑论者蒙田。
④ Yves-Marie André, *Essai sur le Beau*, pp.6-7.

第三节　美的分类法

分类法是 17—18 世纪欧洲文人谈论美这个话题时广泛使用的方法。安德烈的分类法的别致之处在于采用了两种分类方式的嵌合。他用以结构全书的观念是美的两分法。按照审美经验发生的处所，美被划分成两种类型。在身体里被察觉到的美，被称作"可感的美"(le beau sensible)；在心灵里被察觉到的美，被称作"可理解的美"(le beau intelligible)。不过，并非所有感觉都拥有认识美的特权。比如味觉、嗅觉、触觉，它们就像兽类那样仅仅寻求对自身而言善（有利）的东西，而不会费心去关注美。唯有视觉和听觉才拥有辨别美的能力，唯有可见的美和可听的美才被依照一种最高秩序建立起来。①

那么，是什么能够既在身体里，又在心灵里察觉到美呢？安德烈的回答是理性。理性通过专注于诸感官所传递的观念而察觉到可感的美，通过专注于纯粹心灵的观念而察觉到可理解的美。依塔塔尔凯维奇的看法，将辨别美的能力归于理性，是古典主义美学所特有的。② 按此，安德烈探讨关于美的学问，必然不拘于对感性世界的探讨，而延伸至精神世界和超验领域，是一门理性主义-古典主义学说。

按此两分法，《谈美》一书有了这样的结构布局：除起首的一篇"告读者"外，全书共分四章；第一章讨论可见的美，第四章讨论可听的美，主要是音乐美，它们组成可感的美；余下的第二章和第三章分别讨论道德美和心灵作品的美，也就是可理解的美。这也正是《谈美》一书的副标题向读者预告的内容："检验物理、道德、心灵作品及音乐里的美确切说来在于何处"。

安德烈尽管用美的两分法来结构全书，但用以作为《谈美》原理性结构的，则是美的三分法。美被分作如下三种基本类型：本质美（Beau essentiel）、自然美（Beau naturel）、任意美（Beau arbitraire）。按安德烈的规定（此规定在《谈美》中被多次重申），美的三种类型的基本定义如下：本质美是一种必然的美，它不依赖于任何制度，包括神的制度；自然美依赖于造物主的意志，但不依赖于我们的意见和我们的趣味；任意美则依赖于我们的意见和趣味。这个定义着眼于美与制度（institution）的关系。这里的"制度"应在"秩序"(ordre)的意义上加以理解。在安德烈看来，"美的基础往往是秩序"，③这在审

---

① Yves-Marie André, *Essai sur le Beau*, pp.9–11.

② 塔塔尔凯维奇：《西方六大美学观念史》，第 144 页。

③ Yves-Marie André, *Essai sur le Beau*, p.69.

美现象发生的每个处所概莫能外。比如在道德领域里,本质美的基础是本质秩序,自然美的基础是自然秩序,任意美的基础是世俗的和政治的秩序。

与此平行,各种类型的美(beauté)可分别追溯到不同的原初的美(Beau)之观念,这些观念总体上可分作如下三种:其一是纯粹心灵的一般观念,它们给我们提供美(Beau)的永恒规范;其二是灵魂的自然判断,在那里,心灵同纯粹精神性的观念混合在一处;其三是教育的或惯例的种种成见,它们有时候看起来是互相颠覆、互相拆台的。[①] 这样就形成了美的三分法的两种划分依据:制度(秩序)和观念。它们在书中并行不悖,本应合一,也就是说,观念就是对制度的观念。

安德烈认定,这三种类型的美既存在于可感的美,也存在于可理解的美,所以,审美经验发生的每个处所里都具备这种三层式的美。两分法和三分法的关系可以这样理解:美的两分法是一个外部结构,美的三分法是一个内部结构;二者紧密镶嵌,形成了安德烈的美学框架。比较而言,美的三分法是安德烈论证的主要目标。原因在于,这种分类方式着眼于美的源头(关于美的各种观念)以及与此相关的美的性质。如前所论,可见、可听之美以最高秩序为建立依据,安德烈试图表明,非止于此,对于无论何种类型的美而言,唯有以最高秩序为依据,才可能保持自身的恒定性。所以,从根本上讲,他要通过美的分类来展现一个与最高秩序之间的关联性结构,或者说递嬗性结构。

从本质美到任意美,自律性逐级降低,依赖性逐级增加。本质美的等级最高,其规范性最强,不受任何制度的决定。这种超制度的极端自律性,意味着它其实就是最高制度或者说最高秩序本身。既然本质美不依赖于上帝的意志,那么它就与上帝平级,或者干脆就是上帝的代名词。[②] 它表示美的绝对性,是各种类型的美的总依据。对可见之物来说,本质美也称几何美(Beau géométrique)。对本质美的观念形成"造物主的艺术"(l'art du Créateur),这种艺术是至高无上的,"为自然妙物提供所有模范"。[③] 在心灵作品里,本质美表现为真、秩序、诚实、得体。这些品质特征不会遭到好趣味的否认,是本质的、永恒的,是心灵作品之美的基础。在音乐中,本质美是一种比我们所听到的声音之悦耳更加纯粹的快适,这是一种并非感官对象的美,它感染心灵,唯有心灵能够觉察它和判断它。[④]

---

① Yves-Marie André, *Essai sur le Beau*, pp. v–vii.
② 这是克朗茨的看法(参见:Emile Krantz, *Essai sur l'esthétique de Descartes*, p.320)。
③ Yves-Marie André, *Essai sur le Beau*, pp.22–23.
④ 同上书,第 247 页。

需要注意的是，"本质美"指的并非存在于本质里的美，"自然美"同样不可能指存在于自然世界的事物之美。安德烈采用的皆是形容词性的"本质""自然"来修饰中心词"美"。既然如前所述，美的两分法（及其扩展性的四分法）的分类依据是审美现象发生的处所，那么，美的三分法不可能以处所为依据。准确来说，"自然美"指的是一种居间状态的秩序，它介乎上帝的意志和人的意志之间，从上帝视角看起来是受造物，从人类视角看起来则仿佛是自然而然的，不以主观的意见和趣味为转移。所以，说自然美由造物主的意志决定，与说它以本质美为基础，意思上并没有差别。按塔塔尔凯维奇的理解，从本质美到自然美，等于是从美的抽象原则到该原则的具体形式。① 本质美与自然美之间绝对不容混淆，用安德烈自己的话来说，二者之间"有天壤之别"②——从神学角度看，这里并未使用比喻。

唯有明确了自然美中的"自然"并非表示处所，才能够理解这种美何以能够存在于精神世界，比如道德品质和心灵作品。安德烈说，在道德世界里，存在着一种自然感觉秩序，规范着我们与其他血脉相连的人的情感，这种自然秩序构成全部人类自然的一般法则，对它的遵从则形成自然的道德美。③ 心灵作品的自然美在于肖似自然，它也有三个子类：图像里的美、感觉里的美、运动里的美。需要指出的是，图像里的美并非一幅可见的图像的美（那样的话就属于可见之美了），而是心灵作品的形象化能力，也就是达到一种如在目前的阅读体验（安德烈在此意义上引用"一切作者皆画家"这句话④）。

本质美与自然美尽管泾渭有别，却丝丝相扣、毫无背离，二者之间是彻底的决定与被决定关系。换言之，美的本质在这两个等级之间的传递不会出现实质性的耗损。然而，当美的本质传递到任意美这一层，情况就发生了变化，出现了"人"这一干扰项。任意美存在于人身上，是从人的自然属性推演而来的，安德烈也称其为"人工美"（Beau artificiel）。后一种命名方式与"自然美"对称，令人联想到杜博的概念"人工激情"，它们都着眼于人工与自然的关系。人的造物在等级上低于神的造物，故而人工低于自然。自然美与任意美的关系可以参考光和绘画的关系，它们在可见之美上被安德烈用

① Tatarkiewicz, *History of Aesthetics*, Vol. Ⅲ, *Modern Aesthetics*, trans. Chester A. Kisiel and John F. Besemeres, ed. D. Petsch, The Hague: Mouton and Warsaw: PWN-polish Scientific Publishers, 1974, p.430.

② Yves-Marie André, *Essai sur le Beau*, pp.22 - 23.

③ 同上书，第106—109页。

④ 同上书，第154页。

作例证。按他的意思,光是颜色的主宰,绘画是人类利用颜色生产的作品;光决定颜色的生死,[①]对颜色的运用取决于人的主观意识和能力。总之,人工美是以人类尺度为基础的美,是主观的、相对的、处于变动中的,所以规范性最弱。

安德烈不是第一个提出"任意美"的概念的人。在 17 世纪末,克劳德·佩罗已提出过"任意美"与"令人信服的美"(beauté convaincante)两种类型,[②]这有可能被安德烈参考过。不过,佩罗的分类更强调不同类型的美的区别性特征,安德烈的分类则既区分又联系,即侧重于突出不同类型的美的相互交融和孕育关系。我们在后文会再回到这一点。

关键在于,任意美是否完全无法作为美的学问的研究对象呢?并非如此。安德烈指出,任意美的任意性既是与本质美和自然美相对照来说的,也是就一定程度而言的。按其任意程度之不同,在任意美之下,安德烈又划分出三个子类:天才之美(Beau de génie)、趣味之美(Beau de goût)、纯粹一时兴致之美(Beau de pur caprice)。"天才之美建基于对本质美的一种认识,它非常广阔,可以形成一个应用一般规范的特殊体系;我们在艺术上承认趣味之美,它建基于对自然美的清晰感觉,我们可以在谦虚适度的种种限制下容许时尚潮流中的趣味之美;最后是纯粹一时兴致之美,它并不建基于任何纯粹的东西,在任何地方都不该被容许……"[③]

安德烈以建筑为例来说明天才之美和趣味之美何以拥有规范性。建筑拥有两类规范,一类基于几何学原理(即本质美的别称"几何美"),它绝对不容违背,不是建筑师个体眼光选择的结果;另一类基于特定的观察发现("对自然美的清晰感觉")。前一类规范是一成不变的,比如,支撑建筑物的柱子要垂直,各楼层要平行,相互呼应的部分之间要对称,等等,尤其要一望即知其统一性。后一类规范则有所不同,比如建筑师基于自己对自然的观察心得以及对大师作品的揣摩,受当时的惯例、成规、风尚的影响,就会采用不同的柱式,让柱高与底面直径之间呈现不同的比例。这两类规范分别属于天才之美和趣味之美。对后一种的论述与前述克劳德·佩罗的看法接近,但安德烈通过趣味之美—自然美—本质美这样一种层层传递,保证了趣味之美的基础与规范,避免了佩罗式的主观主义倾向。

---

①　安德烈指出,光的"在场催生颜色。它的接近激活颜色……它的缺席令颜色死亡……光美化一切。它与黑暗正相反,后者丑化一切,把一切包裹起来。"(Yves-Marie André, *Essai sur le Beau*, p.28)

②　参见塔塔尔凯维奇:《西方六大美学观念史》,第 145 页。

③　Yves-Marie André, *Essai sur le Beau*, pp.61 - 62.

因此，唯有纯粹一时兴致之美是彻底"任意"的，它脱离了美的本质，彻底缺乏基本的规范性，它被安德烈干干脆脆地逐出了美的"理想国"。安德烈所谓的皮罗主义者被纯粹一时兴致之美的流变特征遮蔽了眼睛，误以为那是美的世界的全貌。本质美、自然美，以及任意美中的天才之美和趣味之美，都拥有恒定的本质，故此，一门关于美的学问是可能的。

在 18 世纪，安德烈不是第一个使用美的三分法的人。在他之前，至少有两位英国人曾把美分成三个等级来讨论。1711 年时，夏夫兹博里认为，最低等级的美是"死的形式"，高于它的是"赋形的形式"，最高等级的美既为纯粹形式赋形，也为赋形的形式赋形，因此被称作"美的原理、根源和基础"。[①] 1738 年，哈奇生也提出一套三等级说：最高的美是原初美或绝对美，第二等级是公理的美，第三等级是相对的美或比较的美。相对美"通常被视作对某个原初美的模仿"。[②] 这两种三分法同样展现出一种自上而下完美性逐级递减、依赖性逐渐增强的美的层级。安德烈的三分法与它们具有显而易见的相似，很可能受其启发。他自觉吸取了夏夫兹博里和哈奇生分类法的一个共性，即不止于展现各等级之间泾渭分明的区别与对立，而更加突出它们的传递、孕育关系。

若说安德烈版本相对于前人有所改进，那么其优势应该体现在如下三点上：首先，三种美的命名更加简洁、直接、对称；其次，它拥有一个（在当时的宗教氛围看来）相对可靠的神学依据和起点（本质美）；第三，最重要的是，它与美的两分法嵌合在一起，便于展现审美现象的处所与性质之间更加复杂而立体的关系结构。

第四节　美在统一

按塔塔尔凯维奇的界定，美学上的客观主义与主观主义之区别在于：当我们称一物为"美的"之时，是将其原有的性质归于它，还是将其原来没有的性质归于它。前者为客观主义，后者为主观主义。[③] 就此看来，对安德烈而言，确立美的固有性质，是其论证中最为关键的一步。按他的美的三分法的思路，可以推知，美的固有性质也就是本质美的内容；他所要做的是先确立什么是本质美或者说美的本质，然后证明在次级的美当中存在这样的内容，

---

① 参见彼得·基维主编：《美学指南》，第 13 页。
② 同上书，第 20 页。
③ 参见塔塔尔凯维奇：《西方六大美学观念史》，第 203 页。

换言之,他必须证明在看似不规范的诸艺术实践中存在着美的形而上学(métaphysique du beau)的规范性,并以此规范性为实质内核。

但这样还不够。安德烈指出,要想从规范性的美的形而上学下降到不规范的诸艺术实践,就不仅仅要证明美的规范之存在,还要发现美的规范之原因。为了发现这个终极原因,这位神父自觉地站到柏拉图-圣奥古斯丁传统中,视他们为这条道路上的先驱。不过,安德烈对柏拉图的论美篇章并不满意。他认为,《大希庇阿斯篇》实际上最终证明了美并不存在,而《斐德若篇》也并没有真正以美为主题;更重要的是,这两篇对话的视角是修辞学家而非哲学家。基于这些原因,他宣称放弃了对柏拉图的参考。不过,就像研究者所指出的那样,从安德烈的美的三分法的设置思路来看,其柏拉图主义流溢说的色彩还是很明显的。

作为詹森主义的实际拥护者,安德烈对圣奥古斯丁的看重并不令人意外。不过需要注意的是,在讨论美的问题时,安德烈所看重的并非作为神学家的圣奥古斯丁,而是作为哲学家的圣奥古斯丁。圣奥古斯丁早年曾经撰写一本关于美之本性的多卷本著作《论美与适当》,后来在其《忏悔录》中自述该书已经佚失。安德烈认为,圣奥古斯丁在《论真正的宗教》(*De vera Relig*)一书中阐发了亡佚之作的相近主张,该书带领读者从诸艺术的可见美上升到作为规范的本质美,其分析“给现代哲学带来荣耀”。[1] 这表明,安德烈自己在谈美时所选择的也是一条哲学进路,而非神学进路,或者说,他不以解决神学问题为主要诉求。另外,安德烈的两种分类法应该同样(或主要)受到过圣奥古斯丁的可见美-本质美这一两分法的启发。

那么,圣奥古斯丁那里的“本质美”指的是什么呢?在《论真正的宗教》里,奥古斯丁使用了一个建筑学的例子,被安德烈转述在《谈美》第一章里。[2] 他用一连串苏格拉底式的提问,使得“美在统一”的论断逐渐浮出水面——

假如询问一位建筑师,在建筑一翼搭盖拱廊后,为何要在另一翼盖一同样的拱廊?建筑师会回答说,是为了让建筑各部分对称为一个整体。那么,为何对称对建筑而言是必要的呢?回答是它令人愉悦。您是从何得知对称令人愉悦的?回答:这一点我确信,因为照那样安置的事物会体面、恰当、优美,一句话,因为那样是美的。提问者继续说:但请告诉我,它是因愉悦才美,还是因美才愉悦呢?回答是因美才愉悦。提问者还发问:为何那样会是美的?提问者耐心地补充说道,在您的艺术里,大师们事实上不曾触及这样

---

[1]　Yves-Marie André, *Essai sur le Beau*, p.18.

[2]　同上书,第18—20页。

的问题,所以我的问题可能令您不舒服,那么,您至少会同意这一点:您的建筑物的各部分的相似、平等、相配,这将一切化约到一种统一性(unité),它令理性满意。这才是我想要表达的意思。至此我们看到,提问者自问自答地给出了答案。

从这个例子出发,圣奥古斯丁进一步指出:统一性是不容违背的法则,建筑物要想是美的,就必须摹仿这种统一性;尽管我们从某些可见的形体上窥见统一性,但真正的统一性并不存在于可无限分解下去的形体之中;任何尘世的东西皆无法完美地摹仿,因为它们无法成为完美的"一";所以必须认识到,在我们的心灵之上存在着某种原初的、至高的、永恒的、完美的统一性,它就是艺术实践所寻觅的美的本质性规范。[①] 按这种解释,"美在统一"其实是摹仿说的一个版本;统一性也就是仅存于上帝身上的完美性;发现事物身上的统一性,也就是在不完美的事物身上发现上帝之完美的影子。

这就是上文所说的美的三分法的神学依据和起点。不过仍需指出的是,对安德烈而言,这个"美在统一"原则并不是对上帝之存在的一个证明。如前所述,他所看重的是圣奥古斯丁的哲学进路而非神学进路,或者说,上帝仅只作为神学依据或总源头存在。[②] 这个策略是笛卡尔式的,即把上帝作为可靠的第一动力,而在余下的论证中不再继续仰赖于它。所以,与其说"美在统一"旨在回答"美为何在于统一",倒不如说它所针对的是这个问题:从本质美到自然美、任意美,这种传递如何可能? 换言之,这条统一性原则的提出,着眼于为美的三分法的内在连贯性奠立基础。

明确了这一点,也就可以进而推知,"统一"作为一条美的原则,必然包容其他本质性的原则,至少应与它们并行不悖。可见之物的几何之美,如对称、均衡、比例适当等,心灵作品之真、秩序、诚实、得体等,这些被古典主义者视作永恒不变的法则,都可以涵盖在"统一"这条总原则之下。于是,"美在统一"在《谈美》中是作为一条最基础的原则被提出的。在每一章里,安德烈都要一再强调这里涉及的审美领域服从于这一原则,并且不断以各种方式重申奥古斯丁的这句话——"统一性是所有类型的美(Beau)的真正形式"(Omnis porro pulchritudinis forma unitas est)。[③]

---

① 　Yves-Marie André,*Essai sur le Beau*,pp.20 – 21.

② 　狄德罗对安德烈的《谈美》推崇备至,认为其唯一不足之处在于没有给出我们内心对比例、秩序、对称这些概念的根源,并从论述中难以看出这些概念是先天具有的还是后天获得的(狄德罗:《关于美的根源及其本质的哲学探讨》,《狄德罗美学论文选》,张冠尧、桂裕芳译,人民文学出版社2008年版,第20页)。然而,从上帝作为各式美的总源头来看,安德烈实际上明确给出了这些概念的根源,即上帝。

③ 　参见:Yves-Marie André,*Essai sur le Beau*,p.22,111,123,188,282.

在可见之美中，拥有统一性的可见之物更均匀、更齐整，也就更美。安德烈表示，说一幅图像更美，意思是在它上面更可感到统一性。[1] 不过，统一性并不意味着同质性。安德烈在绘画大师的作品里发现，那里存在着友好的颜色（couleurs amies）和敌对的颜色（couleurs ennemies）。前者看起来是互相美化的；后者彼此妒忌对方的美，显得互相躲避，似乎担心被这场竞争消抹或掩盖。不过他同时又发现，以下这种友好的颜色是不存在的：它们在共同基底上被组配起来，不需要其他中间色将彼此分开，从而使它们的统一显得太生硬；也不存在如下这种敌对的颜色：我们无法用其他中介，就像共同的朋友那样，将它们调和在一起。[2] 这是天才之美参透本质美的真意，并将真正的统一性动态地运用在画面上的例子。在音乐之美中，统一性的必要性更加明显，因为"音乐的本义，乃是和谐的声音及其一致性的科学"。[3] 在音乐当中，即便是任意美，也总是依赖于永恒的和谐法则。

人的道德的真正的美在于适宜，即让一切成为一体；不适宜的冲突则给人带来不快感。[4] 比如，当高个子低身俯就矮个子时，我们觉得他的礼貌很迷人，因为这种礼貌见证了自然的统一性。相反地，当一些出身平民的新贵族举止倨傲，自以为跻身半神之列时，就会遭人鄙视，因为它们否认了人种的一致性。人们向军人的牺牲致敬，因为军人以自身的死亡保全共同体的存续。相反地，人们谴责暴政的君主，因为他们荼毒他人而保全自己的生命。[5]

在心灵作品之美中，统一性是一个文体学问题。它指的是心灵作品应当是一个关联的、连续的、有活力的、站得住脚的作品，其中并无任何打断其统一性的题外话。[6] 他援引贺拉斯的箴言道："各组成部分的关联之统一性，样式（style）与所涉题材之间的比例的统一性，谈话者、所谈内容与语调之间在礼法上的统一性"，并表示贺拉斯的这句箴言也是自然的箴言。[7] 样式之美在于令文章显得出于同一人手笔，和谐一致，浑然一体。

---

[1]　Yves-Marie André, *Essai sur le Beau*, p.32.

[2]　同上书，第 36 页。他还引用菲力比安在《画家的对话》中的话，以此阐明人们对绘画的评判必然以统一性为标准："它们希望在布置得当的光与影中间，人们在一幅画上看到真正的自然的染色；经过细心观察会发现，那里的色块之间的这种友好，这种一致性：人们灵巧地搭配椅子与帷幔，帷幔与帷幔，帷幔间的人们，风景，远方，这眼中的一切如此艺术性地关联起来，画面看起来是用同一套调色板画就的。"（第 37—38 页）

[3]　同上书，第 210 页。

[4]　同上书，第 116 页。

[5]　同上书，第 120—123 页。

[6]　同上书，第 202 页。

[7]　同上书，第 289 页。

　　总而言之，"美在统一"是一条理性主义美学原则。美的事物之所以能够令人愉悦，在根本上是由于其统一性令理性满意：理性因事物身上的统一性而得以施展自身的把握能力，事物也因统一性而成为合理性的。这个立场的直接结果是对感性和想象的贬抑。一方面，在这条原则下，人的感官与事物的可感性质被放在相对次要的位置上。就像保罗·盖耶说的那样，对安德烈而言，颜色仅仅是可见之美的一个附加性的愉悦之源。① 另一方面，安德烈尽管承认想象同理性一样是一种能力，但用适宜、适度等理性原则去约束它。

第五节　安德烈美学的特征

　　以上是安德烈美学的基本内容和核心主张。《谈美》架构整齐、匀称，行文简洁、朴素，自有一种数学之美。其美的分类法借鉴了诸多先前的资源并用新的思路加以改进，突出了美的本质在各等级之间的可传递性，尽管常被后人批评为如数学公式一般生硬、机械，在当时仍不失创意和优势。克朗茨正是在这一点上肯定了安德烈的贡献。在他看来，《谈美》问世之前，美往往被解释为上帝的一个属性，如同善、真一样，但问题在于，在上帝的属性与一件艺术作品的审美价值之由来之间，也就是精神与物质之间，其关联尚不明显。可感之美是我们唯一能够把握的东西，我们何以能够设想一种不可感的美？故而，"把美定义为上帝的一个属性，就等于把美学的难题弃之不顾了"。《谈美》恰恰直面了这个难题，并做出了可贵的尝试，这种尝试具体说来就在于持续不断地努力在精神性的和绝对的美，艺术所创造的各种不同程度的美，以及技艺所实现的低层次的美之间建立起一种传递关系。②

　　作为启蒙时期理性主义美学的一个典型标本，《谈美》的美学观念有如下三个特征：

　　其一是客观性。安德烈认为美是事物的客观属性，不应当因人的主观因素而更改其恒常性。这里的客观性并非仅就客体本身的性质而言，也指论述者的旁观视角。就像安妮·贝克指出的那样，安德烈的《谈美》同克鲁萨的《论美》一样，都是采取旁观视角，几乎不怎么分析在艺术家那里所发生的情况。③ 不仅如此，《谈美》也极少言及欣赏者的心理活动。这显著区别

---

① Paul Guyer，*A History of Modern Aesthetics*，Vol.I，Cambridge University Press，2014，p.250.

② Emile Krantz，*Essai sur l'esthétique de Descartes*，pp.315-316.

③ Annie Becq，*Genèse de l'esthétique française moderne 1680-1814*，Paris：Éditions Albin Michel，1994，p.416.

于之前的克鲁萨、杜博,之后的巴托、孟德斯鸠等人,在 18 世纪中期欧洲注重审美现象的心理经验分析的整体趋势里显得非常特别。就此而言,它难以面对读者对于审美心理过程的进一步追问。

其二是封闭性。安德烈坚定地将美视为一个形而上的赋予,视统一性为不证自明、人皆赞同的审美标准。这样一种不由分说的立论方式,被狄德罗批评为"演说味道远较论理味道浓厚"。[①] 美的分类法与"美在统一"原则是一体两面,构成一个密不透风的论美系统。低等级的美必须以高等级的美为依据,统一性作为终极依据/美的本质,是审美愉悦的源头,也是上帝的代称,展现出一种静态的确定性,并在此确定性的保障之下绕开了那些流变的审美风尚或趣味问题,而我们知道,流变之美所带来的难题才是 18 世纪欧洲美学层层进展的推助力。安德烈回避了困难,也止步于自己的确定答案。

其三是等级性。安德烈认为,在每一个美的领域,都恰好存在相同的三个等级的美。这种公式般齐整的结构,令人怀疑它是否真正触及审美现象的复杂性和深度。另外,从审美社会学上看,美的等级性观念关联于社会的等级观念。在以天主教为国教、由国王掌握绝对权力的法国社会里,美的等级性天然地较易被接受,好的趣味一般也被视同于较高等级阶层的趣味。不过,不出四十年,大革命的烈火就会将平等观念送向全欧洲。届时,美的等级性连同古典主义趣味标准都将面临挑战。

由此看来,在趣味主义越来越深入人心的 18 世纪前半期,《谈美》更像是一个故去时代的背影,展现出启蒙时期美学保守的一面。[②] 然而,时代的车轮不一定总是向前。大革命后保守主义返潮,我们又可在维克多·库赞那里看到类似的分类法。就此而言,在法国"美之学"的整个历史里,安德烈其实也是一个幽灵般的存在。

---

① 狄德罗:《关于美的根源及其本质的哲学探讨》,《狄德罗美学论文选》,第 20 页。

② 保罗·盖耶尖锐地批评它为"死不悔改的柏拉图主义或奥古斯丁主义"(Paul Guyer, *A History of Modern Aesthetics*, Vol. I, Cambridge University Press, 2014, p.261)。这似乎太过苛责古人,其中展露的美学进化主义立场亦不可取。

第五章　巴托的摹仿论

第一节　巴托的真正贡献

法国启蒙时期的学者夏尔·巴托神父（Abbé Charles Batteux，1713—1780）[1]，曾任兰斯大教堂司铎。他的专长为古希腊罗马哲学。在纳瓦尔学院工作期间，他出版过一部《被划归到单一原则的美的艺术》（*Beaux-arts réduits à un même principe*，1746），时年仅 33 岁。除了简短的献词和前言，全书共分三个部分：第一部分的标题是"天才制造艺术，我们参考天才来建立诸艺术之本性"；第二部分的标题是"通过参考自然和趣味法则，我们建立起摹仿原则"；第三部分的标题是"摹仿原则被应用在形形色色的艺术上，在那里得到检验"。该书在当时令年轻的巴托驰名全欧洲。[2] 五年后，他进入法兰西铭文研究院（Académie des Inscriptions）。1761 年，他终入法兰西学院，修成正果。

巴托在艺术理论历史坐标系中的位置，是在 20 世纪中叶由德裔美国文艺复兴专家克利斯特勒（Paul Oskar Kristeller）定准的。克利斯特勒认为，现代艺术体系的最终定型发生在 18 世纪上半叶。从克鲁萨的《论美》到杜博的《对诗与画的批判性反思》，该体系逐渐显形。尤其是到了安德烈的《谈美》那里，可以说它已经是呼之欲出了，不过，艺术在那里依然同道德结合在一起，并且从属于更宽泛意义上的"美"的问题。于是，"朝向美的艺术体系迈出决定性的一步"的功绩，严格说来应当归于巴托的《被划归到单一原则

---

① 一译巴多、巴铎等。其生平可参见维基百科的巴托词条以及最新英译本的介绍：James O. Young，"Translator's Introduction"，in Charles Batteux，*The Fine Arts Reduced to a Single Principle*，Translated with an introduction and notes by James O. Young，Oxford：Oxford University Press，2015，pp. xvi-xviii.

② 同上书，第 xvii 页。

的美的艺术》。① 自克利斯特勒以后,世人尽知巴托对现代艺术体系的开创性贡献,然而未必尽知,巴托此书主要致力于对艺术摹仿论的系统论证。实际上,早在巴托之前,艺术体系早有雏形,"美的艺术"之概念也已存在。瓦萨里在 16 世纪已经使用"美的艺术"指称迪赛诺(Disegno)艺术。1690 年,在法国厚今派领袖夏尔·佩罗发表的《美的艺术陈列馆》(Le Cabinet des beaux-arts)中用"美的艺术"涵括八门艺术:修辞学、诗歌、音乐、建筑、绘画、雕塑、光学、机械学。② 巴托的真正贡献在于对摹仿论的新诠解。在他这里,摹仿论是艺术得以成体系的基石,或者更准确地说,是巴托艺术理论的拱心石。

如其书名所示,该书旨在为五门"美的艺术"(音乐、诗歌、绘画、雕塑、舞蹈或姿态艺术)寻找统摄性的"单一原则"(书中亦称"一般原则")。这个原则就是摹仿。以摹仿论为艺术原则,这在当时的欧洲知识界非常普遍,英国的夏夫兹博里、哈奇生,法国的杜博、安德烈,都从不同角度支持或使用这一原则来阐释艺术。但巴托的摹仿论最为特别,用塔塔尔凯维奇的话来说,巴托提出了摹仿论的"最极端的形态",③他是将艺术与摹仿论进行最紧密结合的第一人,从而在美学史/艺术学史中占有划时代的重要位置。

从狄德罗开始,包括塔塔尔凯维奇、科尔曼在内的美学史家都曾指出,巴托的"摹仿"概念是含混不清的;至于如何含混,他们却皆语焉不详。不过

---

① 克利斯特勒那篇长达 60 页(含 279 个注释)的著名宏文《现代艺术体系:一个美学史研究》(The Modern System of the Arts:A Study in the History of Aesthetics)在当时分上、下两部分连载于 1951—1952 年的《观念史杂志》。文章以理论史描述的方式,从"艺术"在古希腊、罗马的含义开始,梳理了中世纪、文艺复兴、17 世纪、18 世纪的欧洲艺术观念史,重点勾勒在今天被默认的艺术体系如何在 18 世纪的欧洲逐渐成型,特别是该体系问题如何在法国、英国、德国演变为公认的知识基础结构。文中指出,巴托对艺术体系的贡献是开创性的。狄德罗对巴托的艺术体系有所批判和超越,这个体系在《百科全书》那里最后完成并传布到全欧洲。就这样,18 世纪中叶之后,法国人对于"美的艺术"的思考不再发生根本性的改变。该词连同"艺术"一词,其含义渐渐稳定下来(参见:Paul Oskar Kristeller,"The Modern System of the Arts:A Study in the History of Aesthetics[Ⅰ]",Journal of the History of Ideas,Vol.12,No.4[Oct.,1951];Paul Oskar Kristeller,"The Modern System of the Arts:A Study in the History of Aesthetics [Ⅱ]",Journal of the History of Ideas,Vol.13,No.1[Jan.,1952])。

② Thomas Munro,The Arts and Their Interrelations,New York:The Liberal Arts Press,1949,pp.29 – 31.

③ 塔塔尔凯维奇在梳理摹仿论的概念史时,有这样一段表述:"至于模仿说的最极端的形态,则出现在 18 世纪:模仿被推许为一切艺术的通性,而不只限于具有'模仿性'的那一部分。再说,同一位启蒙时期的美学家,他一方面像这样推广了理论的范围,而在同时,又借断言艺术所模仿的并非实在的全部,而只是美妙的实在的说法,缩小了它的范围。"(塔塔尔凯维奇:《西方六大美学观念史》,第 282—283 页)这里的"启蒙时期的美学家"指的应是巴托,"美妙的实在"(可能译自 belle réalité)应脱胎于巴托的术语"美的自然"(belle nature)。

也有人（如让-勒夫朗）指出，巴托摹仿论经常被曲解，而且其著作还遭到了"过分的冷遇"。[①]　本章将立足于巴托文本，探讨巴托的艺术摹仿论，并探究其是否存在逻辑漏洞。

第二节　为何寻求单一原则

为艺术寻找一个"单一原则"，这是前所未有的事情。关于巴托此举的动机，研究者们有多种推测。本节将参考巴托自述，考察其中一些代表性观点。

巴托在该书序言开篇交待道：人们往往通过观察等经验方式来评判艺术，这导致批评规则太过多样化。这种过多规则堆积的状况，被他比喻为一间硕大无朋的仓库，足可令人想象其无序、混乱与无效。巴托认为，对于评判艺术而言，它不仅毫无助益，反倒碍手碍脚。无论是作为艺术创作者的艺术家，还是作为评判者的艺术爱好者，都同样为其所累。基于这种状况，巴托希望能够轻装减负，简化路径，将形形色色的规则简化到单一原则之下。他提出应当向"天才的科学家"学习，先收集数据，再发展出一个体系，将各种原则化约为一个一般原则。[②]

根据作家的这番动机自述，我们暂且做出如下三条分析：

第一，纯经验方法的有效性被否定，理由是它阻碍了对艺术之本质的把握。于是这个"单一原则"不会是一个纯经验原则，不会仅仅以观察等经验方式为基础，至少不受经验之多样性的干扰。它应该是一个合乎逻辑的理性原则，具有性质上的稳定性，应当能够揭示美的艺术的普遍的、恒定的、内在的本质。

第二，自然科学的方法是重要的参照对象。不过，他尽管如此声称，但联系全书来看，巴托在书中并不曾先收集数据，再化约出一个体系性原则，而是一上来就亮明了"单一原则"的内容。除此之外，自然科学在书中几次出现时，主要是被用作一个对比项，为论述提供便利。巴托刻意强调科学与艺术的泾渭之别，主张自然科学思维不宜用于对艺术作品的欣赏，以此肯定艺术思维的独特性。这个思路延续了曾在古今之争中被集中讨论的科学与艺术之别。所以，至少在《被划归到单一原则的美的艺术》一书里，巴托并没有真正地亮明自然科学方法在研究上何以具有相对的优越性。

[①]　丹尼斯·于斯曼主编：《法国哲学史》，冯俊、郑鸣译，商务印书馆2015年版，第305页。

[②]　Charles Batteux, *The Fine Arts Reduced to a Single Principle*, p.lxxvii.

第三，艺术家和艺术爱好者都需要这个单一原则，因此它对于创作和欣赏而言应同等适用。这个原则应当具有最大的一般性和最普遍的适用性，能够应对杂多而繁复的艺术种类和现象。只有这样，它才能充当艺术评论的起点和最低准绳。

综上，巴托所寻求的这个"单一原则"应当具备非（超）经验性、普遍适用性、类科学（且非科学）性。

关于驱动巴托寻找单一原则的原因，科尔曼在《法国启蒙时期的美学思想》一书中提出三种设想：其一，相比于美学和艺术，巴托在数学和物理学上的兴趣更为浓厚。而在巴托所生活的时代，物理学通常始于一个原理；其二，巴托于1713年出生，两年后"太阳王"路易十四（1638—1715）驾崩，而其余威不灭。换言之，巴托生活在一个高度集权化、集中化的法国政治生态中；其三，巴托希望表明美的艺术是自主的，即拥有独特的基础和功能，也就是唯一的、共同的本质，其单一原则不同于科学或宗教，反之，如果众艺术无法归结为单一原则，而是有多个原则的话，那么它们很有可能是异质的，缺乏共同的本质作为统一的基础。[①]

对照前文，科尔曼提出的第一种设想可充实我们的第二条分析。而科尔曼提出的第二种设想，乍看起来像是过度关联。然而，如若考虑到《被划归到单一原则的美的艺术》一书开篇的献词乃是题献给尚未主政的太子路易十五（1729—1765）的，[②]则应该肯定，科尔曼的设想有一定依据。综合以上两种设想可以推知，巴托对"单一原则"的找寻，不单有意识地着眼于艺术本身的问题，也深深浸染着时代精神——包括科学精神和政治环境。

不过，说到时代精神，恐怕没有哪种思想比笛卡尔哲学更深刻地塑造着17、18世纪的法国人。《被划归到单一原则的美的艺术》中假设过一位哲学型的艺术家（philosophical artist），他拥有敏感善思的心灵，是艺术规则的立法者，其立法的路径是长时间的观察继而做出总结。[③] 这位哲学型的艺术家不一定指笛卡尔，倒更像一位带有经验主义倾向的自然科学家；但他对知识之基础的寻求，很容易令人联想到笛卡尔。笛卡尔从对现有知识的怀疑开始，全面搁置各种成见的可靠性，继而寻找一条无法被怀疑的东西，以

---

　　① 参见：Francis.X.J.Coleman, *The Aesthetic Thought of the French Enlightenment*, University of Pittsburgh Press,1971,pp.61 – 62.

　　② 彼时巴托在纳瓦尔王家学院任修辞学教授。从17世纪下半叶开始，各王家学院以各种形式歌颂君主，在绝对主义体制下的法国是普遍现象。另外，保罗·盖耶根据巴托当时的身份，猜测他对单一原则的寻求与其修辞学背景有关（参见：Paul Guyer, *A History of Modern Aesthetics*, Vol.Ⅰ,Cambridge University Press,2014,p.254），也可备一说。

　　③ Charles Batteux, *The Fine Arts Reduced to a Single Principle*, p.40.

之作为牢固的起点重新起步，去构筑知识大厦——这是其形而上学沉思的路线。巴托对"单一原则"的追寻也具有类似的特征：他全面搁置形形色色的纯经验性的批评规则，为的是找到一个能够作为普遍基础的原则，让它成为艺术批评的可靠的崭新起点。这样看的话，"单一原则"恰如笛卡尔的"我思"，将用于为艺术大厦夯实地基。

卡西尔就是从这一点入手来分析巴托的著书动机的。在《启蒙哲学》中，卡西尔将巴托寻找"单一原则"的尝试归结为美学学科独立自主的需要。这种需要被解释为笛卡尔"普遍知识"理想在美学领域的一种延伸。他指出：

> ［……］如果美学理论想肯定自身，想证明自身的正确性，如果它不想仅仅成为经验的观察和任意堆砌的规则的大杂烩的话，就应认识到美学理论本身的纯特征和基本原则。它不允许自己被自己的千差万别的对象引入歧途，而应该把握艺术过程的本性，把握审美判断的统一性和独特的整体性的本性。只有当我们能把各种艺术借以表现自身的各种各样的、表面上是异质的形式还原为一个单一的原则，并且用这一原则来确定和推演出这些艺术形式时，我们才能使各门艺术领域具有这样一种整体性。这样一来，笛卡尔就一劳永逸地为17世纪、18世纪的美学指明了道路。①

从卡西尔的这个深刻见解出发，以科尔曼的第三种设想为印证，我们可进一步确认：巴托之所以寻找"单一原则"，最直接的动机是将"美的艺术"（beaux-arts）从一般艺术中独立出来，自成体系，获得自主性；而艺术的自主，也就为作为艺术哲学的美学学科的自主准备了必要条件。

这个被巴托找到的"单一原则"，就是"摹仿"。这在今天看来颇令人意外：巴托反对各种纯经验方法，却并未用一个先验原则或超验原则去克服它们；他试图用一种新思路建立一个新体系，这个体系的基石却是个旧概念。旧概念何以生发新思想？是否实为新人穿旧衣，被巴托更新了内涵呢？

在《被划归到单一原则的美的艺术》中，巴托毫不回避自己对古代摹仿说的借用，并且指出，此说出现在柏拉图的《理想国》、亚理斯多德的《诗学》、贺拉斯的《诗艺》等著作中。他表示，之所以要重提摹仿说，是因为这种古已有之的学说如今被人们遗忘了，准确说来，是由于"摹仿"一词的原初含义失

---

① 卡西尔：《启蒙哲学》，第260页。

落了。他希望用这本书来正本清源,恢复和澄清其本来面目。

　　巴托的摹仿论果真是对古代摹仿说的复制和重返吗? 这实际上并不可能,即便巴托真诚地怀着复古之意。原因很简单:在他提到的柏拉图、亚理斯多德、贺拉斯这三位先贤的摹仿说之间,尤其是前两者之间,本身就充满冲突。比如,《理想国》第十卷里对诗人/骗子的驱逐,①《诗学》里对诗人/求真者的肯定,②这两种立场是不可调和的。所以,"摹仿"一词并不具备任何原初含义,也谈不上什么本来面目。巴托若有心追摹古人,恐怕只能先做一番去此取彼的拣选工作。本章将表明,巴托摹仿论的主要母本是亚理斯多德《诗学》,并在诸多方面背离了这个母本。

　　巴托的摹仿论可以最精简地表述为:艺术摹仿自然。这听起来稀松平常,无甚高论。不过准确说来,这里"艺术"和"自然"分别被替换为"美的艺术"和"美的自然"。于是,连带着的"摹仿"一词,其含义也发生了决定性的改换。因此,巴托虽借用了一些古代概念,但暗中加以重新界定,从而既保持了它们相互之间的关联性,又各各拓展出新的意涵。这正是巴托的旧瓶何以能装新酒的奥秘所在。

第三节　摹仿与愉悦

　　巴托将诸艺术分作三类:机械艺术;"美的艺术";第三类艺术。③ 常见的说法是,其分类依据是生产目的或有无利害。但其实,他的分类标准有两个:一是生产目的,二是艺术与自然的关系。后一条标准较易被研究者忽略。

　　从第一个标准来看,机械艺术的生产目的是满足人类的需求,主要指温饱方面的需求;"美的艺术"的生产目的是为人提供愉悦。它无关实际生活层面的有用性,无关利害;第三类艺术兼有前两种目的。巴托又指出,自然是所有艺术的唯一对象,"是所有的必需品、所有的愉悦的提供者"。不同类型的艺术,对待自然的方式有所不同。从这个标准来看,机械艺术一经诞生,便仿佛被自然抛弃一般,这类艺术"如其所是地使用自然,仅将之作为手

①　柏拉图认为诗人和画家对现实社会没有实际的贡献,因为他们对所摹仿的事物不具备真正的知识,只得到影像,并不曾抓住真理;而且摹仿所涉及的心理作用并非有节制的理性,而是无理性,它鼓励情感的泛滥,把人变成受情感支配的被动者。详情可参见《柏拉图文艺对话集》,第54—71页。

②　亚理斯多德认为诗比历史更真实。详见后文。

③　保罗·盖耶称第三类艺术为"混合艺术"("mixed arts",参见:Paul Guyer, *A History of Modern Aesthetics*, Vol. I, p.258)。这个命名容易令人误解为综合艺术,故不拟采用。

段"；第三类艺术，即既提供有用性又提供愉悦的艺术（包括建筑术和论辩术），同样把自然当作手段来使用，但也将之打磨成愉悦的来源；唯有"美的艺术"对待自然不以其有用性为目标，而仅仅摹仿自然。①

第一条标准指向审美无利害学说；第二条标准指向摹仿论。那么，这两个标准的关系是什么？其重要性是否有所不同？彼此间是否可取代？巴托那里没有明确的答案。他在给出那两个标准的同时，所进行的分类方式完全相同，这似乎表明这两个分类标准是一体两面，或者，至少是毫不冲突、并行不悖的。进而，我们不妨设想两种反面情形，用以考察第二类艺术，即"美的艺术"：既提供愉悦，又追求对自然的利用；既摹仿自然，又提供痛苦。对"美的艺术"而言，既然前述两条标准中的任何一个皆不可违背，那么，那两种情形在这里都不可能成立。既如此，要想给"美的艺术"这个新概念下个定义的话，"提供愉悦"和"摹仿自然"这两项缺一不可，应同时兼备。换言之，它们都是必要非充分条件。

既然"提供愉悦"是这类艺术的生产目的，那么，它与"摹仿自然"之间是否可以构成果与因的关系？如果答案是肯定的，"美的艺术"就可以被界定为一类因摹仿自然而给人提供愉悦的艺术。

亚理斯多德和巴托都讨论过这个问题，基本上都支持二者之间的因果关系。首先需要说明的是，二人的立论都是就完美的摹仿而言的，不完美的摹仿彻底不在考虑之列。巴托书中那位哲学型的艺术家经过一番观察后得出的结论是，艺术应当具备两个特质，一是有趣，二是完美。② 就这一点而言，巴托属于古典主义美学阵营，秉承"非全即无"的完美标准。不过，巴托尽管声称力图恢复亚理斯多德的摹仿说，但与亚氏的差异是相当明显的。③

在《诗学》里，亚理斯多德指出人皆有求知本能，摹仿是一种求知能力。当人看到惟妙惟肖的图像时，哪怕被摹仿的事物本身并不令人愉快，甚至引起痛感，人仍可从图像中获得快感。这是由于，人在图像中辨认出被摹仿的事物，在求知欲上获得了满足。如果人并不知被摹仿的事物为何，却仍能够从中获得快感，那么，他所依靠的是对作品技巧等方面的肯定。④ 概言之，摹本使人的求知欲望得到满足，求知能力得以施展，使人的理智被肯定，继

① Charles Batteux, *The Fine Arts Reduced to a Single Principle*, pp.3-4.
② 同上书，第40页。
③ 科尔曼觉得巴托在这个问题上的观点没有多少新意（Francis.X.J.Coleman, *The Aesthetic Thought of the French Enlightenment*, p.105）。此说大可商榷。
④ 亚理斯多德、贺拉斯：《诗学·诗艺》，第11—12页。

而因满意而产生愉悦感。

巴托也说："摹仿往往是愉悦之源。"①较之亚理斯多德,巴托对摹仿与愉悦之间的因果关系的探讨有个很突出的特色:基于对心灵(esprit/mind)和心脏(cœur/heart)的不同职能的区分。在巴托那里,心灵负责理智,心脏连通情感。心灵的功能在于客观地静思对象,它可以因仅仅对象的规范、大胆与优雅而感到满意。由于艺术提供美,而自然往往不完美,所以,心灵更易满足于艺术,而非自然。心脏的好恶只受到与自身有关的实际利害的牵动,更关切对象相对于自己而言的实用价值。于是,心脏对自然的关注超出对艺术的关注。以上述理论为基础,巴托列出如下两种情况②——

第一种情况是:被摹仿的原型在自然中令人不快甚至恐惧(比如一条蛇)。巴托说,艺术的成功之处正在于区分两种经验,即面对现实危险的痛感与情感上的快感。它调和情感,使之不至因过度而痛苦。艺术如何做到这一点呢? 倘若对象被摹仿得很高妙,则观赏艺术作品的人会在第一时间做出与现实中同样的恐惧反应,此时是心脏在发挥趋利避害的功能。但这个畏惧的情绪很快会向愉快的方向转换。这是因为,负责沉思静观的心灵将旋即从这个可怖的表象中超脱出来,并告知心脏如下信息:那个看似可怖的感知对象其实是一种幻象,一个幽灵。正是这个理性的判断,将心脏从忧惧中拯救出来,令心脏转而感到"真正的善"。心灵自身也因之得以享受那种解脱。

第二种情况是:被摹仿的原型在自然中令人愉悦。此时,假如它被摹仿得惟妙惟肖,则心脏在感知到此艺术作品的当下,会错把它当作那个令人愉悦的原型本身,从而产生短暂的享受。这是比较容易理解的,好的摹本因在某些方面肖似原本,故而易于催生出替身般的效果,比如模拟鸟儿啁啾的琴声,描绘一片宁谧风景的画作,表现健美人体的雕塑,等等。不过巴托强调,一旦真相大白(应当同样是通过心灵的告知),便如同符咒失灵一般,心脏将颇感失落地恢复到初始状态。

由巴托的描述可推知,在第一种情况下,愉悦感有两个层次:在心脏那里,是类似于脱险的轻松感;在心灵那里,是一番去伪存真之后的满足感。在后一个层次上,心灵的满足似乎接近于亚理斯多德所说的求知欲的满足,它们同样着眼于原本与摹本之间的关系。不同的是,亚理斯多德侧重摹本与原本的联系;巴托则侧重摹本与原本的差别,其主要原因在于心灵要行使

① Charles Batteux, *The Fine Arts Reduced to a Single Principle*, p.47.

② 详见上书第 46—48 页。

对心脏的告知责任。可见，在巴托这里，心脏的感受至为重要：心灵的理智行为唯有作用于对心脏的情感行为，才能参与到愉悦感的诞生过程里。

第二种情况在亚理斯多德那里虽未特意提到，但能够被他的解释覆盖，因为他谈的是普遍状况：无论原本是否令人愉悦，观赏者皆可因看出摹本与原本的关联而获得求知欲的满足。然而，巴托对这种情况的心理描述是先扬后抑，以心脏的失落感告终。他似乎想要表明，对不愉快的事物的摹仿所带来的愉悦是更加强烈和持久的。① 至此，他对亚理斯多德的背离愈发明显了。

巴托的心灵-心脏二元论与笛卡尔的身心二元论有类似之处，②即认为身体和心灵之间界限分明、各司其职，需要被区别对待。在巴托那里，心灵无涉于情感，心脏无涉于理智；心灵不爱自然，心脏不通艺术。愉悦感作为情感之一种，不直接受心灵的理智分析的管控。故而，在审美过程中，心灵无法像在亚理斯多德那里一样总揽大权；相比之下，心脏对愉悦感的产生所发挥的作用显得既直接又必要。这将导致对审美无利害的进一步规定。

既然心脏的情感职能在审美过程中发挥相对更加关键的作用，那么，审美判断便不可能是纯然超经验的，我们也就无法从审美愉悦里排除主体从现实（自然）出发对于自身处境的善/恶、利/害的判断。看来，这违背了前面提到的有关"美的艺术"无关利害的规定。当然，"无关利害"仅是就此类艺术的生产目的而言的，巴托并没有说过其审美心理机制同样无关利害。换言之，"无关利害"指的是生产者视角；而从欣赏者视角来看，（美的）艺术不可能不关乎利害。然而问题在于，生产过程是否包含欣赏？如果艺术家仅遵循外部规则来进行创作，答案就是否定的，创作者与欣赏者之间就是泾渭分明的。但那并不是巴托的立场。

《被划归到单一原则的美的艺术》用了三分之一的篇幅（第二部分）讨论"趣味"问题。这个一般被归于欣赏范畴的词语被巴托用在生产上："趣味是借助于感觉对规则的认知。这种认知方式比理性思考更加敏锐、可靠。对于一个想要创作的人而言，若无趣味，心灵的所有洞见几乎都是无用的。"③具体而言，在巴托看来，天才负责发现一些具体规则并将之呈现给艺术家，然后由趣味进行拣选、辨别、安置、润色。"简言之，趣味将是经理人，甚至是工人。"④很清楚，趣味这一主体能力不仅在艺术创作上发挥作用，而且在生

---

① 这个立场可能相关于法国古典主义美学对悲剧题材的推举，对喜剧题材的贬抑。

② 仅止于类似而已。笛卡尔曾在《论灵魂的激情》里表示不接受"心脏是感受激情的部位"这一观点。

③ Charles Batteux, *The Fine Arts Reduced to a Single Principle*, p.49.

④ 同上。

产过程中最具导向性，直接决定着作品的成败与高下。

既如此，巴托文本的前后矛盾就是不容否认的了。实际上，审美无利害只是在开篇论述艺术分类时被提及，此后全书都秉持"美善合一"的观点。巴托本人似乎并没有发现这个巨大的逻辑漏洞。当然，这个发现并不值得我们沾沾自喜。毕竟，是康德在18世纪末的审美判断力批判里提出对"无利害"学说的界定之后，人们方才弄清楚美与善的边界。并且，巴托并非唯一携带这一逻辑漏洞的学者。早在他之前，英国的夏夫兹博里伯爵三世（1667—1713）在1711年面世的作品中，同样既认为审美无关利害，又认为美善是一码事。[①] 而18世纪法国的其他美学大家，如狄德罗、伏尔泰等，则不断强调艺术的道德任务和社会责任。[②] 回到巴托。我们只能抛弃审美无利害这个临时的立场，把"美善合一"当成巴托美学的第一个重要特征。

与此相关，巴托美学的第二个重要特征在此也初露端倪：认知主义和情感主义并行。巴托说："知识是一道光，在我们的心灵里传播；感觉是一种激情，它驱动着知识。前者照亮，后者加热。前者使我们理解一物；后者将我们吸引至此物，或使我们避开它。"[③]很可能是受到杜博等情感主义美学家的影响，他在亚理斯多德认知主义审美心理学说的基础上增加了情感的感受性，并将之阐述为在审美过程中与认知同样重要，甚至在某种意义上更加重要的角色。这一点在前述趣味理论里体现得尤其清楚。

这两个特征是本节得出的初步结论，它们将在对"自然"问题的讨论中得到重申和检验。

第四节　摹仿与自然

前述艺术分类显示，自然是生存资料和愉悦的总来源。关于"自然"，巴托说，它是"所有的现实加上我们可以设想为可能的所有东西"。[④] 这同样令人想到亚理斯多德在《诗学》里的观点。按亚理斯多德，诗人、画家等艺术

---

① 参见彼得·基维主编：《美学指南》，第16—17页。

② 参见：Christian Helmreich, "La réception cousiniènne de la philosophie esthétique de Kant Contribution à une histoire de la philosophie française au XIXe siècle", *Revue de Métaphysique et de Morale*, No.2, 'Esthétique' Histoire d'un transfert franco-allemand (avril-juin 2002), pp.197 – 198. 该文还指出，尽管斯塔尔夫人受康德影响，在其《论德国》里区分了美与有用性，但其《论文学》仍保留了法国的这个美善同一论传统。

③ Charles Batteux, *The Fine Arts Reduced to a Single Principle*, p.30.

④ 同上书，第6页。

家的摹仿对象必备以下三种之一：一是"过去有的或现在有的事"，二是"传说中的或人们相信的事"，三是"应当有的事"。① 第一种对象可理解为巴托所说的"所有的现实"，后两种或可对应巴托那里"我们可以设想为可能的所有东西"。换言之，巴托这里的"自然"，包括既有的现实（实然的实存）和可能的现实（或然的或应然的实存）两类。套用塔塔尔凯维奇的术语来说，这里的"自然"是在"万物总和"和"物之本性"这双重的语义上被使用的。②

　　然而准确说来，在巴托这里，艺术的摹仿对象并不是自然，而是"美的自然"（belle nature）③。巴托在这个概念上下了很深的功夫，它很值得我们一再探讨。"美的自然"是一个很特别的概念，可以说是巴托美学的标志物。在今天，它已经是一个失效的旧词。"美的艺术"虽然一直被沿用至今，但丧失了与"美的自然"的互文关系后的"美的艺术"，其内涵也发生了改变。

　　他明确说道，"艺术在于摹仿，其摹仿对象是美的自然"，并指出，摹仿美的自然是各门艺术的共同目标。④ 正如巴托用"美的艺术"替换下"艺术"，并在全书以"艺术"指代"美的艺术"，"自然"一词同样被替换为"美的自然"，并在全书很多地方用"自然"指代"美的自然"。换言之，《被划归到单一原则的美的艺术》一书所讨论的单一原则，即摹仿原则，实际上并非用于（任何类别的）艺术与（全部）自然之间的关系，而是用于"美的艺术"与"美的自然"之间的关系。既如此，则艺术摹仿自然并不必然产生愉悦，唯有在"摹仿美的自然"时才与"愉悦"之间构成必然的因果关联。那么，"美的自然"又是什么样的自然呢？

　　鉴于字面上容易引起的误解，首先不得不澄清的是，"美的自然"不仅仅

_____

① 亚理斯多德、贺拉斯：《诗学·诗艺》，第92页。

② 关于"自然"概念在西方美学史中的变化的辨析，可参见塔塔尔凯维奇：《西方六大美学观念史》，第298—300页。

③ 对于"belle nature"，英语学界有三种处理方式。第一种是按字面译作"beautiful nature"（美的自然），如：David Clowney，"Definitions of Art and Fine Art's Historical Origins"，*The Journal of Aesthetics and Art Criticism*，Vol.69，No.3，(Summer 2011)，p.312。第二种是按意思译作"ideal nature"（理想的自然），如科曼（参见：Francis.X.J.Coleman，*The Aesthetic Thought of the French Enlightenment*，University of Pittsburgh Press，1971，pp.62-63）。第三种是保留法语原貌，直接挪用。英译者杨选择了第三种，并有一番辨析（James O. Young，"Translator's Introduction"，in Charles Batteux，*The Fine Arts Reduced to a Single Principle*，p.xx）。笔者认为，对这个概念的中文语法，不妨直接使用"美的自然"，因为它既能够对应"美的艺术"，又不丧失原文的饱满内涵。另外，"美的自然"与"美的艺术"的修饰语相同，显然是巴托有意为之，可惜，英译惯用的"fine arts"之"fine"，难以体现出"beautiful"的意思。

④ Charles Batteux，*The Fine Arts Reduced to a Single Principle*，p.19.

是"美的"。巴托说,"美的自然……包含所有美的和善的属性"。[①] 这里仍沿用心灵-心脏二元论。所谓"美",指的是"必须通过呈现自身完美的物——并扩展和完善我们的观念——而令心灵感到悦适"。[②] 所谓"善",指的是"必须通过展现这些物是如何保存和保护我们的生存而服务于我们的生命利益,从而令心脏感到悦适"。[③] 由于"美的自然"被规定为美善合一的,由上节的论述可推知,"美的自然"是巴托眼中地地道道的审美对象。

"美的自然"是范围缩小了的"自然"。这个推测基于两个证据:其一,巴托在"艺术"二字前添加修饰语"美的",使之变为三类艺术之一。那么,使用了同样修饰语的"美的自然"也理应是"自然"这个大类之下的一个子类。其二,巴托说过:"艺术通过近似自然而得以成型和完善。如若它们想要超出自然,便必然堕落和失败。"[④]这说明艺术的摹仿对象,即"美的自然",完全不可能超乎自然,不可能属于自然之外的领域。既非自然,亦非非-自然,颇合潘诺夫斯基所概括的古典主义艺术观的"双线作战"[⑤]境地:既反对形而上学(超自然),又反对经验主义(自然主义)。

笔者推测,他之所以不肯让"美的自然"偏离自然或超出自然,至少可能出于如下三重用意:其一是希望守住"再现"这个底线。巴托表示,艺术唯有再现自然才能获得完美。[⑥] 毕竟,在古典主义美学的观念里,若无再现,摹仿便无从谈起;两者是近义词。其二是力图将艺术题材约束在典雅的范围内。巴托主张,艺术应当描述现实中存在的东西,除此之外不应走得更远,尤其不要描述自然中不存在的怪异之物,不要让在自然中不合理的搭配出现在艺术作品中,不要让艺术题材显得荒谬。[⑦] 其三,与前两点相关,是意在用"均衡""规范"这一类古典主义美学原则作为艺术的普遍品质。这主要针对创作方式而言。巴托认为,艺术作品的摹仿必须是准确的、合乎楷模的,失范、失真的摹仿就是不自然的。要做到准确,须事先在艺术家头脑中进行一番细致裁选、精心布置和清晰勾勒。他在谈及这一点时引用了古典主义大师布瓦洛的诗句:"你心里想得透彻,你的话自然明白,/

---

① Charles Batteux, *The Fine Arts Reduced to a Single Principle*, p.43.

② 同上。

③ 同上。

④ 同上书,第 38 页。

⑤ 可参见潘诺夫斯基:《理念:艺术理论中的一个概念》,高士明译,范景中、曹意强主编:《美术史与观念史》I,南京师范大学出版社 2003 年版,第 644 页。

⑥ Charles Batteux, *The Fine Arts Reduced to a Single Principle*, p.51.

⑦ 同上书,第 52 页。

表达意思的词语自然随手拈来。"①总而言之,"美的自然"只能是一个古典主义美学概念。

如此一来,与"美的自然"并列的另一个子类应该是"不美的自然"。《被划归到单一原则的美的艺术》一书中用"平常的自然"或"平易的自然"来命名它。在巴托这里,"平常"意味着不完美:"任何平常之物往往是平庸的。任何卓越之物往往稀见而独特;它经常是崭新的。"②于是,"美的自然"具备完美、卓越、稀见、独特与崭新。那么,什么学问摹仿不完美的自然呢? 其中必包含历史学。巴托表示:"历史学家提供事物所是的样子的标本,它们往往是不完美的。诗人呈现事物所应是的样子。这正是亚理斯多德相信诗比历史更有教益的原因。"③这说明,他用"美的自然"来区分历史和"美的艺术",其实是为了抬高后者的地位,这里很难说不存在争取学科独立的意识。在英译者杨看来,区分历史和"美的艺术"之所以必要,是由于历史也是一种摹仿艺术,它也摹仿自然;而唯有"美的艺术"才摹仿"美的自然"。④ 确实,巴托提到过,采用散文体的历史学与采用辩术的演讲术都是用平常的语言对平常的现实的摹仿,而诗却是通过节奏性的语言对"美的自然"的摹仿。⑤可见,理解"美的自然"这一概念,是使用排除法来有意识地为"美的艺术"划定学科疆界的关键一步。

巴托把"美的自然"作为一个普遍概念,并进行了艺术史方面的证明。在他看来,人类对"美的自然"的发现和领悟,与艺术的起源是同时发生的。新生的艺术犹如新生的人,尚缺少教化。人最开始并不懂得拣选,只一味将所见所感描绘出来,难免在作品中出现不协调、混乱、过度、怪异。经过一定时间的探索,古希腊人率先悟出,仅有摹仿是不够的,要有所拣选,把拥有"统一、多样和比例"的东西引入艺术,这才向"美的自然"靠拢了。⑥ 凭着这一关键的突破,艺术取得首次胜利,希腊艺术成为所有文明的楷模。

巴托引述了宙克西斯画美人的轶事。⑦ 这位古希腊画家并不是从实际

① Charles Batteux,*The Fine Arts Reduced to a Single Principle*,p.45.布瓦洛的诗句中译可参见《诗的艺术》中译本(任典译,人民文学出版社2009年版)第12—13页。

② 同上书,第41—42页。

③ 同上书,第11页。

④ James O.Young,"Translator's Introduction",in Charles Batteux,*The Fine Arts Reduced to a Single Principle*,p. xix.

⑤ Charles Batteux,*The Fine Arts Reduced to a Single Principle*,p.24.

⑥ 同上书,第36—37页。

⑦ 宙克西斯的例子巴托在该书中使用过两次,它应该也借自亚理斯多德。可参见亚理斯多德、贺拉斯:《诗学·诗艺》,第101页。

生活里找来某些特定的美人作为肖像模特,纤毫毕现地画出"这一位"模特的样子,而是把各个美人身上的美质加以结合,组成一个最美的整体。这个理想美人在现实中没有对应的原型,是画家头脑里以现实为素材加工而成的。在这个例子里,自然只是为画家提供原始素材,它有待于拣选、拼合、改造,一句话,它有待于创造。"美的自然"也就是画家心目中那个理想的自然,他的艺术天才的发挥,始终瞄准着这个靶心。"美的自然"尽管属于一类自然,却不存在于现实的自然中的任何地方。它是一种理想性的存在,只存在于艺术家的头脑中,属于艺术家的想象,或者说创意。巴托说得很明白:"艺术不是亦步亦趋地摹仿。毋宁说,它们所再现的对象和属性是有所拣选的,被尽可能最好的光线所照亮。简言之,诸艺术呈现出对现实的一种摹仿或一种视角,但并非作为它本身所是的样子,而是作为心灵把它设想为应是的样子。"①这个思考角度提升了艺术家主观性的地位。

至此,可以回顾一下本节起首所引用的巴托、亚理斯多德、塔塔尔凯维奇诸君对"自然"的规定。我们会发现,"美的自然"位列其中。它不是眼前的现实,不是"实然的实存",而是"可能的现实""应然的实存"("应当有的事""物之本性")。巴托提出的明确定义是这样的:"美的自然……并非当下的现实,而是可能成为的现实,是真正美的现实,它被再现出了一切可能有的完美,仿佛实存一般。"②正因为拥有无上的完美,故而尽管"不存在于任何地方","却仍不失为真"。③它是可能的现实当中最符合事物本性的那一种——它如此理想,如此完美,以至仿佛比眼前的现实更加真实。于是,"美的自然"是真善美的完美统一。这种既选择自然又高于自然的主张,与意大利人贝洛里在 1666 年发表的意见很相似,④而巴托的优势在于让"美的"同时修饰自然与艺术。

至此可以肯定,修饰语"美的"是一个带有价值色彩的词语,代表着审美对象的最高等级,倾注了命名者的赞叹之情。⑤把"美的"添加在"自然"之前,就等于在可见的自然之上添加了一个"人",一个怀有古典主义美学理想的人。也正是它与古典主义美学的紧密勾连注定了这个概念的短命,或者说时代局限性。因为,它与浪漫主义,尤其是现代主义的冲突是显而易见

---

① Charles Batteux, *The Fine Arts Reduced to a Single Principle*, pp.11 – 12.

② 同上书,第 13 页。

③ 同上书,第 16—17 页。

④ 具体可参见 G.P.贝洛里:《画家、雕塑家和建筑家的理念,源于对自然美的选择又高于自然》,见潘诺夫斯基:《理念:艺术理论中的一个概念》附录二,《美术史与观念史》I,第 672—686 页。

⑤ 连带着的"美的艺术"这一概念,很可能也被倾注了高于其他艺术的价值,这同样展现出巴托的抬高艺术地位的诉求。

的：浪漫派的主观主义以及对丑怪的偏好，现代派对具象再现的彻底颠覆，等等，这些都与"美的自然"水火不容。

正是基于对这一概念所蕴含的古典主义理想的领悟，在《现代法国美学的起源，1680—1814》一书中，安妮·贝克干脆用"秩序"（Ordre）来做"美的自然"的同义词。[1]　她指出："自然不仅仅是既存之造物的静态总和，即躲在一种理想自然背后的经验自然；它还是艺术的，自身潜藏着一种至高完美的草图，就像画家的画夹一样。"[2]"因此，天才的角色在于捕捉理想的现实，诸对象皆趋向于理想的现实，而理想的现实既不意味着艺术家简单地复制现实，也不意味着赋予艺术家一种完全的创造自由。他所运用的那些符号并不完全脱离现实的东西。"[3]这些看法与本章前面的讨论基本一致。不过，我们不可止步于这些确定的结论，因为巴托的美学思想并没有一般所设想的那样齐整，而是不时点缀着一些不规则的毛刺。

比如，巴托书中有一段奇怪的话：

> 自然往往显得天真而无知。由于它是自由的，在它的进程中毫无研究，不加反思。相形之下，诸艺术则受限于一个模子，几乎总是带有奴役的痕迹。[4]

说"自然是自由的"，这是什么意思呢？难道自然不总是服从于必然，难道自由不单属于主体？说"艺术总带有奴役的痕迹"，又是怎么一回事？是什么在奴役艺术？艺术岂非以自然为摹本吗？二者之间何来这样的紧张对立？

其实，巴托在这里谈的是"美的艺术"所应具备的两种品质：一是前文提过的"精确"，二是"自由"。他发现，这两种品质很难在作品里保持均衡，反倒容易发生冲突，艺术家常常为了其中一个而损害另一个，不完美的艺术作品就这样出现了。[5]　所以，这段话里所说的"自然"，不可能是"美的自然"的简称，而应该指的是"不美的自然"，或者说眼前的现实，因为"平常的自然"是不完美的。作品的不完美意味着作品失败；而自然之不完美则是在另一种层面上说的，指的是它的彻底非主体性、非观念性。自然是作为对象的自

---

①　Annie Becq, *Genèse de l'esthétique française moderne 1680 - 1814*, Paris: Éditions Albin Michel, 1994, p.427.

②　同上书，第 431 页。

③　同上书，第 432 页。

④　Charles Batteux, *The Fine Arts Reduced to a Single Principle*, pp.45 - 46.

⑤　同上书，第 45 页。

在之在，是非人的，处在古典理想的掌控之外，所以，自然里出现的非规范性或反常表现，反而显得旁逸斜出、无惧法度，仿佛受到一种不可捉摸的自由意志的指引。

如果艺术家能够效仿这种所谓的"自由"，就会在作品中展现一种自然而然的潇洒风致，令人几乎遗忘了他在摹仿。巴托再次引布瓦洛的诗句道："人们在他肖像里发现了这种微疵，/便感到自然本色，转觉其别饶风致。"[1]他指出，对于演员来说，[2]着力地、有意地去摹仿某个角色，不如劝说自己进入角色的内心世界，与之内在地合为一体，[3]那样的话，他将演一人肖一人；对于画家来说，应当不时地让画笔自由活动，打破局部的平衡，结果是画面上会出现某些无意之失或刻意的瑕疵。提倡艺术家在创作时稍许放松手中的理智之弦，给主观性打开一道缝隙，这是暂时让心灵休憩，让心脏的感受性操控艺术的方向。

然而问题在于，巴托既然提倡（美的）艺术去摹仿那尽善尽美的"美的自然"，为何又让它模拟自然之不完美呢？这岂不等于给出了两个摹仿对象（"美的自然"和"平常的自然"）吗？巴托确实出现了自相矛盾，这一点不容否认，也无需避讳。这表明，"美的自然"这一概念的设定是有问题的，难以承担巴托对摹仿对象的全部规定，尤其容纳不了知性和想象力的自由游戏。

不过，矛盾虽无法化解，却仍可被理解、被阐释。对自然之不完美的摹仿充其量只能是作品的"微疵"，否则的话，就是倒退到艺术起源之前的蒙昧状态了。艺术家的意图在此至关重要，这意味着瑕疵是刻意为之的，其范围是可控的。所以，这一处自相矛盾也是"微疵"，不会颠覆巴托的美学主旨。

第五节　从巴托到康德

综上所述，巴托的《被划归到单一原则的美的艺术》一书通过重申和改造摹仿论这条古老的艺术铁律，一举将摹仿论推向极端。从今天的角度回望这场不算太成功的"旧瓶装新酒"试验，我们会发现，它的客观效果其实是

---

[1]　布瓦洛诗句可参见《诗的艺术》中译本（人民文学出版社 2009 年版）第 37 页。

[2]　巴托虽未将戏剧列入美的艺术之一类，但在传统上，戏剧被视作诗歌的一部分，故有"喜剧诗""悲剧诗"之称。另外，在巴托该书的第三部分提到，戏剧综合了音乐、诗歌和姿态艺术。所以，表演问题也在该书讨论范围内。

[3]　这显然与狄德罗所提倡的"出离"表演观相悖。

积极的:它帮助我们探测了摹仿论的边界,给后人明确了该理论的适用范围:古典主义美学。

巴托摹仿论的影响是个复杂问题。在此之前,德国美学领域尚无"美的艺术"之概念和主题,包括沃尔夫(Christian Wolff,1679—1754)在内的德国思想家一直遵从手工艺术(artes vulgares)和自由艺术(artes liberales)之划分。① 1751年,德国出现了两部巴托《被划归到单一原则的美的艺术》德译本;1758—1770年的施莱格尔(Johann Adolf Schlegel)注译本影响更大,特别是直接影响了康德。②

从字面上看,《判断力批判》仅有一处提及巴托:

> 如果有一个人在我面前朗诵他的诗,或是引导我进入一个剧情,而这最终并不能使我的鉴赏力感到惬意,那么不论他是引用巴托还是莱辛,还是更加早也更著名的一些鉴赏的批评家……③

康德在这里试图说明的是,通过任何确定的规则或权威,我们无法做出鉴赏判断(趣味判断),鉴赏判断不是理性判断或知性判断,不依据普遍原则,而是单一判断,需要个体的亲身参与。此处之所以提及巴托,或许与《被划归到单一原则的美的艺术》中对趣味问题的大量讨论有关。我们由此能够推测出巴托在当时德国人的知识领域里已获得与莱辛作品相似的普及性,至少能够确定康德对巴托的阅读确有其事。

从深层看,对《判断力批判》中某些重要问题的启发,是巴托美学的一大重要贡献。康德此书对巴托有所借鉴,也有所改变;最根本的改变在于放弃了摹仿说。在艺术分类的问题上,"机械艺术"和"美的艺术"被康德承续下来。在康德这里,艺术的分类标准首先也是生产目的,其两个大类是机械艺术和审美(感性)艺术,机械艺术的生产目的是"单纯为着使这对象实现",审美艺术的直接生产目的是令人愉悦;美的艺术与快适的艺术并列为后者的两个子类,快适的艺术的标准是单纯的感官感觉,美的艺术的标准是反思判断力。④

在艺术与自然之间的关系问题上,康德不再谈及摹仿,而代之以这样一

---

① 弗雷德里克·C.拜泽尔:《狄奥提玛的孩子们——从莱布尼茨到莱辛的德国审美理性主义》,第55—56页。

② 参见:Paul Guyer, *A History of Modern Aesthetics*, Vol.I, p.254,256,260.

③ 康德:《判断力批判》,邓晓芒译,杨祖陶校,人民出版社2002年版,第126页。

④ 同上书,第148—149页。

套弹性话语："自然是美的，如果它看上去同时像是艺术；而艺术只有当我们意识到它是艺术而在我们看来它又像是自然时，才被称为美的。"①放弃了摹仿论的康德，没有使用"美的自然"这样的僵硬的、单面的概念，而是让艺术和自然互为镜像、彼此映照。

　　当然，从巴托到康德，艺术始终无法放弃与自然的纠缠，无论以何种形式，二者总牵绊在一起。艺术向自然的彻底告别，要迟至"为艺术而艺术"的唯美主义登场之后。

---

　　①　康德：《判断力批判》，第 149 页。康德此语接近于英国人艾迪生 1712 年发表的《论想象的快乐》中所表达的意思："自然作品越是令人愉快的，它们就越像艺术作品……大自然的粗野的、无所用心的笔触中有着某种比艺术的精细刻画或润色更为奔放、手法更加纯熟的东西。"（参见彼得·基维主编：《美学指南》，彭锋等译，第 29 页）艾迪生以想象为愉悦之可能性的基础，从而同样松弛了摹仿论的主张。

第六章 孟德斯鸠的趣味学说

常有人感慨,世上的才智分布太不均匀,它在大多数时刻和大多数人那里捉襟见肘,却又供黄金时代的极少数被眷顾者恣意挥霍。确实如此。启蒙时代的大作家,个个都是百科全书式的人物,就像文艺复兴时期的天才们,皆是可敬可叹的通才。作为启蒙领军者的一员,作为曾经的波尔多科学院院士和法兰西学院院士,孟德斯鸠男爵,即夏尔·德·色贡达(Charles de Secondat,1689—1755)杂通群学,从声学、植物学、生理学、地球史等自然科学到政治、法律、历史、经济等社会科学,无一不精。相比之下,他在美学、艺术方面的建树,似乎并不同样突出,被人们谈论得相对少些。[①] 从总体上看,孟德斯鸠有关美与艺术的论述短小零散,不成体系。除了散见于《杂记》(*Spicilège*)、《随想录》(*Pensées*)以及书信里的一鳞半爪,唯有《论趣味》(*Essai sur le goût*)一篇相对充分、完整。

这篇遗作首次发表于 1757 年。恰恰在这一年,休谟[②]的《论趣味的标准》(*Of the Standard of Taste*)面世,海峡两岸遥相呼应。可惜的是,学界对后者的研究远较对前者的研究丰富、深入。18 世纪据说不单是启蒙的世纪,而且是"趣味的世纪",尤其是"趣味学说的世纪"。[③] 但乔治·迪基在下此断语之时,考察范围局限于英语、德语世界,并没有将法国人的思考纳入进来。这种忽视或许并非偶然现象。仅就《论趣味》而言,历来的负面评价并不少见。本章将考察该文的写作契机,尝试廓清相关的基本问题,目的是断明孟氏的美学立场,重估其美学贡献。

---

① 关于孟德斯鸠美学的全面介绍,可参见:Edwin Preston Dargan, *The Aesthetic Doctrine of Montesquieu: Its Application in His Writings*, Baltimore: J.H.First Company, 1907.

② 休谟通法语,能写法语信件。大致从 1748 年开始,休谟与孟德斯鸠以通信方式就对方著作(主要是孟德斯鸠的《论法的精神》和休谟的《政治论》)展开交流。可参见陈尘若编写:《生平和著作年表》,载休谟:《人性论》(下册),关文运译,郑之骧校,商务印书馆 1980 年版。暂未发现有文献能够证明二人曾就趣味问题进行讨论。

③ George Dickie, "Introduction", *The Century of Taste: The Philosophical Odyssey of Taste in the Eighteenth Century*, New York, Oxford: Oxford University Press, 1996, p.3.

第一节 文献说明

出于各种各样的原因,《论趣味》的文献留下了诸多遗憾,它版本众多,面貌复杂。所以,在展开论述之前,我们有必要先做一番梳理与说明。见刊于 1757 年版《百科全书》第七卷的"趣味"残篇,是第一次发表的版本。虽然《百科全书》的主编达朗贝尔同意孟德斯鸠撰写"趣味"词条,但孟氏未及完成便溘然长逝。该卷《百科全书》正式选用了署名伏尔泰撰写的"趣味"词条(但该词条并未收入伏尔泰《哲学辞典》),并将孟德斯鸠讨论"趣味"的片段置于其后,附上按语,指出该片段出自孟德斯鸠手稿,惜乎文字残缺不全。

1783 年版《遗著》(*Œuvres posthumes*)的趣味篇题名为"针对精神作品与美术作品在我们身上激起的快乐之原因的反思"(Réflexions sur les causes du plaisir qu'excitent en nous les ouvrages d'esprit et les productions des beaux-arts)。百科全书版"趣味"残篇相对较短,在"论规则"一节之前即戛然而止。1798 年版孟德斯鸠《遗著》增录了"论规则"一节。在 1804 年《文学年鉴》(*Annales littéraires*)第二卷上,首次刊出《论趣味》的最后三个小节。① 不过,它们看起来并不像收尾,也缺少结论。以上基本构成今日所见《论趣味》的全貌。

1777 年在伦敦出版的英文《孟德斯鸠全集》,选用的应是百科全书版的"趣味"残篇,因为它缺少从"论规则"开始的最后四个小节。该版本分作两个独立篇章,分别题作"论趣味(残篇)"与"论灵魂的愉悦"。1876 年由法学家爱德华·拉伯雷校释的法文《孟德斯鸠全集》出版,其中第七卷收入《论趣味》,并使用完整题名为"论自然和艺术的趣味"(Essai sur le goût dans les choses de la nature et de l'art)。该全集的编者明确表示其所依据的是 1783 年版,并以注释的方式清晰地标明了与百科全书版的区别。②

《论趣味》的中译本问世于 1962 年,由婉玲译出。1962 年版《罗马盛衰原因论》将《论趣味》作为附录收入。关于该译本,有两点需要指出。其一,译者在该书出版说明里提供了《论趣味》相关信息,其中有一处错误:"《论趣味》(详题应为《论自然和艺术的趣味》),写于何年不详。首次发表于 1892

---

① Edouard Laboulaye, "Avertissement de l'éditeur", *Œuvres complètes de Montesquieu*, Tôme 7, avec les variants des premières éditions, ed. Edouard Laboulaye, Paris: Garnier Frères, Libraires-éditeurs, 1876, pp.113 – 114.

② "Avertissement de l'éditeur", *Œuvres complètes de Montesquieu*, Tôme 7, pp.113 – 147.

年）"①。如前所述，《论趣味》首次发表时间应为 1757 年。若推究造成该错误的原因，笔者觉得可能是由于译者参考了张雁深先生在其所译《论法的精神》中编写的《孟德斯鸠论著举要》，但并未细审张先生其意。在《论著举要》中，张先生以编年的形式列举孟氏著作，其中，1892 年列出的是《孟德斯鸠男爵杂文遗稿》(*Mélanges inédits du baron de Montesquieu*)，并指出"其中有一些重要论文"，包括《论自然和艺术的趣味》。② 可见，张先生仅指出该《遗稿》出版于 1892 年，而并未表示其中的论文，包括《论自然和艺术的趣味》乃是在该《遗稿》出版时才首获发表。首译之功令人感佩，但信息性错误有必要纠正，它将《论趣味》发表时间推迟了一百多年。

其二，《罗马盛衰原因论》中译本兼参了苏联国家政治书籍出版局出版的《孟德斯鸠选集》，并收入该选集中的巴士金《沙利·路易·孟德斯鸠》一文。该文中有两段话谈及孟氏的一本著作《谈谈欣赏自然作品和艺术作品的经验》，③从其概括的内容看，很可能指的就是《论趣味》。如果这个猜测不错，那么《论趣味》的别名就有三个以上了。

孟德斯鸠的原手稿已遗失，据传是在 1793 年底波尔多革命的暴力血腥局面里，被孟德斯鸠之子的秘书在恐慌中焚毁的。④ 这给版本的甄别带来极大困难。我们难以判断《论趣味》在孟德斯鸠手中的原貌及其增删情况。目前较通行的版本，多是将散见于各个集子的片段拼接起来的杂糅本，如马尔丹·梅尔克尼安(Martin Melkonian)主持的"古今汇编"(Collection l'ancien et le noureau)丛书中所收录的《论趣味》法文本，⑤又如前述婉玲中译本。⑥ 该中译本的结构由一个无标题的序言和十九个小节组成。考虑到百科全书版内容缺失过多，而且后续补充的部分的可信性未见争议，笔者认为，对于研究孟德斯鸠的趣味观而言，杂糅本是更可行的。当然，这个看法并非基于对"越多越好"的信念。草稿往往包含一定量的无用的冗余，这是由于文本内部的统一性要求排除旁逸斜出的内容；同样不可否认的是，雏形尚保留着思想诞生状态时的芜杂样貌，保留了一种参差

---

① 孟德斯鸠：《罗马盛衰原因论》，第 2 页。

② 具体请参考张雁深：《孟德斯鸠论著举要》，见孟德斯鸠：《论法的精神》（上册），张雁深译，商务印书馆 1961 年版，第 35—36 页。

③ 巴士金：《沙利·路易·孟德斯鸠》，见孟德斯鸠：《罗马盛衰原因论》，第 170、180 页。

④ Edouard Laboulaye, "Avertissement de l'éditeur", *Œuvres complètes de Montesquieu*, Tôme 7, pp.113-114.

⑤ Montesquieu, *Essai sur le goût; précède de Éloge de la sincèrité*, Paris: Armand Colin Éditeur, 1993.

⑥ 孟德斯鸠：《论趣味》，《罗马盛衰原因论》，第 137—164 页。

不齐的原初价值。本章的写作主要参考《论趣味》的古今汇编本与婉玲中译本这两个(杂糅程度不同的)杂糅本,根据古今汇编本改动中译本中对若干术语、文字的译法。[①] 另外,这两个版本的小节题名不尽一致,冲突处以中译本为准。

第二节　催生《论趣味》的三个契机

1753 年,《百科全书》主编达朗贝尔致信孟德斯鸠,邀他撰写"民主"(Démocratie)和"专制"(Despotisme)两个词条。当年 11 月 16 日,孟氏自家乡波尔多复信,信中措辞热切而殷勤,称赞《百科全书》是一座"美丽的宫殿",表示很有兴趣参与这桩盛事。但他旋即话锋一转,说自己并不愿意撰写那两个词条,理由如下:"我的才智是个模子;从里面仅能提取出一模一样的形象:因此我只能说些以前说过的话,有可能还不如从前说得好。"[②]"卡斯蒂尔神父说他无法自我修正,因为,修正自己的作品就等于将之变成另一个作品;我也无法自我修正,因为我始终是老生常谈。"[③]话中有自谦之意,但意思很明白,关于那两个主题,他自认已经知无不言、言无不尽了。继而,他自告奋勇提出想写"趣味"词条:"我想到自己或许可以写写'趣味',我或许会证明,想要把平易问题谈出新意并不容易(*difficile est proprie communia dicere*)。"[④]最后这句拉丁文格言引自贺拉斯《诗艺》,透露出孟德斯鸠本人在审美趣味上的古典主义取向。贺拉斯原意在于,日常生活题材不适用于诗歌、戏剧的创作,由此他主张改写古典故事。杨周翰先生将这句格言译作"用自己的独特的办法处理普通题材是件难事"。[⑤] 在孟德斯鸠这里,这番掉书袋看似客套,实为殷切的自荐,他必是有把握把"趣味"这个老话题写出新意。

获允后,孟德斯鸠从 1753 年 12 月开始准备"趣味"词条。然而,这个时期的孟德斯鸠已患上白内障,阅读和写作变得十分吃力。他于 1755 年 1 月染疾,2 月病逝,终未能写完。

---

① 如中译本将"âme"译作"精神",本章改译作"灵魂";又如中译本将"goût acquis"译作"得来的趣味",本章改译作"后天的趣味",等等。

② Montesquieu, "A d'Alembert", *Œuvres complètes de Montesquieu*, Tôme 7, avec les variants des premières éditions, éd. Edouard Laboulaye, Paris: Garnier Frères, Libraires-éditeurs, 1876, p.421.

③ 同上书,第 422 页。

④ 同上。

⑤ 亚理斯多德、贺拉斯:《诗学·诗艺》,第 144 页。

作为社会学家甚至社会学的奠基人,孟德斯鸠何以对趣味问题产生兴趣? 要想了解《论趣味》的写作动机,必须着重考察18世纪20年代孟氏的思想状态,而非最后整理、改写的50年代。

传记作者夏克尔顿据孟德斯鸠的《随想录》推测,《论趣味》的酝酿始于1726年,在1728年已具雏形。① 另一位传记作者戴格拉夫也提到,《随想录》第108条至第135条写于1728年初之前,它们属于有关趣味或灵魂的杂感。② 《孟德斯鸠艺术评论》的作者让·埃哈尔还发现,孟德斯鸠结束欧洲之行后,在1731—1755年之间虽然相当高产,却令人惊异地甚少留下艺术方面的著述乃至笔记,"仿佛他的好奇心突然间关闭了"。③ 这个发现有力佐证了《论趣味》的主要创作时间是20年代。所以,趣味问题的写作绝不是在达朗贝尔邀约后才开始的。除此之外,着重考察20年代还有一个关键原因:孟德斯鸠自1752年后眼疾日渐加重,越来越多地依赖他人朗读,越来越少地亲笔写信,④高强度的学术写作更是难以设想。可以推断,趣味杂篇文稿的整理不会进展太顺利,推翻重写的可能性很小,添加新内容也不太可行。实际情况应如夏克尔顿所说,充其量是对旧有材料的梳理,⑤或如戴格拉夫推测的那样,是在重复翻看旧年杂感的基础上进行章节的整理分配,准备待完成后送交《百科全书》。⑥

18世纪20年代,孟德斯鸠三十余岁,处于事业上的转折期。1721年,他化名出版《波斯人信札》。1725年出版《尼德的神殿》。1726年是孟德斯鸠在波尔多任公职的最后一年。1727年,孟德斯鸠卖掉了波尔多法院庭长职位,结束了在巴黎与波尔多之间往返的生活,正式定居巴黎,于次年当选法兰西学院院士。1728年开始游历欧洲。这个时期也是孟氏创作上的旺盛期。他的写作兴趣广涉政治、科学、历史、道德、美学等形形色色的领域,通过做笔记和做卡片相结合的方式,写下了大量的片段。这些片段有的成为后来的名著,如《罗马盛衰原因论》《论法的精神》等的素材,有的最终以残篇的形式留存。与趣味相关的片段则属于第三种情况,它们被不断修改增删,并较幸运地在二十余年后发表。

他之所以在20年代开始思考并着手写作趣味问题,与他当时的交游与

① 罗伯特·夏克尔顿:《孟德斯鸠评传》,刘明臣、沈永兴、许明龙译,谷德昭、荣欣校,中国社会科学出版社1991年版,第492页。

② 路易·戴格拉夫:《孟德斯鸠传》,许明龙、赵克非译,浙江大学出版社2016年版,第148页。

③ Jean Ehrard, *Montesquieu critique d'art*, Paris: PUF, 1965, p.125.

④ 此时的孟德斯鸠,字体"越来越粗笨、歪斜"(路易·戴格拉夫:《孟德斯鸠传》,第387页)。

⑤ 罗伯特·夏克尔顿:《孟德斯鸠评传》,第467页。

⑥ 路易·戴格拉夫:《孟德斯鸠传》,第148页。

游历有直接关系，可以称作《论趣味》得以诞生的三个契机。

第一个契机是巴黎知识界，尤其是沙龙生活的影响。在 20 年代，孟德斯鸠越来越频繁地从波尔多前往巴黎暂住，他是德·朗贝尔侯爵夫人沙龙里颇受欢迎的常客。该沙龙会聚了当时的知识精英，常被传记作家描述为催熟孟氏社会学与伦理思想的一块沃土。从其作品年表可以发现，也正是在这段时间里，孟德斯鸠的写作逐渐远离自然科学主题。这很可能受到沙龙话题的影响。据戴格拉夫说，1724 年至 1728 年，在德·朗贝尔夫人客厅每个星期二和星期三的聚会所讨论的问题"对孟德斯鸠思想的成熟起到了作用"。他还指出在这些聚会中争论的话题"涉及义务、趣味（goût）、爱情、友谊和幸福"。[①] 另据夏克尔顿记载，朗贝尔夫人曾在致友人信中提及，孟德斯鸠不时在该沙龙里提交自己的作品，受到丰特奈尔、拉·莫特等前辈的称赞，它们包括《论幸福》片段、《论敬重与名望》等。[②]

第二个契机是 1726 年让-雅克·贝尔（Jean-Jacques Bel）的一封信。它对于孟德斯鸠专题性地思考趣味问题或许是一个直接触发。此信涉及杜博神父 1719 年出版并引起巨大反响的《对诗与画的批判性反思》。该书一反 17 世纪理性主义审美倾向，强调感性在艺术欣赏中的主导作用，主张取消艺术批评的专业门槛。审美判断究竟属于"讨论"（discussion）还是"情感"（sentiment）？贝尔撰文坚称，美学评论中起决定性作用的是理性思考，而非杜博神父书中那人皆有之的"第六感"。与贝尔志趣相投的还有两位权威，即本书前面曾涉及的达西耶夫人和安德烈神父。前者将法兰西学院的精英趣味视作好的趣味的正统；后者的《谈美》坚持一种理性主义美学观，维护美的客观性。

贝尔在信中就自己与杜博神父的分歧求教于孟德斯鸠。1726 年 9 月 29 日，孟氏在回信中表示自己选择一种中间体系。他指出，在一部作品中，有些东西属于趣味范围或感情领域，确乎无法为理性所把握；另外一些则不然。普通人难以胜任艺术评论的工作，因为他们不善于判断，故而，精神产品的命运几乎只能由内行人来决定。这封回信的重要性在于，它是"孟德斯鸠关心美学的第一个迹象"。[③] 安妮·贝克据此断定孟德斯鸠围绕趣味问题的反思至少可推至 1726 年。[④] 彼得·盖伊更是大胆提出，孟德斯鸠对美

---

① 路易·戴格拉夫：《孟德斯鸠传》，第 138—139 页。该中译本将"goût"译作"情趣"，为统一起见，改译"趣味"。

② 罗伯特·夏克尔顿：《孟德斯鸠评传》，第 33—34 页。

③ 具体可参见：Jean Ehrard, *Montesquieu critique d'art*, pp.12 - 13。另参见路易·戴格拉夫：《孟德斯鸠传》，第 147—148 页。

④ Annie Becq, *Genèse de l'esthétique française moderne 1680 - 1814*, Paris：Éditions Albin Michel, 1994, pp.344 - 345.

学问题的兴趣正是被杜博激发出来的。①

这封回信是孟德斯鸠首次（可能也是唯一一次）披露自己在美学上的折中取向。或许受此影响，后世有学者以安德烈神父和杜博神父的美学作为参照系来突出孟氏的中间立场，或强调其共性，或强调其背离。比如有人认为，当孟德斯鸠否认自然趣味的理论性，并调和趣味中的感性与观念之对立时沿袭了杜博美学，而当孟氏强调艺术中的规则时，则在追随安德烈美学。② 又有人认为，安德烈把美视作一种抽象的、本质上的属性，杜博则强调美是通过感觉进行的一种经验确定性；而孟德斯鸠在《论趣味》里所选择的论述策略，使他得以避免在安德烈和杜博两种截然对立的立场之间做出非此即彼的选择。③ 较为特别的看法来自让·埃哈尔。他指出，孟德斯鸠在当时采取如此立场恰恰是正当而明智的，因为孟氏尚未受到意大利艺术的熏陶，在绘画、雕塑面前还是个门外汉。④ 笔者认为这个看法更加审慎，也更为可取。我们区分了《论趣味》的诞生时间和发表时间，但并不因此而排除孟德斯鸠美学思想发展变化的可能性。故而本章放弃从"中间体系"的角度解释其美学立场。

这就要谈到第三个契机，即 1728 年 8 月至 1729 年 7 月孟德斯鸠为期一年的意大利之行。1728 年 4 月至 1731 年 5 月，孟德斯鸠游历欧洲，积累了社会学写作的基本材料。其间的意大利之旅，则可称得上孟德斯鸠艺术趣味的分水岭。有人认为，他在美学上的收获只是此行的副产品而已（"对孟德斯鸠而言，意大利与其说是一座美术博物馆，倒不如说是一座政治形式博物馆"⑤），然而无法否认，数量丰富的古典建筑、绘画、雕塑，以及博学多才的向导们，决定性地提高了他对于艺术（不包括文学）的鉴赏力。1728 年 11 月 26 日在佛罗伦萨期间，他曾致信朗贝尔夫人，坦承自己从前对艺术毫无概念，是意大利之行使自己开了窍。⑥

---

① 彼得·盖伊：《启蒙时代（下）·自由的科学》，王皖强译，上海人民出版社 2016 年版，第 280 页。

② 这是让-勒夫朗的观点。参见丹尼斯·于斯曼主编：《法国哲学史》，第 304 页。

③ 这是唐宁·托马斯的观点。参见：Downing A. Thomas, "Negotiating Taste in Montesquieu", *Eighteenth-Century Studies*, Vol.39, No.1(Fall, 2005), p.77.

④ Jean Ehrard, *Montesquieu critique d'art*, pp.12 - 13.

⑤ 这是吉奥拉莫·安布鲁格利亚（Girolamo Imbruglia）在评论《孟德斯鸠的意大利：在阅读与行走之间》（Élonora Barria-Poncet, *L'Italie de Montesquieu. Entre lectures et voyage*, Paris, Classiques Garnier, 2013）一书时提出的观点，此观点也可能出自该书。参见：http://montesquieu.ens-lyon.fr/spip.php? article2039.

⑥ Jean Ehrard, *Montesquieu critique d'art*, p.11. 另见路易·戴格拉夫：《孟德斯鸠传》，第 197 页。

　　游历意大利的重要性，还可以通过一个小小的文本统计来证明。《论趣味》总共具名谈论过五位画家：委罗内塞、科雷乔、拉斐尔、米开朗基罗、朱利诺·罗马诺，他们皆是意大利人；总共具名谈论过四处地点，分别是圣彼得大教堂、某湖岛、比萨、热那亚，它们都在意大利。另外，读过《论法的精神》的人，一定不会忽略"科雷乔"这个姓氏。在那部代表作的序言末尾，孟德斯鸠引用了这位文艺复兴盛期画家的一句话："我也是画家。"当年，科雷乔乍见拉斐尔作品《圣塞西莉亚》，敬佩之余，萌生竞技之意甚至瑜亮之心，发出了这声惊呼。① 孟氏对此语的借用，所展露的心态恐怕有些复杂。不消说，他既景慕前贤，同时又不甘人后，自我鼓励。再加细审，这句话与前文的承接略显突兀，仿佛有意展露对意大利画坛逸闻的熟知，是否为强作风雅也未可知。

　　由此，还可进一步确认孟德斯鸠本人的艺术趣味。他的开放姿态和广博见闻，使其古典主义既区别于法国当时某些自大的法式古典主义者，又鲜明有别于从摄政时期到路易十五即位初期遍布这个国家的感官享乐主义者。《论趣味》在谈到建筑和绘画这两种视觉艺术时，毫不掩饰对意大利风尚的心仪。书中不止一次批评哥特式建筑，称赞拉斐尔、米开朗基罗。不过，在戏剧（《论趣味》涉及悲剧、喜剧、歌剧、舞剧）方面，孟德斯鸠更青睐法国人的作品，热情地赞美高乃依和拉辛。在"以理性为基础的快乐"一节里，他还直言意大利人的歌剧题材不如法国人，理由是前者取材于历史，后者取材于神话或小说。② 总之，就视觉艺术而言，孟德斯鸠偏爱意式古典，③而在戏剧艺术上，他则独钟法式古典。埃哈尔发现《论趣味》在大部分情况下取折中主义趣味，但偏爱朴素胜于繁复，偏爱内敛胜于满溢。④ 笔者的理解是，朴素与内敛是对孟氏所热衷的古典风格类型的进一步限定。

---

　　① 孟德斯鸠：《序》，见《论法的精神》（上卷），许明龙译，商务印书馆 2015 年版，第 5 页。亦可参见《论法的精神》的法文本，如：Montesquieu, "Préface", dans *Œuvres complètes de Montesquieu*, Tôme 1, éd. Edouard Laboulaye, p.85. 另参见：Downing A. Thomas, "Negotiating Taste in Montesquieu", *Eighteenth-Century Studies*, Vol.39, No.1(Fall, 2005), pp.71-72.

　　② 孟德斯鸠：《论趣味》，《罗马盛衰原因论》，第 162 页。

　　③ 若忽略了这一点，将走向对孟氏美学的根本曲解。在 2010 年，当《论趣味》第四版单行本(Paris, Gallimard, 2010, Folio plus, collection〈classiques〉)问世之时，附录有一篇由阿兰·约贝尔(Alain Jaubert)撰写的分析一幅夏尔丹静物画的文章，引起了读者的不满。皮埃尔·特卢肖批评道，无论是这位画家还是这一画种，皆不在孟德斯鸠关注之列，所以这种做法"往好处说是一种趣味瑕疵，往坏处说是对孟氏美学欠缺考虑"。参见：Pierre Truchot, "*Essai sur le goût*, présenté par E. Lievre", http://montesquieu.ens-lyon.fr/spip.php? article831. 我们知道，狄德罗对夏尔丹赞赏有加，或许，这个小事件的当事人混淆了两位伟大的思想家。

　　④ Jean Ehrard, *Montesquieu critique d'art*, p.14.

第三节 趣味的定义

据孟德斯鸠说,关于趣味,当时最普遍的定义是:"趣味是使我们通过感觉而连结于某物的东西"。① 孟氏对该定义有两个方面的不满:第一,这个定义把趣味仅仅归属为感觉;第二,它不曾对趣味做优劣好坏的判断。② 在《论趣味》序言部分的末尾,孟德斯鸠自己给趣味下了一个定义,指出"趣味"无非是"因能敏锐而迅捷地发现每样事物应给予人的快乐之尺度而具有的优势(avantage)"。③ 比较这两个定义,可以看出孟氏的独特用心。他用"优势"和"快乐"这两个关键词给"趣味"做了正面的评价,它们分别说明趣味是一种超乎他人的优越的能力,以及它关乎积极健康、有助于提升生命感的情绪。于是,趣味并非人皆有之,唯有当一个人具备发现快乐的能力,而且这种对快乐的发现并不是费心费力而是轻而易举的,不是漫无边际而是恰当合宜的("敏锐而迅捷")之时,我们才说此人拥有某种趣味(鉴赏能力)。以下详细分析和补全这个定义。

孟德斯鸠的定义并未将趣味判断归为感觉判断。在他看来,趣味归属于灵魂。这是一个关键区别:不仅区别于当时的感觉主义,而且区别于古人。孟德斯鸠坚决反对柏拉图等古代哲学家将美作为事物自身的绝对性质。在他看来,美是与我们的灵魂相关的性质。这是一个主观的、理性的美学起点。他说:"灵魂借助于它的诸观念和诸感觉而进行认知;因为,尽管我们把观念对立于感觉,然而,当灵魂看到一物时,它感觉到它;根本不存在什么事物是如此诉诸脑力,以至不被灵魂看到或者不被灵魂认为自己已看到,从而不被感觉到的。"④由这段话可知,灵魂是一种认知器官,能够关联性地运用思维能力和感觉能力。这段话里提到的灵魂的"看"、灵魂的"感觉",似乎是略带比喻色彩的说法,主要指心理活动;这心理活动关涉认知和感觉两

---

① Montesquieu,*Essai sur le goût*,p.34.孟德斯鸠:《论趣味》,《罗马盛衰原因论》,第139—140页。

② 此处中译本作:"趣味的最普遍的一个定义,且不去考虑它是好的还是坏的,正当的还是不正当的,趣味就是通过感觉而使我们注意到某一事物的那种东西"(孟德斯鸠:《论趣味》,《罗马盛衰原因论》,第140页)。这个译法有误,至少是有误导性的,会令读者误以为孟德斯鸠希望大家不要考虑该定义是好是坏。其实不然。孟氏原文为:"La définition la plus générale du goût, sans considérer s'il est bon ou mauvais,juste ou non,est ce qui nous attache à une chose par le sentiment [....]"(Montesquieu,*Essai sur le goût*,p.34)。可见,此处的"它"(il)指的是"趣味",而非"定义"。因为法文本使用的是阳性的"il"而非阴性的"elle",而"goût"是阳性的,"définition"是阴性的。

③ Montesquieu,*Essai sur le goût*,p.30.孟德斯鸠:《论趣味》,《罗马盛衰原因论》,第138页。

④ Montesquieu,*Essai sur le goût*,p.35.孟德斯鸠:《论趣味》,《罗马盛衰原因论》,第140页。

种能力,以认知为主,以感觉为辅。这在今天或可被称作"心理-生理学"的研究进路。有学者指出,孟德斯鸠虽区分认知与感觉,却既不肯采取笛卡尔-马勒伯朗士哲学的身心二元论策略,同时也无意反对这种二元论,而仅限于承认身体与心灵在功能上的关联性。① 这个观点不全正确,因为马勒伯朗士其实也将感觉和想象归于灵魂的功能。② 在这个问题上,安妮·贝克的研究是可取的。她将孟德斯鸠视作一位马勒伯朗士主义者,并颇有见地地从这种对于观念与情感不加区分的灵魂观推出孟氏的情感观:"情感不具有任何特殊身份,它不可避免地以情感反应的名义伴随着灵魂的种种知觉。"③这种不给予情感以特权的立场,鲜明地反对了杜博神父的情感主义。

故而,趣味的定义里有一个隐含的主语,即"灵魂"。也就是说,趣味是"(灵魂)因能敏锐而迅捷地发现每样事物应给予人的快乐之尺度而具有的优势"。灵魂的这种优势也被孟德斯鸠称作一种"才智"(esprit)。他把趣味看作各种类型的才智中的一种,这进一步巩固了对趣味的优越性的规定。"所谓才智,即是当它相应地用于各个事物时,令各器官较好地组织起来。"可见,才智是主体的头脑游刃有余地领会事物的本领。除了趣味,其他类型的才智包括天才(génie)、健全的意识(bon sens)、辨别力(discernement)、正直(justesse)、才能(talent)。才智类型的划分,所依据的是其所应对的事物的类型之不同。孟德斯鸠说:"如果这一事物是极端特殊的,它就叫作才能。如果它较多地关联于世上人们的某种精致的快乐(plaisir délicat),这就叫作趣味。如果这特殊的事物是一个民族所独有的,才能就成为才智,比如罗马的战术和农业、蛮族的狩猎,等等。"④故而,趣味不关联于极端特殊的事物,也无关乎民族性,这似乎意味着它既非奇才,也非大智。比方说,米开朗基罗在绘画创作上具有罕见的奇才,自然称得上一种才能。而米开朗基罗作品的欣赏者则无需具备极高的天赋,也无需具备同等的才能。倘若这位欣赏者可以不太费力地从画作中获取与其相适应的不多不少、不高不低的快乐,则有理由因拥有恰当的趣味而得到褒扬。倘若情况正相反,这位欣赏者不具备相应的绘画知识,将米开朗基罗的宗教题材严肃作品看作谐

---

① 参见:Celine Spector,"De l'union de l'âme et du corps a l'unité de la sensibilité. L'anthropologie méconnue de *L'esprit des lois*",*Les études philosophiques*,PUF,2013/3,nº 106,p.393.

② 马勒伯朗士说:"为了使我们灵魂的各种机能,即我们的感官,我们的想象力,以及我们的心灵得到最好的使用……"(参见北京大学哲学系外国哲学史教研室编译:《西方哲学原著选读》上卷,商务印书馆1981年版,第469页)

③ Annie Becq,*Genèse de l'esthétique française moderne 1680 – 1814*,p.345.

④ Montesquieu,*Essai sur le goût*,p.35.孟德斯鸠:《论趣味》,《罗马盛衰原因论》,第140—141页。

趣内容,则即便他从中得到快乐,也无法被看成一位拥有趣味的人。故而,孟德斯鸠以"精致"来限定"快乐",为的是强调趣味乃是一种敏感性,一种掌握分寸、权衡尺度的能力,呼应着趣味之定义中的"敏锐而迅捷"。所以,说趣味获得的是"精致的快乐",与孟德斯鸠在别处说趣味是"快乐的尺度",①意思是一样的。那么,孟德斯鸠又是怎样规定"快乐"的呢?

既然趣味被归属于灵魂,故而趣味的快乐是灵魂之乐。《论趣味》开篇提出,我们的灵魂有三种不同的快乐,它们分别有三个来源:灵魂自身的存在;它与身体之结合;某些制度、风俗、习惯在它身上引起的偏好。第一种可称作纯思之乐,也即纯粹因思维——比如分析、比较、综合等思维活动——而产生的快乐。它不依赖于感官,是仅从灵魂的本质而产生的快乐。一个人只要能够进行思维,他便有可能拥有这种快乐,而这种快乐也是"某些哲学家所能理解的唯一幸福"。② 第二种可视作灵魂的激情之乐,如同在笛卡尔《论灵魂的激情》里的界定那样,它出于灵魂与身体的结合。孟德斯鸠将二者统称为"自然的快乐"。然而他紧接着表示,判别一种快乐是否与身体有关,对于研究灵魂而言"完全无关紧要"。③ 或许可以这样理解:根据灵魂与身体结合与否,可以将自然的快乐区分为两种快乐,但这两种快乐就其皆归于灵魂而言是无差别的,都是在理性掌控之下的快乐。

自然的快乐有别于后天的快乐,二者分别关联于自然的趣味(goût naturel)和后天的趣味(goût acquis)。所谓后天的快乐,"是灵魂本身在同自然的快乐发生某些联系之后创造出来的"。④ 这是一个模糊的定义,其意不甚分明;它似乎表示,自然的快乐是一种受先天条件——灵魂和/或身体——制约的快乐,后天的快乐是在这种先天快乐的基础上生发的新的快乐,至于如何生发,这里语焉不详。笔者猜测,"后天的快乐"或许主要包含前述第三种快乐。理由是,前两种快乐的来源都是个体性的,唯有第三种快乐的来源是社会性的,也可以视作在后天被塑造而成的。如果这样的推测成立,则后天的快乐指的是被归因于社会共同体的快乐,这种快乐与自然的快乐有联系,它必须通过个体的先天条件才能发挥作用。

正是在个体的先天条件的问题上,以"论我们的灵魂的快乐"(Des plaisirs de notre âme)为名的那一节既重要又颇具误导性。孟德斯鸠在那里提出,要想权衡我们的灵魂的那些快乐,就应当从我们的存在状态出发去认识

---

① Montesquieu, *Essai sur le goût*, p.31.孟德斯鸠:《论趣味》,《罗马盛衰原因论》,第138页。

② Montesquieu, *Essai sur le goût*, p.35.孟德斯鸠:《论趣味》,《罗马盛衰原因论》,第140页。

③ Montesquieu, *Essai sur le goût*, p.31.孟德斯鸠:《论趣味》,《罗马盛衰原因论》,第138页。

④ Montesquieu, *Essai sur le goût*, p.31.孟德斯鸠:《论趣味》,《罗马盛衰原因论》,第138页。

那些快乐是怎样的,也就是试图通过认识我们当下灵魂与身体的特殊性来认识快乐的成因。诚如孟德斯鸠所说的那样,假如我们的视力更差,则建筑中的各部分就应当少些装饰,多些统一;假如我们多一个或少一个器官,则我们的诗歌或辩才可能有所不同;假如我们拥有某些动物那样敏锐的听觉,则我们的乐器恐怕比今天制作得更精细;假如我们的器官允许我们更长时间地集中注意力,则文学创作中吸引人注意力的规则可能要有所改变……总而言之,艺术对我们的感染力乃是基于我们自身的存在方式,唯有当二者之间的协调呼应达到精准的程度时,才可能生发合宜的快乐。不过,这是否在暗示一种生理构造决定论? 对此,彼得·盖伊的回答是肯定的。[①] 这恐怕是个误解。请看孟德斯鸠这段话:

> 人们起初以为,要想拥有趣味,只要认识我们的各种快乐的各种原因就足够了;以为当我们阅读了前述哲学所告诉我们的道理,便拥有趣味了;还以为可以大胆给作品下断语。然而,自然的趣味并非一种理论知识(connaissance de théorie);那是一种对一些我们所不知的规则的快速而精妙的运用。没有必要知道令我们觉得美丽的某一事物所提供给我们的快乐来自惊讶;它令我们惊讶,它如其所应当地令我们惊讶,这就足够了。[②]

孟德斯鸠只说自然的趣味是理论所难以把握的。可以推测,后天的趣味既然关乎制度、风俗、习惯等社会环境因素,是后天塑造而成的,我们便可以在理论上归纳出其规律。不过,既然后天的趣味只有作用于自然的趣味才能培育,那么趣味在根本上仍是非理论的。所以,非但拥有关乎人的生理构造的透彻知识并不等于拥有趣味,而且,即便洞悉了造成灵魂之乐的各种原因,依然难以像语法学家分析句子成分、化学家列出分子式那样讲清楚趣味的生成。趣味的非理论性,决定了它只能是"对一些我们所不知的规则的快速而精妙的运用"。趣味之妙在于超乎认知。换句话说,不可知者,或不可知者的出现所唤起的审美主体心理的惊讶感,是趣味的必备元素。那么,趣味主体何以虽莫知其妙而有能力运用规则呢? 这个问题是《论趣味》的一个重点,我们留待后文详谈。

综上,孟德斯鸠给趣味下的完整定义至此可补齐如下:趣味是(灵魂)因

---

① 参见彼得·盖伊:《启蒙时代(下)·自由的科学》,第280页。

② Montesquieu, *Essai sur le goût*, p.34.孟德斯鸠:《论趣味》,《罗马盛衰原因论》,第139—140页。

能敏锐而迅捷地(运用自身所不知的规则)发现每样事物应给予人的快乐之尺度而具有的优势。

第四节 趣味的标准

根据这一完整定义,不妨将它与同一时间出现的休谟版趣味定义做一简单比较。休谟认为趣味是"对美的正当感受",是一种"精致的能力",[①]是"一切最美好、最纯真的欢乐的源泉"。[②]逐一对照定义中的各个要素,会发现孟德斯鸠与休谟的相似处:他们都将趣味肯定为一种正面的、尺度精准的、会带来快乐效果的才能,都认为美的根源在人自身。

两人的差别主要在两个方面:一是趣味归属。二人都将趣味判断作为人的一种能力,但将之归属于人性的不同部分。休谟将人性分为理智和情感两部分,将趣味归属于情感;孟德斯鸠则将趣味归属于灵魂。二是"未知"在趣味判断中的作用。第一个方面涉及趣味的标准;第二个方面关乎艺术的规则。本节和下节将分别讨论这两个问题。

在休谟那篇著名的文章发表后,但凡谈论趣味,皆免不了触及"趣味的标准"问题。在休谟看来,理智判断和情感判断的区别就在于前者有客观标准而后者没有。当且仅当其思想与外物相符时,一个人才拥有正确的理智判断;情感则不假外物而仅存于人心,故千人千面,各各不同,无涉对错高下。趣味判断属于情感判断之一种,故而休谟承认趣味判断的相对性。他说:"美不是物自身的性质,它只存在于观察事物的人心之中,每个人在心中感受到的美是彼此不同的。"[③]然而,他并不因此而接受"趣味无争辩"这条俗谚。虽然思想与情感具有不同性质,但趣味并非不关乎认知,思想与感受并非各不相涉。他通过观察指出:"一个有理性的人,对艺术又有了经验,却不能对艺术的美做判断,这是极少可能或根本不可能的事;同样,一个人若没有健全的理智却有很好的鉴赏力,也是没有的事。"[④]在他看来,真正的鉴赏家必须具备高超的理智能力,以至"能同精致的感受相结合"。这就将趣味区别于"真正的趣味"。真正的趣味接受理智的指引,在不断

---

① 休谟:《鉴赏的标准》,见《人性的高贵与卑劣——休谟散文集》,杨适等译,上海三联书店1988年版,第150页。
② 同上书,第153页。
③ 同上书,第144页。
④ 同上书,第159页。

的锻炼中得到增进,又通过比较对照而获得完善,同时还能够清除一切偏见……如此这般,方可成为"美与趣味的真正标准"。① 他由这一理想角色的设定出发肯定了趣味的标准,也就是说,理想鉴赏家的趣味理应得到普遍的认同。

不少人批评休谟在这一概念上犯了循环论证的毛病,认为他以拥有理想趣味的人来论证理想趣味的存在。另外,休谟本人也不否认真正的鉴赏家是稀少的。然而他的证明并非完全无效。只要我们承认存在着糟糕的趣味和较好的趣味,也就等于承认存在着令人向往的理想趣味的化身——无论它是阿瑟·丹托意义上的拥有身份认证功能的"艺术界",还是某时某地被争相仿效的某位趣味领袖——也即承认趣味之标准的必要性,而无论其在现实中真实存在与否。

如前节所述,孟德斯鸠在回复贝尔的信中透露出有关"趣味的权威"的必要性。这与休谟所提倡的"理想批评家"似乎不谋而合了。不过,孟德斯鸠这里情形更复杂一些,不同文献之间存在着冲突。

孟德斯鸠在《随想录》里说:"美是极其寻常之物的集合……一个法国人的美在中国是丑的,一个中国人的美在法国是丑的。总之,这对于解释各种与趣味有关联的美而言或许是一条极好的原则。"② 由这些片言可见,美是相对的,趣味是不假争辩的、多样化的。再来看《论法的精神》里的话(整部书仅只这些涉及趣味):"使一个民族喜爱交流的那种气候,也使他们喜爱变化;使他们喜爱变化的那种气候,也使他们形成了自己的趣味(goût)。"③ "妇女的社交活动有损风化,却形成了趣味……"④"虚荣带来了数不清的好处,诸如奢华、勤奋、艺术、时髦、礼貌、趣味,等等……"⑤这些话被置于民族精神的考察中,这种考察方式影响了后来温克尔曼对希腊文化成因的探究。置于眼下的论题里,孟德斯鸠的话意味着趣味与其他民族精神一样受到气候、宗教、法律、施政准则、习俗、风尚等多种因素的支配。乍看起来,这里同样朝向趣味的相对主义。

类似的论述在《论趣味》里统统不见。在那里,孟德斯鸠既不谈美的相

---

① 参见休谟:《鉴赏的标准》,见《人性的高贵与卑劣——休谟散文集》,第 160 页。

② 转引自: Downing A. Thomas, "Negotiating Taste in Montesquieu", *Eighteenth-Century Studies*, Vol.39, No.1(Fall, 2005), p.74.

③ 参见《论法的精神》(上卷),第 358—359 页。该译本将 goût 译作"情趣",本书统译"趣味"。下同。

④ 同上书,第 358 页。

⑤ 同上书,第 359 页。

对标准,也不谈民族趣味的差别,没有进行经验上的风俗考。《论趣味》以"在我们当前的存在方式下"①开篇,却并非表示其研究对象具体而特殊。联系后文可知,它指的是人类(生理的、心理的,等等)存在方式的偶然性,在生物学类目的意义上仍是泛指。"我们"并非各各相殊的个体之和,而是拥有共同本性的人类总称。文中常以物主代词"我们的"来限定"趣味""快乐""美""灵魂"这些关键词,同样不局限于当代法国人的或欧洲人的趣味或快乐(尽管书中的例证多局限于意、法两国)。在该书视野中,"趣味"从一上来就是一个缺少特殊限定语的普遍概念。这意味着孟德斯鸠立意于寻找人类趣味的共同规律,即无意走向美的相对主义甚或怀疑主义。那么,如何解释《论趣味》与其他文献之间的立场差异?

我们如果单纯将孟德斯鸠视作社会学家,那么在读罢《论趣味》后,会发现其不谈趣味的社会性,没有走向今天所谓的"趣味社会学",也没有讨论趣味的风俗多样或阶级区隔,此时确实会感到意外。是否存在着两个孟德斯鸠,一位是趣味相对论者,另一位是趣味绝对论者?

按唐宁·A.托马斯的观点,孟德斯鸠聚焦于人类灵魂的种种倾向,为的是确定趣味中的经验一致性。在他看来,孟氏在《论趣味》里既抛弃了《论能够影响心灵与性格的种种原因》(Essai sur les causes qui peuvent affecter les esprits et les caractères)一文中的个体差异,又将《论法的精神》里的历史、文化因素也放入括号中存而不论,而代之以"寻求界定一种与趣味有关的知觉共同性",发现超乎社会、文化或身体特殊性的、我们对事物的欣赏的共同基础。② 不过,他说得并不很透彻。

在这个问题上,托多罗夫的看法更有启发意义。他指出,孟德斯鸠常常被误认为是一位环境决定论者,但其实是一位人文主义者。比之外因,孟德斯鸠更重视精神原因。他在《论法的精神》中之所以强调物理原因,实是出于了解环境以便战胜环境的考虑。③ 托多罗夫尽管未曾涉及孟氏的趣味问题,但依照他的思路进行下去,则不单单在《论趣味》与其他文献之间的立场差异有望得到调和,而且在孟德斯鸠美学与社会学之间可以见出深刻的关联性:孟德斯鸠从考察灵魂的种种快乐出发去考察趣味,正是因为他看重美的精神根源,那是普遍而唯一的人性;根源的唯一性与审美趣味在形态上的

---

① 　Montesquieu,*Essai sur le goût*,p.29.孟德斯鸠:《论趣味》,《罗马盛衰原因论》,第137页。

② 　参见:Downing A. Thomas, "Negotiating Taste in Montesquieu",*Eighteenth-Century Studies*,Vol.39,No.1(Fall,2005),pp.74-77.

③ 　参见茨维坦·托多罗夫:《不完美的花园——法兰西人文主义思想研究》,周莽译,北京大学出版社2015年版,第65—70页。

多样性并不冲突,前者包容后者。这很有可能也是孟德斯鸠看重"自然的趣味"的根本原因。这样的话,或许可以说《论趣味》显露了孟德斯鸠趣味学说乃至社会学的真正立足点:人文主义。

再一条帮助我们摆脱环境决定论之判定的路径,是从雷蒙·阿隆那里得到的启示。阿隆在《社会学主要思潮》里将孟德斯鸠看成第一位社会学家,将《论法的精神》视为一部"分析社会学的杰作":"这一杰作在各种因素之间建立了各种联系,既不试图在哲学上把这种种因素加以综合,也不主张确定什么决定性的因素或找出各个社会的深刻渊源。"[①]不过,需要注意的是这一论断的前提:承认孟德斯鸠社会学体系内部机理的非连贯性乃是孟氏有意为之。

无论如何,对趣味之标准的承认,是《论趣味》的立论前提。我们知道,后来康德在《判断力批判》里取消了趣味的标准,代之以对趣味的主观性和相对性的承认。[②] 其实,孟德斯鸠所承认的趣味标准也并非绝对标准。他将趣味归属于灵魂,并不意味着将趣味判断视作理智判断。既然美不是对象的一种绝对性质,既然美的根源在审美主体身上,那么就排除了以思维与对象之相符作为趣味标准的路径,也排除了较正确的趣味与较错误的趣味之区分。然而,孟德斯鸠显然认为存在着较好的趣味和较糟糕的趣味。他从自己的艺术爱好出发,把意大利文艺复兴画作、法国古典主义戏剧归于前一种,把法国的哥特式建筑、意大利的历史题材歌剧归于后一种;将朴素、内敛风格归于前一种,将繁复、满溢风格归于后一种。他自认为是从较普遍、较客观的规则出发做出这种趣味判断的,因而吁求普遍的同意。总之,对他来说,趣味无对错而有高下,虽不具绝对性,但在应然的意义上具备普遍效果。

要更深入地理解这一点,不妨借助于列奥·施特劳斯的更加开阔的学术视野。他认为,最相对主义的"相对主义"概念意味着自然的必然性,即人力无法做出任何改变,而在孟德斯鸠《论法的精神》里,既存在着能够被克服的自然原因,也存在无法被克服的自然原因。[③] 这引导我们重思对孟氏其他文本中的相对主义认定是否恰切。正如自然原因未必能够被超越,"自然的趣味"也未必被改变或优化。施特劳斯似乎认为孟德斯鸠身上存在一定

①　雷蒙·阿隆:《社会学主要思潮》,葛秉宁译,上海译文出版社 2015 年版,第 40 页。

②　拜泽尔对此有进一步分析,此处不赘,详见弗雷德里克·C.拜泽尔:《狄奥提玛的孩子们——从莱布尼茨到莱辛的德国审美理性主义》,第 20 页及以下。

③　列奥·施特劳斯:《从德性到自由——孟德斯鸠〈论法的精神〉讲疏》,潘戈整理,黄涛译,华东师范大学出版社 2017 年版,第 404 页。

程度的历史主义倾向。他指出，孟德斯鸠尽管并不反对价值规范，但他那里的价值规范同后来的奥古斯特·孔德笔下的价值规范一样少；孟氏提出的文化、民族、气候、宗教等因素当中，既存在规范性的因素，也存在非规范的因素；孟氏延续了霍布斯、洛克等人以公民社会之存在这一"应然"为基础的政治学说，而这一学说的规范在于提供一种规范性的教诲。[①] 我们可以推测，类似地，理想的趣味并非绝难实现，通过相应的教诲，其应然有望变为实然。从事这类教诲的，正是"趣味的权威"——尽管孟德斯鸠早年提出这一概念时未必经过深思熟虑。

综上，"趣味的权威"也就是理想趣味，也就是趣味的标准。这个观念不是像休谟那样从理想的鉴赏家引申出来的，而是通过总结典范艺术的审美规律而得出的。这是下节讨论的内容。

第五节　艺术的规则

休谟把"精致"定义为："我的感官的精微使一切性质都逃不过它的观察，同时感官的准确又足以观察混合物里的各种成分"。[②] 看来，理想的鉴赏家应该是一位上帝般的全知者，他见微知著，能够洞穿对象的一切。孟德斯鸠谈论趣味也讲究"精致"，所不同的是，他以"运用自身所不知的规则"来限定它。于是，他眼中的趣味判断比休谟那里多了一个虽在灵魂掌握之下却永恒不可知之物。

当孟德斯鸠说"艺术提供规则，趣味提供例外"时，"例外"就是这个在艺术惯例里搅局的永恒"未知"所造成的局面。他接着又说，"趣味告诉给我们，在什么样的情况下艺术应当服从，在什么样的情况下应当服从艺术"，[③] 这显然将趣味的要求置于艺术惯例之上了。按此逻辑，包含着永恒"未知"的规则才是艺术的首要规则，舍此皆不足训。

孟德斯鸠或许相当得意于自己的这个发现，很可能视之为艺术的基本规律。他在《论趣味》里至少用了九个小节来讨论它。它们构成一个相对独立的论题组，在诸多不连贯的断章中间显得逻辑清晰、衔接紧密。这个论题组大体上分为两个部分：审美对象之特征；审美主体心理状态。

---

① 具体请参见列奥·施特劳斯：《从德性到自由——孟德斯鸠〈论法的精神〉讲疏》，潘戈整理，黄涛译，华东师范大学出版社 2017 年版，第 502—510 页。

② 休谟：《鉴赏的标准》，见《人性的高贵与卑劣——休谟散文集》，第 151 页。

③ Montesquieu, *Essai sur le goût*, p.69.孟德斯鸠：《论趣味》，《罗马盛衰原因论》，第 161 页。

在审美对象特征方面,能够带来快乐的审美对象一般拥有"秩序""多样性""对称""对比"。这些特质可按近似性分作两组,我们不妨称其为"秩序/多样性"模式。一组是秩序和对称,或可统称"秩序",因为对称可以视作一种极端的秩序性;另一组是多样性和对比,或可统称"多样性",因为对比可以是多样性的一种形式。① 概括地说,当审美对象既具有秩序同时又不失多样性,并且二者在尺度上拿捏得恰如其分时,它才能够给人以快乐。

这四个小节的主体部分用以解释灵魂何以因认知而获得快乐。孟德斯鸠指出,一方面,我们的灵魂有这样一种倾向,它不仅希望看到事物,而且在事物逐渐展现的过程中,想象力会基于灵魂对已见者的结构性认知,即对该事物之秩序的构想,来对未见者进行预测(这颇合 20 世纪格式塔心理学的主张)。当未见者的样貌最终合于这种预测时,认识的愉快就产生了。这种愉快是一种心满意足的完成感。作为一种秩序的对称之所以是受欢迎的,就是因为它可以帮助我们轻松抵达这种愉快,"节省一半的气力"。② 而当我们遇到一部毫无秩序可言的作品时,灵魂的认知倾向受挫,难免发生冲突,产生不快感:"作者所创造的连贯性同我们自己的连贯性混淆在一块儿;我们的灵魂什么都留不住,什么都预见不到。由于各种观念混在一处,由于最后产生的空虚,我们的灵魂受到了屈辱;我们的灵魂确实疲惫不堪,还得不到任何快乐。"③这"折磨"之所以无用,正由于灵魂在认知上一无所获。

另一方面,"秩序"不是"单调"或"趋同"的近义词,而是"混乱"的对立面。我们不如将其理解为一种音乐性的节奏。秩序与多样性非但不矛盾,而且应当为事物所兼具,以满足灵魂的需要:"灵魂喜欢多样化;但如前所述,它喜欢多样化只是因为它被创造出来就是为了认识和看:它于是必须能够看,多样化允许它做到这样;这就是说,一件事物应当足够简单,从而易于被察觉,应当足够多样,从而能够被愉快地察觉。"④

综合以上两个方面,秩序是快乐的首要条件,因为它保障了灵魂的认识得以可能;多样化则是必要的调剂,旨在使灵魂不至因过于轻松而感到厌烦和乏味。二者互相限制,互为规约,不过地位并不平等,多样化是以有秩序为前提的。换言之,审美活动在本质上是一种认识活动,审美对象应当具有

---

① 从这样的理解出发,孟德斯鸠在"论对比"一节末尾三段(Montesquieu, *Essai sur le goût*, pp.47-48.孟德斯鸠:《论趣味》,《罗马盛衰原因论》,第 147—148 页)谈论多样性是不突兀的,不应被疑为作者跑题或编排上的讹误。

② Montesquieu, *Essai sur le goût*, p.43.孟德斯鸠:《论趣味》,《罗马盛衰原因论》,第 145 页。

③ Montesquieu, *Essai sur le goût*, p.39.孟德斯鸠:《论趣味》,《罗马盛衰原因论》,第 143 页。

④ Montesquieu, *Essai sur le goût*, p.41.孟德斯鸠:《论趣味》,《罗马盛衰原因论》,第 144 页。

一种有变化的秩序感,奇正相生,使得灵魂既易于把握又享有乐趣。这里的关键在于,秩序和多样化都是为灵魂的认识功能服务的,也应服务于认识的成功达成。孟德斯鸠将这个一般原则定为:"对灵魂有用","并且可以有助于灵魂的机能",那么它"就是令人愉快的"。① 无法否认,这是一条向理性主义倾斜的原则。

哥特式的建筑是一个反面例子。"哥特式的建筑对于看它的眼睛来说是一种谜;灵魂局促不安,就如同要它读一首晦涩难解的长诗那样。"②灵魂之所以感到难受,是因为这种风格的建筑在多样化上太过度,以至灵魂无法把握它,认知的倾向受挫,于是产生不快感。

上述内容所概括的是孟德斯鸠给秩序/多样性的两面提供的(认知)心理学论证。"论对比"最后三段从生理学角度,相当简略地解释了灵魂的感觉功能因同样的对象而获得快乐的原因。在神经里有神经质,一种流动性的物质。当外物刺激我们的感官时,神经纤维受到触动,神经质发生流动。不过,这些身体器官的工作强度有一定限度,当其受到过于频繁的相同刺激(即便是可能产生快乐的刺激)而无法获得适当的休息时,就会如同消极怠工一般,在强大的压迫下陷入一种"无感觉状态"。此时,我们可以在拟人的意义上说它们"厌倦"了。所以,要想让灵魂的快乐持续,就需要在秩序和多样化之间拿捏好尺度,使得"灵魂感觉而并不疲倦"。③ 趣味的心理/生理基础是被平行提出的,并以前者为主。

在审美主体心理状态方面,孟德斯鸠的讨论可以概括为"理性/好奇"模式或者说"理性/惊异"模式。理性在这里指的是知识上的可靠性。"我常常说,使我们感到快乐的作品应当以理性为基础;有的作品在某些方面不以理性为基础,但在其他方面仍然使我们感到快乐,那它必然尽可能少地偏离理性。"④这个要求具体意味着,作品有赖于受众的理性认知,故而不应当违反人所共知的常识,以免令受众失去对艺术家的信任。值得注意的是,这个要求在涉及"题材严肃"的作品时比较严格,而对于其他某些类型的作品则被适当放宽了。比如,"歌唱可以有一种言语所没有的力量",⑤更适于表现非凡的事物,例如包含着魔法的神话,因此歌剧较宜选取神话题材。孟德斯鸠

---

① Montesquieu, *Essai sur le goût*, p.43.孟德斯鸠:《论趣味》,《罗马盛衰原因论》,第145—146页。

② Montesquieu, *Essai sur le goût*, p.42.孟德斯鸠:《论趣味》,《罗马盛衰原因论》,第145页。

③ Montesquieu, *Essai sur le goût*, p.48.孟德斯鸠:《论趣味》,《罗马盛衰原因论》,第148页。

④ Montesquieu, *Essai sur le goût*, p.69.孟德斯鸠:《论趣味》,《罗马盛衰原因论》,第161页。

⑤ Montesquieu, *Essai sur le goût*, p.71.孟德斯鸠:《论趣味》,《罗马盛衰原因论》,第162页。

在此承认情感对人心的直接感染力,放松了理性标准。

孟德斯鸠认为,灵魂被创造出来,为的就是思考、观察,故而它天生好奇。好奇就是乐于寻求并发现新事物,从已知走向未知,它体现出未知者在主体身上造成的吸引力,一种"文似看山不喜平"的求奇心态。如前所述,趣味正是一种灵魂所具有的发现快乐的能力。故而,好奇是产生趣味的一个方式,它在《论趣味》中其实是作为一个主要方式被提出的。好奇心驱使着我们有意愿扩大眼界,不断突破已知的界限。从这一心理趋向出发,孟德斯鸠把"惊异"看作审美活动时常伴随的一种基本情绪:"灵魂往往追求不同的事物,这一倾向使得它可以享受到从惊讶产生出来的各种快乐。"①可见,好奇是惊异的心理原因。

"理性/好奇"或者说"理性/惊异"这一趣味模式也是奇正相生的。理性是惊异的基础和必要保障,惊异是理性的必要调剂。若无理性,则惊异会变成负面的惊恐;若无惊异,则理性将了无生趣。在这两种情况下,心灵都无法获得快乐。反之,倘若作品始终经得起理性的考验,则惊异将保持并增长,绕梁三日而余音未绝,那样的作品才称得上"伟大的美丽"。在孟德斯鸠眼中,拉斐尔、维吉尔、圣彼得大教堂都属此类。

"秩序/多样性"模式和"理性/好奇"模式,可以统称为"已知/未知"模式。这个二项式的两项互相制约,在动态过程中为灵魂制造快乐。他一方面坚持理性标准,努力将"未知"纳入理性所能掌控的范围,努力守住古典式的秩序感;另一方面又不时用感性为这个标准松绑,弱化理性的支配力量,为不可名状之物让路。他对干扰理性标准的东西表现出浓厚的兴趣。文中仅有一节指出理性作为快乐之基础,却至少列出四个小节专论惊异(分别是"惊讶的快乐""论不可名状""惊异的增长""灵魂的某种局促感所带来的美")。在这里,孟德斯鸠极力用清楚的逻辑阐明这种"并非一种理论知识"的自然趣味。据此,我们便无法在智性主义狭义上称孟德斯鸠的美学是理性主义的。安妮·贝克颇有见地地借"诗的理性"(la raison poétique)来概括它。既然孟德斯鸠所说的"秩序"仍不失为一种一般法则,却相容于特殊的多样性,既然审美趣味的多样性可以合法地在普遍趣味的框架内运行无阻,那么,这种理性所遵循的秩序便不是一种向着真理进发的演绎过程,而是在"惊异"这一类美学效果中展开的。由此,她高度评价孟德斯鸠的趣味学说,认为它破除了对单一理性的过分执着,而这对于真正意义上的现代美学之诞生而言尤为重要。②

---

① Montesquieu, *Essai sur le goût*, p.48.孟德斯鸠:《论趣味》,《罗马盛衰原因论》,第 148 页。

② Annie Becq, *Genèse de l'esthétique française moderne 1680－1814*, pp.348－350.

第六节 大师的草图

19世纪的伊波利特·丹纳曾盛赞孟德斯鸠的写作能力,可帮助我们领略孟氏含蓄风格一二:"孟德斯鸠的文字次序井然,但这种次序是隐藏的;他的语句并不是连续地展开,每一句都是独立的,就像众多的首饰匣或珠宝盒,时而简单朴素、不假粉饰,时而装饰华丽、精雕细刻,但个中内涵始终都是饱满丰富的。打开这些盒子,每一个都是一座宝库;作者在那狭小的空间中装入了大堆大堆的思虑、情感和发现,当所有珍宝能在瞬间被理解、能轻易把握于我们的手掌心时,我们的愉悦就越发强烈了。"[1]知音得遇,文人相惜,丹纳的这段颂语同样高妙隽永。

《百科全书》在附录孟德斯鸠"趣味"残篇时,充满敬意地表示,"大师们的雏形思想值得为后世保存,就像大画家们的草图一样"。[2] 达朗贝尔在其《孟德斯鸠赞》一文中表达的意思并无二致:"我们将其原状献给公众,就像古代人当年对待塞涅卡的最后的话那样,我们对之怀抱着同样的敬意。"[3]不过,这些赞语恐怕较多地出于对曾经贡献出《论法的精神》的这位伟大启蒙者的尊重,而非针对其趣味学说本身。实际上,后世不少研究者并不认为《论趣味》具有类似于"大画家的草图"的潜在的正面价值,反倒认为它是"四平八稳"的"后见之明",甚至指其为"令人失望的古典主义",[4]似乎觉得它与孟氏的主要代表作之间存在着巨大的落差。

综上所述,笔者不同意这些负面评价。难以否认,美学和艺术不是孟德斯鸠专注致力的领域,他本人料想也未必满意这篇未完稿的残作。但《论趣味》至少有两个方面的贡献:第一,它为我们认识孟德斯鸠思想的复杂性补

---

① 参见伊波利特·泰纳:《现代法国的起源:旧制度》,黄艳红译,吉林出版集团有限责任公司2014年版,第269页。

② Edouard Laboulaye, "Avertissement de l'éditeur", *Œuvres complètes de Montesquieu*, Tôme 7, p.113.

③ D'Alambert, "An Eulogium on President Montesquieu", in *The Complete Works of M.de Montesquieu*, Vol.1, London, Printed for T.Evans, in the Strand; and W.Davis, in Piccadilly, 1777, p. xxxv.另可参见该赞词的中译本:达朗贝尔:《孟德斯鸠庭长先生颂词》,见孟德斯鸠《论法的精神》(上卷),第27页。该颂词首次发表于1755年出版的《百科全书》第五卷卷首,据说后来为《法国信使报》转载(参见安德烈·比利:《狄德罗传》,张本译,管震湖校,商务印书馆1995年版,第198—199页)。

④ Downing A. Thomas, "Negotiating Taste in Montesquieu", *Eighteenth-Century Studies*, Vol.39, No.1(Fall, 2005), p.72.巴尔赞的观点可供参考:自从博马舍第一次用"古典主义"谴责戏剧写作的陈规旧俗,该词在18世纪下半叶就开始在贬义方向上被使用了(参见雅克·巴尔赞:《从黎明到衰落(上):西方文化生活五百年,1500年至今》,林华译,中信出版社2013年版,第426页)。

充了关键材料;第二,他为法国贡献了并不逊色于休谟的趣味学说。它所体现的孟德斯鸠美学以古典主义和理性主义为主要立场。这种初具现代形态的理性主义美学,①将趣味判断作为灵魂的一种认知活动,支持趣味的普遍标准,积极容纳审美经验中的未知及其给审美主体带来的惊异感。这是《论趣味》对美学史和趣味理论的独特贡献。

---

① 居斯塔夫·朗松坚定地将孟德斯鸠看作笛卡尔后裔,并认为《论法的精神》充分采用了笛卡尔方法。参见: Gustave Lanson, "L'influence de la philosophie cartésienne sur la litérature française", *Revue de métaphysique et de morale*, T.4, No.4(Juillet 1896), pp.540 – 546.

第七章　狄德罗的"美在关系"

狄德罗(Denis Diderot,1713—1784)在美学史上具有重要地位,不单因为其剧评和画评的开创性价值,可能更因为其提出了"美在关系"的主张。不过,这个"关系说"时常遭到批评。有人指责它的内涵含混不清;[①]也有人说它充其量只是狄德罗的一个临时的、很快被抛弃的主张;[②]还有人干脆指出,狄德罗美学整个缺乏原创性。[③] 这些批评纷纷削弱着狄德罗的美学贡献,与此同时,美学史的写作却似乎始终难以绕行他的"关系说"。笔者认为,要摆脱这种尴尬局面,须得弄清楚狄德罗"关系说"的真正用意、内涵及其守旧与创新之处何在。因为,狄德罗的《论美》其实是一个不折不扣的对话文本,充满对前人相关学说的批判与参照。

鉴于此,本章将主要在《论美》内部展开分析,理清该文的各路思想资源及狄德罗的态度,以此为基础来推敲"关系说"的意图、内涵和理论容量,尝试去克服其美学史定位的模糊性,并判断它的美学贡献。至于"关

---

① 例如朱光潜先生指出过,狄德罗的"关系"概念是含糊、混乱、极不明确的,包含不少矛盾和漏洞(参见朱光潜:《西方美学史》上卷,商务印书馆1963年版,第275—277页。另外,该书将《百科全书》的"美"的词条面世时间误标为1750年)。李醒尘先生也认为狄德罗的"关系"范畴"外延过于宽泛,无所不包,而且含义不清,易生误解"(李醒尘:《西方美学史教程》,北京大学出版社2005年版,第160页)。列维-斯特劳斯也曾指出,狄德罗"以纯粹否定的方式,统计出所有人们错当成是美学关系来接受的各种关系的实例,却没提出可能真正是美学关系的那些关系的明确定义,即他任其留在模糊之中的其余一切"(参见列维-斯特劳斯:《看·听·读》,顾嘉琛译,中国人民大学出版社2006年版,第79页)。

② 例如让·托马说过:"随着狄德罗完成其艺术教育,并在其诸判断上以艺术家视角取代科学家和哲学家视角,关于'美在关系'这一定义将是模糊不清的,继而将完全消失。"(Jean Thomas, *L'Humanisme de Diderot*,Paris,1938,p.113)朱光潜先生也认定"关系说"是狄德罗早期主张,并且很快在后来的艺术评论中被"情境说"所取代(参见朱光潜:《西方美学史》上卷,商务印书馆1963年版,第278—280页)。

③ 比如让-勒夫朗说:"事实上,狄德罗始终忠实于他从安德烈神甫那里拿来的有关美和天才的理论,即使他为这个理论提供了某种生理学和唯物主义解读。"(见丹尼斯·于斯曼主编:《法国哲学史》,第306页)又如文杜里说过:"他(狄德罗)没有原创性的美学观念;当他勾勒出一些美学观念时,它们是没有力度的。"(参见:Lionello Venturi, *A History of Art Criticism*,N.Y.,1936,p.140f)

系说"在狄德罗整体思想里的时效性问题,则因涉及大量较为复杂的纵向,此处存而不论。

第一节 批判与起点

首先做一番简短的文献说明。狄德罗《关于美的根源及其本性的哲学探讨》在 18 世纪出现了三个形式、三个名称。首次面世时,它作为"美"的词条,①被收录在 1752 年 1 月出版的《百科全书》第二卷;1772 年,该词条首次以单篇文章的形式,出现在阿姆斯特丹出版的狄德罗文集里,被题名为《论美》;《关于美的根源及其本性的哲学探讨》这个较长的题目出现在 1798 年面世的狄德罗文集里。后两个版本皆源自《百科全书》词条,故内容上并无差别。由阿赛扎主编、巴黎卡尼尔兄弟 1876 年出版的《狄德罗全集》使用了长题目,将该篇放置在第十卷即狄德罗美术研究卷的起首。② 该篇的中译本于 1984 年首次面世,③所依据的是由保罗·威尔尼埃尔(Paul Vernière)编注、巴黎卡尼尔兄弟 1959 年出版的《狄德罗美学著作》④的选文,并照录了威尔尼埃尔的注释。本章的写作选用《论美》这个简名,它简单明确,同时可暗示出狄德罗所沿袭的乃是与克鲁萨同名作品一脉相承的论美传统。在内容上,本章同时参考 1876 年《全集》版和中译本,并注两个版本的页码。

狄德罗在《论美》开篇对题旨有明白的交代⑤:《论美》旨在回答三个问题。其一,美的根源、本质、概念、含义是什么? 这其实是"美是什么"的问题。其二,美是绝对的还是相对的,是永恒的还是一时的? 这等于在问,美有无(绝对)标准? 其三,为何人们围绕着上述问题争执不休、难以定论? 这

---

① 狄德罗一般被视作这个词条的作者,但也有少数学者曾做出不同的推测。比如乔治·博阿斯认为,词条中对美感的认知性方面的强调,令人怀疑达朗贝尔或许是其作者,至少他对此词条有所启发(George Boas,"The Arts in the Encyclopédie",*The Journal of Aesthetics and Art Criticism*,23,No.1(Fall 1964),p.101)。

② J.Assezat(éd.),*Œuvres complètes de Diderot*,Tome Dixième,Paris:Garnier Frères,Libraires-éditeurs,1875,pp.3—42.需要注意的是,该文集将该文面世年份标注为 1751 年。其他人,如比尔兹利,也使用 1751 年(Monroe C.Beardsley,*Aesthetics from Classical Greece to the Present*,Tuscaloosa:The University of Alabama Press,1966)。

③ 狄德罗:《关于美的根源及其本质的哲学探讨》,见《狄德罗美学论文选》,第 1—37 页。

④ Denis Diderot,*Œuvres esthétiques*,éd.Paul Vernière,Paris:Garnier Frères,1959.

⑤ Denis Diderot,"Recherches philosophiques sur l'origine et la nature du beau",*Œuvres complètes de Diderot*,Tome Dixième,p.4.狄德罗:《关于美的根源及其本质的哲学探讨》,见《狄德罗美学论文选》,第 1 页。

其实是在重复苏格拉底对话录里的那句"美是难的"。难在何处呢？为何几乎所有人都同意美的存在，却少有人能够回答美是什么？

作为对上述三个问题的回答，《论美》在结构上理应分作三个部分。第一部分为"那些为美写过卓越论著的作者的见解"，即对前人围绕"美是什么"之问题的回答进行概括和评述。文本上应从开头至一半篇幅处的空行为止。第一段尽管用以表述自己的题旨，却是对安德烈《谈美》的引用和借用，故而也应算作总结前人的内容。第二部分为对有关美的若干问题提出"我们的意见"，文本上应从空行处开始，至"（请参阅《与漂亮相对的美》）"为止。① 第三部分就人类知性在美的问题上的作用提出总的看法，也就是尝试对为何"美是难的"做出哲学上的解释："在试图阐明美的根源以后，我们现在要研究的是人们对美所抱的分歧意见根源何在。"②

狄德罗在第一部分不惜用大量篇幅综述前人论美的成果，与《百科全书》词条的编纂宗旨有关，即展现最广泛范围的当代知识成果，从而达到开启民智的目的。从 18 世纪上半叶开始，欧洲知识界（主要是英法两国）围绕"美"的本质问题涌现出众多成果，可以说形成一个论"美"的小高潮，这个局面一直延续到 19 世纪末，随着美学转向审美经验研究才渐渐止息。这些成果基本上在《论美》里得到全面展现。狄德罗的这份文献综述的视野之广、阐发之细、篇幅之繁，以至在某种意义上可以说，《论美》首先以及主要是展现既有的相关研究，而狄德罗自己的观点则是在这个综述的基础上顺带提出来的。从这个角度看，《论美》的价值首先在于相对全面地总结了 18 世纪知识界围绕着"美"所产生的学说。

被狄德罗点名的前辈大致可分两类：古人和当代人。古人主要是柏拉图和圣奥古斯丁；当代人包括德国人沃尔夫（Christian Wolff, 1679—

---

① 据此，第二部分中间出现的那个唯一的小标题，即"根据哈奇生及其信徒们论绝对的美"（法文原文为全大写：DU BEAU ABSOLU, SELON HUTCHESON ET SES SECTATEURS。Denis Diderot, "Recherches philosophiques sur l'origine et la nature du beau", *Œuvres complètes de Diderot*, Tome Dixième, p.13.狄德罗：《关于美的根源及其本质的哲学探讨》，见《狄德罗美学论文选》，第 9 页），无论就位置而言，还是就结构层级而言，都是不恰当的。所以，这个阻断符很可能是当时《百科全书》的编辑错讹所致。考虑到《百科全书》在当时环境下诞生之艰难，其命运之多舛，以及与此相关的众多编排讹误甚至编辑事故，出现这种被错误安置的小标题是可以理解的。尽管它会令阅读在行至全文约五分之一处时生硬地暂时中断，但我们在分析文本时完全可以不予理会。

② Denis Diderot, "Recherches philosophiques sur l'origine et la nature du beau", *Œuvres complètes de Diderot*, Tome Dixième, p.35.狄德罗：《关于美的根源及其本质的哲学探讨》，见《狄德罗美学论文选》，第 31 页。

1754）、英国人哈奇生（Francis Hutcheson，1694—1746）、瑞士人克鲁萨、法国人安德烈，另有被点书名而未点人名的巴托。简略地说，在狄德罗看来（其实他是借用了安德烈的主张），柏拉图没有实质性地触及"美是什么"的问题；圣奥古斯丁的"美在统一"看似指出了美的本性，但所论证的其实并非"美"而是"完善"；沃尔夫①混淆了美与快感；巴托提出"美在实用"，而这种观点很容易被推翻，尽管在美的判断里无法完全排除实用的考虑；巴托的"美的自然"之概念过于模糊，需要被清理和批判。

克鲁萨的《论美》是首部以"美"为论题的法语哲学著作。② 该著首先考虑的不是"（一般的）美是什么"这个哲学问题，而是"这是美的"（cela est beau）这个日常语句的含义。他认为，"这是美的"想要表达的是愉悦的感觉与赞成之观念同一物之间的某种关系。在狄德罗看来，如果将此看作美的本性，则是因果倒置，因为，无论是愉悦感还是赞成之观念，都只是美的本性在人心上造成的效果；如果满足于得到那个结论，则止步于审美现象，无法进入对美的本性的探讨。所以，对美的语义分析，只能作为一种辅助性的方法来使用。

实际上，克鲁萨并没有止步于语义分析（否则它算不上哲学作品），而是从形容词性的"beau"（美的）进入到了对名词性的"beauté"（美/美性）的讨论，并给后者做出了多个规定，它们包括"多样""统一""规范""秩序""比例"这五种。而在狄德罗看来，克鲁萨所指出的美的特征（charactères）是复数性的，这种复数性与美的规定性的一般性相悖，因为，所列举的特征越多，所适用的对象之范围就越窄，而一般的美应当适用于最广泛的对象，故而要求单一规定性。这就是狄德罗说"美（beau）之特征越是复多，则越是将之特殊化"③的意思。

狄德罗可能没有留意到，克鲁萨所说的"统一"，其实往往包含了"规范""秩序""比例"，④其"多样"也必须趋向于"统一"方得其美。⑤ 不过，克鲁萨

---

　　① 沃尔夫在《形而上学》（*Metaphysik*）等著作里主张，审美快感未必是认知，但其本身包含判断，可归入对完善的直觉意识，而完善的可观察性就是美（参见弗雷德里克·C.拜泽尔：《狄奥提玛的孩子们——从莱布尼茨到莱辛的德国审美理性主义》，第73—78页）。

　　② 参见：J.P.de Crousaz，*Traité du beau*，Amsterdam：François L'Honoré，Genève：Slatkine Reprints，1970.

　　③ Denis Diderot，"Recherches philosophiques sur l'origine et la nature du beau"，*Œuvres complètes de Diderot*，Tome Dixième，p.23.狄德罗：《关于美的根源及其本质的哲学探讨》，见《狄德罗美学论文选》，第19页。

　　④ 参见：J.P.de Crousaz，*Traité du beau*，p.14.

　　⑤ J.P.de Crousaz，*Traité du beau*，p.50.

对这些特征显然拙于取舍，也并未理清其相互关系和界限，故而狄德罗斥其面目模糊，也不无道理。

　　对于哈奇生，狄德罗视其为一个强劲对手。这可能是由于他意识到哈奇生的美论复杂而深刻，支持者众多，代表着英国经验主义美学的较高成就。狄德罗列出十条论点来概括哈奇生的"内在感官"（sens interne）①一说。内在感官也称"第六感官"，指的是有别于视、听等外在感官的内在能力，它包括美的内在感官和善的内在感官。哈奇生专论此概念的著作《论美与德性观念的根源》清楚地分作两个部分分别阐发二者。美的内在感官被哈奇生看作一种较高级的知觉美的观念的能力，除了用于可感世界，即可视、可听的对象，它还可以用于"外在感官并不怎么在意的某些其他事物"，如定理、普遍真理、一般原因、某些行为准则等。②

　　应该说，"内在感官"是一个富有想象力的概念发明，它从主体的角度入手，就以下两个不易被同时做出解释的问题做出了沟通的尝试：审美作为一种独特的主体能力；美作为一种标准难以统一的客体属性。哈奇生虽然不是这个概念的首创者，③但对之进行了全方位的论证。然而，狄德罗对这个概念的抨击毫不留情，他说哈奇生的主张"与其说是真实的，不如说是独特的"（plus singulier que vrai），④"与其说它真，不如说它微妙"（plus subtil que vrai），⑤用委婉的句式斥其虚假。⑥

　　相形之下，狄德罗对安德烈的基本赞同态度殊为难得。他毫不吝惜赞叹之辞，称《谈美》一书⑦为研究美的问题提供了最缜密、最广阔、最连贯的

---

　　①　"sens interne"通译为"内在感官"，但这个译法可能会令人误以为某种实有的感觉器官（organe du sens）。狄德罗正确理解了哈奇生的这个重要概念，指出它不是感觉器官，而是能力（faculté）。因此，如果可能的话，译作"内在官能"更为恰当。本书仍遵通译。

　　②　弗兰西斯·哈奇森：《论美与德性观念的根源》，第8—10页。

　　③　关于"内在感官"的概念史，可参见彭锋：《重提内在感官说》，载《美育学刊》2017年第3期。

　　④　Denis Diderot, "Recherches philosophiques sur l'origine et la nature du beau", *Œuvres complètes de Diderot*, Tome Dixième, p.17. 狄德罗：《关于美的根源及其本质的哲学探讨》，见《狄德罗美学论文选》，第13页。

　　⑤　Denis Diderot, "Recherches philosophiques sur l'origine et la nature du beau", *Œuvres complètes de Diderot*, Tome Dixième, p.33. 狄德罗：《关于美的根源及其本质的哲学探讨》，见《狄德罗美学论文选》，第29页。

　　⑥　在1767年的一次谈话中，狄德罗提到"这个在英国被几位形而上学家引起潮流的第六感官是个不可能存在的怪物（chimera），一切皆是我们的经验的结果"（转引自：David Funt, "Diderot and the Esthetics of the Enlightenment", *Diderot Studies*, Vol.11[1968], p.51）。

　　⑦　参见：Yves-Marie André, *Essai sur le Beau*, chez Hippolyte-Louis Guerin, & Jacques Guerin, Libraires, rue S.Jacques, a S.Thomas Aquin, 1741.

研究,①认为安德烈是"直到目前为止对这个问题研究得最深入的人"。② 这种赞同极端地表现为,狄德罗从《谈美》里摘引了两个整段直接放在文中。由于缺少规范注释,他的这种暗引很容易让人误以为是他本人的陈述。除暗引外,狄德罗在文中以多达12个段落概述安德烈的主要思想。

狄德罗说,安德烈对美的问题的"范围和困难认识得最清楚,提出的各项原则最真实、最稳妥,其著作最值得一读"。③ 那就让我们看一看《谈美》如何界定美的问题的范围、困难和原则。《谈美》旨在驳斥当时美学中的怀疑论(皮罗主义),捍卫美的客观、永恒标准。安德烈将美分为可感的美和可理解的美两类,并认为在每一个领域(可见世界、道德世界、精神产品、音乐等)里都包含三个层次:本质美、自然美和人工美(亦称任意美),由此试图展现美的现象与最高秩序(本质美)之间递嬗性的关联结构。他从圣奥古斯丁那里借来"美在统一",作为美的世界的总原则。安德烈在人工美这个层次之下又划出三类:天才之美、趣味之美、纯粹一时兴致之美。前两类都可以用美的规范加以约束,唯有纯粹一时兴致之美是纯粹"任意"的。安德烈认为,如果人们受到最后这个子类的任意性的干扰,误以为美毫无本质可言,就容易给美学上的皮罗主义以可乘之机。

狄德罗把他人的学说放在一起组成一个战场,认为在他本人登场较量之前,安德烈是最后赢家。狄德罗之所以自信能够在这个战场上击败最强者安德烈,是由于在他看来,后者未能上升到哲学层面的分析:安德烈对于一般的美的分类方式"充满洞察力和哲学",却没有能够将这种睿智的省察同等贯彻于对一般的美的定义。《谈美》中津津乐道的"统一""秩序""比例""和谐"诸词,并不是令狄德罗满意的定义,因为一个合格的哲学定义要求对这些概念的根源做出解释。④ 然而实际上,正如《狄德罗与启蒙美学》一书

① Denis Diderot, "Recherches philosophiques sur l'origine et la nature du beau", *Œuvres complètes de Diderot*, Tome Dixième, p.17.狄德罗:《关于美的根源及其本质的哲学探讨》,见《狄德罗美学论文选》,第13页。

② Denis Diderot, "Recherches philosophiques sur l'origine et la nature du beau", *Œuvres complètes de Diderot*, Tome Dixième, p.24.狄德罗:《关于美的根源及其本质的哲学探讨》,见《狄德罗美学论文选》,第20页。

③ Denis Diderot, "Recherches philosophiques sur l'origine et la nature du beau", *Œuvres complètes de Diderot*, Tome Dixième, p.24.狄德罗:《关于美的根源及其本质的哲学探讨》,见《狄德罗美学论文选》,第20页。

④ Denis Diderot, "Recherches philosophiques sur l'origine et la nature du beau", *Œuvres complètes de Diderot*, Tome Dixième, p.17,24.狄德罗:《关于美的根源及其本质的哲学探讨》,见《狄德罗美学论文选》,第13、20页。

的作者大卫·方特所正确指出的那样，①安德烈并非没有为这些概念指出根源。在安德烈的《谈美》里，一如在克鲁萨《论美》中一样，"美"根源于造物主的意志。只不过，这样一个超验的根源并不被狄德罗认可。怀着一种"崔颢题诗在上头"的心态，狄德罗的《论美》有选择地放弃重复已被安德烈的《谈美》阐发得既全面又精细的地方，他本人的讨论以承认安德烈的某些相关结论为前提。他将自己的任务设想为以安德烈既有成果为基础的补充工作，即对美的"根源"（origine）和"本性"（nature）②的哲学反思。

在充满战斗精神的狄德罗笔下，《论美》中的这份文献综述洋溢着浓烈的批判色彩。他试图通过批判他人来确定自己的论述起点。但若要评估狄德罗美学的原创含量，仅据其对他人思想的批判态度是不够的，更重要的在于考察其"关系说"与其思想资源之间的异质性何在。

第二节　"关系"的客观与主观

狄德罗心目中"美"的理想定义，旨在克服他人理论的种种不足。美学史家们发现，"狄德罗所说的美就是指关系，而他所说的审美趣味就是指对各种关系的感知"。③ 笔者认为，在《论美》里，"关系"一词其实保持着与他人理论的连续性。这个结论主要依据狄德罗提出"美"的定义时的语境，以及在"关系"被正式定为定义词之前在《论美》文本中所出现的七次情况。尤其是这散落的、不起眼的七处，是考察"关系"之由来的直接文本依据。④

在前四次情形里，"关系"用以评述和概括前人的相关研究和结论。在第一次出现时，狄德罗用它来转述（安德烈对）圣奥古斯丁对"美的显著特征"的描述："各部分之间的这种精确关系"构成"一"（UN），⑤也就是说，用

---

① 参见：David Funt，"Diderot and the Esthetics of the Enlightenment"，*Diderot Studies*，Vol. 11(1968)，p.63.

② 本章将表示性质之义的"nature"译作"本性"，以区别于表示自然事物的"nature"。《论美》中译本将之译作"本质"。为了与安德烈的"本质美"（beau essentiel）之"本质"有所区别，本章不沿用中译本的译法。

③ 吉尔伯特、库恩：《美学史》（上卷），第374页。

④ 有学者认为，狄德罗的"关系"借用自数学，指的是概念之间的性质关系（Hans Molberg，*Aspects de l'esthétique de Diderot*，Copenhagen，1964，p.54.转引自：David Funt，"Diderot and the Esthetics of the Enlightenment"，*Diderot Studies*，Vol.11(1968)，p.147）。由于其文本依据不够明显，不拟采用。

⑤ Denis Diderot，"Recherches philosophiques sur l'origine et la nature du beau"，*Œuvres complètes de Diderot*，Tome Dixième，p.6.狄德罗：《关于美的根源及其本质的哲学探讨》，见《狄德罗美学论文选》，第2页。

它来解释圣奥古斯丁的"统一"概念。第二次出现时,狄德罗所谈论的是克鲁萨用"这是美的"一语来表示"一个客体和某些愉悦感或和某些赞同的想法之间的某种关系"。[①] 在第三次出现时,狄德罗正在讨论哈奇生的"美的内在感官",指出后者似乎认为"那种愉悦不依赖于对诸关系和诸感知的认识"。[②] 它第四次出现是在第一部分的结尾处,也就是狄德罗即将转入对自己观点的陈述之时。狄德罗表示,他对安德烈的著作"唯一感到不足之处,也就是没有论述我们内心对关系、秩序和对称之观念的根源"。[③] 这四处对"关系"的使用,涉及各家各说的核心内容的评判。或许,狄德罗的"关系"不是一个全新的发明,而是从前人学说里发现并有意识地提取出来的。

这个初步的猜想可以在后三次情形里获得支持。同第四次时类似,在这后三次情形里,"关系"与一系列描述审美客体性质的词汇无差别地并列在一起。除了前引的"秩序"和"对称",这些词汇还包括"安排"(arrangement)、"机理"(mécanisme)、"比例"(proportion)、"统一"(unité)、"和谐"(harmonie)、"适宜"(convenance),等等。它们不仅大量地出现在《论美》对前人研究的概括当中,而且,它们中的大部分自毕达哥拉斯时代开始就频繁地被用于对美的事物的规定,到了狄德罗所处的时代,早已是人尽皆知,以至狄德罗猜想它们被人熟识的程度仅次于"存在"(existence)一词。[④] 可见,"关系"概念关联于古典主义美学,在语用上主要倾向于描述客体的客观[⑤]性质。

据此,再来看狄德罗用"关系"给"美"下的标准定义:

于是,凡是自身含有在我的知性里唤起关系之观念的东西,我将之

---

① Denis Diderot,"Recherches philosophiques sur l'origine et la nature du beau",*Œuvres complètes de Diderot*,Tome Dixième,p.7.狄德罗:《关于美的根源及其本质的哲学探讨》,见《狄德罗美学论文选》,第 4 页。

② Denis Diderot,"Recherches philosophiques sur l'origine et la nature du beau",*Œuvres complètes de Diderot*,Tome Dixième,p.12.狄德罗:《关于美的根源及其本质的哲学探讨》,见《狄德罗美学论文选》,第 9 页。

③ Denis Diderot,"Recherches philosophiques sur l'origine et la nature du beau",*Œuvres complètes de Diderot*,Tome Dixième,p.24.狄德罗:《关于美的根源及其本质的哲学探讨》,见《狄德罗美学论文选》,第 20 页。需要指出的是,中译本此处将"rapport"一词误译为"比例",这与该中译本在其他各处的译法皆不同。这里可能是译者错将"rapport"看成"proportion"所致。

④ Denis Diderot,"Recherches philosophiques sur l'origine et la nature du beau",*Œuvres complètes de Diderot*,Tome Dixième,p.26.狄德罗:《关于美的根源及其本质的哲学探讨》,见《狄德罗美学论文选》,第 22 页。

⑤ 本章所使用的"客观(性)"一词表示当主体思考某物时,客体身上不依赖于主体特有的特征的、来自客体自身的东西或性质(Etiènne Souriau[éd.],*Vocabulaire d'esthétique*,Quadrige/PUF,1990,p.1077),并以此将之区别于"对象"一词。

称作外在于我的"美"；凡是唤起此观念者，我称之为与我有关的"美"。①

"与我有关"，法文为"par rapport à moi"，这里的"rapport"并非作为单独的名词出现，而是作为一个固定词组的成分，因此我们无法据以补充"关系"概念之含义。这句话与其说是在界定"美"的两种类型，倒不如说是从主客两个角度谈论"美"之现象。也就是说，狄德罗并没有谈及两种美：一种外在于我的美和另一种与我有关的美。外在于我的美一旦唤起了"关系"之观念，自然就与我有关了。所以，二者是一体的两面。保罗·盖耶对那段话的理解非常准确，足可借鉴："通过对比独立于我的美和直接相关于我的美，狄德罗希望区分的是在一个美的事物中关系的真实存在，与一个个体对那些关系的实际感知及反应。"②狄德罗肯定"美"是客观的，认为无论是否唤起"关系"之观念，无论是否与审美主体有关，事物皆不失其自在之美；主体的审美能力需要依据客体本身的美性才能够被唤起。

与对"美"的这两个方面的规定相对应，狄德罗对"关系"也有类似的规定："真实的关系"和"被察觉的关系"。③ 此处一如前文，我们仍然不应将这个区分理解为对两种不同的关系类型的区分，而毋宁说，它们分别探讨事物本身所具有的、不以人的主观行为和见解为转移的关系，以及个体对这些关系的实际察知。被察觉到的关系依旧是且必须是真实的关系。主体的察觉仿佛为客体身上本有的关系投下一道光，令其一时间明亮起来，但并不为之增添本无的东西。

这里显示出狄德罗对"真实"的理解与哈奇生有所不同。在哈奇生那里，

---

① "J'appelle donc *beau* hors de moi, tout ce qui contient en soi de quoi réveiller dans mon entendement l'idée de rapports; et *beau* par rapport a moi, tout ce qui réveille cette idée." Denis Diderot, "Recherches philosophiques sur l'origine et la nature du beau." (Denis Diderot, "Recherches philosophiques sur l'origine et la nature du beau", *Œuvres complètes de Diderot*, Tome Dixième, p.26) 朱光潜译："我把凡是本身就含有某种因素，可以在我们理解中唤醒'关系'这个观念的性质，都叫做外在于我的美，凡是唤醒这个观念的性质，都叫做关系到我的美。"见朱光潜：《西方美学史》（上卷），商务印书馆1979年版，第275页。由于其中所附部分法文有误，故略去不引。《狄德罗美学论文集》译作："我把凡是本身含有某种因素，能够在我的悟性中唤起'关系'这个概念的，叫做外在于我的美；凡是唤起这个概念的一切，我称之为关系到我的美。"见狄德罗：《关于美的根源及其本质的哲学探讨》，见《狄德罗美学论文选》，第22页。

另外，科尔曼指出，这段话在《论美》之前已经出现在狄德罗的《数学记忆》（Mémoires de mathématiques）里（Francis.X.J.Coleman, *The Aesthetic Thought of the French Enlightenment*, University of Pittsburgh Press, 1971, p.42）。

② Paul Guyer, *A History of Modern Aesthetics*, Vol.I, Cambridge University Press, 2014, p.280.

③ Denis Diderot, "Recherches philosophiques sur l'origine et la nature du beau", *Œuvres complètes de Diderot*, Tome Dixième, p.32.狄德罗：《关于美的根源及其本质的哲学探讨》，见《狄德罗美学论文选》，第28页。

"内在感官"是一个被先预设、后证明的概念，其真实或者实有是就符合逻辑严密性而言的，它不取决于客体的性质，只在主体（对美与善的）经验中有其基础。我们据此可将哈奇生美学称作主观主义的。哈奇生的"内在感官"概念在狄德罗看来之所以并不真实可信，是由于狄德罗将"真实"作为"客观"的代称，在客体自身中有其根据的东西。"真实"是实在世界的性质，而不是发生在主体的心理世界内部的纯理智的产物，所以，"美"与"关系"皆应符合客观有效性。

狄德罗对不真实的关系有个专门的命名，那就是"理智性的或虚构性的关系"。《论美》文本并未明确指出这种关系在主体方面源出于哈奇生的"内在感官"，但可以确定的是，它是"真实的关系""被察觉的关系"的对立面；而后两者并不相互对立，同样是一体的两面。尽管狄德罗称其为"第三种关系"，但我们必须克服这个字面上的不严谨所造成的干扰，因为其划分方式确乎不同于前两者。对前两者的划分，分别着眼于同一审美经验中的客、主双方，或者说，是对同一"关系"从两种视角所做的命名。而这"第三种关系"被狄德罗含糊地界定为"似乎是由人的知性置入诸事物中的关系"，①可见，它是纯主观的、抽象的。他说："当我说一物因人们注意到它身上的诸关系而是美的时，我并不在谈论理智性的关系或虚构性的关系，而是在谈论那里的真实的关系，即我们的知性通过我们的感官而在那里注意到的关系。"②基于与否弃"内在感官"同样的原因，即它的不真实性，狄德罗不可能同意将这样的"关系"接纳到"美"的定义里。如其所言：

> 于是，当我说一物因被注意到诸关系而是"美的"时，我所说的并不是由我们的想象力移至此物上的理智性的或虚构性的关系，而是此物身上的真实的关系，是我们的知性在我们的感官的帮助下在它那里注意到的关系。③

在此我们看到，狄德罗用"关系"的客观性旗帜鲜明地反对了主观主义美学。仅就此而言，他支持了安德烈等古典主义者。不过，狄德罗并非同样秉持客观主义美学。无论对于"美"还是"关系"，狄德罗的言说方式皆是二元并举的：他一面强调其客观性，用客体之实有来保障其真实性，另一面强

---

①　Denis Diderot，"Recherches philosophiques sur l'origine et la nature du beau"，*Œuvres complètes de Diderot*，Tome Dixième，p.32.狄德罗：《关于美的根源及其本质的哲学探讨》，见《狄德罗美学论文选》，第 28 页。

②　同上。

③　同上。

调其主体相关性，让主体的感知和理智与之建立联系。因此，狄德罗断乎不可能是唯客观论者。

那么，有必要考察一下审美现象中的主体相关性。狄德罗说，"关系"是"一种知性的操作"（opération de l'entendement）。[①] 这句话不可解作"关系"之定义，因为：按照前文，"美"等于"在我的知性里唤起关系之观念"；如若把它当成"关系"的定义嵌入的话，"美"就成了"在我的知性里唤起一种知性的操作之观念"，仿佛它是在主体心理内部发生的；而狄德罗不可能把"美"看作自我凝视的纯主观行为。所以，"知性的操作"只是对"关系"的一种片面的描述，只是对其主观一面的描述，也就是专注于对"与我有关的美""被察觉的关系"的探究。

说"关系"是知性的操作，主要意味着把"美"之根源放到主观一方，将主体的审美能力作为"美"的条件。用狄德罗的话说，"关系"根源于"我们的需要以及我们的能力的运用"。[②] 在谈论包括"关系"在内的那组描述性词汇时，狄德罗指出，它们不单是后天获得的，而且是人造的（factice），也就是说，它们的意义存在于其经验性的起源，并不涉及某种超越性的给予。看来，在这个问题上，他与英国经验主义者站在一起。[③] 狄德罗去除了克鲁萨、安德烈等先贤给这些概念规定的神学上的起源，但同时亦不为之规定其他超越性的来源，而是保持对经验的忠实。

这种知性操作既不同于艺术家的纯想象活动，即在头脑里任意摆置各种虚构的关系；又不同于自然科学的认识活动，即以获取关乎客体的精确知识为终点。狄德罗的"知性"是一种包含通常所谓的感知、感觉的理解能力。[④]

---

① Denis Diderot, "Recherches philosophiques sur l'origine et la nature du beau", *Œuvres complètes de Diderot*, Tome Dixième, p.31.狄德罗：《关于美的根源及其本质的哲学探讨》，见《狄德罗美学论文选》，第 27 页。

② Denis Diderot, "Recherches philosophiques sur l'origine et la nature du beau", *Œuvres complètes de Diderot*, Tome Dixième, pp.25 - 26.狄德罗：《关于美的根源及其本质的哲学探讨》，见《狄德罗美学论文选》，第 21—22 页。

③ 狄德罗赞同洛克的看法，即人身上并无先天的行为准则，任何事物先要经过感官才进入知性（参见安德烈·比利：《狄德罗传》，张本译，商务印书馆 1998 年版，第 82 页）。雅克·巴尔赞则建议将狄德罗称作威廉·詹姆斯意义上的"激进的经验主义者"，即非纯唯物主义者，而是视物质为带有各种形式的活力的东西的人（具体可参见雅克·巴尔赞：《从黎明到衰落［上］：西方文化生活，1500 年至今》，林华译，中信出版社 2013 年版，第 397—398 页）。

④ 正如方特指出的那样，对狄德罗而言，知性远远比几何学家或逻辑学家的那种分析性的知性要广阔得多（参见：David Funt, "Diderot and the Esthetics of the Enlightenment", *Diderot Studies*, Vol.11（1968），p.131）；"狄德罗主张，知性是心灵图式强加于我们的感觉而生成的"，"这个图式并非如在康德那里那样是先天的，而是经验性的，在某种意义上较接近詹姆斯和杜威的实用主义"（David Funt, "Diderot and the Esthetics of the Enlightenment", *Diderot Studies*, Vol.11［1968］，p.61）；"对狄德罗来说，建立关系是知性的一个功能，它有赖于诸感官机体和组织，那是知性的基础。"（David Funt, "Diderot and the Esthetics of the Enlightenment", *Diderot Studies*, Vol.11［1968］，p.93.）。

当他说对"美"或对"关系"的感知时,这感知并非泛漫的、被动的感觉,而必须以客体实在为参照,含有识别、分辨客体之性质的能力。狄德罗说,"当一物或一种性质设定了另一物或另一性质之存在时","考虑此物或此种性质",这就是知性所进行的建立"关系"的操作。举例来说,皮埃尔拥有多种性质,诸如儿子、丈夫、父亲;在"皮埃尔是个好父亲"这句话里,独考虑皮埃尔作为父亲的这种性质。① 方特将此理解为:"关系不单单是各部分的并置,而毋宁说是相关元素之间的统一性。"② 就此看来,狄德罗的"知性"颇类似于梅洛-庞蒂的在前述谓阶段具有意义获取能力的"知觉"。

"关系"有其客观规定性,同时有其主观根源,可见"关系说"同时着眼于"美"的主客双方。就此而言,我们不应将"关系说"看作一种"高度形式主义的美学观"。③ 朱光潜先生在《西方美学史》中认为狄德罗的"关系"有三种含义,"对象与人的关系"是其中一义。④ 这个含义在塔塔尔凯维奇《西方六大美学观念史》里被概括为"关系主义",它是由普罗提诺创立的。普罗提诺从对光的考察出发,认为有些美并不属于客体的各部分之关系,但仍不失为一种关系,它是被观赏的客体与观赏人主体之间的关系。塔氏把"关系主义"的主张概括为:

> 美绝非对象的一种性质,亦非主体的一种感应,而是对象对于主体的关系。⑤

这种美学立场"既非纯粹的主观主义,又非纯粹的客观主义"。关系主义的另一位代表人物托马斯·阿奎那将美的事物界定为"那些教人望而生快的东西"。他说:"美是若干对象所具有的一种属性,不过却与主体相关,它是

---

① Denis Diderot,"Recherches philosophiques sur l'origine et la nature du beau", *Œuvres complètes de Diderot*,Tome Dixième,p.31.狄德罗:《关于美的根源及其本质的哲学探讨》,见《狄德罗美学论文选》,第 27 页。

② David Funt,"Diderot and the Esthetics of the Enlightenment", *Diderot Studies*,Vol.11 (1968),p.97.

③ 那是保罗·盖耶的错误看法。参见:Paul Guyer, *A History of Modern Aesthetics*,Vol.Ⅰ,Cambridge University Press,2014,p.280.

④ 朱先生认为,狄德罗《论美》中的"关系"之含义极不明确;他从中分析出三种可能的意义:其一,同一事物的各组成部分之间的关系,比如比例、对称、秩序、安排等形式因素;其二,这一事物与其他事物之间的关系,比如花与植物,继而与整个自然界的关系;其三,对象与人的关系。另外在《画论》里,"关系"明确化为事物的内在联系或因果关系。具体参见朱光潜:《西方美学史》(上卷),人民文学出版社 1979 年版,第 276—278 页。

⑤ 塔塔尔凯维奇:《西方六大美学观念史》,第 210—223 页。

对象对于主体的一种关系：如果没有主体所感受到快感，那就不可能有美。"①在塔塔尔凯维奇看来，"关系主义"在某种意义上是对美学史上的主观主义与客观主义美学之间的争执的克服。类似地，狄德罗"关系说"并未完全如其自述的那样站在安德烈美学一方，仅仅为后者补充哲学维度，而是尝试在安德烈与哈其生之间做出调和。

第三节　"关系"的普遍与开放

为了更加明确狄德罗美学的立场，需要对安德烈与哈奇生两人所代表的在当时并行的两股美学势力作进一步考察。

按卡西尔的界定，②古典主义美学与经验主义美学之区别在于对象和方法之不同。古典主义美学围绕艺术作品展开，主要采用类推法。它在定义艺术作品时所依据的是"任何特殊内容的纲、最接近的属和种差"，由此得出一些带有永恒性特征的理论，诸如艺术类型之永恒性、艺术类型之规律的永恒性，等等。经验主义美学则正相反，它主要以艺术欣赏主体为关注对象，具体说来就是主体在审美过程中的心理状态。故而，它的方法是心理描述式的，带有鲜明的主观色彩。可见，古典主义美学的客观性包含两个维度：一是艺术作品的属性（或称"客体性"）；二是永恒性。它对客观性的追求导致对摹仿自然的严格要求，导致一种真正的形式主义评判标准。按巴托的表述，摹仿论的含义是"美的艺术"应当摹仿"美的自然"，③在这里，艺术作品的身份是被削弱了的自然之摹本。狄德罗则用"关系"作为"美"的定义词，从而放松了对"美"的客观性要求，暗中转移了艺术评判的标准。他说：

> 对其美负有责任的，并非被再现的对象，而是呈现在艺术作品里的关系系统。④

准确说来，狄德罗并不反对艺术摹仿自然，相反，他主张艺术应尽可能严格

---

① 塔塔尔凯维奇：《西方六大美学观念史》，第 211 页。

② 卡西尔：《启蒙哲学》，第 295 页。需要指出的是，卡西尔在此书中并不将哈奇生视作经验主义美学家，然而他对经验主义美学特征的归纳显然适用于哈奇生。

③ 巴托的摹仿论本身亦充满有待克服的矛盾。

④ David Funt, "Diderot and the Esthetics of the Enlightenment", *Diderot Studies*, Vol. 11 (1968), p. 89.

地摹仿自然。① 他所反对的乃是"美的自然"这个概念的模糊性,但同时并不意图帮助提升这个概念的清晰性。② 因为,"美的自然"很大程度上是一个理想化的设定(类似于柏拉图的"理念"),一个需要被彻底抛弃的概念,③要想在现实中觅得一类事物中所能够被设想的"最美者",恐怕是一项无尽的,甚至不可能的任务。退一步讲,即便承认巴托摹仿论所设置的美的世界的等级论,对于摹仿这一活动本身而言,从自然之产物到艺术作品的这个转化过程,关键之处并不在于被摹仿者是否最美,而在于摹仿技艺是否高超,在于艺术家是否具有真正的"天才",狄德罗大概正是在这个意义上说"自然之产物里无美亦无丑"④的。从这里,我们看到狄德罗与古典主义美学的明显冲突:后者力主将艺术题材限制在典雅的范围内,狄德罗则提倡不以题材论作品之高下。

狄德罗并不赞成巴托的艺术摹仿论,但联系到《论美》对巴托的《被划归到单一原则的美的艺术》的高度评价,笔者猜测,狄德罗对"美"的单一定义词的执念,可能不单与其有意克服克鲁萨的不足(即因多重性而导致特殊化)有关,也受到巴托为诸艺术寻找"单一原则"之立意的启发。至于为何独独选中"关系",而不是"比例""对称"或其他,其动机仍有待考察。

狄德罗在《论美》中始终强调,他所寻找的"美"的定义词必须具备普遍适用性,能够将一切美的现象包括在内。古典主义者和启蒙者都标榜理性,都在理性的旗帜下追求普遍有效性。前者用一般原则和去除特殊性的抽象化

---

① 狄德罗在《对自然的解释》中说道:"人们若不企图更严格地摹仿自然,艺术的产品将是平凡的、不完善的和软弱的。"这话中所说的"严格"的意思,并不是像巴托那样要求在自然的众多面向中选择最美的来摹仿,而是反对艺术对自然的表面化、浅层次的摹仿,因为自然的成型是漫长的、艰巨的,艺术同样应该付出艰苦的劳动(具体可参见狄德罗:《对自然的解释》,《狄德罗哲学选集》,江天骥、陈修斋、王太庆译,商务印书馆 1959 年版,第 92—93 页)。《对自然的解释》初次发表于 1754年,仅比《论美》迟两年,基本可以代表狄德罗在同一时期的想法。

② 笔者在此反对比尔兹利的主张。后者认为,狄德罗的"美在关系"试图给巴托"艺术摹仿美的自然"一说以一个清晰的意义(Monroe C. Beardsley, *Aesthetics*, *from Classical Greece to the Present*, *A Short Story*, Tuscaloosa: The University of Alabama Press, 1966, p.202)。

③ 除了《论美》外,狄德罗在 1767 年《沙龙》中也表达了此类主张,但由于时间跨度大,难以用于佐证。仅在此列出,供读者参考:"然而在这个民族里面仍然有人将模仿美丽的自然,而这些不断谈论模仿美丽的自然的人,却真诚相信有一个持久的美丽的自然,它存在,你什么时候想看见它就看见它,只要你去描摹它。假如你告诉他们,这是一种完全理想的存在,他会睁大眼睛,或对你嗤之以鼻。这后一种艺术家也许比前一种更傻,因为他们不比前者懂得更多些,而他却爱冒充内行。"(《塞纳河畔的沙龙:狄德罗论绘画》,陈占元译,金城出版社 2012 年版,第 9 页)其中"美丽的自然"即"美的自然"另一译法。

④ 参见:Denis Diderot, "Recherches philosophiques sur l'origine et la nature du beau", *Œuvres complètes de Diderot*, Tome Dixième, p.29.具体参见狄德罗:《关于美的根源及其本质的哲学探讨》,见《狄德罗美学论文选》,第 25 页。

来保障普遍有效性,①后者则诉诸个体在独立面对世界时所运用的判断能力。从狄德罗称赞卢浮宫外观和高乃依悲剧来看,他未必反对古典趣味,但不太赞同此前的古典主义美学获取普遍性的方式。狄德罗批判克鲁萨的"比例""对称"等概念只适用于大的整体,比如建筑或戏剧等,但不太适用于小的单体,如一个词、一种思想或单个部分;又批判哈奇生提出的"寓多样于统一"的美学原则不适用于抽象真理和普遍真理,仅只适用于可感事物;等等。这些原则是古典主义精神的产物,具体到法国的情况,亦是绝对主义政治体制的一种辐射性后果。而"用对诸关系的感知这一原则来说明美的本性",是由于这一原则"如此普遍,以至很难有什么事物逃逸在外"。② 它是如何做到的呢?

"关系"被狄德罗设定为这一类描述性词汇的总称。这是一种相对的普遍性。狄德罗说,"秩序""安排""对称"等词,只是指对关系(rapports)③本身进行观察的不同方式;他紧接着在下一段称它们为"关系",并指出,"所有这些关系不属于同一性质,故而对美(beauté)的贡献之多少各各有别"。④看来,"关系"之所以能够总括这些词汇,正由于它含有这些异质词所共有的东西,而非是它们简单相加的总和。

另一处文本依据出现在他提出"美的一般定义应该适用于所有被人们称作美的物体",⑤并通过排除法来寻找定义词的时候。他说:"让我们以这种方式把所有被称为美的东西考察一遍吧:一样东西将排除伟大,另一样东西将排除实用性;第三样东西将排除对称;诸如一幅有关一场暴风雨、一场风暴、一场混乱的绘画,本身就排除了秩序与对称的显著外观。"⑥经过这重重排除,"我们将不得不承认,唯一共有的品质(qualité),即上述这一切事物皆运用的品质,就是关系概念"。⑦ 这个最后得到的共有品质,换个角度看,

---

① 卡西尔指出,在实际贯彻过程中,古典主义美学的评判标准以习俗、礼仪、惯例代替了自然、原则、真理,于是它既扼杀个性,又仅仅推行一种或几种特殊原则。名实不符是其衰落的根本原因。具体可参见卡西尔:《启蒙哲学》,第268—278、310页。

② Denis Diderot, "Recherches philosophiques sur l'origine et la nature du beau", *Œuvres complètes de Diderot*, Tome Dixième, p.34.狄德罗:《关于美的根源及其本质的哲学探讨》,见《狄德罗美学论文选》,第30页。

③ "关系"一词在《论美》中绝大多数情况下以复数形式出现,其他描述性词汇皆为单数形式。这或许同样暗示出它是一个总称。

④ Denis Diderot, "Recherches philosophiques sur l'origine et la nature du beau", *Œuvres complètes de Diderot*, Tome Dixième, p.28.狄德罗:《关于美的根源及其本质的哲学探讨》,见《狄德罗美学论文选》,第24页。

⑤ Denis Diderot, "Recherches philosophiques sur l'origine et la nature du beau", *Œuvres complètes de Diderot*, Tome Dixième, p.33.狄德罗:《关于美的根源及其本质的哲学探讨》,见《狄德罗美学论文选》,第29页。

⑥ 同上。

⑦ 同上。

其实是一个退无可退的"底线概念"。

上段引文传达出的讯息耐人寻味。诸如"伟大""对称""秩序""比例"这些品质,在法国古典主义美学看来恰恰是普遍适用的。狄德罗却并不将之作为"美"的铁律加以接受,不排除它们的反面价值的审美有效性。他大张旗鼓地将古典主义标准的正反价值统统纳入了"关系"概念:

> 根据一物的本性,根据它在我们身上激发出对更多数量的关系的感知,根据它所激发出的感知的本性,它是漂亮的、美的、更美的、非常美的或丑的;卑下的、小的、大的、高尚的、崇高的、夸张的、滑稽的、逗乐的……①

"不美"的关系也是关系,故而也属于"美"。"关系"的普遍性在此表现为底线性,它最大量地容纳了所有负价值。

那么,"关系"自身有其负价值吗?既然"关系"是知性的操作,那么,唯有当知性的操作失败,未能把握一个对象或一个性质时,关系才在真正意义上是缺席的;而那种情况不在论美的考察范围之内。在狄德罗这里,"无关系的"是无意义的描述。所以,"关系"在价值上可以说是中性的,不具备对立面。笔者认为,这种价值中立性称得上一种绝对的、独立无依的普遍性,它向着任何品质开放。

看来,无论我们如何努力探究狄德罗对"关系"之内涵所做的规定,至多只能获得它的近乎无规定性。提出这样一个近乎无规定性的"零度概念",说明狄德罗的意图本不在于给"美"下一个准确的定义,再用它来笼罩一切美的事物,指引人们对美的追寻与判断。他的目的不在于"立",而在于"破"。

类似地,吉尔伯特和库恩在《美学史》中也指出,狄德罗的"关系"包罗万象、足够广泛,既包含观察者与其对象之间的快感与赞赏关系,又包括除此之外的各种类型的关系,甚至包括非审美关系,比如道德关系;狄德罗对这种宽泛性的执着追求,或许为的是"对抗早期的美学家们"过于局促的美的观念。② 在笔者看来,"关系说"大胆冲撞了克鲁萨-安德烈所遵循的古典主

---

① Denis Diderot, "Recherches philosophiques sur l'origine et la nature du beau", *Œuvres complètes de Diderot*, Tome Dixième, p.29.狄德罗:《关于美的根源及其本质的哲学探讨》,见《狄德罗美学论文选》,第 26 页。

② 参见吉尔伯特、库恩:《美学史》(上卷),第 371 页。

义传统。这个传统古已有之，早在公元前 5 世纪，哲学家就从音乐和建筑研究中获得了美在于比例、对称、统一等元素的心得，此后，这类学说及其各种变体主导欧洲人关于美的理论长达 22 个世纪之久。鉴于其强大、持久而广泛的影响力，塔塔尔凯维奇称其为"伟大理论"。[1] 狄德罗所面对的主要质疑，正是从这个"伟大理论"的视角提出的：用"关系"定义"美"，岂不是取消了"美"的正面价值？"关系"不一定独属于审美判断，它可能出现在知性活动的任何地方。既然哪怕是在石矿边上一堆不成型的石头那里也存在着"关系"，那么，"美"的边界在哪里呢？狄德罗虽然不否认上述是对自己"最有力的反对意见"，[2]却丝毫不准备据此进一步"优化"自己的主张。看来，他不认为这些问题切中肯綮。

"伟大理论"的任务是依照既有原则以及成功的范例和惯例，为制造和评价美的事物提供准确有效的指导，狄德罗则完全走在另一条道路上。对他来说，更重要的是启蒙的任务。从 17 世纪开始，旅行，尤其是域外探险蔚为风潮。形形色色的域外见闻录大大开阔了欧洲人的视野，展示着文化的多样性存在以及自身文明的相对性。[3] 这股风潮带动了众多启蒙先驱身体力行地"睁眼看世界"。它激发了孟德斯鸠对政治制度的反思，催生了卢梭对现代人远离自然的批判，同样也提示着狄德罗警惕文明的封闭与僵化，时刻准备以人皆有之的理性检验既有一切知识和判断。

正是带着这样的革新使命，狄德罗重新打量当代本土的流行趣味。狄德罗与同时代人都深刻地体会到"美"因语言、民族、文化、时代之不同而出现的令人眼花缭乱的相异性，不主张用单一标准去垄断、裁剪、评判、约束趣味的多样性。《论美》屡屡提醒读者，所谓"伟大""崇高"等价值，仅只"在我们的语言里"受到推崇，而那充其量是广阔世界之一隅，永恒时间之一瞬。我们无法断言，在此时此地不被称作"美"的那种关系，在彼时彼地是否同样不美。狄德罗在这个意义上重视"关系"的普遍性：

> 若将美（beauté）放置在对诸关系的感知里，您就有了自世界诞生迄今为止的全部历史；若挑选您所喜欢的其他性质作为与普遍的美

---

①　参见塔塔尔凯维奇：《西方六大美学观念史》，第 130—134 页。

②　Denis Diderot, "Recherches philosophiques sur l'origine et la nature du beau", Œuvres complètes de Diderot, Tome Dixième, p.31. 狄德罗：《关于美的根源及其本质的哲学探讨》，见《狄德罗美学论文选》，第 27 页。

③　具体可参见徐前进：《一七六六年的卢梭——论制度与人的变形》，北京师范大学出版社 2017 年版，第 143—148 页。

(beau)有所区别的特征,那么您的定义将立即局限于时间和空间的一个点。①

处在古典主义理性向启蒙理性的过渡地带,狄德罗意识到旧美学的狭隘、逼仄、不合时宜。在他的视野里,能够设想到的合格词语大概唯有"关系"。"关系"所从出的那套词汇是对审美客体的客观描述,是知性操作的产物,符合狄德罗所要求的真实性;在它们当中,其他词的特殊性、局部性、暂时性、民族性等等——总而言之,非普遍性——已经为历史和现实经验所证明。

至于"关系"是否果真是普遍而恒久的,或许尚需经验和时间的证明。然而这是颇值得怀疑的——我们如何能够验证一个零度概念的有效性呢?另外,如吉尔伯特和库恩所提示的那样,"关系"概念并不局限于美学概念,从它出发难以获得审美相对于科学等其他领域的独特性。"关系"的开放性使其难以采取一种有效聚焦的美学立场,在作为启蒙精神的副产品的同时,它难以担负起进一步阐释审美现象的任务。

第四节 非典型古典主义者

彼得·盖伊曾明确表示,狄德罗在18世纪60年代之前并未抛弃现成的传统美学观念。他的证据包括:狄德罗对三一律的公然捍卫和遵守,对绘画等级体系的接受,对艺术摹仿论、艺术道德主义的坚持,等等。他认为"狄德罗在很长一段时间里都缺乏开拓精神,基本上没有触动新古典主义体系"。② 虽未以《论美》为据,但此篇章显然被涵盖在盖伊主张所指涉的范围之内。基于前文的分析,笔者不得不遗憾地指出,盖伊的论断失之粗糙了——狄德罗并不简单是一位古典主义者。

不可否认,狄德罗《论美》文本多有不严谨之处,不少地方词不达意,甚至以辞害意。这些明显的缺陷与《百科全书》词条写作过程中常有的仓促状态直接相关,或许还有其他两个原因。

---

① Denis Diderot, "Recherches philosophiques sur l'origine et la nature du beau", *Œuvres complètes de Diderot*, Tome Dixième, p.35. 狄德罗:《关于美的根源及其本质的哲学探讨》,见《狄德罗美学论文选》,第31页。

② 具体可参见彼得·盖伊:《启蒙时代(下):自由的科学》,第233—235页。

其一是狄德罗天生激情有余、沉静不足的性情,[①]他的写作有时候欠缺专注。当然,这样的性情也为他赋予超常的行动力和乐观心态,助他克服重重困难,甚至在卢梭、达朗贝尔等人相继退出的情况下坚持完成了《百科全书》的编纂、出版。

其二是他在形而上学上的"弹性立场",思想缺少连贯性。[②] 正如有人指出的那样,狄德罗之所以关注美学,乃是为了考察其在人类知识和经验的整个结构里所扮演的角色。[③] 如果说狄德罗美学确实是其哲学整体的延伸,[④]那么,其美学同样延续了其哲学上的游移多变,哪怕是在《论美》这个单篇文本里。

不过,可以肯定,《论美》在美学史上完全有资格获得一席之地。倘若我们有机会续写塔塔尔凯维奇的美学观念分类,不妨将狄德罗补充到"关系主义"这条大脉络里。与其他关系主义美学不同之处在于,他的学说有鲜明的时代感:"关系"概念脱胎于古典主义美学,又被规定了符合启蒙精神的开放性。因此,他的美学功绩主要在于承旧、破旧而启新:一方面,狄德罗具备极佳的理论感觉和洞察力,对各路资源按其所需进行精当的评价和取舍;另一方面,努力为趣味的多样性赋予合法地位。这显示出狄德罗的独立思考的力度。"伟大理论"在18世纪受到来自各方面的冲击,尤其在浪漫主义高涨

---

① 可参考伊波利特·丹纳(一译泰纳)的精妙评价:"伏尔泰说,狄德罗是个'过分炽热的炉子,能将任何烹制的东西烧成灰烬';或者说,他是一座喷发的火山,四十年间源源不断地喷出形形色色的观念,这些沸腾的观念非常杂乱,既有珍贵的金属,也有粗糙的炉渣和恶臭的烂泥;思想的洪流源源不断地任意奔腾,地上的情形就决定着它的流向,但那洪流总是带有炽热岩浆的赤红色和刺鼻的烟雾。"(伊波利特·泰纳:《现代法国的起源:旧制度》,第278页)

② 这是狄德罗研究者的共识。可参见大卫·霍尔特(参见:David.K.Holt,"Denis Diderot and the Aesthetic Point of View",*Journal of Aesthetic Education*,Vol.34,No.1[Spring,2000],p.22)、科尔曼(Francis.X.J.Coleman,*The Aesthetic Thought of the French Enlightenment*,University of Pittsburgh Press,1971,p.40.)等人相关论述。《狄德罗传》(安德烈·比利:《狄德罗传》,张本译,管震湖校,商务印书馆1995年版)中也两次提到他在自然神论和无神论之间的摇摆:第185页:"事实上,狄德罗一生都在自然神论和无神论之间摇摆。"第328页:"他理性上是个无神论者,在想象和感性上是个自然神论者。因此,狄德罗在否定和肯定之间摇摆不定。"

③ "狄德罗在这里所关注的并非如下意义上的艺术理论,即就特定艺术实践做出的具体推荐,或对艺术作品进行评论,狄德罗所关注的,乃是美学在人类知识和经验的整个结构里所扮演的角色。"(David Funt,"Diderot and the Esthetics of the Enlightenment",*Diderot Studies*,Vol.11[1968],p.34)

④ 关于狄德罗美学与其哲学之间的关系,可参见舒里耶的详细分析(Jacques Choullichet,"Esthétique et philosophie dans l'œuvre de Diderot",*Revue Internationale de Philosophie*,Vol.38,No.148/149[1/2],Diderot et l'encyclopédie[1784-1984][1984],pp.140-157)。舒里耶的结论是,狄德罗的美学反思无时不与其哲学关联,反过来,哲学丰富了其对美学体验的隐喻层面,故而我们应将其美学看做其哲学的一个分支。

之后逐渐式微。在那个"趣味的世纪"里,狄德罗"关系说"引领了时代的大潮,进行了一场以新的开放观念抗衡旧美学的试验。这场试验远未完成,但其价值不容否定,正如有人评价的那样:

> 　　像狄德罗那一类人是非完成的,因为他们是发现者和创始者,而非总结者和终结者。这就是为何他们令那些齐整有序的学院头脑伤神不已,而后者的价值在于贴标签并置于玻璃器皿之中。他们说得对,没法把狄德罗跟一个稳定的类别关联起来……他称不上拥有单一可识别性的杰作。①

---

①　"Why Diderot",in Stanley Burrshaw(ed.),*Varieties of Literary Experience*,New York,1962,p.33.转引自:David Funt,"Diderot and the Esthetics of the Enlightenment",*Diderot Studies*,Vol.11(1968),p.33,note 43.

第三部分

19 世纪：美的失势

第一章　两次转向

在 19 世纪的上半叶和下半叶,法国美学各经历了一次重要转向,它们分别与德国观念论和科学实证思想的影响有关。①

19 世纪初期,法国的美学观念基本保持为一种基于常识的艺术表现论,斯塔尔夫人、司汤达等从各自的文学关切出发,致力于探索艺术的社会功能。这一状况的改变,始于维克多·库赞开设有关真、美、善的课程。库赞赞同大革命的价值观,主张教育与宗教分离,同时忧心于经验主义与无神论的蔓延所可能导致的涣散的社会意识形态,寻求以一种世俗唯灵论(spiritualisme laïque)巩固精神共同体。库赞的学说为法国引入了德国观念论,将形而上学、美学和伦理学构成一个密不可分的整体,既加深了对艺术现象的理解,又为美学的学科化奠定了基础。安德烈那里的"美"的分类法、巴托那里的美的理想主义在库赞"美之学"里重生。

第二次转向发生在 19 世纪 60 年代,表现为从形而上学转向事实研究。从圣勃夫到丹纳的实证倾向,再至欧仁·维龙的反-折中主义美学、让-马利·居友②的社会学美学,都在这场新美学运动当中发挥重要作用,其中,最关键的角色无疑是实证方法的开创者奥古斯特·孔德(Auguste Comte,1798—1857)。孔德比库赞年轻八岁,其思想传播的时代则几乎相差半个世纪。这在很大程度上是由于库赞生前曾长期掌握国家文化资源和教育资源,而孔德思想之被世人广为接受,乃是从其逝世之后才开始的。这样一个显著的时间差,造成法国 19 世纪前 50 年和后 50 年截然不同的美学风貌。如果说库赞所奠立的美学路线部分地属于德国路线,即承接康德、黑格尔、

---

① 以下对 19 世纪法国美学历史的梳理,参考了穆斯托克西蒂的著作:T.M.Mustoxidi, *Histoire de l'esthétique française* 1700－1900,Paris:Librairie Ancienne Honoré Champion,1920,pp.234－235.相近的美学史观念也可见于克罗齐的《美学的历史》一书(参见克罗齐:《美学的历史》,第245 页)。

② 一译顾约(见朱光潜先生《西方美学史》下册)、居约、盖杨等。其唯一被完整译为中文的著作《无义务无制裁的道德概论》将其译为居友,此译名更接近其法语发音。

席勒等观念论美学的进路，那么，孔德所引领的转向可以说开辟出一条法式路线。孔德的实证主义社会学宣称科学相对于形而上学的优势，带动起科学实证观念在美学上的巨大反响，丹纳的决定论和维龙的表现论皆与此有关，而后二者均以实证思想为武器，抵制被库赞重新奠基的"美之学"，迈出了告别古典主义、走向现代主义的关键一步。

　　据统计，1810—1855年左右，法国超过30篇文学博士论文以美学（esthétique）为选题。[①] 从19世纪下半叶开始，以"美学"或"艺术哲学"命名的专著的出版进入高峰期。根据穆斯托克西蒂所做的法国美学著作年表[②]，19世纪末至20世纪初这几年里，呈现出写作数量的高峰。尤其是1900—1905年这6年里，每年的美学专著产量皆不少于40部。在《法国美学史1700—1900》一书里，穆斯托克西蒂将这次美学著述热潮看作是"科学美学最具决定性的胜利"。[③]

---

　　① Notice sur le doctorat ès-lettres, par M. Ath. Maurier, directeur general au ministre de l'instruction publique, 2e édition, cité par Charles Lévêque, "Préface de la première édition", *La science du beau*, t.I, Paris: A. Durand et Pédone-Lauriel, 1872, p.xix.

　　② 该年表不包括译著。

　　③ T.M. Mustoxidi, *Histoire de l'esthétique française 1700 – 1900*, Paris: Librairie Ancienne Honoré Champion, 1920, p.235.

第二章 "理想"之变：摹仿问题

第一节 巴托的遗产与艺术体系的成毁

摹仿论(*imitatio*)是古典(主义)美学的艺术理论。它的主要意涵奠定于柏拉图《理想国》与亚理斯多德《诗学》，后在文艺复兴时期的艺术论中被抬到很高的位置。在法国于 17 世纪下半叶正式启动的古典主义美学思潮中，摹仿论能够始终保有基础地位，与夏尔·巴托的理论试验关系密切。[①]在《被划归到单一原则的美的艺术》中，巴托以"摹仿"为"美的艺术"(beaux arts)的"单一原则"，从众多艺术门类中将音乐、诗歌、绘画、雕塑、舞蹈或姿态艺术单列成组。从美学史的角度看，巴托为 18 世纪法国美学既有的论美路线添补了一条艺术哲学路线，[②]具有不容忽视的开拓之功。

对于作为艺术哲学的美学，巴托的独特贡献并不在于发明概念。巴托的原创性在于大胆尝试构建艺术诸概念间的联系：他让"美的艺术""摹仿""美的自然"这三要素彼此规定，摹仿既是(美的)艺术与(美的)自然的(唯一)关系，而且在同样意义上是"美的艺术"区别于其他艺术的独有原则。

巴托此举为当时趋于成型的艺术体系找到一种合法性，在客观上有助于推动美学学科独立自主的进程。狄德罗曾经不满意"美的自然"这个不清晰的概念，弃"美的艺术"而恢复此前的"自由艺术"之称。而狄德罗的合作者达朗贝尔则在《百科全书》序言里沿用了"美的艺术"，将巴托体系中的舞

---

① 具体请参见本书 18 世纪部分第五章。

② 在这一点上，安妮·贝克看得很清楚："从法国现代美学起源问题的角度来看，巴托踏着杜博的足迹，从美的艺术出发反思美，即提出了艺术上的美的问题，而不是像克鲁萨或安德烈那样提出的是一般的美的问题。"Annie Becq, *Genèse de l'esthétique française moderne 1680 - 1814*, Paris: Éditions Albin Michel, 1994, p.432.

蹈替换成建筑，称这五门艺术为"由摹仿构成的认知力"。① 可以说，达朗贝尔几乎从原则到内容全盘接受了巴托摹仿论。达朗贝尔之后，艺术体系基本定型为音乐、诗歌、绘画、雕塑和建筑这五门（有时还包括舞蹈），随着《百科全书》的传播而在欧洲广为接受。黑格尔的《美学》同样采用这个体系。

根据克利斯特勒，这个艺术体系的稳定性一直维持到19世纪后半叶，继而"开始显露出崩溃的迹象……绘画比此前任何时期都离文学更远，音乐却时常更向文学靠拢，工艺大踏步地恢复先前的装饰艺术地位。艺术家和批评家越来越认识到不同艺术的不同技巧，因此不满于传统的美学体系。"②在克利斯特勒看来，这个艺术体系的崩溃源于其理论的滥用，即人们过于自信地将某一门艺术的原则扩展到一切艺术上。塔塔尔凯维奇则发现，这种滥用并不是19世纪后半叶才有的新情况，巴托当年首次将摹仿原则推广到将非摹仿艺术囊括在内的艺术总体，提出摹仿论"最极端的形态"③之时，其实基于一个含混的摹仿概念：巴托时而将之理解为对自然的复写（含义一），时而理解为从自然中获取灵感（含义二），时而又认为摹仿是对自然的选择（含义三）。④ 这些含混的规定使得"摹仿"概念边界不明，有效性随之降低。当然，"摹仿"概念的含混性早在它于古希腊诞生之初业已存在，自那以后，摹仿论始终处于不断被解释和重新解释的状态下，以至任何研究者都不可能给它下一个总体性的定义，而只能具体地、限定性地指出其在某时某地某文献里的特定所指。就像塔塔尔凯维奇同时表示的那样：关于摹仿论，"名称上的一致，其实要大过于诠释上的一致"。⑤ 在18世纪的法国也是如此，杜博、安德烈、巴托皆声称支持摹仿论，但出于迥异的美学设想，杜博的情感视角与安德烈的神学视角很难与巴托的艺术体系视角相调和。

在前面专论巴托的一章中，笔者曾提到，巴托使用了宙克西斯画美人的轶事来论证画家兼采众美，以便获得理想之美的方式。颇有意味的是，同是

---

① 克利斯特勒：《艺术的近代体系》，邵宏译，范景中、曹意强主编：《美术史与观念史》Ⅱ，南京师范大学出版社2003年版，第465页。

② 同上书，第482页。

③ 塔塔尔凯维奇：《西方六大美学观念史》，第282—283页。

④ 同上书，第281页。"含义一"等命名为笔者所加。需要指出的是，塔塔尔凯维奇在此有一点理解错误：他指出巴托将摹仿原则也用在了建筑、音乐这类非摹仿艺术上；但其实巴托并未将建筑放在摹仿艺术里，而是放在第三类艺术，也就是介于机械艺术和美的艺术之间的、带有混合特征（兼具愉悦和实用功能）的艺术门类。参见：Charles Batteux, *The Fine Arts Reduced to a Single Principle*, Translated with an introduction and notes by James O. Young, Oxford: Oxford University Press, 2015, pp.3 - 4.

⑤ 塔塔尔凯维奇：《西方六大美学观念史》，第279页。

这位大画家,其绘画行为的另一面所追求的则是绘画的似真性。据传,在与同时代其他画家竞赛时,他成功地画出一幅葡萄,引来群鸟啄食。在这个故事里,绘画因与现实的极度接近而成为一种障眼法。这似乎矛盾地暗示着,西方传统观念对绘画的最高境界的理解原本充满矛盾,超脱现实的企图与逼真肖似的标准纠缠其中。

指望一种理论去引领并统一理解恐怕不切实际,更何况巴托的理论远非具有扎实、精确、系统、一贯等特性者。不过,巴托那里确实集中了法国古典主义美学艺术理论的主要症结。巴托摹仿论的三要素原本就是荣损与共的,加之他在一个过于弹性的"摹仿"概念基础上尝试建构体系,这便为摹仿论奠定了飘摇的命运。例如,倘若"美的自然"这个摹仿对象遭到质疑,"美的艺术"这一体系就难以成立,"摹仿"的意涵也随之更改。按塔塔尔凯维奇的概括,法国古典主义对于摹仿对象有着趋同的理解:"艺术不应模仿粗糙的自然,而应模仿它被改正过缺点之后的状态。这当中自然要经过一番的选择。"①这也就是"美的自然"。这种理解选取了巴托"摹仿"概念的含义三。

就这层含义而言,"美的"应当同时在"理想的"和"令人愉悦的"两个方向上加以领会;前者表示智性对自然的改造,后者同时表示这类艺术的心理效果和生产目的。在第一个方向上,摹仿对象有时也被巴托称作"理想的自然"②。被人为修改的自然向着完美、绝对、普遍(即"超自然"③)提升,在外部特征上体现为"比例、均衡、清晰诸特性"④(显然承自 18 世纪法国美论中的客观主义立场)。古典主义者将这个过程称作"理想化"(idéalisation),将其目标称作"理想"(idéal)。二词皆出于"理念"(idée),与柏拉图有着紧密而复杂的关联。理想化的成熟观念,早在意大利人贝洛里(Giovanni Pietro Bellori)的《现代画家、雕塑家与建筑师传》(*Le Vite de pittori*, *scultori et*

---

① 塔塔尔凯维奇:《西方六大美学观念史》,第 279 页。

② 对于巴托的"美的自然"(belle nature),有一种英译就是"理想的自然"(ideal nature)。参见:Francis.X.J.Coleman, *The Aesthetic Thought of the French Enlightenment*, University of Pittsburgh Press,1971.对于这种理解,《被划归到单一原则的美的艺术》英译者(James O.Young)在译者导言中有所辨析。另外需要注意的是,巴托对"美的"和"理想的"时有区分,用前者表示可见的理想,用后者表示不可见的理想。比如他曾提到,人们将绘画、雕塑或舞蹈定义为用颜色、凸凹、姿态表现的对美的自然的摹仿,而音乐和诗歌则是用声音、话语表达的对理想的自然的摹仿(Charles Batteux, *The Fine Arts Reduced to a Single Principle*, Translated with an introduction and notes by James O.Young, Oxford:Oxford University Press,2015,p.63)。不过,在本章的论题之下,这个临时的区分可以忽略不计。

③ 巴托说得很清楚:美的自然"并非当下的现实,而是可能成为的现实,是真正美的现实,它被再现出了一切可能有的完美,仿佛实存一般"(Charles Batteux, *The Fine Arts Reduced to a Single Principle*, p.13)。

④ 参见:Etiènne Souriau(éd.), *Vocabulaire d'esthétique*, Quadrige/PUF,1990,p.346.

architetti moderni，1672)一书见出端倪。① 理想化的另一题中应有之义是古典化，即参照古希腊罗马大师作品的风格与技法。

巴托之后，温克尔曼的古代艺术研究②(《希腊艺术摹仿论》，1755)巩固了法国人的古典趣味，康德对"美的理想"的规定(《判断力批判》，1789)更新了法国人在"理想"问题上的思考。特别是温克尔曼的系列著作，在全欧洲的艺术创作与欣赏领域带动了新一波复古热潮。与巴托一样，温氏认为古希腊艺术大师追求理想美，而非满足于制作与现实中个体事物相类之物；他比巴托更为明确地提倡，现代艺术家应当效仿古希腊人的这种理想化创作理念与方法。

至19世纪初，无论是艺术界还是理论界，情形变得更为复杂。在法国学院内部，"理想"概念演变为一个备受争议的问题，启动了巴托式古典主义摹仿论的多舛命运。

第二节 "理想美"的学院之争

1801年，法国国立科学与艺术学院(Institut national des sciences et des arts)举办了一次竞赛，题目是："古代雕塑之完美的原因何在，以及达致此完美的方法是什么？"埃梅尔·达维(Emeric David)摘得桂冠，后来被吸纳为学院成员。获奖后的命题作文成书为五百多页的大著，于1805年受学院资助出版，书名为《古今对雕塑艺术的研究》③。针对学院的问题，达维的回答可概括如下：古代艺术达致完美，所依靠的仅仅是对自然的不懈钻研，因此，摹仿自然是抵达完美的唯一途径。

达维的获奖在学院内部引起争议。最认真的抗议来自夸特梅尔·德·昆西(Quatremère de Quincy，1755—1849)④，他谴责达维没有在摹仿论中

① 这一发现来自中国人民大学吴琼老师的提示，特此致谢。拜泽尔也有类似看法(参见弗雷德里克·C.拜泽尔：《狄奥提玛的孩子们——从莱布尼茨到莱辛的德国审美理性主义》，第202—203页)。贝洛里该书的英译本(同样感谢吴琼老师的提供)可参见：Giovan Pietro Bellori, *The Lives of the Modern Painters, Sculptors and Architects*, trans. Alice Sedgwick Wohl, noted by Hellmut Wohl, introduction by Tomaso Montanari, Cambridge: Cambridge University Press, 2005.
② 我国温克尔曼研究的新进展，可参见高艳萍：《温克尔曼的希腊艺术图景》，北京大学出版社2016年版。
③ Emeric David, *Recherches sur l'art statuaire considéré chez les anciens et chez les modernes*, Paris: Chez la veuve NYON aine, Libraire, 1805.该书在库赞《论真美善》中被简称为《雕塑艺术研究》(*Recherches sur l'art statuaire*)。
④ 西文文献中有时称其夸特梅尔。

为"理想美"(beau idéal)保留其应有的位置。德·昆西于同年出版《论理想在构图艺术之摹仿作品中的实践性应用》①,20年后的1825年,又出版了一部四百多页的《论美的艺术中摹仿的性质、目标和方法》,这两部书先后处理"理想"和"摹仿"两个核心概念,皆以达维的意见为靶心。

此次论争的焦点乍看起来是古代艺术达致完美的途径,但实际上争论双方对于"摹仿自然"这一原则并无异议;真正的分歧在于,他们分别在含义一和含义三上理解"摹仿"这个概念,具体地说,他们对如下问题有着不同回答:艺术应当"如其所是"地摹仿自然,还是"如其所应是"地摹仿自然? 艺术所摹仿的自然,在自然里是否实有其物? 套用巴托术语,"美的自然"究竟是自然的还是超自然的?

达维论雕塑艺术的大著专列一节②探讨"理想美"(Beau idéal)。其中指出,idéal来自希腊文eido,表示"我看见",那么"理想美"这个词意味着所见之美或能够看见的美、可见之美(beau visible)。idéal的另一词源eidos即"形式",于是"理想美"等同于形式之美。③ 达维推论道:"'理想美'一词……只能表示可见的美,真实的美,自然之美。"④通过考察idéal的希腊词源,他发现,该词在当时的意涵与当今法国人期待它提供的意涵全然背道而驰。

达维指出,在当今法国人心目中,"理想美"表示一种超自然的美,但这种意涵在古希腊是不存在的:"希腊人并不研究这种虚幻的美,并且,'理想美'这个名称在他们看来亦是一种不恰当的、糟糕的选择。"⑤在古希腊,艺术家不断深入地研究自然,直至能够纠正他们的模型的瑕疵,美化它们并摹仿它们,这就是古希腊艺术获得完美性的真正原因:对自然的勤勉而忠实的摹仿。那么,今人为何会误以为他们因创造出超自然之美而达致完美呢?达维所提供的原因大致包括两个方面——

其一是观念上的错误推断。现代艺术家在欣赏众多古代雕塑时深受其触动,油然而生崇敬之情,甚至以为这种超乎寻常的完美必定来自一种超常

---

① Quatremère de Quincy, *Essai sur l'idéal dans ses applications pratiques aux œuvres de l'imitation des arts du dessin*, Paris:1805.笔者所参考的版本出版于1837年:Quatremère de Quincy, *Essai sur l'idéal dans ses applications pratiques aux œuvres de l'imitation des arts du dessin*, Paris:Librairie d'Adrien le Clère et Cⁱᵉ, 1837.

② 见该书第二编第二部分第六节。

③ Emeric David, *Recherches sur l'art statuaire considéré chez les anciens et chez les modernes*, pp.282-284.

④ 同上书,第285页。

⑤ 同上书,第282页。

能力对一种超常对象的摹仿:"古希腊艺术家……其作品激发崇敬,令人相信他们已经构思、创造出一种超自然的美,而某些今人为了描述这种美的类型就称之为'理想美'。"①其二是记忆力的夸张效果。现代艺术家在赞叹古代雕塑之余,"将其图像留存在记忆里:当这些模糊的、不确切的图像后来重现于他们的心灵中时,他们相信自己在构思一种超自然的美"。② 他们有关理想美的意见,根源正在于此;也是因为这个原因,他们心目中的理想美"是幻想性的、不确定的,是或多或少不够忠实的记忆力所再现的美"。③ 总体上看,达维反对从超自然的意义上解释"理想美"这个概念,对他而言,艺术对自然的理想化等同于对可见世界的忠实再现,原因在于自然本身的种种样貌就是理念或者说模型,二者出于同一层面,如此,则艺术家对自然的内在的、概念性的领会并非优先于甚或深化/提升了其对外部表象的观摩。这样一种将理念此岸化的尝试,我们可以在塞涅卡、瓦萨里等人那里找到遥远的回声,④当然达维所面临的是崭新的艺术状况。

德·昆西的反驳是针锋相对的。他同样从词源学角度出发,指出 eido 这个动词更为明确的含义是"通过心灵之眼(les yeux de l'esprit)来看",也就是内在的、形而上的直观。在美的艺术(beaux-arts)理论中,idéal 一词有着特殊含义,即"一种最高级的表达,所表达的是在我们看来并非外于自然,而是在性质上高于自然在最日常情况下向我们展示的东西,它尤其存在于作品里"。⑤ 所以,当 idéal 这个词跟"美"放在一起时,其所表示的品质、完美、卓越性便不可能出于个体的、孤立的模型,艺术家唯有通过抽象的一般化(généraliser)才能抵达真正的模型。这就是对理想美的摹仿。⑥ 所以,古希腊艺术家所依据的并非某个个体的、特殊化的模型,而是一种一般化了的美的示例(un exemplaire de beauté généralisée),从而,形体的摹仿导致理

---

① Emeric David, *Recherches sur l'art statuaire considéré chez les anciens et chez les modernes*, p.277.

② 同上书,第 289 页。

③ 同上书,第 289—290 页。

④ 具体可参见潘诺夫斯基:《理念:艺术理论中的一个概念》,《美术史与观念史》I,第 576—609 页。文中将塞涅卡(Seneca)译作塞内加。

⑤ Quatremère de Quincy, *Essai sur l'idéal dans ses applications pratiques aux œuvres de l'imitation des arts du dessin*, p.3.

⑥ 同上书,第 30—31 页。德·昆西对"eidos"的解释相对忠实于原义。《观念史词典》(*Dictionary of the History of Ideas*)的词条"美学史中的形式"指出,现代西方语言中常用的"形式"(英语 form,法语 forme)一词来自拉丁文的 forma,后者所替代的是两个希腊词,即 morphe 和 eidos;前者首先被应用在可见形式上,后者则首先被应用在概念性的形式上(Philip P. Wiener(editor in chief), *Dictionary of the History of Ideas: Studies of Selected Pivotal Ideas*, Volume II, New York:Chales Scribner's Sons,1973,p.216)。

想体系(système idéal)的产生。① 20 年后，他进一步规定了这个"一般化"概念："一般化，就摹仿而言，就是再现一个对象，并不仅仅再现其整体，而且更要再现出构成这个对象的类的特征。"②据此，则理想化即超自然化和去个体化，理想美即通过一系列(体系性的)理想化方式而抵达(令人愉悦的)完善性。

在德·昆西看来，达维的"理想美就是可见之美"这个论断，其错误根源在于混淆了可以为外视觉的感官所感的理想作品与该作品在内视觉的精神感官上所产生的印象。这两种视觉能力在艺术家的摹仿工作里是结合起来的，在艺术欣赏中同样如此。无疑，凭借身体的可见能力，人能够对眼中所见的模型进行物质性的摹仿，也能够分辨事物及其各种变幻的外部形式。然而，要想欣赏这些变幻，从中辨识其性质、属性、主题抑或人格上的精微之处，或者，要想洞悉何等的形式、轮廓、比例应当归属怎样的表现与和谐，诸如此类，仅仅靠一双肉眼就不够了，必须依赖所谓的内视觉，依赖想象以及更加微妙的智性。所以，宣称"理想美就是可见之美"是毫无意义的，因为外视觉完全属于"理想美"或理想的摹仿的题中应有之义；但如果误将之作为充分条件，就会将摹仿贬低到庸俗的水准。③

其实，早在狄德罗那里，仅仅摹仿古人之作，是否应当作为通达"理想美"(抑或哪怕是一般的、未必理想的美)的必要途径，这一点已经遭到质疑。④ 不过，在 19 世纪初期，这个问题面临着新的挑战。达维与德·昆西的摹仿论各有其当下的现实考虑，各有其艺术立场。对达维而言，学院艺术家远离现实的模式化教学传统令他担忧。他指出，如果艺术家并不靠眼前的模型来工作，就只能依靠回忆，但回忆的用途相当有限。如果说一场强烈的激情、一场暴风雨或者其他一些难以再现的情况尚可使用回忆，那么大部分活生生的场景则不可使用回忆来描画。最重要的是，如果艺术家习惯于这种错误的向导，就会自以为把握住了理想美，"因为他将某种幻象作为这

---

① Quatremère de Quincy, *Essai sur l'idéal dans ses applications pratiques aux œuvres de l'imitation des arts du dessin*, p.7.

② Quatremère de Quincy, *Essai sur la nature, le but et les moyens de l'imitation dans les beaux-arts*, Paris: Treuttel et Wurtz, Libraires, 1825, p.276.

③ 同上书，第 26—30 页。

④ 详细情况可参见狄德罗为《百科全书》撰写的词条"美"(Beau)、在狄德罗授意下由弗朗索瓦-让·德·沙司泰吕(François-Jean de Chastellux)撰写的词条"理想"(Idéal)，以及狄德罗为 1767 年沙龙展写的文章(但相关文字未见于中译本《狄德罗美学论文选》中)。具有启发价值的相关研究，可参见该文：Savid Morgan, "Concepts of Abstraction in French Art Theory from the Enlightenment to Modernism", *Journal of the History of Ideas*, Vol.53, No.4(OCT.- Dec., 1992), pp. 672 – 676.

种超自然之美的模型，于是这种幻象就在他的想象里浮现，他实际上仅仅在学习看到唯一形式下的美。在他所有的构图上，他的手靠着常规来再现自己心灵所形成的宠儿。很快他便不再感到真理的优点；他不再寻找真理。面对活生生的模型，他无法表现其特征；他丧失了这样做的能力。他以为摆脱了摹仿之束缚，恰恰相反，他被自己的天才羁绊。"①法国人妄图从理想美的角度学习希腊人时，"这种为人所津津乐道的美是一种幻想中的存在，作为一种自然结论，这个名称的意义是空洞的；它催生出各异的体系"。② 对法国艺术家而言，当务之急是回到面对自然的写生方法。可见，达维的立场是写实主义；在此立场的观照下，写生能力的退化凸显为学院古典主义模式化教学的积弊。

德·昆西作为新古典主义画家大卫和安格尔的朋友，则站在学院古典主义的立场上，对写实主义和浪漫主义一概反对。在他看来，写实主义和浪漫主义违背了正统的摹仿原则：写实主义变成了对现实的单纯复制，浪漫主义则将一味求新与真正的原创性混为一谈。这两股美学新潮流数典忘祖、自我依赖，不肯求助于真正有规则、有体系的摹仿，即古希腊艺术的摹仿。古希腊人一方面没有仅限于一种孤立于个体形态的结果，另一方面钻研自然的一般法则以及令诸个体有所不同的多样性，从而形成一种完美样本（*specimen* de perfections）。③ 仅仅对自然进行客观的或感性的简单摹仿，无法揭示出构成理想的高级秩序之美，因此需要在认知存在者的基础上添加对可能存在者的内行感觉（sentiment éclairé）。④ 古希腊人为后人提供了有迹可循的摹仿方法，唯有遵循这些方法才能够抵达"理想的摹仿"。学院派学习古典艺术，正是为了抵达这种理想的摹仿，其所追求的并非（如写实主义那样的）单纯的复本，而是一种被制作的（诗性的）事物，一种创新式的创造或虚构。⑤ 这就是德·昆西的"摹仿即创新"理论。当然，这层被发挥的意思并不是德·昆西的原创，而是古典摹仿论题中应有之义。柏拉图曾论及一类堪与立法者媲美的艺术家，他们一面以经验现实为参照，一面尽力

---

① Emeric David, *Recherches sur l'art statuaire considéré chez les anciens et chez les modernes*, pp.290 - 291.

② 同上书，第 277 页。

③ Quatremère de Quincy, *Essai sur l'idéal dans ses applications pratiques aux œuvres de l'imitation des arts du dessin*, p.19.斜体为原文所有。

④ 同上书，第 14 页。

⑤ 参见：Richard Shiff, "The Original, the Imitation, the Copy, and the Spontaneous Classic: Theory and Painting in Nineteenth-Century France", *Yale French Studies*, No.66, The Anxiety of Anticipation(1984), pp.32 - 37.关于德·昆西力振学院古典主义传统，亦可参见马萧：《印象派的敌人》，清华大学出版社 2017 年版，第 126—127 页。

在作品中恰当地表现理念,被柏拉图称作"创造性画家"。① 巴托亦有"创造性摹仿"②一说,即艺术家的才能不在于复制眼前的现实,而在于为不可见的、理想的自然("美的自然")塑形,也就是创造新的现实。可见,"摹仿即创新"是巴托式摹仿论的必然推论。而康德在《判断力批判》当中提出的"美的艺术是天才的艺术"的主张,也很可能对德·昆西有所启示。

维克多·库赞在其《论真美善》一书中追述了这场世纪初的精彩论争,一举将此事件铭刻进美学史。③ 库赞毫不犹豫地声援德·昆西:"希腊艺术的真正手法是对一种理想美的再现,无论在古希腊还是在我们今天,自然都无法拥有理想美,它因而无法将之提供给艺术家。"④库赞与德·昆西的区别在于,他在新柏拉图主义意义上支持巴托摹仿论传统。他区分"实在美"(beau réel)和"理想美"(beau idéal)。前者也称"自然美"。各实在领域的美都有待于去除实在性和个别性,向更高的、更理想的状态提升自身,理想美的终点是至善至美的上帝。"理想既不在任何个体身上,也不在任何个体的集合身上。"⑤"正确说来,真正的、绝对的理想只能是上帝本身。"⑥上帝是"有形世界的作者,是智性的和道德的世界的父亲",⑦他不单是崇高和优美的统一,也是所有美的类型的最终统一性的终极保障:"这个绝对的存在,既是绝对的统一性,亦是无限的多样性。——上帝,是必然的最后原因,最终基础,是一切美的完整理想。"⑧库赞吸取普洛丁的"流溢说",将异教时代的"理念"问题基督教化。他指出,寻求美的路径正合《会饮篇》里所记载的异教时代的苏格拉底曾经提到的那条路径,从世间个别的美的事物开始,逐步提升到最高境界的美,从美的形体上升到美的知识,从美的学问追溯到美的本体。审美的前提是认知美,这令他跻身尼采所批判的"审美苏格拉底主义"群体。

库赞表示,既然任何自然物都有或多或少的瑕疵,直接摹仿的自然便不可能是美的,而艺术家的工作就是使用某种规则,将随意散在于自然中的美统一起来,这就是理想化的手法。摹仿的原型并不存在于自然当中,而是被

---

① 潘诺夫斯基:《理念:艺术理论中的一个概念》,《美术史与观念史》I,第 565 页。
② Charles Batteux, *The Fine Arts Reduced to a Single Principle*, p.9.
③ 穆斯托克西蒂在其《法国美学史 1700—1900》一书中提及这段典故(T. M. Mustoxidi, *Histoire de l'esthétique française 1700–1900*, Paris:Librairie Ancienne Honoré Champion, 1920, pp.8–9)。
④ Victor Cousin, *Du Vrai, du beau et du bien*, Paris:Didier, Libraire-Editeur, 1854, pp.179–180.
⑤ 同上书,第 167 页。
⑥ 同上书,第 168 页。
⑦ 同上。
⑧ Victor Cousin, *Du Vrai, du beau et du bien*, p.171.

艺术家构想出来的，这也是为什么他说"道德美"（beauté morale）是一切真正的美的基础；这个基础被掩藏在自然里，由艺术将之解脱出来，赋予其更加透明的形式。① 库赞不觉得达维的意见里有任何有价值的东西，言语中甚至透出轻蔑。库赞其实并不反对写生，甚至提倡让艺术学院的学生多加练习对自然物，尤其是活生生的形象的复制，主张艺术作品既不应当出现"死的理想"（即为了普遍化而牺牲个别），亦不应缺乏理想。然而更值得注意的是，在这个尽力平衡的中道②背后，存在着一种严格的、不可动摇的理念论："最终，美的基础还是理念（idée）；造就艺术者，首先在于理念的实现，而非摹仿这样那样的特殊形式。"③

德·昆西及库赞延续了巴托"美的自然"的"超自然"传统，代表着法国学院派的正统思想，达维的夺冠部分地体现出反正统一派的崛起。后者的意见或许出于对传统的轻忽，更可能带来了一场变革。艺术体制之弊正在将创造性的摹古替换为套用僵化死板的模式。19世纪初的法国学院派皆声称尊奉摹仿论这个不易之法，而在理解上存在尖锐的对峙，激烈冲突发生在学院成规与视觉直观之间，理想的摹仿与忠实的写生之间，理念的独一性与实在的多样性之间。尽管法国大革命摇动了古典主义美学的政治根基，波及全欧的浪漫主义文艺运动深刻重塑着法国人的审美趣味，而在长期频繁的政体更迭和社会动荡中，美学观念的复杂性与异质性不容低估，原本在大一统政治体制下被严格管制的"学院艺术"正逐渐变成多义词。

有学者指出，"理想美"这一传统在法国有两个时期格外被发扬光大，一是17世纪，二是（19世纪的）帝制时期，④这暗示出古典理想与绝对主义王权之间的意识形态关联。当然，这两次古典主义美学盛期的成因与性质均有所不同，不过篇幅所限，笔者不拟在这条线索上多做耽搁，而尽力将论证范围收束在美学文献内。德·昆西-达维之争消停之后，在摹仿论上做出重要贡献的人物，首推库赞的得意弟子儒弗瓦。

---

① Victor Cousin, *Du Vrai, du beau et du bien*, pp.176–177.

② 库赞认为，"天才"这种能力就在于能够恰当拿捏理想与自然、形式与思想之间的比例，并将它们统一在作品当中。（同上书，第178页。）

③ 同上书，第178—179页。詹姆斯·曼也注意到，库赞尽管试图调和两种立场，但实际上清晰地偏向于德·昆西一方（James Manns, "The Scottish Influence on French Aesthetic Thought", *Journal of the History of Ideas*, Vol.49, No.4［Oct.- Dec.，1988］, p.643）。

④ Paul Bénichou, *Le Sacre de l'écrivain*, Corti, 1973, p.259, cité par Jean-Louis Cabanes, "Les philosophes éclectiques et les doctrines esthétique de Burke et de Kant: le sentiment du sublime", *Littératures*, Année 1990, 23, p.135. 法兰西第一帝国为1804—1814年，法兰西第二帝国为1852—1870年。

第三节 摹仿与理想的对观

儒弗瓦对摹仿问题的讨论主要见于其 1826 年的授课讲义以及残篇《论摹仿》,这两个文本在其去世之后被编入《美学教程》一书。[①] 作为后辈,儒弗瓦深受库赞影响,也极可能接触过德·昆西有关摹仿的著作。不过,儒弗瓦的美学复杂和深刻得多。[②] 笔者认为,儒弗瓦针对此前的主流摹仿论做出了关键性的变更。

对于那场围绕"理想美"的争论,[③]儒弗瓦的态度似乎比其折中主义老师库赞更取中庸之道,尖锐对立的双方在他这里被兼收并蓄。《美学教程》中的"摹仿"一词分别在两义上使用。比如第二十九课的课程纲要提示道:忠实复制和仅复制本质特征(trait essentiel)是两种有待遵循的摹仿手法。[④] 这里的"摹仿"为广义。在具体陈述中,儒弗瓦多在狭义上使用"摹仿"一词,即忠实复制的摹仿手法的简称,也称精细摹仿(imiter minutieusement);与此相对的另一种摹仿手法,也就是复制本质特征,他一般称作"理想"(idéal)。此为巴托那里的含义三。单看这一点,会以为儒弗瓦的态度不太明朗。依笔者之见,尽管"摹仿"的两种词义在《美学教程》里时有混淆,但狭义(含义三)的使用频率远高于广义。这是一个重要信号。

《美学教程》将艺术作品的构成分作基底(fond)和形式(forme)两个部分,前者包含不可见的情感、激情乃至形而上之思,后者包括形、色、文字等可见、可感的元素。从审美情感的条件来看,美必然混合着形式与实质(fond),它们在艺术里根据全然不同的原则起作用。根据对形式与实质的不同强调,可以将艺术家分成宗旨有所不同的两类,分别是"理想派"(école de l'idéal)与"摹仿派"。后者亦称"写实派"(école de réalité)或"摹仿自然

---

① 1843 年,由达米隆(Damiron)编纂出版了其美学代表作《美学教程》(*Cours d'esthétique*),《美学教程》附录了三个单篇,分别是《美的感觉》《美,快适,崇高》《论摹仿》,其中后两篇皆为残篇。《论摹仿》的写作时间难以查考。达米隆也是库赞的学生,于 1814 年开始在巴黎高师听库赞的课,儒弗瓦则比达米隆早一年师从库赞,根据儒勒·西蒙,儒弗瓦和达米隆等学生与库赞形成一个同道小圈子(Jules Simon,*Victor Cousin*,Paris,Librairie Hachette et Cie,1887,p.14)。

② 克罗齐在《美学的历史》里表达了这个看法(可参见克罗齐:《美学的历史》,第 205 页),笔者深以为然。

③ 文杜里曾语焉不详地指出儒弗瓦"参与"了这场论争(可参见廖内洛·文杜里:《艺术批评史》,邵宏译,商务印书馆 2017 年版,第 155 页),但笔者并未见到儒弗瓦明确提及此事件,故认为"参与"之说不甚恰当,但儒弗瓦不可能不知情,亦有自己的鲜明态度,详后。

④ Théodore Jouffroy,*Cours d'esthétique*,suivi de la thèse du même auteur sur le sentiment du beau et de deux fragments inédits,Paris:Librairie de L.Hachètte,1845,p.216.

派"（école de l'imitation de la nature）。

前一类以古代艺术家和法国古典主义艺术家（如拉辛）为代表，他们认为，既然在外部事物里，在我们身上起作用的显然是不可见者，如果剥去不可见者的外部形式，此不可见者就会继续起作用，甚至在我们身上以更强烈的方式起作用，那么在操作手法上，应当修改并简化可见的形式，去除无关宏旨的细节，突出最能够清晰表现个别的、多变的现象背后永恒不变的人类本性，尽力让受众的注意力排他性地、准确地集中投向这个不可见者。在这里，备受重视的是主题传达的清晰性。后一种艺术家（儒弗瓦亦称其"写实主义艺术家"）以浪漫主义作家瓦尔特·司各托为代表，他们并不关心如何让不可见的基底获得更加清晰的呈现，而更关心现实是否得到原样不变的再现，于是，这类艺术家保持所有可见细节，致力于如其所是地仿造自然，不厌其细地复制形式。在这里，备受重视的是对现实的忠实性。以描绘一个坠入爱河的人为例。写实派艺术家观察人的外在景观，即爱情的外部符号，以表现被激情驱遣的人为目标。理想派艺术家观察人的内心景观，即激情的内心活动，以表现爱本身为目标。于是在前者那里，不仅应画出这个具体的人的年龄、性别，还应画出其状况、国别、历史日期、宗教、特色、居所、环境、面孔、身形，等等，越是具体就越接近其目标，这是一个个别化的过程。而在后者那里，这些细节的多样性被取消，艺术家仅追求将普遍适用的爱情模式表现出来，这是个一般化的过程。[1]　就这样，儒弗瓦重新建构了一套艺术理论，以此解释"理想派"与"写实派"各自的观念依据。

儒弗瓦始终强调，两类艺术手法各有其优劣，并无价值上的高下之判。理想化仅仅使用能够强烈表现一个人激情的符号，而抛弃那些不相干的、次要的符号，精细摹仿则正相反。前者的优点是易于吸引受众的注意力，促生更加强烈的效果，但缺点是容易过度抽象化，使得形象沦为思想的工具，造成激情与个体的分离。需注意的是，艺术中的智性符号依然是一种自然符号，其抽象化必须控制在可感范围内，所以，特别是对除文学外的艺术门类而言，理想化这条原则不可能贯彻到底。精细摹仿便于克服上述缺点，但若控制不当，则可能落入平淡的仿造和干瘪的激情，难以阻止那些次要符号喧宾夺主，干扰受众对本质性符号的留意。故而要诀在于拿捏分寸、扬长避短："在对自然的理想化与精细摹仿之间，应当保持一个恰当位置。艺术家在自己的特定趣味指引下，既不应当过度摹仿，亦不可过度理想化。"[2]

---

① 参见：Théodore Jouffroy, *Cours d'esthétique*, pp.194 – 206.
② 同上书，第 219—220 页。

　　既然如此,学院趣味为何向来偏爱"理想"并排斥(狭义的)"摹仿"呢?儒弗瓦虽未明确提出此类疑问,但他的下述分析或可视作一种回答:在艺术作品中,知识渊博的人比一般人感觉①到更多的东西,因为如果熟知艺术制作的手法并善于反思,就会清楚摹仿与理想的区分并从理想中获得愉悦,故而这一类人会更加青睐理想,而普通人则更青睐摹仿。② 这里点明了智性上的优势有助于获取层次更加丰富、意味更加深长的审美愉悦。

　　这样一番价值中立的"对观"(parrallèle)③,以折中的方式为达维一方提供了新的理论支持。我们可以从儒弗瓦的文本中解读出一个重要意见:达维的立场未必是一种有待摒弃的错误,充其量只是用错了"理想"这个概念,倘若修正措辞,他尽可以理直气壮地举起写实这面旗帜。

　　随着"摹仿"被修改为对自然的忠实而"不理想"的复制,"摹仿之美"也被理解为"不理想"的美。《美学教程》归纳出四种类型的美,即表现之美(beau de l'expression)、摹仿之美(beau de l'imitation)④、理想之美(beau de l'idéal)和不可见者之美(beau de l'invisible)。此处,我们仅讨论摹仿之美和理想之美的区别;其他两种美将在下一章有关"表现"的论题下详述。

　　儒弗瓦认为,当人工物对自然物的近似的复制令我们愉悦时,我们会宣称那里存在着摹仿之美。当人工物对自然物的完善复制(copie perfectionnée)令我们愉悦时,我们会认为那里展现出理想之美。⑤ 儒弗瓦以一尊西勒努斯⑥

————————————

① 与我们通常的使用不同,在《美学教程》里,感觉(sentir)一词含有理解之义,与视听相对。

② 同上书,第238页。

③ 同上书,第202页。

④ 需要注意,儒弗瓦在《美学教程》提出"摹仿之美"概念的同时,却又在《论摹仿》里开篇就主张"摹仿并不构成美"。这两个"美"字分别吸收了巴托那里"令人愉悦"和"理想"两个方向上的含义,我们需要在理解时分而视之。在《论摹仿》里,儒弗瓦以一个头部肖像为例指出,该肖像越是符合我们心目中的美的理想,就越不可能符合摹仿上的忠实性,因为摹仿上的忠实性除了让我们因联想到原型而感叹外,并不会让我们做出"美"的评语,而"在理想的头部上则仅仅存在对人类形象的一般特征的模糊摹仿,你不会太注意到这摹仿,甚至不会想到去欣赏摹仿。然而,最伟大的美却正在这理想的头部里,结合了很少的摹仿。"甚至,对摹仿之忠实性的牺牲,反而是抵达理想的正确途径:"面对肖似于一个普通人或相当美丽的人的肖像,你清楚地看到,人们通过削减摹仿之忠实性便能够增强形象之美。"当摹仿的对象本来就是丑陋的或无所谓美丑(如所谓的"惰性对象")时,"摹仿之完美结合以美的缺席,甚至结合以丑的在场"(Théodore Jouffroy, "De l'imitation", *Cours d'esthétique*, pp.355-356)。

⑤ Théodore Jouffroy, *Cours d'esthétique*, p.234.儒弗瓦在论及"理想美"时,有时使用 beau idéal,有时使用 beau de l'idéal。在另外两种类型的美上,没有出现类似情况。我们可以分别用"理想美"和"理想之美"对译,以明示其修饰语分别使用了形容词词性和名词词性。儒弗瓦没有辨析过两种写法的区别。笔者认为,"理想之美"同其他三类并列之美类似,表示美的归属;而"理想美"则表示这种美的特征。

⑥ 西勒努斯是古希腊神话中司森林的半神,为酒神狄奥尼索斯的导师和伙伴,多被描绘为醉汉。

大理石雕像为例。[①] 他认为，摹仿所复制的是某一个醉汉，理想化则提供人格化的"醉"。摹仿自然的艺术家针对"这一个"西勒努斯展开研究并精工细作；依据该雕像与真实的西勒努斯形象之间是否忠实地相符，我们来判定其摹仿是美是丑，此时所获得的美即为摹仿美。倘若艺术家从自然中汲取"醉"的表现性特征，抛弃自然材料里所有不属于"醉"之理念的无用之物，保持并完善这一理念，我们便可从其作品中获得理想美。可见，这是立足于两种不同视点的审美判断：理想美的成色取决于朝向理念的提纯程度，摹仿美的优劣取决于与原本的对比。这里的"美"是从无利害而令人愉悦的意义上说的。

这就进入了摹仿论的一个基本问题：摹仿的愉悦之源何在？ 对于已经做过辨分工作的儒弗瓦来说，问题的范围缩小到对精细摹仿的考察。在儒弗瓦之前，美学家们的回答基本集中在相似性上。巴托从生理和心理两方面出发，解释作为肖似的"摹仿"何以令人愉悦。[②] 德·昆西认为，"美的艺术"的摹仿本质在于仅凭被再现物的表象，即图像（image），而让人看见实在；自然产品之间的相似发生在两物之间，是重复；在美的艺术中，图像与物之间的相似则发生在图像与原本之间，是摹仿；所以，摹仿因图像而令人愉悦，这是因欣赏者的比较行为而生发的。[③] 通过强调美的艺术的图像身份，德·昆西也以相似性为摹仿的愉悦之源。

儒弗瓦则指出，对相似性的发现不一定带来愉悦。同一种类的事物往往分享较多相似性，两只同类的鸟，一只鸟的左右两翅，一个人与其镜中形象之间的相似性，它们之间的相似性远大于一物与其画中图像的相似性。很明显，发现前一种相似性未必带来愉悦，即便带来愉悦，其与摹仿之愉悦的区别在于：强度更弱；未必来自艺术，也可能来自西洋景等幻觉戏法。

可见，相似性并非摹仿的充分条件，而造成相似之意图却是摹仿的必要条件。儒弗瓦说："'相似'一词仅仅指示相似这一简单事实；'摹仿'一词同时表达一切，既有事实本身，又有生产之意图。"[④]"在艺术家身上，正是对这一意图的感知令我们称其作品为一件摹本。"[⑤] 以麦穗为例。一根麦穗和另

①　Théodore Jouffroy，Cours d'esthétique，pp.179 - 180.

②　相关研究可参见本书 18 世纪部分第五章。巴托本人的论述，具体可参见：Charles Batteux，*The Fine Arts Reduced to a Single Principle*，Translated with an introduction and notes by James O. Young，Oxford：Oxford University Press，2015，pp.46 - 48.

③　Quatremère de Quincy，*Essai sur la nature*，*le but et les moyens de l'imitation dans les beaux-arts*，Paris：Treuttel et Wurtz，Libraires，1825，pp.5 - 11.

④　Théodore Jouffroy，"De l'imitation"，*Cours d'esthétique*，p.358.

⑤　同上书，第 358—359 页。

一跟麦穗之间的相似之所以不被称作"摹仿"，正由于其凭借同样的自然法则必然（无数次地）发生相似，该法则里并不包含制造相似性的意愿。但在一根麦穗与其在画布上的麦穗图像之间之所以存在摹仿，是由于图像被制作出来就是为了摹仿此物。相似性在这里是意图的结果。再以字迹为例。面对两页相仿的字迹，倘若我们要判断其中一页是对另一页的摹仿，必须知道它们并非出于同一手笔，亦非两个不同的人偶然写成的相仿字迹。所以，"制造相似性的意图是摹仿的构成性要素"。①

于是，唯有感知到艺术家的摹仿意图，才能获得摹仿之愉悦。这是由于，从摹仿（或者说制造相似性）之意图里，我们可以领会到艺术家的智慧、敏捷与巧妙，意识到他对各种障碍的克服，意识到他的辛勤劳作，以及这一切带来的荣耀感。上述一切构成了艺术的专属愉悦。一块被耕耘的黑色土地，未必比一块未开发的绿色草甸更美，但其中所凝结的劳动者的辛勤会令我们感到愉悦；艺术家的辛勤与此类似，但"比劳动者的灵巧更加伟大和罕见，因为作品更加困难，更不普通，所以会激发更多同情，悦适的情感也会更为强烈"。② 至此儒弗瓦总结道："制造相似性的意图，也就是摹仿这一事实的主导性、构成性的要素；对艺术的同情，同时正是摹仿之愉悦的主导性、构成性的要素。"③

感知艺术家的摹仿之意图需要诉诸智性，意思是说，要想让摹仿在观者身上发生效果，就无法期待其效果自然发生，而必须以某种方式向观者告知艺术家的摹仿意图，这一点在前述关于字迹的例子里十分明显。儒弗瓦的另一个例证则更典型地呈现出知识在对摹仿的审美判断中的重要性：假如一位农民没怎么读过书或受过艺术教育，当他第一次被带进剧院时，他会以为舞台上的人真真正正处在那些境遇里，实实在在拥有那些被演出来的激情。他完全当真了，于是只能感受到真实场景所带来的同样的情感；也正因为他的当真，他便无法品尝摹仿的任何愉悦，无法感受到戏剧的任何可赞叹之处。

综上，儒弗瓦一步步否定了德·昆西的解释：他否认相似性是摹仿的愉悦之源，继而主张艺术家制造相似性的意图才是摹仿的构成性要素，审美主体唯有感知到这一意图才会获得愉悦感，而这种感知是一种智性活动。至此，艺术所选取为原本的自然本身是否为美毫不重要。我们可以大胆地将这种倾向称作"意图主义"，而意图主义是表现论美学④的核心议题之一。

---

① Théodore Jouffroy,"De l'imitation",*Cours d'esthétique*,p.360.

② 同上书，第 360—361 页。

③ 同上书，第 361 页。

④ 关于表现论中的意图主义，具体可参见彭锋：《回归——当代美学的 11 个问题》，北京大学出版社 2009 年版，第 152 页。

第四节　原则的变更与"理想"的科学化

儒弗瓦撤销了摹仿在巴托那里作为美的艺术体系唯一原则的身份，将之局限在写实艺术的范围内。需要进一步明确的是，并非所有门类艺术中都涉及写实。他认为，建筑、音乐、舞蹈这三个门类艺术不摹仿自然（"或至少并不让我们感到这种摹仿"）："一座宫殿，先贤祠或者圣皮埃尔教堂，并不摹仿任何东西；一个舞蹈，一支交响乐并不摹仿任何东西。"[①]这似乎也排除了非图像艺术的摹仿身份。德·昆西和库赞既沿用了巴托"美的艺术"的称谓，也承认摹仿是这个体系的唯一原则，当然也继承了巴托那里的诸多矛盾[②]；儒弗瓦则几乎只使用"艺术"一词，但艺术体系的统一性依然成问题：倘若不是摹仿，由什么来保障"艺术"这个集合名词？后来，一种解决之尝试出现在依波利特·丹纳那里。

在《艺术哲学》里，丹纳同样在狭义上使用"摹仿"一词（狭义化似乎在19世纪下半叶成为固定用法），并沿用了达朗贝尔版的艺术体系。第一编"艺术品的本质"中提到"五大艺术"：诗歌、雕塑、绘画、建筑、音乐。它们被分成摹仿艺术和非摹仿艺术两组：摹仿艺术包括诗歌、雕塑、绘画，非摹仿艺术包括建筑和音乐。这个划分与儒弗瓦接近。而在第五编"艺术中的理想"中，艺术体系的分类法略有变化：非摹仿艺术的领域保持不变，而摹仿艺术则包括雕塑、戏剧音乐（musique dramatique）、绘画、文学。[③]他同时沿用"美的艺术"（Beaux-arts）一词，但不再用于指示摹仿艺术，毕竟艺术体系的"单一原则"早已不被认定为"摹仿"了。丹纳提出，摹仿既不是

---

①　Théodore Jouffroy,"De l'imitation",*Cours d'esthétique*,p.356.

②　德·昆西曾说："在美的艺术中，摹仿就是制造一物的相似物，不过是在变成此物图像的另一物中制造的。"（Quatremère de Quincy, *Essai sur la nature*, *le but et les moyens de l'imitation dans les beaux-arts*,p.3）

③　丹纳：《艺术哲学》，傅雷译，生活·读书·新知三联书店2016年版，第375页。H.Taine, *Philosophie de l'art*,Tôme 2,cinquième édition,Paris：Librairie Hachètte et Cie,1890,p.273.这引起笔者的两点猜想。第一，19世纪戏剧中的音乐对于戏剧整体审美效果的贡献引起丹纳注意，而对于戏剧这样一种综合艺术的身份归类，丹纳或许还不太有把握，故而有时按照戏剧文本的韵律和文学性将其归入诗歌，有时因其音乐的重要性而不得不单独对待。第二，以诗歌或者说韵文作为艺术之一种而将散文或者说日常语言的文学排除在外是西方人的传统做法，而从18、19世纪开始的小说文类的辉煌就令丹纳颇费踌躇，这或许就是他为何有时沿用巴托那里的传统诗歌范畴（即包括悲剧、喜剧、牧歌、寓言诗、抒情诗、颂诗等），有时又倾向于用"文学"来置换"诗歌"。可见，原本的诗歌被这里的戏剧音乐和文学所替换。我们看到，丹纳还将"戏剧音乐、小说、戏剧、史诗和一般的文学"归入以"道德的人"（l'homme moral）为对象的艺术（丹纳：《艺术哲学》，第381页。H.Taine, *Philosophie de l'art*,Tôme 2,p.283.），这里很接近"大文学"的概念。

非摹仿艺术的原则,甚至也无法充当摹仿艺术的原则;那个在艺术体系里发挥奠基作用的单一原则,应当归于"本质特征"①。这看起来似乎最大限度地跳脱了巴托传统的思路。不过,耐人寻味的是,卡西尔在《人论》的一条注释中说:

> 诚然,即使在 19 世纪,一般的摹仿说也仍然起着重要的作用。例如,丹纳在他的《艺术哲学》中就一直坚持和捍卫这种理论。②

这就要求我们更进一步细察其有关摹仿的理论。

通过比较一些精确摹仿的作品与我们称之为"最美"的那些作品,丹纳发现,"精确摹仿"并非抵达"最美"境界的阶梯,而毋宁说仅仅是摹仿艺术成其为摹仿艺术的底线。他列举并对比了两组作品:凡·戴克的作品、大理石雕像、使用诗歌的韵文戏剧;透纳绘画的乱真手法、着色穿衣的雕像、使用日常语言的散文戏剧。前一组被视作"最美"的作品在摹仿的精确程度上并不及后一组,却普遍拥有更高的评价。因此,对于摹仿艺术而言,观者感到作品之美,并不由于摹仿上的精确性或者说肖似的程度,而由于艺术家的智性能力令人叹服,在于作品中表现了实在物的逻辑,该逻辑也被表述为"事物的结构,组织与配合"。③

摹仿艺术以摹仿为出发点。具体言之,摹仿艺术面对现实事物进行复制,所复制的是现实事物中的关联、比例、机体上和道德上的依赖性,这些复制元素可统称"关系"。在丹纳看来,这同样可用于解释非摹仿艺术。非摹仿艺术不复制任何东西,其所面对的是现实事物的数学关系,它们包括可见的比例、大小、形状、位置,以及可听的旋律与和声,等等。所以,"关系"(而非前逻辑的对象世界)才是艺术家(的理智)表现的真正对象。"关系"也就是"实在物的逻辑",即"事物的结构,组织与配合"。

无论是否以摹仿为出发点,各门艺术皆是艺术家对现实世界中的"关系"进行处理的结果。然而这个处理并不是随意的,因为丹纳承认艺术有高下之别,承认艺术中的"理想"(idéal)理当是艺术家追求的目标。"理想"一词在丹纳这里发生了重大变化,它不像在古典主义美学那里一样表示完美

---

① 傅雷先生的《艺术哲学》中译本大部分时候将"caractère essentiel"译作"主要特征",少数情况下译作"基本特征"。鉴于丹纳对这一概念的使用有着连贯的严密性,笔者不准备采纳傅雷先生的译法,而是全部译作"本质特征"。

② 恩斯特·卡西尔:《人论》,第 239 页,注释 1。

③ 丹纳:《艺术哲学》,傅雷译,第 28 页。H.Taine, *Philosophie de l'art*, Tôme 1, pp.32 – 33.

与普遍性,更不具备像安德烈和库赞所规定的新柏拉图主义色彩。丹纳说,当物在艺术家手中经过改动而与其头脑中的"观念"一旦"相符",该艺术品就是"理想"的了,[①]也就成了最美的。这个界定乍看起来似乎是主观的和个体的,但此概念同时被要求具有科学分析的客观标准,因为它是艺术家经过对现实世界的科学分析而得来的:"理想"的艺术品是对现实物各部分关系进行了"有系统的改变"并"组成的一个总体"的结果,这种改变的目的是使之"表现某个本质的或突出的特征,也就是某个重要的观念"。[②] 这就是"本质特征"。

"本质特征"的提出,着眼于艺术家对众多关系的选择行为。与前述美学家迥然不同的是,丹纳对这个概念的推导,主要依据并非艺术传统或美学思想,而是预设了自然科学与人文科学之间的可通约性,在此前提下吸取生物学上的"特征的从属原理"(principe de la subordination des caractères)[③],以之作为解决美学问题的模板。

所谓"特征的从属原理"指的是,生物具有元素(élément)和配合(agencement)两类特征,前者是先天的、内在的、深刻的、基本的,后者是浮表的、外部的、派生的、交叉的。前者不容易受干扰而发生变化,显现出有力量抵御袭击的稳定性,因而是最重要的特征。分清某特征是元素的特征还是配合的特征,是分类学上的关键依据。例如对于哺乳动物而言,哺乳器官是狗、马、人的生理元素,是否直立行走则是配合的特征,不影响对其哺乳类归属的认定。"……特征的重要程度取决于特征力量的大小;力量的大小取决于抵抗袭击的程度的强弱;因此,特征的不变性的大小,决定特征等级的高低;而越是构成生物的深刻的部分,属于生物的元素而非配合的特征,不变性越大。"[④]这就是"自然科学馈赠给精神科学的结论"。[⑤]

笔者认为,这里所说的元素的特征也就是"本质特征",后者在事物所有特征中的基础性与支配性是丹纳所常常强调的。"本质特征是一种属性(qualité);所有别的属性,或至少是许多别的属性,都是根据一定的关系从本质属性引申出来的。"[⑥]丹纳有时使用"首要特征"(caractère capital)或"基本特征"(caractère fondamental),其意涵差别不大,只不过分别侧重于

① 丹纳:《艺术哲学》,第 366 页。H.Taine, *Philosophie de l'art*, Tôme 2, p.258.
② 丹纳:《艺术哲学》,第 37—38 页。H.Taine, *Philosophie de l'art*, Tôme 1, p.47.
③ 丹纳:《艺术哲学》,第 377 页。H.Taine, *Philosophie de l'art*, Tôme 2, p.376.
④ 丹纳:《艺术哲学》,第 380 页。H.Taine, *Philosophie de l'art*, Tôme 2, pp.281 - 282.
⑤ 丹纳:《艺术哲学》,第 380 页。H.Taine, *Philosophie de l'art*, Tôme 2, pp.281 - 282.
⑥ 丹纳:《艺术哲学》,第 32 页。H.Taine, *Philosophie de l'art*, Tôme 1, p.37.

该特征的突出性或基础性:"我们只说艺术的目的是表现事物的首要特征,表现事物的某个突出而显著的属性……从这些数不清的作用上面可以想见基本特征的重要。艺术的目的就是要把这个特征表现得彰明较著。"①

在丹纳那里,"本质特征"发挥着类似于巴托"摹仿"原则那样对艺术体系的奠基作用:"不论建筑,音乐,雕塑,绘画,诗歌,作品的目的都在于表现某个本质特征,所用的方法总是一个由许多部分组成的总体,而部分之间的关系总是由艺术家组合或改动过的。"②所以,发现并表现"本质特征"是艺术家的功绩。"艺术所以要担负这个任务,是因为现实不能胜任。在现实界,特征不过居于主要地位;艺术却要使特征支配一切。特征在现实生活中固然把实物加工,但是不充分。特征的行动受着牵制,受着别的因素阻碍,不能深入事物之内留下一个充分深刻充分显明的印记。人感觉到这个缺陷,才发明艺术加以弥补。"③在丹纳看来,艺术家的角色与科学家十分相像,他们要发现各个特征的从属关系,找出其到底来自元素还是来自配合。

丹纳借用科学话语和科学成果提出一种最为特别的艺术解释方式,似乎同时偏离了巴托摹仿论和库赞式观念论的思路。不过,我们不妨将其"本质特征"论与前述儒弗瓦所概括的两种艺术路线——摹仿与理想——进行对照。丹纳显然抛弃了摹仿路线,艺术在某种意义上高于自然,成为"自然的冠冕"。④ 然而他对艺术生产过程的如下描述令人有似曾相识之感:"其中有个自发的强烈的感觉,为了自我表现而集中许多次要的观念加以改造,琢磨,变化,运用。"⑤"艺术品的特性(propre)在于把一个对象的本质特征,至少是重要的特征,表现得越占主导地位越好,越显明越好;艺术家为此特别删节那些遮盖特征的东西,挑选那些表明特征的东西,对于特征变质的部分都加以修正,对于特征消失的部分都加以改造。"⑥上述一系列动词均表示对现实对象进行某种改变,目标是合乎艺术家心中"理想",这令我们很难不联想到"理想派"艺术家针对自然进行拣选和修改,以期获得"美的自然"

---

① 丹纳:《艺术哲学》,第 31 页。H. Taine, *Philosophie de l'art*, Tôme 1, p. 37. 傅雷先生将"caractère capital"和"caractère essentiel"皆译作"主要特征",这一方面容易引起混淆,一方面也令人看不出丹纳原意中的侧重点。

② 丹纳:《艺术哲学》,第 40 页。H. Taine, *Philosophie de l'art*, Tôme 1, p. 52.

③ 丹纳:《艺术哲学》,第 34 页。H. Taine, *Philosophie de l'art*, Tôme 1, pp. 41 – 42.

④ Paul Neve, *La philosophie de Taine. Essais critiques*, Bruxelles: Dewitt, 1908, p. 239.

⑤ 丹纳:《艺术哲学》,第 37 页。H. Taine, *Philosophie de l'art*, Tôme 1, p. 46.

⑥ 丹纳:《艺术哲学》,第 36 页。H. Taine, *Philosophie de l'art*, Tôme 1, p. 44. "propre"表示特有的属性。傅雷先生此处将"propre"译作"本质";考虑到此译法容易令人联想到 essence,故不采用。

或者说"理想的自然"。区别似乎仅仅在于，丹纳不再信奉古代作品的榜样，也不愿意接受新柏拉图主义等级观念，而改宗了自然科学。

或许出于类似的见解，克罗齐在《美学的历史》一书中批评了丹纳的"本质特征"概念。在克罗齐看来，丹纳出于对自然科学的信赖甚至迷信、误解而从中吸纳了这个概念，但他非常怀疑丹纳能否将之与其非常排斥的理性主义或形而上学所使用的"典型""理想"等概念区别开来。[①] 当然，丹纳明确承认"本质特征"也就是哲学家所说的"本质"（essence），或许为了避免读者在形而上学惯性之下陷入本质-现象二元论，他尽力让"本质特征"这个概念停留在事实层面/可见层面。或许出于类似的原因，丹纳放弃"关系""逻辑"等旧词，除了让它们在论述中零星出现外，避免对其做概念化的努力。

第五节　反理想与反摹仿论

看来，学院"理想派"余绪不绝。在潘诺夫斯基看来，艺术哲学中的"理想主义"与"自然主义"一直缠斗到19世纪末，表现为诸如印象主义与表现主义、抽象与移情等。[②] 在法国，学院美学的主流在丹纳时期已经发生了诸多变化，科学主义-实证主义正在扎根。在学院以外，类似的科学主义倾向在19世纪下半叶的法国催生出两种迥异的态度：欧仁·维龙的反理想-反摹仿论；印象派的极端摹仿主义。印象主义[③]既不追求传统意义上的艺术之美，也不在意是否"正确"呈现事物的客观统一性，而是瞄准视觉上的真实性。于是这些画家所描摹的并不是永恒的自然，而是瞬间变幻的自然，包括光的折射和影的色彩。

维龙的身份与前述几位学者大有不同，他是学院外的美学家兼社会活动家。正如有研究者指出的那样，讨论19世纪的法国美学，有两股势力需要纳入考虑，他们基本分属体制内外：一是学院共同体，二是知识界共同体；前者是法国教育系统的老师，包括库赞、儒弗瓦等，后者指出版作品、表达意见的非学院人士，包括诗人、作家、牧师等。[④] 维龙正属于后者，而且是典型

---

① 克罗齐：《美学的历史》，第248—250页。

② 参见潘诺夫斯基：《理念：艺术理论中的一个概念》，《美术史与观念史》I，第657页。

③ 有关印象主义的较早研究，可参见罗杰·弗莱：《印象主义的哲学》（1894），见《弗莱艺术批评文选》，沈语冰译，江苏美术出版社2013年版，第51—61页。

④ James Manns, "The Scottish Influence on French Aesthetic Thought: Later Developments", *Journal of the History of Ideas*, Vol.52, No.1(Jan.- Mar.,1991), p.104.

的美学异见人士。他嘲讽画家安格尔代表一类头脑狭隘的人，认为安格尔自己的作品与其所拥护的学院正统学说之间并不相吻合。[1]

维龙专门写了一篇《柏拉图美学》(L'Esthétique de Platon)，指责学院在长久以来形成的惯例驱使下，将柏拉图美学当成艺术中"美之学"的最后证言，却不愿费力去验证该美学的成色，而在维龙看来，柏拉图的美学偏见恰恰构成了学院或古典派的那些主张的来源，[2]柏拉图理论"全然建立在未经证明的假说的基础上，其在逻辑上通达对表现、生命、进步的否定，从人的作品中抹掉了人，将人简化到复写者的行列……与此同时，通过一种奇特的悖论，将这一卑微的存在者的作品置于上帝作品之上"。[3]

"理想"是维龙批判柏拉图传统的火力集中点，因为它在维龙看来包含并概括了学院派的全部方案。他在《美学》(L'Esthétique，1878)[4]一书"导论"起首直接发动了对学院理想主义的攻击："从没有哪个学科像美学这样寄希望于形而上学。自柏拉图直至我们今天的官方学说，人们把艺术变成过分精细的奇思妙想和超验神秘的大杂烩，它们的最高表现是理想美的绝对概念，而所谓理想美(le Beau idéal)，指的是实在物的永恒不变的、神性的原型。"[5]在那个古典世界观里，"理想"和"绝对"密切关联于宗教观以及道德观，结果是极易将美和艺术作为神学与道德的附庸。他一针见血地指出，

---

① Eugène Véron,"L'Esthétique de Platon",*L'Esthétique*，Pairis：Librairie Philosophique J. VRIN,2007,pp.161－162,note 1.

② 同上书，第421页。

③ 同上书，第438页。

④ 该书初版请参见：Eugène Véron, *L'Esthétique*，Paris：C.Reinwald et C^{ir}，Libraires-Editeurs,1878.很多研究者使用初版。出于排印清晰性的考虑，笔者选择参考2007年由巴黎四大哲学教授雅克琳娜·利希滕斯坦(Jacqueline Lichitenstein)重新编纂的新编本，它基于1921年由阿尔弗雷·考斯特(Alfred Costes)印刷的第五版。由于维龙本人曾大量修订并增补文字，这两个版本有若干出入(详见新编者利希滕斯坦的注释)。另外，该书英译本请参见：Eugène Véron, *Aesthetics*，trans.W.H.Armstrong,London：Iapman & Hall,该书出版年不详，从细节推测，英译者所参考的应该是法文初版。《美学》部分内容曾由于沛翻译成中文，收入蒋孔阳主编《19世纪西方美学名著选》(英法美卷)，复旦大学出版社1990年版，第439—457页，其所依据的法文本也是第五版。

利希滕斯坦生于1947年，专攻17世纪和18世纪艺术，曾在美国加利福尼亚大学授课，熟悉美国和法国的艺术和美学研究状况，著有《雄辩的颜色，古典时代的修辞学与绘画》(*La couleur éloquente，rhétorique et peinture à l'âge classique*，Paris：Flammarion,1989)《盲目的任务：现代时期绘画与雕塑之关系》(*La tâche aveugle：essai sur les relations de la peinture et de la sculpture a l'âge moderne*，Paris：NRF Essais,2003)等。

⑤ Eugène Véron,"Introduction",*L'Esthétique*，Pairis：Librairie Philosophique J.VRIN,2007，p.23.托尔斯泰曾在《艺术论》里引用这段话，民国时期中译作："没有一种科学被形而上学的幻想压迫得像美学似的，自从柏拉图直到现代公共学说，一般人常把艺术做成一种精细幻想和神秘蕴奥的物件，遂致最高的言词竟拘束于美的，不变的，上帝范围的，实体意想的特别范围里。"(托尔斯泰：《艺术论》，耿济之译，上海社会科学院出版社2017年版，第24页)

"理想"(idéal)一词最常被学院批评用作谴责创作的依据,亦用于指导学院艺术的教学与生产,它却令人遗憾地并不具备清晰、准确、统一的含义:"一些人以柏拉图的名义将'理想'混同于'一般';另一些比前者柏拉图主义色彩稍弱的人,则将'理想'等同于上帝本身;而柏拉图曾在大量写作中明确解释过,他自己眼中的'理想'既不同于'一般',亦不同于神。"①这里显然指涉德·昆西和库赞的理想观。看来,19世纪初的那场围绕"理想美"的论争其实开启了"理想美"的不归之路,理想派的奋力自证,最终反成了后人证明"理想"概念之纷乱的最好口实。

颇有意思的是,维龙同样坚决反对丹纳的"本质特征"论。在他看来,丹纳混淆了艺术与科学所分别代表的两种对立的智性形式;科学的智性以客观性为根本特征,艺术则是主观性的直接表现,哪怕当它自以为最忠实于纯粹实在性时也是如此。② 如此一来,以科学作为艺术的模板绝不可行。

维龙生活在"摹仿"狭义化的时代。他在美学上坚持一种鲜明的表现主义,以艺术家的主观性(特别是情感)为艺术的唯一源泉,摹仿对他而言只能是手段和次要问题,绝不可能成为艺术追逐的目的,这就是当他说"摹仿论本身仅仅是一种不完整的、肤浅的公式"③时所表达的意思。这种表现主义美学自然与学院美学(包括理想主义和自然主义)形成激烈的对抗局面,至于其具体内容及其实证主义倾向,将留待在专论表现的一章展开。

---

① Eugène Véron,*L'Esthétique*,p.423.
② 同上书,第111页,注释1。
③ 同上书,第145页。

第三章　库赞美学述要

第一节　库赞及其《论真美善》

维克多·库赞(Victor Cousin,1792—1867)[1]翻译过十三卷柏拉图文集,主编过八卷本笛卡尔文集,著有研究洛克、苏格兰哲学等的专著。更重要的是,库赞最早向法国引介德国观念论。1817 年,25 岁的库赞结识了 47 岁的黑格尔。他曾两次赴德,与谢林、雅各比等亦有交往。

黑格尔对库赞的评价意味深长:"在数周的交往中,我了解到他是一位对于所有人类知识都有着严肃兴趣的人,尤其是关注我与他共同的研究,他非常渴望精确了解德国哲学的研究方法。他怀着热情,深入了我们理解哲学的最为晦涩难懂的方法,其热情在我看来如此宝贵(尤其是作为一个法国人),以至我再也无法误解他曾对我谈起的他在巴黎开设的那些哲学课程,它们激起了我对他为人的莫大兴趣。"[2]话中透露出一种审慎而又近乎高傲的态度,看得出黑格尔对法国哲学的隔阂(抑或不屑),同时也认可了库赞在德法哲学之间必不可少的桥梁作用。故此有人评价道:"维克多·库赞不仅是哲学教育之父,柏拉图主义教育家和编纂家,而且——相对不那么引人注目地——也是法国黑格尔主义先驱。"[3]

1815—1821 年,库赞在巴黎高师开设课程,授课成果后结集为《论真美善》(Du vrai, du beau et du bien)一书面世。这个书名被研究者称作

---

① 一译库申、库辛、库争。"库赞"较接近法语发音。其生平可参见:Jules Simon, *Victor Cousin*, Paris, Librairie Hachette et Cie, 1887, p.14.

② *Hegel's Werke*, biographie, t. XIX, p.308, cité par Paul Janet, *Victor Cousin et son œuvre*, Paris: Calmann Lévy Editeur, 1885, pp.58 – 59.

③ Alain Patrick Olivier, "L'Esthétique inédite: de l'idée logique aux enchanteurs d'Afrique", G.W.F.Hegel, *Esthétique*, *cahier de notes inédit de Victor Cousin*, Paris: J.VRIN, 2005, p.16.

"康德-柏拉图式"①，意思是说其课程内容涵盖形而上学、美学和伦理学这三个哲学主要部分。

该书曾先后出现两种形式。一是 1836 年由 A.卡尼尔（Garnier）出版的本子，书名为《有关真美善之绝对观念基础的哲学教程》（*Cours de philosophie sur le fondement des idées absolues du Vrai , du Beau et du Bien*）。这是根据学生笔记整理出的忠实复制版。二是由作者本人亲自制作的官方版，书名为更简洁的《论真美善》。其内容相对于原课程有部分改动，此版本于 1834 年出第 2 版，1881 年已经出到第 23 版。② 另据保罗·雅奈（Paul Janet,1823—1899）的《维克多·库赞及其作品》一书，库赞本人曾在 1845 年和 1853 年两度改写《论真美善》。③ 第二次改写后的《论真美善》于 1854 年出版。

综合上述信息可知，《论真美善》主要存在两个版本：1836 年版与官方版（后者又分为 1845 年版和 1854 年版）；其中，1836 年版反映库赞早期思想，确切说来，是反映库赞在 1818 年的美学思想。

从官方版与 1836 年版的差异，可推断库赞晚期思想相对于早期的变化。雅奈发现，两个版本的主要变化在布局上，即论"真"部分被大幅删减。1836 年版的论"真"部分共计 180 页，全书共 390 页；官方版的论"真"部分仅有 130 页，全书共 464 页。据雅奈考察，删减方式是拿掉了冬季课程里有关形而上学的重要部分（大约占一半内容）。这就使官方版在讨论美学和道德问题时显得更加集中："原本的基础成了序言；原本仅仅是应用和结论的部分变成全书主体。"④官方版具有鲜明的文学风格和演说风格，这在 1836 年版里是完全不曾具备的。⑤ "对他（按：指库赞）来说，形而上学变成了神学、美学和道德学。"⑥

为了整体考察库赞思想，也就是说，将其观念的时间性变化考虑在内，笔者选择 1954 年法文本《论真美善》作为主要文献依据，行文中不再涉及这一最终版之前各版与此版的观念差异。

---

① Élisabeth Décultot,"Ästhetik/ esthétique Étabpes d'une naturalisation(1750 - 1840)",*Revue de Métaphysique et de Morale*,No.2,'Esthétique'Histoire d'un transfert franco-allemand(avril-juin 2002),p.172.

② 参见：T.M.Mustoxidi,*Histoire de l'esthétique française* 1700 - 1900,Paris：Librairie Ancienne Honoré Champion,1920,p.102.

③ Paul Janet, *Victor Cousin et son œuvre*,Paris：Calmann Lévy Éditeur,1885,p.56.

④ 同上书,第 61—62 页。

⑤ 同上。

⑥ 同上书,第 82 页。

另外,需要补充说明的是,《论真美善》英译本首次出版于 1854 年,英译者瓦特(O.W.Wight)所依据的是 1854 年法文本。当年库赞及时将该书修订本的打印稿提供给英译者,使这个译本得以与法文修订本几乎同时面世。① 在我国,该书至今似乎仅见中文节译,由宋国枢翻译,内容为原书第六课和第七课,题名"论美",收入人民文学出版社 1964 年出版的《古典文艺理论译丛》第八期。②

第二节 库赞美学三层次

1854 年版《真美善》共分十七堂课,其中五堂课论真,五堂课论美,七堂课论善。其中,论美的五堂课分别涉及"人心中的美""对象中的美""关于艺术""不同的艺术""17 世纪法国艺术"。前两堂课构成库赞之美论的主要文献,后三堂课构成其艺术论的主要文献。这种"美论+艺术论"的论证框架,基本为 19 世纪后来的法国主流美学著作所沿用。

保罗·雅奈将库赞论美的五堂课概括为三个层次:美的分类;表现理论;艺术独立论。

> 他……对构成美学的多样化的问题进行分解、设立和布局,也就是说:人类心灵中的美,自然中的美,和艺术中的美。他强调实在美和理想美之区别,这在 1818 年的课程里远远多于 1846 年的著作;人们所归于他的有表现理论,即根据它们的表现价值所做的艺术分类,所有类型的美都归结为心灵的和道德的美这一学说,最后还有艺术之独立性理论,它认为艺术既不应当是一种声色工具,也不应当仅仅作为道德和宗教的附属。③

放在法国美学自 17 世纪以来的大传统里来看,库赞的美学原则符合理性主义-古典主义主流。比如他主张:"美的伟大法则,同真的伟大法则一

---

① "Advertisement", Victor Cousin, *The True, the Beautiful, and the Good*, increased by an appendix on french art, translated with the approbation of Cousin by O.W.Wight, New York: D.Appleton & Company, 1871.

② 该节译后被收入蒋孔阳主编:《19 世纪西方美学名著选》(英法美卷),第 343—370 页。

③ Paul Janet, *Victor Cousin et son œuvre*, Paris: Calmann Lévy Éditeur, 1885, pp.92 - 93.

样，是统一性和多样性。"①在他看来，美的必备条件包括比例、秩序、和谐等，它们都可归于统一性（unité）；统一性和多样性能够应用于各种秩序的美。这里的难题在于：多样性如何统一，以及千差万别的东西之间何以皆可称"美"。要么，我们根本不可能发现这些被称作"美"的多样性之间的关联，要么，这些多样性仅仅是表象，其背后其实隐藏着和谐与统一。

同所有新柏拉图主义者一样，库赞倾向于第二种答案。正如他所表示的，前述问题的提出恰恰来自普洛丁。② 在《九章集》第一部第六卷《论美》中，普洛丁从"流溢说"出发，推出了美的阶梯：我们日常肉眼所见的美皆为形体之美，而真正的美是深居于圣所的隐藏之美，对它的获得须得经过一番曲折迂回的自省过程。人务必要意识到，形体之美是虚幻不实、短暂易逝的，仅仅是真正的美的映像、痕迹、影子，故而，执着于映像，无异于迷恋水中倒影的纳喀索斯，其结局将是徒劳与自我毁灭，唯有在放弃追逐映像这个前提下，才可能接近真正的实在、真正的美，那就是上帝之美。③

按此，库赞美学基于一种凡人-上帝、彼世-此世、本质-现象、不可见-可见的等级性的二元论。随着对上帝、彼世、本质、不可见者的绝对化，凡人、此世、现象、可见者被相对化和手段化。库赞在讲义《论真美善》中对美的类型的划分，正是基于这种新柏拉图主义二元存在论。

库赞区分了三种美的类型：形体美（beauté physique）、智性美（beauté intellectuelle）和道德美（beauté morale）。按照他的规定，形体美是人的感官从外在的物质世界所接收到的美，它来自颜色、声音、动作等可感因素。如果说形体美几乎可以归为自然世界的可感之美，那么智性美便属于人类世界，归于人的创造，它包括艺术家手中的艺术作品，诗人写出的诗歌，哲学家的思想专著，科学家所发现的公理公式，等等。道德美，顾名思义，是与道德世界及其法则（诸如自由）相关的美。此三种美的类型之间之所以存在统一性，是由于道德美充当所有美的内在基础："形体美是内在美，即精神性的、道德性的美的象征符号；这是美之统一性的基础、原则。"④

为美进行类型划分是法国美学的重要遗产。1802 年，作家夏多布里昂（François-René de Chateaubriand，1768—1848）在其代表作《基督教真谛》（*Le génie du chirstianisme*）的第二部分《基督教的诗意》里也指出，基督教

---

① Victor Cousin，*Du Vrai*，*du beau et du bien*，Paris：Didier，Libraire-Éditeur，1854，p.167.

② 同上书，第 161 页。

③ 有关其具体论述，参见普罗提诺：《论自然、凝思和太一——〈九章集〉选译本》，石敏敏译，中国社会科学出版社 2004 年版，第 16—17 页。

④ Victor Cousin，*Du Vrai*，*du beau et du bien*，Paris：Didier，Libraire-Éditeur，1854，p.167.

提供了"道德理想美"（beau idéal moral）或"特征理想美"（beau idéal des caractère），前者相对于"形体理想美"（beau idéal physique）。[①] 18世纪中叶，安德烈神父最早做出系统而立体的美的三分法。夏多布里昂与安德烈同样以基督教教义为基础，主张道德-精神相对于形体的至高性。

有美学史家指出，对照来看，库赞的上述划分方式并无多少原创性，充其量是将安德烈的美学做了综合。[②] 对于这个评价，笔者认为在一定程度上有失妥当。原因在于，库赞的类型论其实旨在为其表现理论做准备，这一诉求并不见于安德烈的美学。库赞指出："表现针对灵魂，一如形式针对感官。形式是表现的障碍，同时亦是其必要、必然，是其唯一的手段。"[③]艺术家应当将障碍转换为手段。正是怀着这样一种对于终极目标的强调和执着，库赞为艺术规定了努力方向：表现理想。"表现是艺术的真正目标，同时是艺术的首要法则，所有艺术皆表现藏于形式之下的理念，透过感官对灵魂发言；……正是在表现里，不同艺术找到其相对价值的真正尺度，最具表现性的艺术应当被置于最高一级。"[④]由此可知，美的分类理论以表现理论为基础，正如库赞的美论实际上充当了其艺术论的基础。

库赞维护美感的特殊性，进而维护艺术的独立性，坚定地反对那种认为艺术应当为道德或宗教服务，将美感与道德感或宗教感混为一谈的看法。"艺术家在所有事物跟前都是艺术家；给艺术家带来灵感的是美感；他所希望引入观者灵魂当中的乃是与填补他自己灵魂的同样的感觉。"[⑤]艺术家让一些高贵的灵魂获得精致的美感，"这种纯粹的、无利害的感觉与道德感、宗教感有所关联；它唤醒、维持和发展后者，但它是一种有区别的、特殊的感觉。所以，艺术建基于这种感觉，从中获得灵感，并扩展这种感觉，艺术自身是一种独立的力量。它很自然地被关联于所有令灵魂高贵的东西，被关联于道德和宗教，但它发源于自身。"[⑥]

然而，在论述了新柏拉图主义表现理论之后，我们会惊讶于读到这种有关艺术独立性的主张。加之库赞并未详细解释这两种主张的相容性，这便更令人疑心，他或许只不过是为了提防一种极端结论所可能引发的争议。

---

① Raymond Bayer, *Histoire de l'esthétique*, Paris: Armand Colin, 1961, p.224.

② 参见：Raymond Bayer, *Histoire de l'esthétique*, Paris: Armand Colin, 1961, p.134.

③ 由于法文本此页缺漏，可参见英译本第166页。Victor Cousin, *The True, the Beautiful, and the Good*, increased by an appendix on french art, translated with the approbation of Cousin by O.W.Wight, New York: D.Appleton & Company, 1871, p.166.

④ Victor Cousin, *Du Vrai, du beau et du bien*, Paris: Didier, Libraire-Éditeur, 1854, p.206.

⑤ 同上书，第184—185页。

⑥ 同上书，第185页。

　　另外，从论美课程一开始，库赞就明确了自己将主要使用心理分析方法，表明自己用此方法来研究灵魂在面对美时的状态。① 在其后的具体分析中，他也频频表示，那些论述是经经验证实或通过观察得来的。这说明他认定观察与分析的经验方法适合探讨美的问题，于是有意放弃康德式的先验方法。这也导致了重重问题：一方面，倚重经验性的观察方法，导致库赞的推证几乎只能在水平方向进行，深度上的推进相当有限；另一方面，新柏拉图主义立场与库赞所宣称的心理主义观察法亦有冲突。

　　综上，库赞美学的三层次之间存在难以调和的冲突，它们不断拆解着该美学的有机性。要解释库赞美学的这一奇怪架构，需要回到他的著名的折中主义原则。

第三节　折中主义

　　"折中主义"是一个语用复杂的词语，在很多情况下指代一种面目不明的哲学立场。狄德罗在《百科全书》里对折中主义哲学家作了正面评价，认为他们"勇于独立思考，重新追溯最为清晰的普遍原理［……］以及他已经分析过的所有哲学，从而形成一门特殊哲学，一个专属于他的仆人"。② 在今人安娜·苏里欧主编的《美学词典》里，"折中主义"词条内有如下定义："折中主义（éclectisme）是这样一些人的态度，他们从这样那样的不同学说里汲取观念并采纳之。它与混合主义（synthétisme，一译诸说混合）之区别在于并不形成一种诸学说的杂烩，而是从中选择某些元素［……］。"③这两种定义都倾向于认为，哲学上的折中主义与其说是一种立场，不如说是一种态度，一种相对于混合主义更有倾向性，更坚持标准，相对于某一学派而更有包容性的态度。

　　库赞哲学通常被称作折中主义，即在德国观念论（康德、费希特、谢林）和苏格兰常识派的感觉论（托马斯·里德，也包括洛克和孔狄亚克）之间做了折中。一种正面的看法认为，库赞通过将绝对（l'absolu）注入法国哲学语言，将感觉论的印象主义提升到观念统一性，同时克服了主观唯心主义的相

---

　　① Victor Cousin, *Du Vrai，du beau et du bien*，Paris：Didier，Libraire-Éditeur，1854，pp.133-135.正如保罗·雅奈所说的那样："库赞忠实于卢瓦耶-克拉尔学派，从未将折中主义原则同心理学方法分离开来。"（Paul Janet, *Victor Cousin et son œuvre*，Paris：Calmann Lévy Éditeur，1885，p.66.）

　　② 丹尼斯·于斯曼主编：《法国哲学史》，第 357 页。

　　③ Etiènne Souriau(éd.), *Vocabulaire d'esthétique*，Quadrige/PUF，1990，p.630.

对的绝对观念。① 其实,除了在广义的心理主义与形而上学对立项之间进行调和,库赞哲学还兼并了其他立场,诸如神秘主义、怀疑论、道德主义等,将它们并入对 17 世纪以来法国古典主义美学的颂扬之中。②

折中主义原则是库赞用以建构自身哲学的一种主动而自觉的选择。1827 年,他说:"折中主义理念是本世纪在哲学方面的理念,实在应该有个人来实现这种理念,这个人是必要的。"③理解这个选择的初衷,似乎比弄清该主义如何折中更为必要。简要说来,在大革命之后种种失控、失序的社会状态与政权更迭中,法国人越来越向往一种新秩序。库赞将折中主义看成与 18 世纪的"邪恶哲学"作战的一种手段。所谓"邪恶哲学",指的是大革命期间造成灾难性的社会和政治后果的经验主义或唯物主义。④ 由此可见,库赞的折中主义更加倾向于总体性的有序,这或许是他青睐德国观念论哲学的主要原因。

折中主义作为手段,无疑是温和的而非破坏性的,不是以一种新的思想暴力替代旧的暴力,而是带有世俗哲学所需要的自由度。正如有人评价的那样:"简言之,在 1830 年之前,库赞以这样一种哲学而引人注目:它是世俗的,却不是非宗教的;既是自由的,又不是革命的。"⑤用库赞自己的话说:

> 折中主义同所有学派缔结了一份和约。既然排他性的精神对我们而言至今依然如此不成功,那就让我们尝试调和精神(esprit de concili-ation)吧。折中主义不是混合主义,后者强行让各种相反的学说彼此靠近:那是一种内行之选(choix éclairé),在所有学说当中借取它们所共有的和真的东西,并忽略它们相对立的和错误的东西。⑥

一方面,折中主义的包容性是治史的必需态度("在我们的眼中,折中主义是真正的历史方法,它对我们来说具备哲学史的全部重要性"⑦),另一方面,

---

① Paul Janet, *Victor Cousin et son œuvre*, Paris:Calmann Lévy Editeur, 1885, p.70.

② 参见:Raymond Bayer, *Histoire de l'esthétique*, Paris:Armand Colin, 1961, p.227.参见吉尔伯特、库恩,《美学史》下卷,第 623 页。

③ 转引自丹尼斯·于斯曼主编:《法国哲学史》,第 365 页。

④ Doris S.Goldstein,"'Official Philosophies'in Modern France:The Example of Victor Cousin", *Journal of Social History*, Vol.1, No.3(Spring, 1968), p.260.

⑤ 同上书,第 261 页。

⑥ 该引文出自库赞 1836 年版《论真美善》,转引自:Paul Janet, *Victor Cousin et son œuvre*, Paris:Calmann Lévy Éditeur, 1885, p.64.

⑦ Victor Cousin, *Du Vrai, du beau et du bien*, Paris:Didier, Libraire-Éditeur, 1854, p.15.

折中方法不是研究的目的："我们将某些东西置于哲学史之上，因此也置于折中主义之上，那就是哲学本身"。① 换句话说，哲学史自身没有目的，库赞在以折中主义作为主要方法的同时，额外留心为之赋予一个目的。当然，这里似乎使用了两种意义的折中主义，一种作为整体立场，一种仅作为方法。不过在库赞这里并无准确区分的必要，因为在大部分情况下，折中主义就是库赞哲学本身。

　　在同样的意义上，正如前文在三层次学说中所展示的那样，折中主义也可以视作库赞美学本身。库赞表示："同在形而上学那里一样，我们在诸艺术里也是折中主义的。但如同在形而上学中，所有体系及各种片面真理的智慧都照亮而非削弱我们自己的种种确信，艺术史亦如此，尽管认为不应轻视任何派别，甚至能够在中国找到某些美的影子，我们的折中主义并不会动摇我们身上对真正的美的感觉和艺术的至高规则。我们对不同派别，无论时间地点，所要求的……是某种人性的东西，是对一种感觉或一种理念的表现。"②这表明，库赞美学同样追求一种有立场的兼收并蓄。

　　在美学理论里，"折中主义"一词的常用义是汲取前人理论。③ 这个说法过于宽泛，实际上，经常被冠以"折中主义"之名的美学主要有两种，一是普洛丁的新柏拉图主义美学，④二是库赞及其学生儒弗瓦的美学。不过，关于库赞美学在何种意义上是折中主义的，研究者的看法往往非常不一致。一种观点认为，库赞美学乃是在"理想美"和象征主义之间的折中。前者昌盛于17世纪的法兰西和后来的帝国时代，后者则为感性之精神化所青睐。⑤ 这似乎意味着，库赞美学融合了法国传统的古典主义与被德国人发扬光大的观念论。

　　该观点并无错误，不过，笔者并不建议在此类观点上多作停留。如前所述，库赞的折中主义既是包容与立场的结合，也是对其中种种矛盾冲突的临

---

① Victor Cousin, *Du Vrai, du beau et du bien*, Paris: Didier, Libraire-Éditeur, 1854, p.15.

② 同上书，第206—207页。

③ Etiènne Souriau(éd.), *Vocabulaire d'esthétique*, Quadrige/PUF, 1990, p.630.伊缇安·苏里欧指出，在美学上，"折中主义"一词的应用领域可分为两种：一是美学理论，二是艺术趣味。第二种领域常用在对艺术爱好者的评语上，该领域的"折中主义"一词带有某种程度上的贬义。"当人们说到一个人有着'折中主义趣味'时，指的是他欣赏多种多样的风格、类型、流派的作品，但并不涉及一种内在地透入不同形式的艺术的广阔而宽容的精神，这个词一般带有一种优越感，用来暗示一种轻率的、表面的、依据个人趣味而做出的选择。"（第630—631页）此处不考虑艺术上的折中主义。

④ 同上书，第1062—1063页。

⑤ Paul Bénichou, *Le Sacre de l'écrivain*, Corti, 1973, p.259, cité par Jean-Louis Cabanes, "Les philosophes éclectiques et les doctrines esthétiques de Burke et de Kant: le sentiment du sublime", *Littérature*, Année 1990, No.23, p.135.

时遮掩,所以,仅仅去探究它如何折中,除了有助于把握其思想来源,无法帮助我们理解它的真正问题所在。事实证明,折中主义的包容性并未令库赞左右逢源,反而使其腹背受敌。奥古斯特·孔德就曾直接批评道:"折中主义无一定原则,徒劳无益地企图把无法相容的见解协调起来。"①这大概是对库赞折中主义较早的负面评语。自 19 世纪中叶开始,库赞哲学"失势"命运越来越显豁。折中主义基本可以代表库赞美学的价值与成色,以此为出发点,便于我们理解法国美学的二次转向。

第四节　批评之声

在现今的美学通史主流著作里,库赞这个名字并不经常出现,偶有提及亦评价不高,这种状况由来已久。库赞的同时代人对其思想亦褒贬不一。出于立场之争,抑或掺杂私人恩怨,②除了奥古斯特·孔德,伊波利特·丹纳在其《19 世纪法国哲学家》一书对库赞哲学展开批判,③欧仁·维龙在《现代艺术高于古代艺术》④一书里,分别从如下三个方面入手集中攻击库赞美学:

第一,维龙批判库赞思想的陈腐与守旧。维龙认定,折中主义是一种陈

---

① 奥古斯特·孔德:《论实证精神》,黄建华译,北京联合出版公司 2013 年版,第 40 页。

② 据传,库赞曾阻挠丹纳获取哲学教师资格。圣勃夫曾中立地评议此事(参见圣勃夫:《泰纳先生的几部作品》,载《圣勃夫文学批评文选》,范希衡译,南京大学出版社 2016 年版,第 1170 页)。另一个八卦故事是:当《英国文学史》候选法兰西学院波尔丹奖时,库赞极力反对,放言道:"如果科学院把大奖颁给一部宣扬唯物主义、宿命论以及违背公众道德的作品,那么它就不可能不存在巨大的危机。"(米歇尔·维诺克:《自由之声:19 世纪法国公共知识界大观》,吕一民、沈衡、顾杭译,中国人民大学出版社 2006 年版,第 547 页。)

③ 丹纳于 1855 年 1 月 14 日至 1856 年 10 月 9 日在《公共教育杂志》(*Revue de l'instruction publique*)上刊登了有关 19 世纪法国哲学家的系列文章,这些文章于 1857 年结集出版。1860 年,丹纳又出版《19 世纪法国古典哲学家》,以五章篇幅讨论库赞。该书第九版可参见:Hippolyte Taine, *Les philosophes classiques du XIXᵉ siècle en France*, neuvième édition, Paris: Librairie Hachette et Cⁱᵉ, 1905. 有关丹纳对库赞思想的批判的相关研究,具体可参见:Jean Lefranc, "Psychologie et histoire: Taine critique de Cousin", *Revue Philosophique de la France et de l'Étranger*, T. 177, No.4, Taine et Renan (Octobre-Décembre 1987), pp.449－461. 另外,丹纳曾攻击库赞观念论为"荒唐的形而上学"(语出丹纳 1851 年 11 月 16 日笔记,转引自:Sholom J. Kahn, *Science and Aesthetic Judgment, a Study in Taine's Critical Method*, London: Routledge & Kegan Paul LTD, 2016, p.25)。

④ 这部书比维龙《美学》更加厚重。除导论和结论外,该书共分三个部分,第一部分讨论判断艺术作品的方法和智性的发展,第二部分先后涉及《梨俱吠陀》、赞美诗、希腊早期诗歌、荷马、现代诗歌及其为何高于古代诗歌,第三部分依次对比古代雕塑和现代雕塑、古代绘画和现代绘画、古代音乐和现代音乐。

旧学说在当代的复活。所谓"陈旧学说",实指其新柏拉图主义取向,这一取向被维龙视为库赞思想的内核,他继而认为,库赞并未如其所承诺的那样为哲学做出新的、真正的贡献,而只是重复了前人,既不曾与先前的并不充分的方法论决裂,也不曾处理任何时代中人类精神的任何显现,维龙尖刻地说:"库赞先生更乐意重复其前辈们的失败经验。"①维龙认为,在洛克与孔狄亚克的感觉主义之后,依然将柏拉图式神圣而永恒的"理式"(idée)作为唯一真实之物,更是一种倒退。

再者,就其重复古代哲学并局限于观念世界进行增补说明而言,库赞的折中主义违背了笛卡尔所奠定的现代哲学的怀疑精神,更接近笛卡尔之前的经院哲学传统。② 于是维龙断言:"库赞先生的全部荣耀仅在于将当代思想往后推了一个世纪,也就是说,抛回了笛卡尔哲学,即现代哲学的童年期。"③

第二,维龙批判库赞思想的保守与专断。维龙用"官方唯心主义"(spiritualisme officiel)或"当下占统治地位的折中主义或唯心主义"④来指称以库赞为代表的思想,这侧面证明库赞在当时思想界的地位依然很高,被作为国家意识形态加以推广,以至"在唯一真理和永恒原则的名义之下权威化……不容忍任何意见分歧,迫害任何进步之尝试",⑤甚至成为"形而上学的暴政"(tyrannie de la métaphysique)。⑥ 且不论其评价中包含多少与真实相符的内容,我们至少可以推断,之所以围绕着库赞思想出现这一状况,除了库赞保留了法国古典主义美学传统本身的保守与专断,还与其德国观念论的总体主义倾向有关。

第三,与前一点相关,维龙批判库赞的观念论所提供的仅仅是观念的间接来源。在维龙看来,要想将人性中的种种观念理论化并弄清其根源(先天或后天)与发展情况,凭借对"全部"观念的抽象研究只能是南辕北辙,充其

---

① Eugène Véron, "Introduction", *Supériorité des arts moderns sur les arts anciens*, Paris, Guillaumin et c^{ie}, Libraires-éditeurs, 1862, p. xi.

② "折中主义哲学家的人物仅限于以或多或少的精微与逻辑,在一些约定俗成、不可违背的原理的结论上钻牛角尖,就像在经院哲学的统治下那样。"同上书,第 xii 页。

③ 同上。

④ 同上书,第 x 页。

⑤ 同上书,第 v 页。

⑥ 同上书,第 xviii 页。维龙直接针对折中主义发问道:"在所有那些相互打架的权威之间,您的选择理由是怎样的呢?在这些彼此冲突的主张的混乱局面当中,您何以辨认出真理呢?为了证明选择的正当性,因为其中一种主张与您的精神习惯相关,这道理充分吗?但那些精神习惯,您是天生具有,还是从教育中获得的呢?仅仅因为某些原则是从您所生活的文明中汲取而来的,这就是绝对理性吗?"同上书,第 xv — xvi 页。

量是以假说为基础、在现实中毫无指涉的形而上学；与此相反，正确的道路是回到具体性，重视差异，返回观念所由以产生的"此时此地"，用维龙自己的话说，也就是研究不同年龄的人和不同文明之下的人性，考察人种、气候、境况之差异所造成的观念差异，对所要阐释的事实做"直接的观察"。① 很明显，维龙提倡用丹纳、孔德等人的实证方法取代库赞的观念论美学。

在熟悉了上述三方面的批评内容后，我们会发现，后世对库赞哲学与美学的各种批评，几乎不曾走出维龙的模式，而这些批评不断削弱着库赞美学的历史地位。

"平庸"是后世对库赞最常用的评语。让-勒夫朗在写到库赞哲学时也认为其美学的价值不大，理由在于，这种美学"执着于一些平庸观点，特别是忙于论证'理想的美首先是道德的美'"②；这种平庸性还体现在趣味的保守和守旧上："无论在文学上还是在绘画上，他的个人品位都偏向于 17 世纪法国古典风格"，③所以他的所谓折中主义美学与艺术上的折中主义并无关系，"他既没有奠定也根本未能预见到 19 世纪下半叶出现在各类艺术形式当中的各种'折中主义'"。④

平庸的另一种观感是缺少新意。持此类观点的人认为，库赞只能平面性地堆砌一些论点，而无法做到纵深性地逐步推进论证。正如克罗齐所指出的那样，库赞美学仅限于重复一些"学院式的、华丽而空洞的句子"，它们包括"有道德的美才是植根于上帝那里的理想美；艺术乃是表现理想美、无限和上帝的；天才是创造性的能力；鉴赏力是想象力、情感和理性的混合物"，等等。⑤

"空洞"是更严重的一类评语，它主要针对库赞治学方法的陈旧过时。如 E.勒南指出："尽管库赞的思辨，特别是他有关文学哲学家和政治哲学家的课程具有高度价值，然而从科学一方来看，他对那些人物的观照自然而然地出现了若干漏洞，这些漏洞能够从他所接受的大学教育里得到解释。在旧时的大学里，研究方法更多是文学式的而非科学式的。"⑥一言以蔽之，

---

① Eugène Véron,"Introduction",*Supériorité des arts moderns sur les arts anciens*,Paris,Guillauminet cie,Libraires-editures,1862,p. xv.

② 丹尼斯・于斯曼主编：《法国哲学史》，第 362 页。

③ 同上。

④ 同上。

⑤ 克罗齐：《美学的历史》，第 205 页。

⑥ E.Renan,Essais de morale et de critique,Article:Cousin(3ᵉ édition),1867,p.80,cited from T.M.Mustoxidi,*Histoire de l'esthétique française 1700 – 1900*,Paris:Librairie Ancienne Honoré Champion,1920,p.109.

"企图通过空洞的心灵公式来构建诸事物的理论，就如同想要编织布匹的织布工人并不让手中的梭子穿针引线一样，注定徒劳无功"。[①] 穆斯托克西蒂十分赞同这一看法。他在《法国美学史 1700—1900》一书里指出，库赞理论的"本质特征在于，它们是在毫无材料，不曾收集事实，也缺少对现实的直接观察（即便不是完全缺乏，至少是几乎缺乏）的情况下建构起来的体系，也就是说，这些体系是用若干普泛而模糊的观念建构起来的，这些观念形成了空洞神庙的门面，里面并不供奉神像"。[②] 在进行了一番毫不留情的激烈嘲讽之后，穆斯托克西蒂干脆将库赞美学体系称为"空洞体系"（système vide）。

　　非常明显，这两位批评者同维龙一样，立足于由实证主义立场与方法来批判库赞。这里所谓"文学式的"，指的并不是文采斐然，而是事实分析不足，导致论断缺少坚固的支撑，归根结底，在"科学"标准的衡量下，库赞是不合格的。

　　上述批判不可谓不切中肯綮，然而笔者希望提醒一点：包括先驱维龙在内，这些研究者借助于一种后起的哲学眼光检验出库赞之不足，不单有后见之明之嫌，而且很容易形成一种程式化的评价，一股负面的合力，使得库赞真正的美学贡献逐渐被美学史抹杀。

第五节　历史位置

　　保罗·雅奈在列举时人对库赞的批评之后提到："在今天（按：当时处在19世纪下半叶），如果我们询问年轻的哲学家对《论真美善》一书有何看法，他会做出如实回答（倘若他既公正又宽厚的话）：该书行文雅致，时有雄辩的段落和高尚的情感，但总体而言是一种浅显的，有一点平庸的，完全文学化的哲学，一种常识哲学。"[③]雅奈本人同样认为库赞的体系缺少连贯性和准确性。不过，殊为可贵的是，他从法国美学复兴的角度，中肯地评价了库赞的美学贡献：

　　　　库赞美学尽管在我们今天看来显得模糊而浅显，但不失为狄德罗

---

　　① E.Renan, Essais de morale et de critique, Article: Cousin(3ᵉ édition), 1867, p.80, cited from T.M.Mustoxidi, *Histoire de l'esthétique française 1700 – 1900*, Paris: Librairie Ancienne Honoré Champion, 1920, p.110.

　　② T.M.Mustoxidi, *Histoire de l'esthétique française 1700 – 1900*, Paris: Librairie Ancienne Honoré Champion, 1920, p.95.

　　③ Paul Janet, *Victor Cousin et son œuvre*, Paris: Calmann Lévy Éditeur, 1885, p.57.

以来法国颇有吸引力的第一流理论美学,狄德罗的美学仅有一些分散的观点得到传播,安德烈神父则被大大遗忘。在孔狄亚克哲学统治时期,美学彻底被忽略了。于是这里是一种创造或一种重生,这应当归功于《论真美善》的作者:是他将美学带入科学,为美学分配了它在哲学思辨框架当中的位置。①

这段话其实将库赞的美学史地位提得很高。按照雅奈的意思,18世纪中后期的法国在美学上有过切实的贡献,特别是围绕"美"的学说做出了真正的推进,比如安德烈的《谈美》、狄德罗为《百科全书》撰写的"美"的词条,皆堪称美学典范。几乎在同一时间,德国人走上一条截然不同的美学研究路线,以感性能力为起点,鲍姆嘉通、康德、黑格尔等在哲学里为美学谋得一个必要的稳固位置。比照德国美学,法国美学尽管有其自身的传统与基础,且影响和促进过德国美学的形成,却呈现出诸多问题,如零碎、随意、不够系统、学科意识薄弱,等等。这个状况直到库赞才得到有意识的解决。

如前所述,库赞是较早向德国观念论哲学求教的法国思想家。在美学上,他同样借鉴康德、黑格尔,在形而上学和伦理学之间"为美学分配了它在哲学思辨框架当中的位置"。在这个意义上可以说,他"将美学带入科学"。类似的评价也出现在克利斯特勒那里,他认为,库赞推动"在现代价值理论中确立'真、善、美'观念,以及在哲学体系里确立美学的地位"②。此为库赞对美学的第一重贡献。

库赞美学的第二重贡献,是借鉴、整理已有的成果,用一系列相互衔接的理论充实并架构该学科。如果说前一重贡献是勘测地貌,以便确立美学的地理坐标,那么,这一重贡献相当于大兴土木,构筑美学大厦的架构。这里主要涉及美学问题的归属、分层等梳理工作,用雅奈的说法即为:将美学"构建"为科学。

除这两重贡献之外,库赞在国家教育系统当中的高位亦不可忽视。1830年,他成为公共教育委员会成员,1840年开始担任公共教育部长。他被称作"官方哲学家",成功地将自己的哲学通过教育制度而体制化为国家哲学,影响波及波旁王朝复辟时期(1814—1830)和七月王朝时期(1830—1848)。这一切皆保证了他的学说得到有效的广泛传播,其中当然也潜伏着维龙们所批评的权威化的危险。库赞思想对法国当时哲学教育有着极高的

① Paul Janet, *Victor Cousin et son œuvre*, Paris: Calmann Lévy Éditeur, 1885, pp.92-93.
② 克利斯特勒:《艺术的近代体系》,《美术史与观念史》Ⅱ,第467页。

渗透性，以至成为官方话语与立场的代言人。诚如保罗·盖耶（Paul Guyer）所言，假如不了解库赞美学的主要观念，就难以理解审美主义（或曰唯美主义）何以首先是一场反抗运动，是在艺术功能问题上对主流美学立场的抗议。[①] 除了反审美主义，库赞的表现理论、心理学方法、观念论立场等，也为19世纪的法国美学做出了最早示范。

库赞的课程为法国美学直接培养了若干重要的接班人。抛开库赞的《论真美善》，便无法进入对西奥多尔·西蒙·儒弗瓦《美学教程》的研究——人们普遍认为后者具有更大的价值，然而儒弗瓦当年正是在库赞的课堂上受到美学启蒙的。[②] 库赞与儒弗瓦被并称法国19世纪上半叶最有影响力的两位哲学家。[③] 库赞曾称许儒弗瓦为当时课上"第一流的聪明学生"，后者并以一篇论美的论文获得了博士学位："儒弗瓦先生怀着谨慎而特别的趣味所耕下的种子，或许正是我的课程曾在他脑海里置入的。"[④]然而，这在人们对儒弗瓦美学众多美誉中，几乎是评价最低的。库赞的论敌依波利特·丹纳指出，与儒弗瓦的《美学教程》相比，"苏格兰和法国的那些有关美的著作是不足道的。一言以蔽之，该书是黑格尔的《美学》之后唯一可读的。"[⑤]丹纳显然将儒弗瓦的美学成就抬高到其老师库赞之上，而这一看法几乎是后世美学史家所公认的。[⑥] 在笔者看来，儒弗瓦在审美心理学上贡献最大，而其心理学方法乃是直接得自库赞。当然，如果说心理学在库赞那里仅止于一种方法或视角，那么在儒弗瓦这里，心理学则是美学的根基，甚至有时就是美学本身。

就连激烈批评库赞美学的克罗齐也不得不承认，在法国观念论者的心

---

① 参见：Paul Guyer，*A History of Modern Aesthetics*，Vol.II，Cambridge University Press，2014，pp.229－230.

② 雅奈有个注释写道："必须再次指出的是，在1818年之前，儒弗瓦就有一篇关于美感（sentiment du beau）的文章（1816）。但这篇文章依然是库赞授课的产物。"（Paul Janet，*Victor Cousin et son œuvre*，Paris：Calmann Lévy Éditeur，1885，p.93）

③ James Manns，"The Scottish Influence on French Aesthetic Thought"，*Journal of the History of Ideas*，Vol.49，No.4（Oct.- Dec.，1988），p.633.

④ Victor Cousin，*Du Vrai，du beau et du bien*，Paris：Didier，Libraire-Éditeur，1854，p.254，note 1.

⑤ Hippolyte Taine，*Les philosopohes français du XIXᵉ siècle*，1856，p.231.Cité par T.M.Mustoxidi，*Histoire de l'esthétique française 1700－1900*，Paris：Librairie Ancienne Honoré Champion，1920，p.115.黑格尔《美学》的法文版译名与儒弗瓦《美学教程》同名，故有此比。

⑥ 类似地，克罗齐明确提出，儒弗瓦的美学比库赞美学更有价值。（克罗齐：《美学的历史》，第205页）。从美学史的视角出发，穆斯托克西蒂中肯地表示，《美学教程》是最重要的法国美学著作之一，尽管可以见出受其老师的影响，但"在各个方面皆远超库赞美学"（T.M.Mustoxidi，*Histoire de l'esthétique française 1700－1900*，Paris：Librairie Ancienne Honoré Champion，1920，p.115）。

目中,法国美学的革命和起点乃是 1818 年,也就是维克多·库赞在巴黎大学开设有关"真美善"的讲座之时。[①] 相比于几乎被遗忘的安德烈,相比于思想多变而不成体系的狄德罗,库赞的广泛影响力的确担得起法国美学"再造者"之名。

综上所述,我们可以稳妥地做出结论:库赞对法国美学的贡献是历史性的。这并非意味着库赞本人美学思想具有何等高妙的独创价值,而是意味着他在法国美学学科化的起点上起到了必要的奠基作用。站在 19 世纪的开端,库赞示例了该世纪法国主流美学著作的写作框架与议题,为观念论美学、心理学美学在法国的展开与推进奠定了基础,培养了后备力量。从这个角度看,在 19 世纪法国美学的历史序列里,库赞是名符其实的先锋,甚至可以称得上(作为学科的)法国美学的真正创始人。

---

① 克罗齐:《美学的历史》,第 204—205 页。

第四章　重估丹纳决定论

第一节　复数的决定论

长久以来,种族-环境-时代"三因素"决定论(déterminisme),亦称"三部分公式"(three-part formula),①是依波利特·丹纳(Hippolyte Taine,1828—1893)身上的美学标签。在 1863 年面世的《英国文学史》(*Histoire de la littérature anglaise*)序言里,丹纳在考察有助于产生基本精神状态的根源时规定了"种族""环境""时代"三个概念的含义。

对于"种族",丹纳的界定是"天生的和遗传的那些倾向,人带着它们来到这个世界上,而且它们通常更和身体的气质与结构所含的明显差别相结合。"②对于"环境",丹纳所指的是种族所生存其中的环境,它包括物质环境和社会环境乃至围绕人之生活的一切外力,它们"给予人类事物以规范,并使外部作用于内部"。③ 对于"时代",丹纳似乎指历史性,故而有这样的说法:"除了永恒的冲动和特定的环境外,还有一个后天的动量。当民族性格和周围环境发生影响的时候,它们不是影响于一张白纸,而是影响于一个已经印有标记的底子。人们在不同的顷间里运用这个底子,因而印记也不相同;这就使得整个效果也不相同。"④这些观念与方法,至《艺术哲学》并未发生实质性变化,⑤

---

① 参见:Jeremiah J.Sullivan,"Henry James and Hippolyte Taine:The Historical and Scientific Method in Literature",*Comparative Literature Studies*,Vol.10,No.1(Mar.,1973),pp.25 - 50.

② 伍蠡甫等编:《西方文论选》(下册),上海译文出版社 1979 年版,第 236 页。

③ 同上书,第 236—239 页。

④ 同上书,第 239 页。

⑤ 肖罗姆·卡恩持此论。参见:Sholom J.Kahn,Science and Aesthetic Judgment,a Study in Taine's Critical Method,London:Routledge & Kegan Paul LTD,2016,p.74.此书初版面世于 1953 年。柳鸣九主编《法国文学史》当中的主张有所不同,认为《艺术哲学》里将艺术的条件归结为精神气候和决定精神气候的物质气候,并以精神气候为更直接的原因。参见柳鸣九主编《法国文学史》(修订本第三卷),人民文学出版社 2007 年版,第 400 页。

只不过在不同问题上对某一因素有所侧重,比如在谈及意大利绘画时侧重环境因素,在谈及尼德兰绘画时侧重种族和历史(时代)因素,在谈及希腊绘画时侧重种族和时代因素。这似乎展示出丹纳的随意处理。按肖罗姆·卡恩(Sholom J.Kahn)的看法,既然"三因素"是一个统一性的整体,那么从其中任何一个因素出发都是可能的,比方说,地域(Land)可理解为种族的环境,而民族(Nation)则可理解为种族的时代。[①] 这个观点很有启发性。或许,重要的不在于这三个因素之间在边界上的相互区隔,亦不在于如何拣选某一因素应用于相对合宜的分析对象,而在于"三因素"的整体性本身才是丹纳真正希望突出的,那也就是某一艺术之诞生所必需的各种条件:先天的与后天的,自然的与社会的。

许多人误以为,丹纳在《英国文学史》序言里首次正式提出"三因素"决定论,在次年开始讲授,并于1881年正式结集为完整版的《艺术哲学》[②]一书中,系统地将决定论应用于美学。人们普遍认为,随着将决定论引入艺术分析,丹纳实现了艺术哲学与艺术史的结合,成为较早探索艺术社会学相关议题的人之一。[③] 在美学史写作中常有如下断语:决定论是丹纳对美学史的独特贡献,甚至在某种程度上可以说丹纳是决定论美学的创始人。

随着格罗塞《艺术的起源》中译本的传播,痕涅昆(Emile Hennequin)1888年面世的《科学的批评》(La critique scientifique)对丹纳"三因素说"的批判在中文世界广为人知。[④] 其实,痕涅昆在书中点明了丹纳决定论对圣伯夫生平批评的推进与完善。[⑤] 许多人亦留意到这样一个事实:丹纳并

---

① Sholom J.Kahn,Science and Aesthetic Judgment,a Study in Taine's Critical Method,London:Routledge & Kegan Paul LTD,2016,p.102.

② 《艺术哲学》(Philosophie de l'art)脱胎于丹纳多年的讲课稿,其中各编曾分别以单行本方式在1865—1869年间陆续出版。1865年出版(后来的第一编)《艺术哲学》,1866年出版(后来的第二编)《意大利的艺术哲学》,1867年出版(后来的第五编)《艺术中的理想》,1868—1869年出版(后来的第三编)《尼德兰的艺术哲学》和(后来的第四编)《希腊的艺术哲学》。1881年5月,这五本书被结集为一部书重新出版。
本章同时参考傅雷中译本和法文本,并在必要时依据法文本对傅雷中译本进行修改,故而后文分别注出这两个文献的页码。笔者所使用的法文本是1890年在巴黎面世的第五版(两卷本):H.Taine,Philosophie de l'art,deux tômes,cinquième édition,Paris:Librairie Hachètte et Cⁱᵉ,1890.
傅雷先生于1929年开始着手翻译此书,完成第一编第一章的翻译后暂停,于1958年开始重译。1963年中译本面世后,迅速成为我国接触并了解西方美学的一个窗口,对我国早期的文学史研究影响甚大。相关研究可参见:刘欣、江守义:《泰纳与早期中国文学史研究的科学转向》,载《盐城师范学院学报》2010年第3期;付建舟:《泰纳文艺理论在现代中国的传播与接受》,载《天津社会科学》2010年第5期。

③ Jean-Paul Cointet,Hippolyte Taine,un regard sur la France,Perrin,2012,p.228.

④ 参见格罗塞:《艺术的起源》,蔡慕晖译,商务印书馆1984年版,第11—14页。

⑤ 参见:Emile Hennequin,La critique scientifique,Librairie Académique Didier,1888,p.16.

不是决定论的首倡者，哪怕仅限于讨论美学上的决定论。杜博在《对诗与画的批判性反思》(1719)当中展示了他的发现：时间(temps)和地域(pays)直接影响公众对诗歌和绘画的艺术价值判定。[①] 故而一类观点认为，杜博才是决定论观念的首倡者。[②] 我们知道，在后来的孟德斯鸠[③]、温克尔曼、卢梭以及斯塔尔夫人那里，同样出现过决定论观念的痕迹，以及若干时隐时现的交替沿袭线索。根据丹纳自述，他曾受到德国启蒙思想家赫尔德、施莱格尔兄弟，法国作家司汤达《意大利绘画史》中的相关观念的影响。[④] 决定论在丹纳同时代人中更不乏同道。受丹纳影响，埃米尔·左拉在《恨赋》里指出，一件艺术作品就是"透过一种性情所看到的创造之一隅"。[⑤] 维克多·库赞曾说过：

> 请给我一个国家的地图，告诉我它的地形、气候、水情、风况，以及它的一切物理地理；告诉我它的天然物产，它的植物、动物，那么，我将先天地判断出这个国家的人是怎样的，该国在历史上扮演怎样的角色，而且这些是必然的而非偶然的情况，是所有时期的而非一个时期的情况，最后我还会说出该国将展现怎样的观念。[⑥]

这样一种从自然条件出发推导民族性的决定论，其论调比丹纳更加自信和激进，而这两人的思想立场势同水火。

---

① 参见：Du Bos, *Réflexions critiques sur la poésie et sur la peinture*, sixième édition, Vol.2, Paris, Chez Pissot, 1755, Section 28-29.

② 吉尔伯特、库恩指出，杜博的这种思想在一定程度上预示了斯塔尔夫人、司汤达、丹纳的相关论述（参见吉尔伯特、库恩：《美学史》上卷，第366页以及第399页）。另可参见：K. S. Laurila, "Quelques remarques sur l'esthétique de Dubos", *Neuphilologische Mitteilungen*, Vol.32, No.1/3 (1931), p.61.

③ "人受气候、宗教、法律、施政的准则、先例、习俗、风尚等多种因素的支配，其结果是由此而形成了普遍精神。"（孟德斯鸠：《论法的精神》（上卷），许明龙译，商务印书馆2015年版，第356页）孟德斯鸠的《论法的精神》乍看起来是一种典型的一般决定论，不过从列奥·施特劳斯的讲课记录看，他似乎倾向于认为那未必是一种绝对的决定论。具体可参见列奥·施特劳斯《从德性到自由——孟德斯鸠〈论法的精神〉讲疏》第十三讲至第十四讲。

④ 在1854年的一封信中，丹纳捍卫了司汤达有关绘画中的理想美的社会原因论。参见：H. Taine à Hatzfeld (16 Dec.1854), *H. Taine, sa vie et sa correspondance*, Tôme II, Paris: Librairie Hachètte et Cie, 1914, p.85.

⑤ Pascale Seys, "Repères chronologiques", *Hippolyte Taine et l'avènement du naturalisme: un intellectuel sous le Second Empire*, Paris: L'Harmattan, 1999, p. xvii.

⑥ Cousin, *Introduction à l'histoire de la philosophie*, cité par T. M. Mustoxidi, *Histoire de l'esthétique française 1700-1900*, Paris: Librairie Ancienne Honoré Champion, 1920, p.163.

既然如此,何以独独丹纳的决定论长期以来被如此看重? 笔者推测,这里的原因应包含两个方面:一是丹纳的整体思想,二是丹纳美学的影响力。在此问题上,有一个重要的相关因素似乎未获得应有的重视,那就是其决定论本身的成因。至少在一定程度或常识层面上,决定论抑或因果思维具有难以否认的有效性。倘若向前追溯,探究丹纳那里的"精神气候"(température morale),或许有助于回答上述问题。笔者主要从哲学和美学两方面考察丹纳的思想环境:通过探究决定论的哲学来源,廓清决定论在丹纳整体思想中的位置,将其"新美学"确定为"现代化"方案在美学领域的实施,通过与古典美学的对比,尝试重估丹纳决定论在美学学科史中的位置及其固有难题。

第二节　决定论的哲学来源

一种广为接受也实有其据的看法是:丹纳从孔狄亚克等感觉主义者那里学习到人的心灵即其感觉、经验的累积,由此推断文学作品在很大程度上记录着作者对于自身环境的经验;[1]此外也受到 19 世纪中期欧洲的文化史运动,特别是布克哈特的启迪。[2] 不过它们很难算作催生决定论的直接证据。我们注意到,丹纳 1850 年的一份笔记中写道:

(1)概括一下法国、英国、罗马、希腊、意大利、德国等已知的主导因素,或抽象的生成者(generators)。

(2)为主导因素分类:三个最重要的因素:种族;时代;环境。(给出它们,就能够重构实际的、完整的历史。)

(3)对于一种宗教、一种文学、一种哲学、一种艺术(一般的和特殊类别的)的出现,它们是条件(conditions)。[3]

---

[1]　参见:Jeremiah J.Sullivan,"Henry James and Hippolyte Taine:The Historical and Scientific Method in Literature",*Comparative Literature Studies*,Vol.10,No.1(Mar.,1973),p.25.柳鸣九主编《法国文学史》也持有类似主张。参见柳鸣九主编《法国文学史》(修订本第三卷),第 396 页。

[2]　据说丹纳曾赞布克哈特的《意大利文艺复兴时期的文化》是"一部可敬的书,是有关意大利文艺复兴写作中最充分、最哲学的作品"。P.A.Ⅱ,p.31,n.1.Cited from Anna Laura Momigliano Lepschy,"Taine and Venetian Painting",*Saggi e Memorie di storia dell'arte*,Vol.5(1966),p.142.《艺术哲学》中法文版皆未见此语,待考。

[3]　Cited from Sholom J.Kahn,*Science and Aesthetic Judgment*,a *Study in Taine's Critical Method*,London:Routledge & Kegan Paul LTD,2016,p.23.斜体为原文所有。

这应当是丹纳真正第一次表露"三因素"说（比通常所认为的 1863 年早了13 年）。此时的丹纳尚在巴黎高师求学，对黑格尔历史哲学兴趣正浓。在此，这个以主导因素为构架的决定论，是丹纳用以建构总体历史的武器，被设想为一种通用型的理论工具，准备拿来应对包括宗教、哲学、文学、艺术在内的全部精神科学问题。这至少从主观意图上佐证了汤普森的主张：丹纳的整体史学思想同时亦是人文科学的整体思想。① 后来丹纳在 1870 年面世的《论智性》(De l'Intelligence)一书里界定了一种主导性的能力(faculté maîtresse)，它潜在于所有思想之下，作为一种人类头脑的潜力存在，它不是被个体意愿，而是被种族、环境和时代的综合影响而触发的。② 对丹纳来说，"三因素"是历史演化的条件因素，以此为纲，便于排除次要事实，构建主要事实，从而还原历史成因。其决定论是为人文领域的全部研究设立的，它承认科学的、实证的方法在精神科学中的普遍适用性，并且这种方法及其规则是可认识的。

有研究者认为，丹纳正式展开以视觉艺术或者说造型艺术为主要对象的"美学"③研究，是迟至《英国文学史》出版之后游历欧洲时才开始的，《艺术哲学》的主要内容正脱胎于他的系列游记。④ 这符合丹纳（以及当时大部分欧洲文人）的写作方式，比如他在《英国文学史》完稿之前也曾两次亲赴英格兰。⑤ 结合前述材料可以初步推断：丹纳的决定论有其丰富而深刻的哲学资源；它非但不是丹纳进行文学研究或美学研究的产物，反而比美学更早、更全面、更根本地进入其思想关切。

1855 年 5 月，丹纳的《论李维》(Essai sur Tite-Live)在法兰西学院征文中获奖，至 1856 年出版时，丹纳在前言里增补了这段话："斯宾诺莎说，人在自然里，并不是'如同一个帝国在另一个帝国里'，而是如同一个部分在一个整体当中，我们的存在就是精神的自动装置，其活动同物质世界的活动一

① 具体可参见汤普森：《历史著作史》，谢德风译，商务印书馆 1996 年版。傅雷也说："该理论（按：指决定论）到了丹纳手中才发展为一个严密与完整的学说，并以大量史实为论证。他关于文学史，艺术史，政治史的著作，都以这个学说为中心思想；而他一切涉及批评与理论的著作，又无处不提供丰富的史料做证明。"（傅雷：《译者序》，见丹纳：《艺术哲学》，第 3 页）有关丹纳决定论思想在其史学上的运用，可参见：Patrizia Lombardo, "Hippolyte Taine between Art and Science", Yale French Studies, No.77, Reading the Archive:One Texts and Institutions(1990), pp.117-133.

② Chris Murray, Key Writers on Art:From Antiquity to the Nineteenth Century, London and New York:Routledge,2003,p.187.

③ 《艺术哲学》里的"艺术"偏重指视觉艺术。将文学从艺术体系当中分离出来单独对待，当时的欧洲已出现这个趋势。

④ 参见:Jean-Paul Cointet, Hippolyte Taine,un regard sur la France,Perrin,2012,p.214.

⑤ 丹纳两次赴英分别发生在 1860 年 7—8 月和 1862 年 6 月。

样是被调整的，它在物质世界里被理解。"①紧接其后，丹纳提出如下问题并给出肯定回答："斯宾诺莎是对的吗？一个人能够在批评里使用精确的方法吗？一种天资能够通过一个公式来表达吗？一个人的诸能力，是否像一株植物的器官组织一样相互依赖呢？是否可以用唯一的法则来衡量和生产呢？给定这个法则，是否能够预测他们的能量并计算出它们的好结果和坏结果呢？是否能够像自然主义者重建一个化石化了的动物那样重建它们呢？……"②这里显露出一种在当时学院氛围中颇为叛逆的无神论-唯物论倾向，主张精神世界与物质世界的同一性，坚信精神科学能够且应当借鉴自然科学的精确方法。将此对照《艺术哲学》，会发现丹纳观念的连续性："科学本身便是一种实用植物学，不过对象不是植物，而是人的作品。[……]因此，科学遵循精神科学和自然科学（sciences naturelles）日益接近的运动，该运动为精神科学提供原则与谨严，为自然科学提供方向，将同样的可靠性传递给它们，确保它们取得同样的进步。"③参考书中前文可知，这段话里的"科学"指的是作为"精神科学"之一种的美学。看来，对于在精神科学里使用为当时的自然科学前沿所认可的新方法的意识，此时的丹纳已酝酿了至少十年。

丹纳的唯物论是斯宾诺莎式而非孔狄亚克式的。17世纪欧洲唯理论哲学以上帝为万有的唯一原因。斯宾诺莎比笛卡尔走得更远，将上帝这个绝对第一因贯彻得更为彻底。在他那里，上帝是物质与思想、身体与灵魂、存在与思维诸多二元对立的消失之处；从这个绝对的第一因出发，在宇宙环环相扣的因果链条作用下，必然能够推导出位于该链条任何环节上的结果。这个绝对的因果论也就是严格的决定论。斯宾诺莎遵循几何学式的命题证明法，在定义和命题之下设有推论和附释。丹纳对斯宾诺莎的集中阅读，至晚起步于波旁中学时期。那种立足于泛神论的严格决定论，即对上帝的理智之爱，对于早期丹纳是一种必要的精神支撑，曾助其克服科学和伦理学上的怀疑主义危机。④　在那时候的他看来，斯宾诺

① Hippolyte Taine, "Preface", *Essai sur Tite Live*, cinquième édition, Paris: Librairie Hachètte et Cie,1888,pp.vii.

② 同上。

③ 丹纳:《艺术哲学》，第19页。H. Taine, *Philosophie de l'art*, Tôme 1, cinquième édition, Paris:Librairie Hachètte et Cie,1890,p.15.

④ 参见:"Appendix A: Taine's Student Correspondence and Notebooks", Sholom J. Kahn, *Science and Aesthetic Judgment*, *a Study in Taine's Critical Method*, London:Routledge & Kegan Paul LTD,2016,p.209.另外,斯宾诺莎用几何学式的逻辑推论出上帝的超时间性,因此否认创世说,即基督教上帝的造物主身份,将《圣经》界定为一个其字面义有待于被超越的历史文献。或许正是这种无畏的怀疑精神吸引了少年丹纳的注意。

莎的实体哲学或绝对哲学超越了以卢克莱修为代表的唯物主义和以笛卡尔为代表的唯心主义,抵达了自我与万有的统一,愉悦与义务的统一,自由与必然的统一。①

　　丹纳的斯宾诺莎主义倾向在后来有所收敛。他在1849年致友人信中建议对方"缓慢而谨慎地阅读斯宾诺莎";他只承认其为自己的"半导师"(il n'est mon maître qu'à moitié),并相信斯宾诺莎"在若干基本问题上犯了错误"。② 据肖洛姆·卡恩的推断,在高师读书期间,唯理论哲学及其几何学推演已经不能满足丹纳对于社会科学和自然科学日渐浓厚的兴趣,③ 经验的、实证的研究方法逐渐更受青睐。这反映出自18世纪开始的自然哲学与道德哲学的日益分离过程。至19世纪,二者的对立已然确立:"哲学家"用以指唯心主义的维护者或任何形式的机械论的反对者;而"科学家"用以指遵循实验研究方法的彻底的机械论者。④ 有关丹纳当时所经历的法国科学主义思潮与研究方法之转变,不妨参考生命科学家乔治·居维叶1808年报告中的说法:在18世纪颇有影响的假说与推测方法已经被"真正的科学家"抛弃,只有精密的实验才被承认为唯一合法的推理和论证方法。⑤ 简言之,斯宾诺莎主义及其论证方式显得过时了。

　　丹纳开始用挑剔的目光打量斯宾诺莎,或许也与他对黑格尔历史哲学的理解加深有关。如前所示,黑格尔的历史哲学,或曰作为历史哲学的黑格尔哲学,直接启发丹纳提出"三因素"思想框架。他对黑格尔的兴趣比对斯宾诺莎更为持久。⑥ 黑格尔同样承认世界的规律性和合理性,以及在此基础上的因果必然性。如果说黑格尔的逻辑方法有助于避免斯宾诺莎唯理论的"生硬的抽象",⑦那或许源于对过程性的极端重视。它将一切形式(肯定的或否定的,前进的或后退的)的变化视作同一演化发展的辩证阶段,任何现象被放到一种历史视角里审视,构建了一种具备可理解性的历史延续性。

---

① H.Taine à Prévost-Paradol(25 mars 1849),*H.Taine,sa vie et sa correspondance*,Tôme Ⅰ,Correspondance de jeunesse 1847 – 1853,Paris:Librairie Hachètte et Cⁱᵉ,1914,p.63.

② 同上书,第75页。

③ 参见:Sholom J.Kahn,*Science and Aesthetic Judgment,a Study in Taine's Critical Method*,London:Routledge & Kegan Paul LTD,2016,pp.17 – 18.1852—1857年,丹纳曾修习植物学、动物学、解剖学方面的不少课程。参见:Anna Laura Momigliano Lepschy,"Taine and Venetian Painting",*Saggi e Memorie di storia dell'arte*,Vol.5(1966),p.142.

④ 参见帕金森、杉克尔总主编:《劳特利奇哲学史》(第七卷:19世纪哲学),中文翻译总主编:冯俊,中国人民大学出版社2016年版,第301页。

⑤ 参见约翰·西奥多·梅茨:《19世纪欧洲思想史》(第一卷),周昌忠译,商务印书馆2017年版,第133页。

⑥ 丹纳对黑格尔的阅读始于中学时期,但深入理解黑格尔则起步于巴黎高师毕业之后。

⑦ 梯利:《西方哲学史》(增补修订版),伍德增补,葛力译,商务印书馆2015年版,第519页。

在这个总体性哲学里，非理性或断裂难以容身，普遍联系原则被放入有机整体的视野中，于是在全部因素中可能存在最重要的主导型因素，——在丹纳的决定论公式里便是"三因素"。或许这也正是为何黑格尔被称作丹纳的"启迪者"①。

历史哲学笔记中所透露的对于具体性的偏爱，显示出他与黑格尔的旨趣之别。让-勒夫朗曾指出，丹纳与黑格尔的根本分歧在于试图通过"种族"概念赋予历史以生理学的实证性，将人的本质首先看作自然人。② 这种实证倾向同样主要归于当时法国的科学主义思潮以及进化论思想的广泛传播。此处有必要补充澄清丹纳与奥古斯特·孔德的实证哲学之间的关系。克罗齐在《美学的历史》里专设一章讨论"美学的实证论和自然主义"，以高度批判甚至嘲讽的口吻谈及丹纳，③这在丹纳研究者中颇有影响力。卡恩则认为应当在史实上细加辨析：迟至19世纪60年代，丹纳才在文字上首次流露出对孔德以及实证哲学的关注，而且这种关注是带有批判和异议的；④从影响程度上看，实证主义在丹纳那里是晚出的和占据次要地位的；流行的看法惯于将丹纳划入实证主义的流派，这与丹纳对自然科学及物种进化现象的浓厚兴趣有关。⑤ 笔者同意这个判断。我们可以在19世纪中叶"时代精神"（Zeitgeist）的意义上说丹纳具有实证思想，出于同样的理由可以确认其科学主义倾向，⑥但不宜在事实层面上认定其实证主义者身份，毕竟他从未正式参与实证主义圈子的活动。其决定论的思想资源，亦不能主要归于孔德实证哲学。

综上，丹纳吸收了斯宾诺莎的绝对因果论和唯物论、黑格尔的作为有机总体的历史哲学，将二者融入科学实证主义时做了修正，形成其决定论

---

① Patrizia Lombardo,"Hippolyte Taine between Art and Science",*Yale French Studies*,No. 77,Reading the Archive:One Texts and Institutions(1990),p.128.

② 丹尼斯·于斯曼主编：《法国哲学史》，第404—405页。

③ 克罗齐：《美学的历史》，第248—251页。

④ 卡恩的这个观点或许受韦勒克启发。后者早在1955年便指出，1860年代的丹纳开始研究孔德时，在所有根本问题上已然具有固定见解（参见雷纳·韦勒克：《近代文学批评史（1750—1950，第四卷）：19世纪后期》，杨自伍译，上海译文出版社1987年版，第41页）。另外，让-勒夫朗也指出，丹纳并未皈依实证主义，并指责实证主义"肢解了科学"（参见丹尼斯·于斯曼主编：《法国哲学史》，第405页）。

⑤ 参见：Sholom J.Kahn,"Appendix B:The Question of Taine's 'Positivism'",*Science and Aesthetic Judgment*,*a Study in Taine's Critical Method*,London:Routledge & Kegan Paul LTD, 2016,pp.228 - 229.

⑥ 如史学家维诺克指出，1850年代的一代人共享了实证主义和科学主义的成长环境。参见**米歇尔·维诺克**：《自由之声：19世纪法国公共知识界大观》，第546—547页。

的底色。① 它们构成丹纳思想的现代性。评审委员会曾以丹纳在史学领域过于追求"现代观念"为由，建议其重写《论李维》。② 在那个新旧思想激烈冲撞的复杂时代，决定论充当了丹纳对抗学院传统的法宝。

1864 年 10 月，在拿破仑三世的欣然应允下，丹纳接替建筑学家维欧勒-勒-杜克（Viollet-le-Duc）的教席，成为巴黎美术学校（École des Beaux-Arts）③的艺术史与美学教授。次年 1 月 25 日，丹纳在那里首次登台授课讲解"艺术作品"。那是他二十年执教生涯④的大幕开启之日，也是后来成书为著名的《艺术哲学》的系列主题课程的开端。听众反响强烈，掌声雷动，街市可闻。那日下着瓢泼大雨，课后学生们不肯离去，冒雨跟随丹纳直至其家。⑤ 正是在这令年轻人倍感振奋的第一堂美学课上，他在应用决定论的同时提出"新美学"构想。该构想是否出于丹纳的现代观念？决定论在其中扮演何种角色？以下具体剖解。

第三节　美学的旧与新

丹纳直陈其攻击对象是"旧美学"⑥。他说："旧美学先下一个美的定义，比如说美是道德的理想的表现，或者美是不可见者的表现，或者美是人类激情之表现；然后，它从那里起步，就像从法典条文起步一样：它宽容，批判，训斥，指导。"⑦可以推断：旧美学即"美之学"，它选择首先回答"美是什

---

① 有学者认为丹纳决定论同样借鉴了浪漫派的历史相对主义。浪漫派认为，社会形式对人有形塑作用，社会的变更影响人的心理与艺术的风格；从历史的眼光看，艺术的价值标准随着时间、社会形态的变化而变化。面对艺术上悠久的古典传统，浪漫派重估自文艺复兴以来被低估的中世纪文化，尝试提升其价值。参见：Martha Wolfenstein, "The Social Background of Taine's Philosophy of Art", *Journal of the History of Ideas*, Vol.5, No.3（Jun., 1944）, p.337.浪漫派是对付古典精神的便利武器，除了历史相对主义，其文化地域主义亦有用途。不过，丹纳对待浪漫派的态度比较复杂，也曾抨击赫尔德、尼布尔、米什莱的史学观念。为避免在分析上纠缠不清，本章略去不谈。

② 参见：H.Taine à Prévost-Paradol（3 juin 1854）, *H.Taine, sa vie et sa correspondance*, Tôme II, Paris：Librairie Hachètte et Cⁱᵉ, 1914, p.58.

③ 即傅雷中译本中有时提及的"巴黎美专"。

④ 丹纳从此担任这一教职直至 1883 年，期间曾因政治动荡暂时中断。1884 年，丹纳为专注于写作而拒绝了该校教席邀请。

⑤ 参见：Chris Murray, *Key Writers on Art：From Antiquity to the Nineteenth Century*, London and New York：Routledge, 2003, p.187. Pascale Seys, "Repères chronologiques", *Hippolyte Taine et l'avènement du naturalisme：un intellectuel sous le Second Empire*, Paris：L'Harmattan, 1999, p.xvi.

⑥ ancienne esthétique, 从字面上，也可译作"古老美学"。

⑦ 丹纳：《艺术哲学》，第 18 页。H.Taine, *Philosophie de l'art*, Tôme 1, cinquième édition, Paris：Librairie Hachètte et Cⁱᵉ, 1890, p.14.

么"这个命题,企图一劳永逸地解决美学的根本问题;恰恰由于这个企图,即用一个阿基米德点来撬动整个美学学科的所有维度,旧美学所给出的答案具有唯一性;这个唯一答案胜任于解释各种美的现象而无权变之虑,加之具体有形者暂存、易逝,多元而歧异,难以普遍适用于一切时空,于是这个"美"须得避免具体性,去表现抽象而永恒的东西,诸如道德或至高的不可见者;答案的唯一性保障美学家履行指导/谴责功能,在评判一切类型、流派、风格的艺术时,就像掌握了某个法律条文依据一样给出褒贬,不存疑义。

纵观法国美学史,如前一章所述,所谓"美是道德的理想的表现"以及"美是不可见者的表现"皆属新柏拉图主义表现论。伊夫·马利·安德烈1741年正式出版的《谈美》中已有迹象,至丹纳生活的时代,它传递到库赞及其弟子儒弗瓦[1]手中。安德烈的美学是在抵制英国经验主义、巩固法国古典主义的诉求下展开的。在他看来,作为感官对象的"可感的美",在等级上低于作为心灵对象的"可理解的美";不可见而恒存的本质美,在等级上高于可见而暂存的自然美和任意美。归根结底,低级的美依赖高级的美,唯有本质美是最高制度、最高秩序;上帝是唯一的完美,是一切类型的美的总根源。

在安德烈之后,18世纪后半叶至大革命之前,孔狄亚克、霍尔巴哈等启蒙哲学家的感觉主义、机械论唯物主义风行,一度具有唯物主义倾向的狄德罗在其论"美"词条里依然盛赞安德烈美学。大革命之后,长期而频繁的社会动荡加重了法国人对权威化往昔的怀念,在寻求政治稳定之途的过程中,伴随着心理学研究的进展,唯物主义哲学式微,权威化在意识形态领域回潮。"约翰·德·梅思太(1754—1821)宣称人类理性已经暴露出无能统帅人类,只有信仰、权威和传统能够约束人,使社会稳定。"[2]对于社会心态集体朝向前大革命时代古典主义的折返,勃兰兑斯曾以文学化的笔法形容如下:"人们称文学领域中的权威原则为古典精神,革命不仅没有削弱这种精神,反而加强了这种精神。革命本身就是一个古典式的悲剧。像所有其他法国悲剧一样,它的主角们都穿着希腊罗马的服装。"[3]几乎在同一时间(19世纪70年代),丹纳在《现代法国的起源》里做出类似论断:"这种思想形态

---

[1]　丹纳在波旁中学时读过儒弗瓦的自然法课程(参见:H. Taine à M. Hatzfel(7 octobre 1847),*H.Taine, sa vie et sa correspondance*,Tôme Ⅰ,Correspondance de jeunesse 1847-1853,Paris:Librairie Hachette et Cie,1914,pp.16-17),在《19世纪法国古典哲学家》里讨论过儒弗瓦。

[2]　梯利:《西方哲学史》(增补修订版),第551页。

[3]　勃兰兑斯:《19世纪文学主流·第三分册:法国的反动》,张道真译,人民文学出版社1997年版,第217页。

（引者按：指古典精神）远未随旧制度一起结束，大革命的所有演说、所有文字，直至所有语句和词汇，都是从这个模子中锻造出来的。"[①]1848年革命后，法国学院气氛越来越趋于宗教化，思想管控越来越严苛。丹纳曾经的指导老师埃蒂安·瓦什罗（Étienne Vacherot，1809—1898）因被格拉特利（Gratry）神父指控具有黑格尔主义倾向，最终被迫离开高师。[②]丹纳自己则在职业体制内长期处于被抑制、监管的位置，[③]很早就学会刻意"如蛇一般谨慎"[④]行事。

经过这番回潮，古典精神得以恢复其官方美学的地位。官方哲学和古典精神深为丹纳所憎恶，[⑤]库赞恰恰融二者于一身，他是法国近代哲学教育制度的倡立者，其折中主义长期主宰着法国哲学。库赞深受德国观念论影响，特别是康德、黑格尔和谢林的美学，并暗中将它们嵌入以安德烈美学为代表的法国传统架构。他将美的三种形态分作形体美、智性美和道德美，规定"艺术的目的在于借助形体美来表现道德美"。[⑥]从形体美到道德美构成一个上升阶梯，上升过程同时也是抛弃过程。在向着终极之美修行的道路上，个别的、有形的乃至智性的美依次被手段化，最终见月忘指、得鱼忘筌。就像柏拉图《会饮篇》所描述的"寻美阶梯论"那样：对美的追寻乃是从个别的美的事物至最高境界的美；从单个美的形体上升到全体美的形体，再至美的行为制度，再到美的学问知识，最后彻悟美的本体。[⑦]库赞在《论真美善》中引用了柏拉图的这两大段话，并为这种异教时代的思想添加了一个普洛

---

①　伊波利特·泰纳：《现代法国的起源：旧制度》，第190页。该书译者将"esprit classique"译作"经典精神"，不妥。

②　参见：Patrizia Lombardo，"Hippolyte Taine between Art and Science"，*Yale French Studies*，No.77，Reading the Archive：One Texts and Institutions（1990），p.119.

③　比如在获取教师资格时接连受挫，曾在外省（先后是土伦、讷瓦尔、普瓦蒂埃）学校从事并不合意的教学工作并受到严格监管。详见丹纳的两封信：H.Taine à Mlle Virginie Taine（29 octobre 1851）et H.Taine à Prévost-Paradol（30 octobre 1851），*H.Taine，sa vie et sa correspondance*，Tôme I，Correspondance de jeunesse 1847－1853，Paris：Librairie Hachètte et Cie，1914.出于审慎，他从未出版自己那篇论述感觉问题的博士论文。

④　H.Taine à Mlle Virginie Taine（29 octobre 1851），*H.Taine，sa vie et sa correspondance*，Tôme I，Correspondance de jeunesse 1847－1853，Paris：Librairie Hachètte et Cie，1914，p.140.

⑤　André Cresson，*Hippolyte Taine，sa vie，son œuvre*，avec un exposé de sa philosophie，Paris：PUF，1951，p.23.当时法国官方哲学"致力于道德的和政治的宣传，而非探求本应作为结论的真理。它是演说式和训诫式的，而并不打算仅限于验证事实、抽绎法则并证明之"（André Cresson，*Hippolyte Taine，sa vie，son œuvre*，avec un exposé de sa philosophie，Paris：PUF，1951，p.23）。

⑥　Victor Cousin，*Du Vrai，du beau et du bien*，Paris：Didier，Libraire-Éditeur，1854，p.177.

⑦　具体可参见《柏拉图文艺对话集》，第215—216页。

丁式推论:"上帝必然是最终原因、最终基础,必然是一切美的理想达成。"①

安德烈-库赞美学显示出本质-形式二元论及等级意识。可感的美被视作理想美的显现,而理想美又由善(道德美)或真(隐匿的上帝)来保证,艺术被赋予一种类宗教特征,或干脆就是一种宗教特征。② 感性不可避免被关联于低等之美,一种终被否弃的变动表征,而真正的"美"必须携带超越性,这种超越性也构成对艺术的普遍要求。古典主义美学将美的终极源头归为上帝,导致美的原因成为不可言说或不可解释的。这种美学依循理想高于了解事实,注重宣讲多于致力论证,维护古典主义审美趣味的唯一合法性。

"旧美学"为美规定一个超越性的起源,诸如将美的原因最终归于上帝,使得美在事实层面无法亦无需获得解释和言说;曾被英国经验主义证明为经验内容的上帝法则,在这种古典主义的美学意识形态里重又包裹上古老的神秘面纱。③ 丹纳并非不谈论美,他只是不承认美的绝对性和超越性,试图让美学免于这方面的理论说明。一种针对新旧史学的对比同样适用于新旧美学:对丹纳而言,历史应当是一门精确科学;而学院则希望将历史界定为一门演讲艺术。④ 丹纳说:"就像硫酸和糖一样,罪过和德行都是某些原因的产物;每一个复杂的现象,产生于它所依存的另一些比较简单的现象。"⑤美学应当用可探知的自然规律来代替神秘的绝对原因,或套用孔德的话,应从神学阶段和形而上学阶段迈入实证阶段。"一物中的美即是在我们身上产生这种非常高级,非常高贵,且不依赖于任何利害考虑的愉悦感的特征,它是我们思考行为的增强。但大脑是各各不同的,同样的感觉对于不同的大脑而言有着不同的原因。"⑥美被限定于感觉世界的相对的、多变的经验事实,美学的任务是从流变中找出恒态,即探究美的条件及规律:"我们所能做的唯有一事:提供趣味的公式,即表达快乐的必要而充分的条件。"⑦这便从形而上学来到实证科学。

---

① Victor Cousin, *Du Vrai*, *du beau et du bien*, Paris: Didier, Libraire-Éditeur, 1854, pp.171–172.

② "即对不可见、至高存在及无限(infini)的一种逐渐的揭示,而不可见、至高存在及无限,既表象其原型,又表象其本质性的、深层次的实在。"(Annamaria Contini, Philippe Audegean, *Jean-Marie Guyau*, *Esthétique et philosophie de la vie*, Paris: L'Harmattan, 2001, p.184)

③ Martha Wolfenstein, "The Social Background of Taine's Philosophy of Art", *Journal of the History of Ideas*, Vol.5, No.3(Jun., 1944), p.354.

④ Patrizia Lombardo, "Hippolyte Taine between Art and Science", *Yale French Studies*, No. 77, Reading the Archive: One Texts and Institutions(1990), p.123.

⑤ 泰纳:《〈英国文学史〉序言》,伍蠡甫等编:《西方文论选》(下册),第149页。

⑥ *H.Taine*, *sa vie et sa correspondance*, Tôme Ⅱ, Paris: Librairie Hachètte et Cie, 1914, p.72.

⑦ 同上。

从丹纳对"美"的界定可知,艺术能够增强人的思考行为,从而给人带来无利害的高级愉悦感。如《艺术哲学》书名所示,"新美学"的方案将学科定位调整为"一种美的艺术的哲学"(une philosophie des beaux-arts)。[①]"一门美学得以开启,所面对的第一个基本问题是:艺术是什么?"[②]这里显然有黑格尔美学(甚至可能包括其观点上的敌人库赞)的影响。黑格尔因看重心灵之自由而提出"心灵和它的艺术美高于自然美",从而视美学为"艺术哲学"或"美的艺术的哲学"。[③] 只不过,丹纳所面对的法国"美之学"传统,不同于黑格尔所面对的德国感性学传统。他把"美"的问题替换为"美的产品"问题,即艺术作品和艺术家问题。美学准确说来成为"艺术史科学",研究对象为在现实世界之中具体存在的演化生成之物,美学家的职责变成对于事实的陈述与解释:"我唯一的责任是陈述事实,展示这些事实如何产生。"[④]唯有在作为艺术史科学的新美学里,旧美学的阿基米德支点——唯一恒定的超越之美——被撤销,决定论才能获得用武之地:"由此我们可以定下一条规则:要理解一件艺术作品,一个艺术家,一群艺术家,必须精确介绍它们所属时代的精神和风俗的一般状态。这是最终解释,也是决定其余一切的最初解释。"[⑤]

这句话后来招致一些反感:"这话等于在说:唯有历史学家才会是美学家。"[⑥]这在丹纳听来却未必刺耳。无论是在意大利做艺术之旅时,[⑦]还是后来入选法兰西学院时,丹纳的首要身份都是历史学家。丹纳从黑格尔那里汲取了将芜杂的历史事实体系化的历史哲学,也就是梳理出以证明理论、支撑体系为己任的有机历史(histoire organisée),[⑧]他打算用这种现代的历史方法克服僵化教条的古典方法,由此提出价值中立、趣味多元的主张:"我想

---

① 丹纳:《艺术哲学》,第 18 页。H.Taine, *Philosophie de l'art*, Tôme 1, cinquième édition, Paris:Librairie Hachette et Cie,1890,p.13.丹纳在术语上沿用了以"美的"来修饰"艺术"的巴托传统。其实在他之前,"美的艺术"(beaux-arts)在 18 世纪末 19 世纪初的法国已固定为一个常见词组,二词之间的连接线将它们合成为一词,更多地指称共享相近特征的艺术体系,而不再侧重强调"美的"这个带有理想-理念性内涵的修饰成分。

② 丹纳:《艺术哲学》,第 19 页。H.Taine, *Philosophie de l'art*, Tôme 1, cinquième édition, Paris:Librairie Hachette et Cie,1890,p.16.

③ 具体参见黑格尔:《美学》(第一卷),朱光潜译,商务印书馆 1996 年版,第 3—5 页。

④ 丹纳:《艺术哲学》,第 18 页。H.Taine, *Philosophie de l'art*, Tôme 1, cinquième édition, Paris:Librairie Hachette et Cie,1890,p.14.

⑤ 丹纳:《艺术哲学》,第 15 页。H.Taine, *Philosophie de l'art*, Tôme 1, cinquième édition, Paris:Librairie Hachette et Cie,1890,,p.8.

⑥ Josephin Péladan,"Réfutation esthétique de Taine",*Mercure de France*,le 30 janvier,1906.

⑦ 他在意大利时曾致信母亲,表示自己试图以绘画为文献去了解意大利历史(V.I.II.,pp.337-338);在致信圣维克多的保罗时说,"我的书应该命名为'一位历史学家的绘画之旅'"(Padua,April 19,1864,*H.Taine*,*sa vie et sa correspondance*,Tôme II,Paris:Librairie Hachette et Cie,1914,p.249)。

⑧ Paul Neve,*La philosophie de Taine.Essais critique*,Bruxelles:Dewitt,1908,p.237.

遵循现代方法,它开始被引入各种精神科学,它将人类事业,特别是艺术品看成事实和产品,认为应当指出其特征,探求其原因,除此无他。科学抱着这样的观点,既不禁止,也不宽恕,只是查验与解释。"①美学同植物学共享价值中立原则:"科学(science,如前文所示,此处指美学)对各种艺术形式和流派抱持同情,甚至对最为对立的艺术形式与派别抱持同情,把它们看作人类精神的不同显现来接受;植物学怀着同样的兴趣,时而研究橘树和棕树,时而研究松树和桦树;科学也一样,科学本身便是一种实用植物学,不过对象不是植物,而是人的作品。"②美学家不应当像从前那样对艺术进行指导、训诫和规范,而应当悬置价值判断,承认趣味多元,探求事实成因。

　　众所周知,在讲授艺术哲学之前,丹纳已经是成熟的文学评论家。在1858年讨论巴尔扎克时,丹纳为趣味多元主义辩护道:"存在着无限多的好风格。存在着许许多多的年代、民族和伟大的心灵……企图靠着单一标准来判断所有风格,就如同提议用单一模子去塑造所有心灵,遵循单一计划去重建所有时代一样荒谬可笑。"③又如,1862年,丹纳的《拉封丹及其寓言》第三版面世时被指责否定美(le beau),以至"将疯子和大人物等同视之,将中国人和莎士比亚等同视之"。④ 丹纳在回信中以价值中立来自辩:"我恰恰由于不想否定美,才会给美一个公式,所有作品的目的就是证明并解释这个公式。这个公式包罗万象,承认各种类型。依我之见,美是诸变化之间的一种固定关系,是类似于数学家所说的一种功能(fonction),诸如立方、平方、乘方那样的东西,它们是被完美界定的固定事物,但与变化数目有关联。"⑤这种在诸变量中尝试抽取恒定者的数学公式,很可能指的就是"三因素公式"。丹纳既把拉封丹寓言呈现为其所处社会的产物,又检验造就其伟大之处(非止于作为文学,而是可应用于一切形式的艺术的通用标准)的种种特质。⑥ 用丹纳偏爱的植物学类比来说,在某种特定时代环境里,种子(种族)生出植物

　　① 丹纳:《艺术哲学》,第18页。H. Taine, *Philosophie de l'art*, Tôme 1, cinquième édition, Paris:Librairie Hachètte et Cⁱᵉ,1890,p.14.

　　② 丹纳:《艺术哲学》,第19页。H. Taine, *Philosophie de l'art*, Tôme 1, cinquième édition, Paris:Librairie Hachètte et Cⁱᵉ,1890,p.15.

　　③ Hippolyte Taine, *Balzac:A Critical Study*, New York,1906,p.152,first published 1858, cited from Martha Wolfenstein,"The Social Background of Taine's Philosophy of Art", *Journal of the History of Ideas*, Vol.5,No.3(Jun.,1944),p.339.

　　④ Taine à Philarete Chasles,(28 octobre 1862),*H. Taine, sa vie et sa correspondance*, Tôme II,Paris:Librairie Hachètte et Cⁱᵉ,1914,pp.264−265.

　　⑤ 同上。斜体为原文所有。

　　⑥ Anna Laura Momigliano Lepschy,"Taine and Venetian Painting", *Saggi e Memorie di storia dell'arte*,Vol.5(1966),p.140.

（人民），结出花朵（艺术）。① 既然各种自然造物在世界上有其位置，在科学上有权要求获得解释，类似地，任何艺术作品应在艺术中有其位置，在批评里要求获得同情。② 从文学批评到艺术哲学，决定论观念与方法被连贯使用，评论家丹纳与美学家丹纳共享同一原则。

确实，趣味多元主义有助于在进行批评时消除偏见。《艺术哲学》英译者如此评价道："这样一个体系似乎有着诸多优势。相比于其他体系，它倾向于将艺术专业学生和艺术爱好者从形而上的、感伤的理论里解放出来，这些理论滋生于私人感觉或传统设想；他没有被对任何一个特殊流派、大师和时代的偏爱所误导。它还倾向于提供给批评较少的随意性，从而较少的诽谤；它不提出判断的标准，而是为所有作品施以宽容。由于仅仅依据自然法则来解释艺术，除此无他，读者必须判断这本书是否履行了其任务，就像所有致力于从混乱中得出秩序的体系一样。"③

综上，决定论首先是丹纳研习历史哲学的成果，后在其美学中成为攻击法国美学古典传统的称手武器。《艺术哲学》是现代史学思想的一次美学演练，它取消"美"的问题在美学上的优先性，面向艺术作品尝试进行成因解释，并以从古代到当代的大量艺术事实作为示例。对比之下，库赞对17世纪法国古典主义艺术这个单一形态的维护显得格外局促。弄清"新美学"的革新之处④后，方可区分丹纳与其他人在决定论观念上的区别，进而明确丹纳在美学史上的位置。按照丹纳的设想，新旧美学之区别在于起点是定义还是事实，是教义化还是历史化，是古典还是现代；相对于旧美学，新美学从超越性回到事实性，用多元论的趣味主义替代一元论的古典主义，用价值中立（悬置判断）替代价值先行。然而，重估工作至此并未完结，上述宣称还需慎重接受；这是由于，在被设想的方案与被实现的论证之间，作为"新美学"的决定论内部存在着无法忽略的张力。

第四节　决定论的张力

新旧美学皆要求普遍性。"旧美学"给美下一道禁令，用以宣判美或不

---

① 参见丹纳：《艺术哲学》，第164页。H. Taine, *Philosophie de l'art*, Tôme 1, cinquième édition, Paris: Librairie Hachètte et Cie, 1890, p.256.

② 参见丹纳：《艺术哲学》，第373页。H. Taine, *Philosophie de l'art*, Tôme 1, cinquième édition, Paris: Librairie Hachètte et Cie, 1890, p.268.

③ "Preface", H. Taine, *The Philosophy of Arts*, Harvard College Library, 1867, pp. vi–vii. 该译本译自后来成书为《艺术哲学》的第一编"艺术作品的本质"，经丹纳本人的审阅和修改。

④ 该美学另一个重要的理论效应是对艺术体系之基础的探讨。详见"理想之变"一章。

美,"新美学"则给艺术一个公式,用以推导作品成因;"旧美学家"想要充当艺术和趣味的法官,"新美学家"仿效价值中立的科学家,反对作为普遍原则的"美",其决定论同样被视作一切文化形式的通用公式。麻烦在于,在丹纳那里,决定论公式既是实然也是应然;既被声称为从艺术现象中提炼出的美学原则①,也被当做判别艺术价值高低的批评依据。

《艺术哲学》前四编探讨艺术作品的成因,第五编探讨艺术批评的原则。在第五编里,丹纳承认自己从评论经验里体会到等级化倾向是不容忽视的现实存在:"存在着多种多样的价值。公众和鉴赏家决定等级,估定价值……我们手里不自觉地握有一个衡量工具……在批评方面就像在别的方面一样存在着一些后天的真理。"②他于是尝试寻找批评的"一种共同规范"③,这一举动在实质上否定了自己立下的"最终解释"。有研究者认为,丹纳在此利用了自己曾经表示不屑的传统美学,甚至观念论美学。④ 无论如何,不管这一规范是如丹纳所述从诸事实中归纳而来,还是像"旧美学"那样作为一个前提性的设定,价值中立原则都被弃之不顾,似乎批评家应充当趣味法官,尽管趣味标准做了改换。

问题在于,自然哲学与道德哲学之间在当时已然显豁的鸿沟是难以轻易填平的。我们能否在价值的普遍标准与艺术、趣味的历史性变化之间做出调和呢?⑤ 丹纳所发现的"美"的规律是:作品的特征越重要、有益,效果越集中、普遍,作品就越美。好的作品集中反映所曾被历史地造就的(即其生产者所曾经验的)那些种族、环境与时代,也即黑格尔式的作为时代精神之传声筒的典型。

颇有讽刺意味的是,有美学史家敏锐地指出,丹纳的"典型人物"论很相似于库赞后学雷韦克的言论:"在艺术家眼前,存在着生动的典型,它无时不

---

① 有人持异议:"实际上,在他的历史考察中,丹纳所寻求的并非发现法则,而是验证法则。那些法则是先天地制定的,一如体系的投影;诸事实应当适合它们,服从被强加的框架的要求,变成'有意味的',否则应返回沉默或保持被遗忘。"(Paul Neve, *La philosophie de Taine.Essais critique*, Bruxelles:Dewitt,1908,pp.243-244)按照他的主张,虽然丹纳声称其美学是现代的、历史的而非古典的、教条的,但纵观《艺术哲学》全书,决定论却是作为一个现成的美学公式被套用在艺术现象上的,对其自身合法性的推证付诸阙如,亦非从艺术现象中归纳而来。

② 丹纳:《艺术哲学》,第373页。H.Taine, *Philosophie de l'art*, Tôme 2, cinquième édition, Paris:Librairie Hachètte et Cie,1890,p.269.

③ 丹纳:《艺术哲学》,第376页。H.Taine, *Philosophie de l'art*, Tôme 2, cinquième édition, Paris:Librairie Hachètte et Cie,1890,p.272.

④ Katharine Everett Gilbert and Helmut Kuhn, *A History of Esthetics*, London:Thames and Hudson,1956,p.481.

⑤ Martha Wolfenstein,"The Social Background of Taine's Philosophy of Art", *Journal of the History of Ideas*, Vol.5,No.3(Jun.,1944),p.332.

存,无处不在。它存在于客室中,剧场中,教堂中,街道上。这种生动的典型就是普普通通的人。当被这种视觉缠绕的时候,或更确切地说,当艺术家总是发现这种典型出现在他面前的时候,艺术家能够回避它吗？或者,当艺术家回到自己的工作室创作的时候,艺术家能够完全忘记它吗?"①从孔德所谓形而上学时代向实证时代的跃迁,看起来并不容易。

显然,丹纳试图用典型论去挽救在个体主义上的疏漏,它却无法相容于多元价值。埃米尔·左拉指出,丹纳决定论逐步将人的个体性削减为一种机械公式,而伟大的艺术家并非时代之子(受时代决定的产物),而是时代之父(时代精神的缔造者)。② 左拉之后,相当多的人批评过丹纳的决定论只适合于解释平庸之作而非天才作品。

更为深刻的批评者将矛头指向"新美学"的分裂:勒内·韦勒克从这个规律里觉察到一种在美学原则与道德原则之间进行调和的尝试,③该尝试显然放弃了前四编审美判断中的非道德主义,非但决定论的客观中立不再被坚持,甚至(如美学史研究者穆斯托克西蒂所言)"在伪科学表象下遮遮掩掩",④透露出库赞式的观念论倾向,似乎有意向"旧美学"妥协;另有人毫不客气地指出,"丹纳并无能力将自己隐含的评判原则与历史分析相协调",⑤甚至明知故犯地掩盖这种分裂,"试图把这些价值判断伪装成某个特定时代或民族的典型事物"。⑥ 无论是出于丹纳的有意还是无心,决定论的难题其实是先天固有的。丹纳深受达尔文进化论影响,而连达尔文本人也苦

---

① 吉尔伯特、库恩:《美学史》(下卷),夏乾丰译,上海译文出版社1989年版,第624—625页。

② 参见:Emile Zola,"M. H. Taine,artiste",*Mes haines:causeries littéraires et artistiques*,Paris:Acheille Faure,Libraire-Éditeur,1866.如前所述,左拉也是决定论的拥护者。他在"实验小说"(roman expérimental)的构想中既准备表明遗传和环境对人的智力与感性的影响,也着意展现人对社会条件的改变及在此过程中人本身的变化:"一切活动旨在从大自然中获取事实,然后研究事实的机制,同时一切活动随环境和形势的变化对事实产生影响。"(转引自皮埃尔·布吕奈尔等:《19世纪法国文学史》,郑克鲁、黄慧珍、何敬亚、谢军瑞译,上海人民出版社1997年版,第233、239页;亦可参见 M.A.R.哈比布:《文学批评史:从柏拉图到现在》,阎嘉译,南京大学出版社2017年版,第441—442页)。

③ René Wellek,"Hippolyte Taine's Literary Theory and Criticism(conclusion)",*Criticism*,Vol.1,No.2(spring 1959),p.124.

④ T.M.Mustoxidi,*Histoire de l'esthétique française 1700–1900*,Paris:Librairie Ancienne Honoré Champion,1920,p.174.

⑤ Martha Wolfenstein,"The Social Background of Taine's Philosophy of Art",*Journal of the History of Ideas*,Vol.5,No.3(Jun.,1944),p.344.比如,作为批评家的丹纳能够看到拜伦身上各种相互矛盾的特质,尤其是作为不为流俗所理解的思想先锋的一面,但却无力将之与社会关系勾连起来进行解释。

⑥ Martha Wolfenstein,"The Social Background of Taine's Philosophy of Art",*Journal of the History of Ideas*,Vol.5,No.3(Jun.,1944),p.340.

于难以在演化链条中为道德安置角色。从社会历史要素推出人的成果，这种实证观念拙于应对自然与自由的调和问题，拙于为生命的创造行为提供依据。唯灵论者纷纷批评丹纳建基于决定论的艺术史体系性观念构成对人类自由的否定。① 出于类似质疑，后来让-马利·居友用生命的自我表现和自我扩张替代决定论的自外而内的进路，阐释了一种伦理学视野中的艺术社会学。②

　　当然，除了批评者，也有研究者愿意捍卫丹纳思想的一贯性，想办法弥合其张力。肖洛姆·卡恩的思路比较巧妙。他指出，丹纳决定论从一开始就不是一种机械主义决定论，而是包含并承认主体选择的自由。由此，他建议从弗洛伊德决定论出发理解丹纳决定论。③ 他的意思大概是，应当在"复因决定"的意义上领会弗洛伊德的性心理决定论，它不在单一原因与结果之间进行严格对应，而是敞开多重复合原因的可能；丹纳决定论亦非单线因果思维，或许有能力涵容个体自由问题。不容否认，弗洛伊德的确从丹纳那里借鉴过心理学描述，但卡恩式的联想解释需要亮明更直接的文献依据。

　　决定论的内在张力，提示我们留意"新美学"在反传统与体制以外的保守一面。如前所述，丹纳决定论植根于作为主导意识的历史哲学，所以这种美学的两面性或可追溯至其整体思想的两面性。有研究者将丹纳对待主流秩序的态度放在黑格尔和马克思之间，认为后两者分别是政权哲学家和社会反叛者，分别以当前和未来为价值制高点，而丹纳那里则不存在任何类似的制高点，他尽管对于当下社会相当不满，却又无意成为一个彻底反叛者，"从未停止期待进入法兰西学院"。④ 假如愿意承认丹纳无法自外于那个弥漫在大革命之后，尤其是第二帝国时期的古典精神回归大潮，或者说接受"时代精神"对丹纳的深刻塑造，会比较容易理解这种在现代和古典之间摇摆⑤的矛盾心态。甚至，这同样可解释"新美学"第一课上学生的热烈反响：

---

　　① 参见：Paul Neve, *La philosophie de Taine. Essais critique*, Bruxelles: Dewitt, 1908, pp.247-248."他们将丹纳思想广泛的影响力描述为有害的和不负责任的，鼓励了这么一种观点，即人是一台不自由的机器，既不赞成宗教信仰亦不赞成政治意见。他是一个危险的悲观主义、去权力化的决定论的传播者。"(Chris Murray, *Key Writers on Art: From Antiquity to the Nineteenth Century*, London and New York: Routledge, 2003, pp.189-190)

　　② 参见其《从社会学视点看艺术》(*L'art au point de vue sociologique*, 1889)。此处不赘。

　　③ Sholom J. Kahn, *Science and Aesthetic Judgment, a Study in Taine's Critical Method*, London: Routledge & Kegan Paul LTD, 2016, pp.21-23.

　　④ Martha Wolfenstein, "The Social Background of Taine's Philosophy of Art", *Journal of the History of Ideas*, Vol.5, No.3(Jun., 1944), pp.353-354.

　　⑤ Patrizia Lombardo, "Hippolyte Taine between Art and Science", *Yale French Studies*, No.77, Reading the Archive: One Texts and Institutions(1990), p.130.

"在今天,很难想象任何学派的艺术学生会愿意沉思这样一种机械论的艺术欣赏框架,重要的是要记住,他所教授的那一代人生活在60年的政治余波里,更有准备甚至急切于接受任何研究领域的可靠的法则结构。"①有人以"新的传统主义"称呼丹纳和勒南这两位成熟于19世纪中叶的历史学家。他们依靠科学方法论,既激烈反对天主教的绝对教权复兴,又尝试在科学基础上缔造一种新的保守秩序。② 如此看来,丹纳在最后一部作品《现代法国的起源》某些部分所展现的政治保守主义,其实在其早期决定论里已埋下伏笔。

毫无疑问,丹纳的"新美学"是19世纪下半叶法国美学的新起点。他的《艺术哲学》比孔德更直接地将实证方法带给艺术世界,这部实质上的"艺术史科学",真正推动了法国美学从作为抽象概念的"美"转向对审美事实的研究,为后来的"科学美学"(如欧仁·维龙)和"艺术社会学"(如居友)敞开大门。

在黑格尔主义早已式微的今天,似乎没有什么术语比"决定论"更显过时。在狄尔泰伸张人文主义之后,人们在将自然科学方法应用于人文科学时更加审慎。20世纪的艺术社会学家豪泽尔曾说:"一棵植物有了足够的雨水和阳光就可以结果,气候不同,果实就不同,但另一种植物尽管也有雨水和阳光却无法结出这种果实。果实是两种不同因素的产物:内部的倾向性和外部的刺激。艺术作品也是同样道理,无论是艺术家的才华和天赋、个人的倾向,还是社会环境的各种因素,都不能单独地来解释艺术创造这一现象。"③话中似对丹纳《艺术哲学》的常用句式有所揶揄,而这种植物学与艺术学的类比方法却并未超出"种族"因素决定论的解释范围。

若有意估量丹纳决定论的价值与得失,我们需小心地放下任何以今度古的简单批评,而应首先着眼于丹纳整体思想历程,回到历史现场去了解其复杂成因。通过挖掘并比对包括正式出版物和私人信件在内的文献证据,可探知丹纳决定论的真正起源:它是历史哲学研究的直接产物,而非文学或美学研究的结果。"三因素说"汲取了黑格尔历史哲学和斯宾诺莎的唯物论,丹纳志在以之为人文科学锻造一个通行的方法论。这种主观上的革新意图弥漫于其"新美学"蓝图中,同样不可忽略的是,丹纳迂回地借助传统主义,去重建一种与"旧美学"有所不同的保守秩序。革新与保守构成硬币的正反两面,而这枚硬币唯有在货币流通的社会方可保值,于是,保守在此更

---

① Chris Murray, *Key Writers on Art: From Antiquity to the Nineteenth Century*, London and New York: Routledge, 2003, p.190.

② 具体参见米歇尔·维诺克:《自由之声:19世纪法国公共知识界大观》,第546页。

③ 阿诺德·豪泽尔:《艺术社会学》,居延安译编,学林出版社1987年版,第14—15页。

见其策略价值。丹纳同样是时代的土壤培育出的卓然果实,果实的种子四处散播,洒落到新的土壤。自此观之,作为"新美学"的决定论的革新与保守,都可理解为美学家丹纳的被决定的有限自由。

附:丹纳 1851—1964 年学术活动略览①

1851　被任命为纳瓦尔中学哲学候补教师。

1852　4—8 月 普瓦捷修辞学候补教师(私信中倾诉很压抑)。

　　　7 月 放弃提交哲学论文。

　　　10 月 拒绝了贝藏松中学教师任命,开始休假,返回巴黎。

1853　两篇有关拉封丹及其寓言的论文成功获得关注。

1855　开始与《公众指导杂志》合作;法兰西学院奖励《论李维》。

1856　开始与《两个世界杂志》合作。

1857　《19 世纪法国哲学家》第一版面世,大获成功。

1858　《论历史批判》第一版面世。

1863　《英国文学史》第一卷面世。

1864　巴黎美术学校美学和艺术教授。

---

① 有关丹纳的生平年谱,笔者主要参考:Jean-Paul Cointet,"Répères chronogiques",*Hippolyte Taine,un regard sur la France*,Perrin,2012,pp.405 – 413.

第五章　表现与同情

第一节　"表现"的歧义与"同情"的转型

"表现"是美学与艺术理论的重要概念。门罗·C.比尔兹利在其《美学：批评哲学中的诸问题》一书中规定，艺术的"表现理论"（Expression Theory）关联起两种观念：其一，艺术作品表现什么；其二，艺术家表现什么。他认为，表现理论的本质在于根据观念二来解释观念一。① 类似地，《美学历史词典》中的"表现"词条规定，美学上的"表现理论"即"心灵对于自身活动以及该活动向主体间语境之投射的意识"："艺术作品被理解为一位艺术家心灵的表现，美学经验被理解为一个人的心灵被他人的领会。艺术家表达他们自己的精神活动；观众则次要地经验艺术家的精神活动。"② 这种以创作者精神与情感为主轴展开的主观主义（作者中心论/艺术家中心论）表现理论，自20世纪中叶起在现象学、结构主义、分析哲学③那里多有辨析。在美学理论特别是艺术批评领域，诚如比尔兹利所言，20世纪最占优势的一种流行看法是：艺术作品，或者说成功的艺术作品，是艺术家在表现其情感的过程中创作出来的。④ 这种看法用"情感"填充了前述观念二的表现内容，用情感主义结合了主观主义。我们可名之为"创作主体情

---

① 参见：Monroe C.Beardsley, *Aesthetics: Problems in the Philosophy of Criticism*, second edition, Indianapolis, Cambridge: Hackett Publishing Company, Inc, 1981, p.xli.该书初版时间是1958年。

② Dabney Townsend (ed.), *Historical Dictionary of Aesthetics*, Lanham: The Scarecrow Press, 2006, p.113.

③ 可参见比尔兹利该书（Monroe C.Beardsley, *Aesthetics: Problems in the Philosophy of Criticism*, second edition, Indianapolis, Cambridge: Hackett Publishing Company, Inc, 1981），另可参见彼得·基维主编：《美学指南》，第150—155页；苏珊·朗格《感受与形式：自〈哲学新解〉发展出来的一种艺术理论》第二十章"表现性"，高艳萍译，江苏人民出版社2013年版。

④ 参见：Monroe C.Beardsley, *Aesthetics: Problems in the Philosophy of Criticism*, second edition, Indianapolis, Cambridge: Hackett Publishing Company, Inc, 1981, p.xl.

感表现论"。

　　如今一般认为这种表现理论定型于浪漫主义时代。在《镜与灯》中,艾布拉姆斯专章讨论了浪漫主义对表现理论的发展。[1] 他指出,古典主义诗论依据亚理斯多德的摹仿论,将自然作为诗歌的来源,将情感视作从属性的必要因素,将史诗和悲剧视作诗歌的一般类型。从 18 世纪末开始,在英国浪漫主义诗论如华兹华斯等人那里,诗人自身的情感被提升为诗歌的来源,成为诗歌区别于散文的主要特质,[2]抒情诗史无前例地成为诗歌的主导类型甚至一般原型(纯诗),相应地,"摹仿"退出诗歌的定义,取而代之的是"表现情感"。在德国,几乎同步发生了类似情形,赫尔德的情感理论被推至极端,与英国有所不同的是,音乐而非诗歌被视作最纯粹的表现性艺术。需要注意,艾布拉姆斯的上述讨论基本立足于诗歌批评而非美学理论,且局限于英德两国的诗学文献,并认为两国的变化同步发生。在比尔兹利的另一部有关美学史的专著中,对浪漫主义的整体看法似乎受到艾布拉姆斯的影响,他用"表现感受"(expression of feeling)界定情感主义美学(emotionalist aesthetics)。[3] 艾布拉姆斯以及其他研究者[4]的描述,奠定了一种广为接受的定见,构成今日美学史对表现理论的主流理解:再现与表现之间的显著消长始于 18 世纪下半叶,浪漫主义运动总体趋势为以主体性取代客体性、以表现取代再现,此后表现主义的优势地位日渐巩固。

　　在这一转变历程中,同情概念逐渐进入表现理论。表现在 17 世纪主要指他人的内在状况的各种符号式传达,例如在宫廷画师勒布伦围绕表现的讲座里,它指的是以表情(expression)为主,传达内心激情的一整套外部表征。这里的表现涉及一定程度的主体间理解,不过其情感主体限于对象一方,并不要求艺术家的内在呼应,无法称得上"同情"之理解。拉瑞·夏纳

---

① 　具体请参见 M.H.艾布拉姆斯:《镜与灯——浪漫主义文论及批评传统》,第 81—108 页。该书英文版初版于 1953 年。

② 　"散文是理性的语言,诗歌是情感的语言。"(M.H.艾布拉姆斯:《镜与灯——浪漫主义文论及批评传统》,第 87 页)

③ 　概括地说,比尔兹利提出,在艺术观念上,浪漫主义涉及某些基本价值的改变,以一种情感直觉主义取代了从前的理性主义或经验主义,提升并突出了从前的某些次要观念(Monroe C. Beardsley, *Aesthetics, from Classical Greece to the Present, A Short Story*, Tuscaloosa: The University of Alabama Press, 1966, pp.245 – 249)。中译本请参见门罗·C.比厄斯利:《美学史:从古希腊到当代》,第 407—413 页。对于浪漫主义这一概念,观念史家洛夫乔伊的理解接近于虚无主义(参见阿瑟·O.洛夫乔伊:《观念史论文集》,吴相译,商务印书馆 2018 年版),可与艾布拉姆斯、比尔兹利的理解进行对照。

④ 　《美学历史辞典》也指出:"在美学史上,表现理论逐渐取代摹仿理论成为艺术作品的基础性描述。表现理论的凸显,始于 18 世纪下半叶。"(Dabney Townsend[ed.], *Historical Dictionary of Aesthetics*, Lanham: The Scarecrow Press, 2006, p.113)

(Larry Shiner)发现,自意大利人维柯、德国人赫尔德开始,同情逐渐经常地被视作艺术家的一种重要的感性能力,构成其创作天才的必备要素。情感主体从摹仿对象向艺术家一方的这种转变,对于美学史而言意义重大。如夏纳所言:

> 转向同情,标志着一种发生在艺术家理想(ideal)中的内在转折,它将最终通向浪漫主义者对自我表现(self-expression)之强调。①

夏纳的发现提示我们,对同情概念的历史考察,或许有助于窥探美学理论——而非止于诗歌批评——当中情感主义与表现主义融合的机缘。

在这个转折之前,同情主要在道德哲学领域里受到关注。在苏格兰启蒙运动中,大卫·休谟②和亚当·斯密③先后为同情(sympathy)概念赋予重要的伦理学使命。以往一般认为,率先将同情引入美学的是19世纪德国的费舍尔父子。④ 另一种观点不太广为人知:德国人在19世纪研究同情(Einfühlung),主要归于法国折中主义美学家西奥多尔·西蒙·儒弗瓦"sympathie"(同情)概念的传入。⑤ 在这个问题上,究竟是法国人影响了德国人还是反之,抑或是英国人规定了德法两国的美学术语,笔者尚未找到可靠证据准确作答,加之此处还关涉移情(empathy)⑥概念及其汉译问题,脉

---

① 参见:Larry Shiner,*The Invention of Art:A Cultural History*,Chicago and London:The University of Chicago Press,2001,p.113.

② 在《人性论》(*A Treatise of Human Nature*,1739-1740)中,休谟将同情作为一种情感转移或传导能力,它在自我与情感对象之间发挥沟通作用。他认为动物身上也存在类似的同情。参见大卫·休谟:《人性论》(下册)第二卷"论情感"。

③ 亚当·斯密的《道德情操论》(*The Theory of Moral Sentiments*,1859)始于对同情的分析,将之设定为道德判断的核心概念。参见亚当·斯密:《道德情操论》,蒋自强、钦北愚、朱钟棣、沈凯璋译,胡企林校,商务印书馆2015年版。

④ 他们使用的是德语词Einfühlung(Monroe C.Beardsley,*Aesthetics from Classical Greece to the Present*,New York:Macmillan,1966,p.380)。

⑤ Etiènne Souriau(éd.),*Vocabulaire d'esthétique*,Quadrige/PUF,1990,p.1331.费舍尔父子即Friedrich Theodor Vischer和Robert Vischer。

⑥ 在今天的中文世界,这个英语词连同其德语原词"Einfühlung",通译为"移情"。在1964年出版、1979年出第二版的朱光潜先生《西方美学史》中,该词被译作"移情"。宗白华先生在20世纪20年代讲授美学时,曾将之译作"同感""感入",作为审美方法之一进行梳理。在宗先生看来,"同感"成为一个美学术语,始自赫尔德的艺术品有机论:艺术不限于形式美,而皆表现某种时代精神,故同样有机者如人可与之产生同感。在这份课程提纲里,弗里德里希·费舍尔、伏尔盖特(Volkelt,1848—1930)、里普斯、古鲁斯皆在列,并以里普斯"为同感论中之最重要者"。参见《宗白华全集》第一卷,林同华主编,安徽教育出版社2008年版,第438—443页。"移情"这个词在20世纪的心理学各分支学科里备受关注,诸如精神分析学、诊断心理学、社会心理学、发展心理学等。参见罗媛:《西方学术视野中的"移情"述评》,载《广西社会科学》2014年第7期。

络芜杂,本书存而不论。引起笔者关切的是,在儒弗瓦那里,同情概念已成为其表现理论的组成部分。

　　自 17 世纪以来,法国文化体制及其学院美学理论保障并论证着古典主义艺术摹仿的核心地位,并在与英国经验论和德国观念论的碰撞中不断做出调整。18 世纪后半叶的狂飙突进运动以及其后的浪漫主义运动中,天才、创造与情感的地位上升,以"美"的抽象观念[①]为基础的古典主义再现法则面临挑战。以此为背景,笔者将详细清理作为 19 世纪法国美学关键词的"表现"和"同情"。儒弗瓦及其老师维克多·库赞、库赞的反对者欧仁·维龙的美学理论有时被统称为"表现主义美学"(expressionist aesthetics)[②],却不全然符合现今视野里的创作主体情感表现论。这或许能够佐证前述夏纳的主张。可惜夏纳言之甚略,对法国的独特情况更是只字未提。通过回到近距离观察相关文献中表现与同情的概念演变,笔者试图呈现法国美学学科从"美之学"走向情感主义的过程。

第二节　美即表现

　　存在和主体能力之间的相称关系,在美学上就是美与审美能力之间的相称。所以在库赞的美学课程里,美的类型学充当了表现的预备理论。形体美、智性美和道德美被统称为"实在美",与这一序列相对的是理想美所在的非实在序列,后者是在想象中向完善接近的美,"即人类想象力在自然所提供的材料之帮助下所构想出的那种美"。[③] 理想的终点是上帝,更准确地说,"唯有上帝才是真正的、绝对的理想"。[④] 任何可见的形体美,都是精神性、道德性的内在美的符号(signe)。库赞支持新柏拉图主义流溢说,认为真、善、美诸属性来自上帝,在自上而下传播过程中逐级削弱,这决定了从道德美经智性美而至形体美呈现逐级下降的阶梯状。从可见符号的角度来看,流溢原则就成为表现原则:一切不可见者需借助于可见符号来显现自身;一切有形可见者皆分有并折射出上帝光辉,是对不可见者的视觉再现,

---

①　它巩固着学院美学对单一趣味的维护。参见:Jean-Paul Cointet,"Repères chronogiques", *Hippolyte Taine,un regard sur la France*,Perrin,2012,pp.176 – 177.

②　James Manns,"The Scottish Influence on French Aesthetic Thought:Later Developments",*Journal of the History of Ideas*,Vol.52,No.1(Jan.- Mar.,1991),p.103.

③　Victor Cousin,*Du Vrai,du beau et du bien*,Paris:Didier,Libraire-Éditeur,1854,p.188.

④　同上书,第 168 页。

或者说其有形在场。库赞用象征(symbole)来表示表现的符指功能，可见者在此意义上被称作象征或符号。他认为，不存在纯粹的、独立的形式(forme)，一切形式都是某物的形式。上帝是唯一的作者，也是真、善、美的唯一来源和绝对来源，故而是可见符号所表现/象征的最终对象。

遵循着从美论到艺术论的路线，库赞先后讨论了三个领域：人(以及动物)、自然和艺术。它们都是表现性的(expressif)，各有各的表现方式。自然是上帝的作品，传达超越性的精神。人(以及动物)的身体是其思想精神的象征符号，思想精神的终级源头是造物主-上帝。自然与人同为上帝之手创造的产品，共享的终极表现对象为上帝。作为能指符号，二者的所指皆为"隐匿的上帝"(普洛丁用语)。艺术的表现比前两个领域多了一位创造主体，艺术家同上帝一样拥有作品。库赞强调，绝对的创造只属于上帝，艺术家无法媲美上帝，不可能与之争胜，至多只能成为上帝的译者。① 就像翻译一样，艺术家的表现自由限定在重复-制作(复制：re-produire)的范围内，其表现技艺的优劣取决于接近上帝的程度，这种趋近的目标被称作道德美或理想美。

对照夏尔·巴托的摹仿论公式"美的艺术摹仿美的自然"，会发现库赞讲义中"摹仿"一词的使用频率远低于"表现"或"复制"(reproduire)。库赞说："表现法则是艺术的大法则，它支配着其他所有法则……真正的创作(composition)不是别的，只不过是最有力量的表现手法。"②这说明他虽然声称维护古典主义摹仿论，实际上用表现取代了摹仿作为艺术法则的位置。与其他两个领域类似，在艺术领域，作为唯一可见者的形体美不具备独立价值，它被作为艺术美的象征。通过把美界定为表现，用精神性否弃物质性，库赞抛弃了美学史上一些传统定义，诸如有用性或适宜、比例、多样统一等形式特征。

对于巴托公式中摹仿对象"美的自然"，库赞讲义中只偶尔使用，而更多时候在讨论理想、理念、理想美或道德美。库赞表示：表现的目标是理念③；"艺术是对理想美的自由复制"④；米开朗基罗所摹仿的不是自然，而是梦想中或构想出的理想；"艺术的目的是借助于形体美来表现道德美"⑤……四

---

① Victor Cousin, *Du Vrai, du beau et du bien*, Paris：Didier, Libraire-Éditeur, 1854, p.175.

② 同上书，第 197 页。

③ 愈接近表现的目标，艺术的价值也就愈高(同上书，第 198 页。)。反之，"任何不表现理念的艺术作品都是无意谓的"(法文本此页缺漏，可参见英译本：Victor Cousin, *The True, the Beautiful, and the Good*, increased by an appendix on french art, translated with the approbation of Cousin by O.W.Wight, New York：D.Appleton & Company, 1871, p.171)。

④ Victor Cousin, *Du Vrai, du beau et du bien*, Paris：Didier, Libraire-Éditeur, 1854, p.188.

⑤ 同上书，第 177 页。

个概念占据了原公式里摹仿对象的位置,它们之间的界限则很模糊。前三个概念从词源上属衍生关系,道德美与理想美分处不同领域,两者之间不应该存在等级判分。库赞指出,道德美在自然里往往被掩藏,故而自然并不一定造成象征效果,艺术如若摹仿单纯的自然美,将失去其表现的目标。① 他还表示,自然同其他任何实在者一样不完美,其美的特征分散而隐蔽,艺术家必须把自然改造、升华为理想。看来,重要的不在于区分这四个概念。参考黑格尔"心灵和它的艺术美高于自然美"②的主张,库赞大概试图从各个角度彰显心灵相对于自然的优势:理念从理性角度高于自然之可见性(可感性);理想从完善性上高于自然;理想美从完善性上高于自然之美;道德美从精神上高于自然之美。摹仿对象的超自然性才是库赞所属意的。库赞指出,艺术无限超越于自然之处,在于其生命的能动性,它从自然当中择取有帮助的材料,将这些分散之美聚拢、统一起来,这种能力被称作"天才"。他强调,并非任何统一都令人满意,任意的统一可能制造出怪物(monstres),唯有认真研究自然,并依照规范(règles)进行统一,才可能形成理想,如此构想出来的美才接近理想美。③

理想的现实化必须遵循规范,这说明表现/复制有一定规律或路径可循。以康德为参照,④库赞的"规范"可能包含这三种意思之一:其一,前人的典范作品;其二,前人的理论总结;其三,天才的首创。前两者大致等于康德那里的"先行的规则",是艺术被普遍辨识出其艺术身份的稳定要素,也是艺术可学可至的方面。在法国,它们已成为学院艺术古典教育的悠久传统。正如美基于对上帝的认知,美的表现基于对规范的认知。要想掌握规范、表现道德美或理想美,必要前提是具备有关这些概念的精准知识,明确可见者与不可见者这两个端点的位置。惟其如此,才可能在面对眼前自然的形式时做出恰当的权衡,否则只能是野蛮的胡为妄作。然而,这个必要前提并非充分前提,天才对立于前述两种可学而知之的规范,它是为艺术提供规则的才能,在不沿袭既定规矩的前提下从事摹仿:"天才是对于恰当比例的一种敏锐而确定的感知,按其比例,理想的与自然的、形式与思

---

① Victor Cousin, *Du Vrai*, *du beau et du bien*, Paris: Didier, Libraire-Éditeur, 1854, p.177.

② 具体参见黑格尔:《美学》(第一卷),第3—5页。

③ Victor Cousin, *Du Vrai*, *du beau et du bien*, Paris: Didier, Libraire-Éditeur, 1854, p.176.

④ 库赞对康德的借鉴有多处迹象可循。康德在《判断力批判》(1790)里讨论过天才与规则、优美与崇高,认为美是道德的象征,这些被库赞吸收进《论真美善》里。有关库赞对康德美学的接受,可参考:Christian Helmreich, "La reception cousinienne de la philosophie esthétique de Kant Contribution à une histoire de la philosophie française au XIXe siècle", *Revue de Métaphysique et de Morale*, No.2, 'Esthétique' Histoire d'un transfert franco-allemand(avril-juin 2002), pp.193-210.

想应统一起来。"①这里的"比例"显然不是就形式而言的。至于天才能力如何感知到高于自然的恰当比例,何以做到从心所欲而不妄作,库赞认为无法解释。他用"创造性力量""理性的神圣部分""神秘的力量"甚至"不可名状"②来形容天才,这个概念就像他的"理想美"一样被推给不可诠解的神秘领域。库赞似乎认为,任何原创性,无论来自上帝抑或天才之人,都超乎知性的把握。

既然美即表现,表现即象征,那么主体审美能力首先是认知,艺术表现主要是自由复制。天才为艺术家所独具,艺术接受上的审美能力则主要是认知和趣味。那么,艺术欣赏者如何领悟到天才的独到妙处,个体之间又何以相互确认这种领悟的共通性呢? 库赞仿效康德,指出天才与趣味("鉴赏")相对,趣味"感知、判断、讨论、分析,但不创造"。③ 库赞很少从审美经验的角度描述审美的发生,其客观主义象征论从"美即表现"出发,在审美对象一方否定形体美的独立价值,在审美主体一方反对将美感定义为感官愉悦,反对像感觉主义美学那样将愉悦混同于美。④ 在他看来,愉快感出于生理上的被动感觉,是变动的和特殊的;美感则出于理性,从本质上讲属于概念的范围,普遍而永恒,所以当一个人面对一样事物感到美时,才有权要求所有人的普遍同意。⑤ 这就承认了趣味判断的先天原则。库赞认为,日常经验中的美感经常掺杂着愉悦感,但我们不应当因此而在讨论美的本质时将其混为一谈,尤其不能将美感还原为愉悦感,不能用愉悦充当衡量美的标准。美感应当是漠不关心、无动于衷的,既不应包含愉悦感,也不应包含激情⑥或欲望⑦。无论是前述抑物质而崇精神的倾向,还是这里的反审美功利主义立场,皆见出德国观念论的深刻影响。就这样,库赞的表现理论令人惊讶地结合了神秘主义与理性主义、不可知论与认知主义。

在艺术评价上,库赞指出:"一切真正的艺术都是表现性的,但表现方式

---

① Victor Cousin, *Du Vrai*, *du beau et du bien*, Paris: Didier, Libraire-Éditeur, 1854, p.178.此为天才之能力。库赞指出,天才的两个特征分别是制造之需求与制造之能力。

② 同上书,第 174 页。

③ 同上。

④ 同上书,第 155—156 页。

⑤ 库赞表示,生理感觉的变化取决于"有机体的不断变化""健康与疾病""温度状态""我们的神经",等等,"美同真一样,不属于我们中任何人;无人能够任意摆置它,当我们说这是真的、这是美的时,我们所表达的不再是特殊的和多变的感性印象,而是理性加诸所有人之上的绝对判断"。同上书,第 140 页。

⑥ "对象越美,则它给予灵魂的快乐就越生动,这种无激情的爱就越深刻。"(Victor Cousin, *Du Vrai*, *du beau et du bien*, Paris: Didier, Libraire-Editeur, 1854, pp.143–144)

⑦ "美感与欲望的距离如此之远,以至二者互相排斥。"同上书,第 145 页。

多种多样。"①以表现为标准,库赞为诸艺术门类评估等级:诗歌的地位最高,其次是绘画,再次是音乐和雕塑。"诗歌是一切艺术当中的完美类型,是出类拔萃的艺术,它包含其他一切艺术,一切艺术皆从它这里汲取灵感,没有什么艺术能够抵达它的境界。"②这是由于诗歌表现兼具高度的灵魂穿透力和形式准确性。而音乐尽管在某些时候会比诗歌更具穿透力,其表现却是模糊、有限、稍纵即逝的;它表现一切而不表现任何特殊的东西,与雕塑的表现恰好构成特色上的对立。绘画兼具音乐之动人与雕塑之准确,既能表现灵魂的任何最深刻的感觉,③又能表示物的可见形式,比音乐更明晰,比雕塑更感人,所以等级上高于音乐和雕塑。这个等级评价体现出库赞对艺术表现的具体要求,④即在精神上的深刻性与形式上的准确性两方面达成平衡。形式之明晰有助于传递精神,在欣赏者那里造成感动效果(灵魂穿透力)。

　　如前所述,在库赞看来,愉悦感只是美感的偶然属性,美感排斥激情或欲望等生理-心理层面,那么,艺术家所传递的应当是某种超感性的、抽象的、共通的情感。库赞用悲怆动人(pathétique)命名这种情感,并以之作为"大美"(grande beauté)的符号和尺度。⑤从接受效果的角度,这种情动能力再度让艺术区别于自然:"自然可能更令人愉悦,因为它在无可比拟的程度上拥有想象力、双眼与生命的最大魅力所造就的东西;艺术则更多地触动人,因为艺术通过特别地表现道德美而更直接地面向深层情感的源头。"⑥这进一步强调了自然审美与艺术审美的对立,几乎可以极端地概括为:悦人者不动人,动人者不悦人。由于自然没有表现能力,主要唤起愉悦感,故而自然审美在合法性上都颇可疑。

第三节　同情作为表现之原则

1815—1816 年,儒弗瓦在巴黎高师聆听库赞讲授有关真美善的课程。⑦

---

　　①　Victor Cousin, *Du Vrai*, *du beau et du bien*, Paris: Didier, Libraire-Éditeur, 1854, p198. 根据主要诉诸的感官,库赞将艺术分为听的艺术和看的艺术,前者包括音乐和诗歌,后者包括绘画、雕刻、雕塑、建筑、园艺。

　　②　同上书,第 204 页。

　　③　"它更多地表现各种形式的美,最为丰富的人类灵魂,以及其感觉的多变性。"同上书,第 202 页。

　　④　当然,这里说的是每个艺术门类的固定特质,而非对艺术家个体的具体创作实践的要求。

　　⑤　同上书,第 177 页。

　　⑥　同上。

　　⑦　参见:James Manns, "The Scottish Influence on French Aesthetic Thought", *Journal of the History of Ideas*, Vol.49, No.4(Oct.-Dec., 1988), p.644.

至1819年时，儒弗瓦对库赞本体论的信念开始发生动摇，在私人信件中吐露自己不太确信那些"客观而绝对的真理"。[①] 他的独立思想大概自此萌发。二人所开设的课程题目构成意味深长的对比：库赞论"美"，将之放在"真"与"善"中间；儒弗瓦选择在当时法语著作里尚非主流术语的"美学"，探查感性层面的审美经验。《美学教程》的内容教授于1826年，沿用了库赞诸多术语和论题（如"心理学观察"方法），而部分立场发生了偏离。库赞的心理学观察更多地属于德国观念论所关注的主体先天能力，儒弗瓦则返回"主观而相对"的具体经验，热衷于探讨作为事实的审美与表现。

对愉悦感在美感中地位的承认，是儒弗瓦美学区别于库赞的首要特征，也是向库赞表现理论作别的第一步。儒弗瓦同样始终关注美的问题，[②]他也讨论形体美、智性美和道德美，此外增加了感性美，但偏爱使用另一套分类：当人工物对自然物的近似的复制令我们愉悦时，我们会宣称那里存在着摹仿之美；当人工物对自然物的完善复本令我们愉悦时，我们会认为那里展现出理想之美，亦称完善之美；当自然物或艺术的有意谓的优点令我们愉悦时，我们会在那里辨认出表现之美。儒弗瓦的所谓"有意谓"，同库赞一样指对不可见者的象征；当艺术或自然表现得生动、清晰、鲜活时，就会令人愉悦，产生美感。[③] 摹仿之美和理想之美为艺术所独具，唯有表现之美为艺术与自然所共有。前三种类型构成可见之美，另一序列的不可见者单凭自身就可能令人愉悦，这是一种精神性的美，此即不可见者之美。[④] 令人愉悦（而非表现）被他视作美感的必要属性，"一切以无利害的方式令我愉悦的东西"[⑤]都是美的。

以上四种美的类型表示美的四种来源，也关联于四种欣赏眼光/视角。儒弗瓦取消"美"的单一含义，同等地（但在不同意义上）承认各种类型的美，出于同样理由，他同等地承认各种审美趣味，承认美的任何来源单凭自身能够引发正当的审美感受。如欣赏同一尊雕像，怀有不同眼光、不同心境的欣赏者会看出不同的美，"一切取决于判断者的趣味与一时兴致"。[⑥] 在库赞

---

①　参见：Paul Bénichou, *Romantismes française I*, Paris: Gallimard, 2004, p.243. 信件是儒弗瓦写给同窗达米隆与杜布瓦的。

②　《美学教程》编纂者达米隆特意指出过这一点。参见：PH.Damiron, "Préface de l'éditeur", *Cours d'esthétique*, suivi de la thèse du même auteur sur le sentiment du beau et de deux fragments inédits, Paris: Librairie de L.Hachètte, 1845, p.xv.

③　Théodore Jouffroy, *Cours d'esthétique*, p.179.

④　同上书，第180页。

⑤　同上书，第181页。

⑥　同上。

那里,趣味这种复合才能(faculté complexe)包含理性、感性与想象力三种才能,主要从事理性判断,①儒弗瓦则醒目地恢复了趣味概念中的多元性,背离了库赞美学的客观认知主义。怀着这样一种趣味主义倾向,儒弗瓦指出,至于"美"与"表现"之间究竟能否划等号,取决于说话者指的是哪一种美。经过前番辨析,库赞的"美即表现"主张仅适用于表现之美。然而,"表现"并未被儒弗瓦降低为一个局部概念。正相反,由于他认为所有物质的东西都表现非物质的自然或力(force),所以表现之事实(fait de l'expression)比美的原则更一般、更广大,它涵盖美的原则。要讲清这一点,需要从力、象征/符号、同情等概念说起。

在对观念联想(association des idées)现象的考察中,儒弗瓦发现,当事物向我们呈现时,所唤起的往往并非单纯眼前所见,而总是被激发出其他事物或观念;艺术所展示的声音、形状、颜色、话语等,同样在观者那里唤起更多、更不同的东西。他由此推论,一切可见(可感)的事物皆是象征,向精神揭示不可见者的实存,区别仅在于,有些象征一望即知,有些则须经过检验方可显豁。所以,一切可见的事物或多或少地规定不可见者的性质。② 譬如面对一条线,我们首先拥有这条线的观念,继而其图像在我们身上唤醒一种道德观念,该道德观念就是该图像所表现的东西,是其晦暗隐秘的意义。③ 总之,任何基本外观(apparence élémentaire)都是象征,都拥有一种道德意义;④艺术也是表现,是"通过自然符号对不可见者的表现"。⑤ 除了不曾设置一个超越性的终极所指和象征对象,儒弗瓦的象征理论与库赞很接近。

他比库赞更进一步之处在于借助"力"的概念展开对象征动力的研究。儒弗瓦把世界上的事物分成物质和力。在本质上,物质是惰性的、非生产性的、被动的,由孤立而分散的物质分子组成;力则是鲜活的、生产性的、主动的,是不可感知的不可见者当中主要的东西。力赋予每个形体以其秩序、发展和形状,⑥表示自然的精神性、生产性、能量性的维度,在不同语境下也称作灵魂或不可见者。儒弗瓦认定,象征和/或表现之可能性系于这个动力

---

① Victor Cousin, *Du Vrai, du beau et du bien*, Paris: Didier, Libraire-Editeur, 1854, p.175.

② 参见: Théodore Jouffroy, *Cours d'esthétique*, pp.131 – 138.

③ 同上书,第 161—163 页。

④ 同上书,第 164 页。

⑤ 同上书,第 230 页。

⑥ 参见: Arlette Michel and Alain Michel, "La parole et la beauté chez Joubert, Jouffroy et Ballanche", *Revue d'Histoire littéraire de la France*, 80ᵉ Année, No.2, La Rhétorique au XIXᵉ siècle (Mar.-Apr., 1980), p.200.

因。当我们说"物质是惰性的"时，突出了其作为力之障碍的一面；说"物质是象征"时，则侧重其作为力之手段的一面。① 此外还存在一种特殊的力，它可以不借助物质形式中介而直接被我们观看到，那就是我们自己身上的力。② 人人皆可通过内省察觉到它，它在不同个体身上具有相似性。"于是，当人们向我们描述发生于内在的一种力时，令我们想起的正是我们的力；人们迫使我们回到我们自己身上；人们向我们叙述的正是我们；尽管人们通过诸自然符号揭示出一种力，但向我们呈现的力则并不是我们，而是与我们相似的力，是陌异的力，我们早已与之建立了联系和同情（sympathie）。"③我的力与他者的力同声相应、同气相求，同情被分析为对自我与非我所共享的动力机制的"感同身受"。故此，我与他者（物质世界和他人世界）之间能够以情感共同体的方式建立相关性。

儒弗瓦用力的同质性与能动性来保障同情的发生，进而保障愉悦感的出现。在他看来，"美的真正的、哲学性的定义"是："在通过敲击我的诸感官的自然象征所表现的人类本性里，我们所同情于（sympathiser）的美"。④ 同情成为了美的条件。他将客体一方的"令某人愉悦"理解为主体一方的"某人同情于"，从而开辟了一条基于内在相似性的情绪感发途径。同情成为愉悦之源，这可能带来两个理论效应：其一，免于亚理斯多德式从形式相似性角度出发的愉悦心理说明，为阐释非再现性艺术留下空间。儒弗瓦认为，无论被表现的对象本身令人愉快或令人不适，但凡我感受到"同情"这一事实，单凭我的灵魂重复我之所见，我便会感受到复制这一状态的愉悦。"这是表现的基本愉悦，也是同情的基本愉悦。"⑤其二，不再像库赞那样拘于艺术审美，从感发角度将美感下沉到心理层面。一方面，审美对象的范围随之扩大，自然美将获得其合法性；另一方面，以审美心理为评价基点，艺术诸门类的等级性有望破除。可见，将同情引入美学，或可产生与在政治领域类似的平等化效果。

儒弗瓦常用"同情"来带引"表现"，不过他所力图描述的审美事实（fait

---

① "世界无非是一个物质性的象征，它使得诸力之间能够彼此谈话与保存，能够以某种语言相互表现并交流。因此，物质既是障碍也是手段；物质阻止诸力相互靠近，也帮助它们彼此展示。"（Théodore Jouffroy, Cours d'esthétique, p.131）

② 我们不妨这样理解：力是遍在的，当然也存在于我们自身。一如在亚理斯多德和经院哲学那里，我们与动植物共享作为生命驱动力的灵魂。

③ Théodore Jouffroy, Cours d'esthétique, p.157.

④ 同上书，第184页。

⑤ 同上书，第270页。儒弗瓦进一步分析了导致这种愉悦的三种原因：其一是发现不可见者本身就令人愉悦；其二是同情仅在心中发生、进行，毫不费力，无需行动；其三是我们确信可以自如地停止该状态（同上书，第271页）。

esthétique)需要兼顾主客两方。"审美事实往往是两个不同项之间关联的结果……客体通过表现而对主体抑或旁观者起作用；主体抑或旁观者因同情而接收客体的行为。"①于是，表现与同情经常成对出现："表现乃是在客体里对某种灵魂状态的显现。同情乃是在主体里对客体所显现的某种灵魂状态的重复。在客体里某种灵魂状态的显现，或曰表现，就是美学上的能力（pouvoir esthétique）。在主体里对客体所显现的某种灵魂状态的复制，或曰同情，就是美学上的感受（sentiment esthétique）。"②在强调象征符号的功能时，应将表现/象征看作同情的条件；③在强调力的流动与沟通是表现的前提条件时，则应将同情视作表现的条件。所以，当儒弗瓦说"同情是表现现象的原则"④时，他指的是任何形式皆意味着一种内在情感状态。明确了这一原则的基础性后，当我们读到《美学教程》把艺术定义为借助自然符号来表现不可见者，⑤便不会误以为那是儒弗瓦的完整看法。他还为艺术规定了两条基本规范："如果单单不可见者就能感动我们，那么艺术就应当在其作品里展现不可见者，否则作品就失去了其目标……一切作品为了触动人，皆应再现不可见者。换言之，一切作品要想令人愉悦，皆应当表现（exprimer）。这是它的最高真理。"⑥综合这两条规范可知，艺术仅仅表现不可见者是不够的，还必须唤起人的积极正面的情感或感受性，后者才是"目标的目标"。

至此，对于艺术何以比自然更感人这一问题，儒弗瓦有条件比库赞阐发得更具体、更通畅。在自然当中，物质符号/象征并不总是痛快地敞现不可见的力/灵魂状态，后者通常被掩藏于表象之下。基于力的同质性，人的灵

---

①　Théodore Jouffroy，*Cours d'esthétique*，p.263.有研究者指出，这种主客并行的结构使得儒弗瓦美学告别了感觉主义，或者说，在他那里存在一种"感觉的深度"（profondeur de la sensation）："对他而言，美经过感官之调停而被揭示，但它预设了一种超越诸感官的判断，触及一种对于陌异于诸感官的不可见者。"（Arlette Michel and Alain Michel，"La parole et la beauté chez Joubert，Jouffroy et Ballanche"，*Revue d'Histoire littéraire de la France*，80e Année，No.2，La Rhétorique au XIXᵉ siècle[Mar.- Apr.，1980]，pp.200 - 201）

②　Théodore Jouffroy，*Cours d'esthétique*，p.263.笔者将 sentiment 译作"感受"，将 sensation 译作"感觉"，将 émotion 译作"情感"。在这里，笔者不愿将 pouvoir esthétique 直接译作"审美能力"，原因在于：表现独属于客体一方，并无"审"的意思在内，这里的 esthétique 是从"感性"意义上理解的，总起来看，表现是感性显现的能力。

③　"要想有审美情感，仅仅有力与力的相互理解、灵魂之间的相互提供是不够的；绝对得通过自然符号（signes naturelles）来让灵魂之间相互提供，通过自然象征（symbols naturels）来让力与力相互理解；不应单纯地解释人；应当表现人。"同上书，第 156 页。

④　同上书，第 146 页。

⑤　同上书，第 230 页。

⑥　同上书，第 217—218 页。

魂能够复制或重复客体内部的不可见状态，这种主体能力就是同情。艺术家与一般主体不同之处在于，其灵魂能够更为细腻地与自然之力共振，并诉诸可感的作品来表现其所同情于的自然的内在奥秘；前者属于审美能力，后者属于创造能力，艺术家的自然审美是其创作的前提。通过同情于艺术家的作品，艺术欣赏者把握到其所表现的不可见者。我们按照儒弗瓦的主张所描述的上述过程，将艺术的"构思-创作-欣赏"从情感角度重述为"同情-表现-同情"。在库赞那里，艺术家既是上帝面前的谦卑的认知者，又具备神秘难测的天才，仿佛柏拉图所形容的"代神说话"的神秘诗人-先知；在儒弗瓦这里，艺术家则有如此岸世界的向导，用作品连通着存在者的物质性下所掩藏着的两种灵魂，一种灵魂属于艺术家所面对的客体世界，另一种灵魂属于面对艺术作品的欣赏者，艺术家的灵魂则发挥着沟通功能。

第四节　表现作为情感的显现

同情概念的引入，有助于具体地解释与美的存在领域相对应的审美主体能力，特别是艺术表现活动中的主体能动性，在一定程度上为天才说祛魅。以美学史的眼光看，这种表现-同情理论具有转折意义。问题在于，儒弗瓦的改造工作始终未离库赞打下的地基（笔者从这个角度领会夏纳所谓"内在转折"之"内在"）。除沿用其大部分术语和论题外，儒弗瓦同样将艺术表现限制在复制范围，用美论充当艺术论的基础与前提。前述师生二人皆不曾为艺术家的个体感受赋予优先性，作品创造性的最终归属依然保持在含混地带。

法国文学史家贝尼舒（Paul Bénichou，1908—2001）曾评价道，折中主义"象征美学"（esthétique du symbôle）在一个关键问题上态度模糊：艺术家通过象征所给予事物的意涵（signification），究竟对应于诸事物（在上帝创世的意义上）的深层实在性，抑或仅仅显现一种人类精神的存在方式或特权？[①] 与贝尼舒强调这种含混性不同，保罗·盖耶倾向于认为库赞持第一种立场。他指出，库赞将美看作世界的一种客观属性，美为人类心灵所感知，同时又是上帝心灵的表现，这条论美进路严格意义上属于认知主义传统

---

① 参见：Paul Bénichou, *Romantismes française* I, Paris: Gallimard, 2004, pp.235 – 249. 贝尼舒认为，折中主义者的上帝与19世纪诗人的上帝一样，都不是意涵的作者，因为是艺术家凭借其天才生产并创造了可能的象征的无限性。无论是这种含混特征，还是（库赞）以诗歌为最高艺术，皆体现出浪漫主义的美学原则。

(cognitivist tradition)。① 人们可能会赞成贝尼舒或盖耶,但不会在维龙立场上产生分歧,因为他毫无歧义地选择了第二种答案。在《美学》一书中,维龙反对将任何形式的摹仿视作艺术之目的,无论是对客观美的理想主义-古典主义摹仿,还是照相式复制的自然主义/写实主义,而将艺术的创造性完全归于艺术家:"摹仿仅仅是手段,或毋宁说偶因和托词。艺术真正的、唯一的源泉,始终是艺术家……模型的内在之美仅仅占据绝对次要的重要性。"②

以美的表现论为基础,库赞将所有艺术归为表现性艺术。他所谓"表现性的",指可以从客体身上解读出主体(人类/上帝)心灵。到了维龙这里,表现性不再是艺术的唯一形态,他特地划出一种非表现性艺术,即"装饰性艺术"(art décoratif)。装饰性艺术以美的概念为基础,追求以形式之完美,线条、图像、声音之和谐风雅,以及对耳目之娱的满足。当时艺术体制以之为"完全合法的"③艺术,官方文献称作"伟大艺术",它包括了古希腊艺术和法国的华铎、布歇。④ 显然,库赞美学课程里最推崇的两类艺术,即古代艺术和17世纪法国古典主义艺术,恰被维龙划归到腐朽过时的装饰性艺术里。

维龙认为,只有表现性艺术才是现代艺术,是艺术未来发展的方向。表现性艺术所表现的内容是情感。在《美学》里,维龙如此为艺术下定义:"艺术是情感向外部的显现,或则是通过线条、形状或颜色的结合,或则是通过服从于特定节奏的一组姿态、声音和话语。"⑤这个定义可以简化为:艺术是情感的显现。需要注意,表现性艺术其实包含对情感的双重表现:其一,通过形状、声音来表现其所展现的人物的感觉与观念;其二,通过这前一种表现,目标是表现艺术家自己的感性、想象、智性的尺度。⑥ 维龙主要在第二种表现上使用"表现性的"来标示艺术等级,并赋予其革新价值。这就把艺术的本质理解为主观性对客观性的主宰,⑦导致了美在艺术观念中地位的

---

① 参见:Paul Guyer, *A History of Modern Aesthetics*, Vol. II, Cambridge University Press, 2014, p.231.盖耶认为库赞的这种观念主要受托马斯·里德和夏夫兹博里影响。有关库赞美学中的认知主义倾向,可参见:James Manns, "The Scottish Influence on French Aesthetic Thought", *Journal of the History of Ideas*, Vol.49, No.4(Oct.- Dec., 1988), p.641;Christian Helmreich, "La reception cousinienne de la philosophie esthétique de Kant Contribution à une histoire de la philosophie française au XIXe siècle", *Revue de Métaphysique et de Morale*, No.2, 'Esthétique' Histoire d'un transfert franco-allemand(avril-juin 2002), p.207.
② Eugène Véron, *L'Esthétique*, Paris:Librairie Philosophique J.VRIN, 2007, p.139.
③ 同上书,第148页。
④ 同上书,第149页。
⑤ 同上书,第127页。
⑥ 同上书,第163页。
⑦ 同上书,第417页。

下降。

表现性艺术不以表现美为目标,维龙甚至说,它与美毫无关系,"或至少可以这么说,自然美对它而言仅仅是一个起点或附件"。① 表现性艺术是主观主义的,"它图绘情感、感受、特色。它以一种艺术形式显现人带给人的这种特殊关切(intérêt)。那么,美充其量只是次要的。目标在于人本身,在于研究人的或偶然或永恒的感受,研究人的德行或恶行。"②如果不是美,是什么构成了表现性艺术的价值? 儒弗瓦的回答是同情。

当维龙提出表现性艺术"在很大部分上基于同情"③时,已经将同情解释为审美能力的基础。他沿用儒弗瓦的普遍同情思想,从日常经验出发,将人界定为本质上的同情动物,指出人有能力感受到与他人自身所感相当的欢欣或悲痛。在儒弗瓦那里,艺术同情尚与其他领域的同情混为一谈,维龙则把它推举为一种高级审美能力。他指出,情感在人群中的普遍可复制性不仅发生在感受、状况、观念、利益等方面近似的人之间,而且发生于人在面对虚构性的事实之时。后一种情况展现出更高的同情能力,它构成艺术的头等重要的自然事实。④ 这是维龙对儒弗瓦的同情概念的深化,他由此而解除了表现与美的关联,加强了与审美主体感受性的根本关联,也就是对美感的规定:一方面,创作主体的主观情感能力成为艺术作品价值的判定标准;另一方面,对创作者情感的领悟能力成为艺术欣赏的要求。

艺术作品的构成性因素,诸如线条、形状、颜色的结合,光亮、阴影的配置与对比,等等,在库赞、儒弗瓦那里被视作构成艺术形体美或可见之美的因素,维龙则从主观角度称作"情感或精神上的快感(jouissances morales)的因素"。⑤ 引人注目的是,维龙没有使用儒弗瓦以及美学史上常用的"愉悦"(plaisir/agéable)来描绘审美的心理感受,而是用了"快感"这个心理名词,似乎有意把更低、更易得的生理感受作为美感的起点。这是美感的低级层次。维龙指出,任何快感大抵可简化为神经纤维刺激,这种刺激人人皆有,而个体之间可激发的程度有别。要想把快感提升为真正的美感,还需融入对艺术家的同情式仰慕(admiration sympatique)。这就超越了一般水准的被动感受性,来到了美感的高级层次。

① Eugène Véron, *L'Esthétique*, Paris: Librairie Philosophique J.VRIN, 2007, p.161.
② 同上书,第126—127页。这段围绕同情的论述并不见于《美学》初版。据此可推测,随着时间推移或认识的加深,维龙越来越重视同情在艺术表现问题上的基础地位。
③ 同上书,第126页。
④ 同上书,第125—127页。
⑤ 同上书,第127页。维龙那里的"moral"一词一般表示精神或精神性的,而该词在库赞那里兼有精神和道德两义,主要取其道德义。

　　"同情式仰慕"是艺术家所融入作品的情感吁求与欣赏者面对作品时的情感呼应所形成的共鸣局面。在表现性艺术里,作品之价值有赖于艺术家之价值,故而,其所表现的观念与感觉之价值应当进入对整个作品的欣赏之中。道德上、智性上的至高性构成了一种真正的至高性,通过制作出一种直觉式、自发式的同情,它被自然而然表现出来。[1] 艺术家的情感既是深刻的、表现性的,又关联于一种例外的个体化,它会主动刺激我们的仰慕之情。我们的同情中不仅伴随着某种情感状态,而且伴随着艺术家整体人格,特别是其天才和独创性。维龙认为,唯有当欣赏者在一定程度上意识到作者创作之艰难,也就是对艺术家的感性、想象、智性有所领会时,同情式仰慕才实际发生,才能够更准确地衡量作品之价值与艺术家之优长。[2]

　　从这一角度,表现性艺术也称"人格艺术"(l'art personnel)。维龙说:"正是由于艺术家的人格自发地介入到构成审美愉悦的复杂多重的感觉当中,才令人以为那些人物及愉悦之源在摹仿之中。因为大部分造型作品从现实汲取灵感,人们便想象那赞叹那是针对摹仿之忠实性而发出的,然而实际上,那触动我们并吸引我们的,乃是摹仿者的艺术才能。"[3]艺术家的情感之所以具有感染性,最终原因是生命之显现在我们身上散发出魅力:"有那么一种东西,比线条、声响、移动、颜色等的所有结合还要更加打动心灵和令之着迷,那就是生命,它包含又超乎其余一切,是最后的、最完整的词语……"[4]生命概念开始获得一种美学意涵,它因与美的主题有所关联而被强调:如果美继续被界定为统一变化的结合,那么有生命的机体就将成为其一种典型。[5]

　　维龙将艺术家确立为情感唤起者,把美降低为与主体感受相对的客体的次要性质,[6]或者说更改为创作主体情感的非必然伴随物,从而承认了艺术家的唯一作者身份。这也就是比尔兹利所曾指出的,创作主体情感表现论在维龙《美学》中得到"最充分的系统发展"。[7]

---

① Eugène Véron, *L'Esthétique*, Paris: Librairie Philosophique J. VRIN, 2007, p.164.

② 同上书,第 101—102 页。

③ 同上书,第 88 页。

④ 同上书,第 79 页。

⑤ Annamaria Contini, Philippe Audegean, *Jean-Marie Guyau, esthétique et philosophie de la vie*, Paris: L'Harmattan, 2001, p.186.

⑥ 在当代形态的表现理论里,美被作为"一种次要性质,就像颜色一样,被个体经验为一种情感或感觉,仅仅在因果上关联于对象适合于产生情感的属性"(Dabney Townsend (ed.), *Historical Dictionary of Aesthetics*, Lanham: The Scarecrow Press, 2006, p.113)。

⑦ Monroe C. Beardsley, *Aesthetics, from Classical Greece to the Present, A Short Story*, Tuscaloosa: The University of Alabama Press, 1966, p.249. 中译本请参见门罗·C.比厄斯利:《美学史:从古希腊到当代》,第 414 页。

　　美学史的关键跃迁之所以在维龙这里发生，与其身份密不可分。他是学院外的艺术批评家兼社会活动家，活跃在艺术界，对现状有直接掌握，传统思想包袱更轻。在某种意义上，法国美学学科的进展应归于学院内外两股势力的冲撞。较之于儒弗瓦的审慎改良，维龙意在发起一场美学变革，击败并取代支配主流美学的库赞理论，总体上体现于围绕如下两个论题的纷争——

　　其一不妨称作古今之争。库赞与维龙大体上构成崇古派与厚今派的对立。库赞美学追慕古人的艺术程式，提倡无动于衷的审美态度，提出理念高于事实的表现理论，以17世纪法国古典主义艺术为永世不易的典范。维龙在《现代艺术高于古代艺术》一书导论部分具名攻击库赞所代表的学院保守势力，《美学》的立意同样出于对法国艺术现状的忧虑。新古典主义在大革命后的两次帝制意识形态之下强势复萌，19世纪的浪漫派艺术在学院内部与旧观念时有妥协与合作。① 对于维龙来说，法国社会的各种组织力量充当了艺术之敌，其中美术学院是阻碍艺术进步的最危险的力量。② 它固守古典主义传统，与艺术公众之间隔阂甚深。鉴于此，《美学》以抑古崇今为基调，可视作面向学院艺术的抗辩书。

　　其二是美学学科定位之争。《美学》的论证并不专注于美学史或美学概念的辨析，更关切艺术史和艺术评论。维龙深受丹纳决定论影响，③但不肯像丹纳那样沿用黑格尔式"美的艺术的哲学"，④而是要求将美学界定为"艺术哲学"："美学这门学科，其目标是针对艺术天才的种种显现进行哲学研究"。⑤ 如前所述，唯有表现性艺术才称得上真正的艺术，所以美学应当是研究表现性艺术的学问。维龙之所以坚持删除"美的"这个限定词，直接原因是他注意到当时的文艺作品（如雨果《巴黎圣母院》）的形象塑造已

---

　　① 详细的相关情况可参见吕培醇：《19世纪欧洲艺术史》，丁宁、吴瑶、刘鹏、梁舒涵译，北京大学出版社2014年版；马萧：《印象派的敌人》。

　　② Eugène Véron, "Introduction", *L'Esthétique*, Pairis: Librairie Philosophique J.VRIN, 2007, p.31.维龙从四个方面概括当时的艺术体制：在艺术教育上，美术学校仅仅传授那些来自于逝去文明的艺术家；在艺术评价上，竞赛和展览的评委倾心于那些最接近典范的作品；就艺术市场而言，政府依据学院标准购买作品，并委托艺术家制作所谓的"伟大艺术"（grand art）；在艺术公众方面，公众难以被迎合官方趣味的那些作品触动，也不能充分反思艺术革新的必要条件。（同上书，第32页。）

　　③ 维龙表示："从心理学的视角看，艺术并非他物，只是自发地表达对诸事物的某些看法，这些看法逻辑上源出于道德的或物理的种种影响之结合，即不同种族带有其自身所特有的或先天或后天的禀赋或倾向。"（Eugène Véron, "Introduction", *L'Esthétique*, Paris: Librairie Philosophique J. VRIN, 2007, p.29）

　　④ 丹纳：《艺术哲学》，第18页。H.Taine, *Philosophie de l'art*, Tôme 1, cinquième édition, Paris: Librairie Hachètte et Cie, 1890, p.13.

　　⑤ Eugène Véron, *L'Esthétique*, Paris: Librairie Philosophique J.VRIN, 2007, p.146.

经放弃"美"这个唯一标准,更深刻的原因在于,他力图挣脱法国学院美学的抽象化①传统。托尔斯泰在《艺术论》里曾表示,维龙对艺术的界定虽不是规范性的艺术定义,但清理了所有"绝对美"模糊概念。② 维龙也惯用"纯粹美"或"抽象美"指称这个"绝对美"传统。"美"这个词自巴托时代与"艺术"联姻,一般带有"理想""理念"等超越性意谓。维龙则反对以原理或先天原则为基础而罔顾艺术事实,忽视感觉的性质与功能。③ 因而我们看到,维龙《美学》的写作方式迥异于前两位学院美学家,由于不关切存在与主体能力的对称关系,他不再谈论美的分类,不再遵循从美论到艺术论的推证路线,也不再讨论表现与同情的先天原理,而是直接进入对艺术事实的观察和研究。

第五节　从"美之学"到表现主义

库赞的表现理论用德国观念论翻新新柏拉图主义流溢说,在一定程度上改写了巴托版摹仿论。儒弗瓦将美学的考察对象从美的理念转移到审美事实,因承认审美愉悦的合法性而取消了美的诸类型的等级关系,美的依据从客体属性转移到主体的心理经验,表现问题的基础被放在情感动力上。④在他这里,"美不自美,因人而彰",因人的同情共感而彰显其美。19世纪末,这条心理学进路在美学家乔治·桑塔耶纳那里有其回声:表现被看作客观对象通过联想而具备的性质。⑤ 维龙同样延伸了儒弗瓦所开辟的道路,⑥

---

① 参见:David Morgan,"Concept of Abstraction in French Theory from the Enlightenment to Modernism",*Journal of the History of Ideas*,Vol.53,No.4(Oct.–Dec.,1992),pp.669–685.

② L.Tolstoi,*Qu'est-ce que l'art*,trad.Fr.Paris,P.U.F.,2006,p.42,cité par Jacqueline Lichitenstein,"Préface",dans Eugène Véron,*L'Esthétique*,Paris:Librairie Philosophique J.VRIN,2007,p.8,note 1.Gary R.Jahn,"The Aesthetic Theory of Leo Tolstoy's What Is Art?"*The Journal of Aesthetics and Art Criticism*,Vol.34,No.1(Autumn,1975),p.61.

③ Jacqueline Lichitenstein,"Préface",dans Eugène Véron,*L'Esthétique*,Paris:Librairie Philosophique J.VRIN,2007,p.13.她正确地指出,维龙美学虽是一门艺术哲学,但并非一种应用型美学,它并不将概念性、理论性的美学应用于艺术,抑或事先构建一种抽象的、思辨的艺术理论。

④ 正如孔蒂尼所评价的那样,儒弗瓦"强调由美产生的愉悦,强调此愉悦所由来的主客关系,从而改换了问题",从美的存在论(ontologie du beau)来到了审美心理学,"来到了一个更加专注于审美感觉的特殊情感动力与艺术现象的表现性特征的问题域"(Annamaria Contini,Philippe Audegean,*Jean-Marie Guyau,esthétique et philosophie de la vie*,Paris:L'Harmattan,2001,p.184)。

⑤ 乔治·桑塔耶纳:《美感》,杨向荣译,人民出版社2013年版,第145页。

⑥ Annamaria Contini,Philippe Audegean,*Jean-Marie Guyau,esthétique et philosophie de la vie*,Paris:L'Harmattan,2001,p.184.

将对艺术家人格的考察，将美的生理学-心理学条件放在美学研究的第一位，从而论证了一种主观主义的、反再现的表现理论。

维龙艺术论里的上述主要概念在让-马利·居友的艺术社会学那里得到发挥。1889 年，居友遗作《从社会学视点看艺术》①面世，书中指出，艺术作品的真正目标是表现生命，产出一种带有社会性特征的审美情感。艺术通过感受（sentiment）从社会延伸向所有自然存在物，乃至人类想象力创造的虚构性存在物。"自我的各个不同部分的团结与同情，在我看来似乎构成审美情感的初级程度；社会团结（solidarité sociale）和普遍同情（sympathie universelle）向我们显现为最复杂和最高级的审美情感之原则。"②"真正的艺术向我们提供既最密集又最向整体膨胀、既最具个体性又最具社会性的生命的直接感受。"③所以，艺术情感在本质上是社会性的，它扩大个体生命，使之混融于一种更伟大、普遍的生命。④ 有研究者认为，激发居友写作此书的，正是美学学科的身份难题：此前，美学要么依附于形而上学，要么依附于心理学；前者关注抽象普遍性，后者局限于分析个体心灵。居友希望弄清楚是否有可能从社会学里找到美学的真正基础。⑤ 至此，从库赞经由儒弗瓦，至维龙和居友，法国美学（表现理论）经历了从形而上学到心理学而至生理学和社会学的跨学科探索历程。

综上可知，在 19 世纪法国，表现主义美学的兴起与"美之学"的失势，实为同一过程的两个面向。这启发我们在关注美学学科史和概念史时，有必要重新反思表现与再现的关系。二者的演变并非此消彼长或彼此取代所能道尽，其内涵之真意亦需结合具体语境详加分析。

一般认为，与摹仿论相对立的艺术表现论始于托尔斯泰。罗杰·弗莱曾回顾托尔斯泰对一般艺术观念的影响：艺术的本质不再是摹仿，而被看作人际交流，尤其在于其情感语言；艺术作品不再被看作对既存于他处之美的记录，而被看作艺术家情感的表现——艺术家感受到情感并传达给观者。

---

① 《从社会学视点看艺术》（L'art au point de vue sociologique）一书由"原理"和"应用"两部分组成。第一部分共五章，论证艺术的社会学本质；第二部分共六章，论证当代艺术的社会学演进。该书的中文节译，可参见蒋孔阳主编：《19 世纪西方美学名著选》（英法美卷），第 499—541 页。笔者所参考的该书法文本为 1923 年的重编本：Jean-Marie Guyau, L'art au point de vue sociologique (1887), éd.De Saint-Cloud, Paris：Libr.Félix Alcan, 1923.

② 同上书，第 13 页

③ 同上书，第 75 页。

④ 同上书，第 21—57 页。

⑤ Emile Boirac, "Analyses et comptes rendus", Revue philosophique de la France et de l'étranger, T.29(Janvier à juin 1890), p.638.

而实际上,托尔斯泰的艺术情感表现主义倾向主要来自维龙《美学》。① 倘若将考察视野从诗歌批评②或艺术评论转移到美学理论的演变史,将有必要更正以艾布拉姆斯为代表的前述主张。在法国,浪漫主义时代的美学并非呈现为简单的"从摹仿到表现"或者"以表现代摹仿",也并非简单的同一。③ 它们在不同文本中的同语异义现象,写实主义/自然主义与表现主义的并行,后浪漫主义时代里对再现的新需求,等等,我们都应谨慎应对。

---

① 参见:Thomas Munro, *The Arts and Their Interrelations*, New York:The Liberal Arts Press,1949,pp.80 – 81;Iredell Jenkins, "Imitation and Expression in Art", *The Journal of Aesthetics and Art Criticism*, Vol.1,No.5(Spring,1942),p.43;Roger Fry, "Retrospect", in *Vision and Design*, London,1920,pp.292 – 293.

② 韦勒克和沃伦曾指出,我们需要分辨主观的诗人和客观的诗人这种类型,前者直至浪漫主义时代才开始成为诗人的典型形象,而后者在很长时间里是主流(勒内·韦勒克、奥斯汀·沃伦:《文学理论》,刘象愚、邢培明、陈圣生、李哲明译,浙江人民出版社 2017 年版,第 65—66 页)。按此,"客观诗歌"的"表现"恐怕需要回到库赞式的客观表现论。

③ 有学者提出:"表现是再现的一个深层组成部分,唯有当一种理论将这种关系纳入考虑之时,它才是对于一般艺术史,特别是后印象派而言可接受的理论。"(Carol Donnell-Kotrozo, "Representation and Expression:A False Antinomy", *The Journal of Aesthetics and Art Criticism*, Vol.39,No.2(Winter,1980),pp.163 – 173)当我们接受这种同一论时,需格外留心其适用范围。

结论　古典主义"美之学"的历史真容

17—19 世纪法国美学的主潮是古典主义。

古典主义首先源自艺术风格，其对立项在不同时代分别为巴洛克艺术或浪漫主义艺术。斯塔尔夫人用古典主义概括南方文学的特征，并指出"法国诗是现代诗当中最古典的诗"。[①] 塔塔尔凯维奇对"古典"一词含义的辨析，[②]涵盖了艺术作品的题材、风格特征。

作为美学类型，古典主义的美学命题可参考拜泽尔所说的审美理性主义(aesthetic Rationalism)：美学的核心概念和主题是美；美存在于对完善的感知之中；完善存在于和谐之中，和谐是多样性的统一；审美批评和生产由规则主宰，而规则是哲学家发现、系统化和还原基本原理的目标；真美善是一个东西，是基本价值及完善的不同侧面。[③] 基于此，拜泽尔别称它为"完善美学"(aesthetics of perfection)。不过，在他那里，审美理性主义处于调和主观主义和客观主义的一种折中主义立场上，更接近狄德罗的关系美学。塔塔尔凯维奇用客观主义和理性主义界定古典主义：客观主义者认为美归属于事物本身，与之相对，主观主义者认为美来自人对事物的经验；理性主义者认为美被理性地领会到，与之相对，情感主义者认为美纯粹地被感受到。在塔氏看来，古典主义是 15 世纪到 18 世纪欧洲美学的基本类型。[④]

在历史层面，古典主义是现代法兰西民族国家崛起之时的文化战略选择，在理论层面是这三百年美学的总论域，直接证据为此期间未曾消歇的

[①] 斯塔尔夫人：《论德国》，徐继曾译，《古典文艺理论译丛》第 2 辑，人民文学出版社 1961 年版。

[②] 塔塔尔凯维奇曾提出"古典"的六种含义：1.杰出、值得效法、获得公认的；2.古代的（希腊罗马或仅指希腊）；3.以古为法；4.严守法则；5.过去（不一定是古代）的标准或规范；6.拥有一套相对固定的风格要素，如和谐、节制、平衡、沉静等（塔塔尔凯维奇：《西方六大美学观念史》，第186—188 页）。

[③] 参见弗雷德里克·C.拜泽尔：《狄奥提玛的孩子们——从莱布尼茨到莱辛的德国审美理性主义》，第 2 页。

[④] Tatarkiewicz, *History of Aesthetics*, Vol. Ⅲ, *Modern Aesthetics*, trans.Chester A.Kisiel and John F.Besemeres, ed.D.Petsch, The Hague：Mouton and Warsaw：PWN-polish Scientific Publishers，1974，p.452.

"古今之争",其基础理论为"美之学"。

17世纪的大部分美学著述者均在不同意义上参与了作为特定历史事件的古今之争,如高乃依和沙普兰围绕三一律的纷争可视作古今之争的前奏。笛卡尔看似全然置身事外,但由于19世纪的美学写作(特别是立场彼此分歧的希格《古今之争史》和克朗茨《论笛卡尔美学》的重新阐释,他被结构性地嵌入了那场事件。从19世纪下半叶开始,法国人效仿德国,也开始为本民族的美学写史。历史化的工作主要是在学科建构的意图下进行文献整理与认定。雷韦克《美之学》已经显露出类似意图,它意在将法国人有关"美和艺术的原则"的研究集中为单一学科任务。希格和克朗茨以不同方式加入这场建构美学史的运动,使之形成了丰富的层叠结构甚至扑朔迷离的面貌。这提醒我们留意,在回溯历史现场时,视界融合当然必然且必要,但不应该放弃对那些层层涂抹的过程小心加以甄别,因为历史的面孔、文献的话语无论看起来如何复杂,最终总可以还原出一个较"真"的"原貌"。

古今之争的一个重要思想后果,在于赋予现代法国人反思古代权威的勇气,并启发他们不断地返回古今问题,不断重释或挑战古代美学观念。于是,这场原本发生于古典主义阵营的"内战"锻炼和培养了批判精神与反思习惯,从而为古典主义美学进一步拓展空间提供了条件。在启蒙运动中,杜博与安德烈的立场对立,在大革命之后的19世纪,德·昆西与达维之争,库赞与丹纳、维龙之争,布里叶、希格与克朗茨之争,不断回归着"古今之辩"的激烈战场。

如同18世纪别称"启蒙世纪",17世纪又称"古典世纪"(le siècle classique)。该世纪的美学理论探索尚未系统化,文体以对话、随笔为主。在18世纪初一系列论"美"专著问世之前,法国人的种种艺术学说,如首席画师勒布伦的表现理论,菲力比安和博乌尔斯围绕"不可名状"的生动寓言等,已经在古典主义美学领域里开疆辟土。值得一提的是,该世纪的法国人开始触及"美"的问题。例如,尼古拉通过美感(sentiment du beau)意蕴的探究,尝试去界定美的若干原理;菲力比安尤感论美之难,他发现即便幸运地察知真正的美,也难以从中抽绎出适用于艺术各门类且便于传授的道理;圣-艾弗蒙则又退了一步,认为非但界定这种真正的美是艰难的,就连它的实存本身同样带有不确定性。[①] 这些写作大多依据古代诗艺原则探索艺术现象,解释艺术技巧,其中尽管包含对诗艺理论本身的某些反思,但在"述而不作"的

---

① 相关各具体文本论述请参见:Annie Becq,"Introduction",*Genèse de l'esthétique française moderne 1680 –1814*,Paris:Éditions Albin Michel,1994,p.12.

泥古教条之下,很难构建一套崭新的理论,这使得我们不易对此期的美论做专题化研究。

系统性的突破出现在古今之争事件逐渐消停之时。1714 年,瑞士人克鲁萨《论美》拉开启蒙世纪的美论序幕。这些论述包含对一般之美与艺术之美这两类探讨。按安妮·贝克的看法,现代法国对一般之美的讨论主要源自克鲁萨和安德烈,对艺术之美的讨论则主要始于杜博和巴托。① 可见,本书所涉 18 世纪主要美学家尽管只有六位(克鲁萨、杜博、安德烈、孟德斯鸠、巴托、狄德罗),分量却最重,每人都贡献出别具价值的美学专著,构建起一套关于美或艺术的陈述方式,并贯通着上个世纪到下世纪的美学话语。在祖述古典与接受英国经验主义之间,他们各自选择立场,就"美"和"趣味"这两大议题进行系统研究,构造出法国现代美学的理论基础。就这样,古典世纪关于美的若干思考,在启蒙世纪发展成规模化的"美的学说"。

在大革命之后的新社会里,"美之学"重又兴盛。如塔塔尔凯维奇所发现的:"在启蒙时代的危机过后,发生一件相当令人惊异的事情,那就是各种关于美之一般性的理论,又开始兴盛起来。"②塔氏认为,这与德国观念论的输入有直接关系。黑格尔的"美是理念的感性显现"学说传入法国,维克多·库赞效仿地说出:"要想成为美的,就必须表现一种理念。"③事实上,除了德国观念论美学这类理性化尝试,18 世纪下半叶温克尔曼引领的艺术考古风潮,19 世纪数度政治集权及知识界在政治动荡下对权威化意识形态的渴求等,也是重要的推动因素。在以 1818 年讲义为基础撰写的第一版《论真美善》(1836)中,库赞一方面对德国人的美学成就称赏不已,另一方面借助于德国观念论在法国重新推举古典主义美学,尤其在一种民族主义强国诉求下格外突出 17 世纪法国古典主义艺术的成就,带动了"美之学"的再次复兴。

尽管库赞对德国美学在法国的前景抱有乐观的期待,④但从其讲座标题"论真美善"上看,他并没有完全接受康德对鲍姆嘉通所谓"美的科学"

---

① 参见:Annie Becq, "Introduction", *Genèse de l'esthétique française moderne 1680-1814*, Paris:Éditions Albin Michel,1994,p.432.

② 塔塔尔凯维奇:《西方六大美学观念史》,第 147 页。

③ "在 19 世纪的前半期,古老的学说,以新的面貌出现——主张美便是理念的现象,于是产生了极大的吸引力。"同上书,第 147 页。

④ 库赞曾说:"自温克尔曼以来,德国人的理论集中于一般艺术(art en général),特别是雕塑,德国人著作的重要性将最终获得承认。"(Christian Helmreich, "La réception cousinienne de la philosophie esthétique de Kant Contribution à une histoire de la philosophie française au XIXe siècle", *Revue de Métaphysique et de Morale*, No. 2, 'Esthétique' Histoire d'un transfert franco-allemand (avril-juin 2002),p.199) (die Wissenschaft des Schönen)合法性的否定,①反而在一定程度回到安德烈神父建筑在笛卡尔之“真”与马勒伯朗士之“善”的学说的“美之学”②上。更重要的是,库赞弟子雷韦克《美之学》书名中的“学”(science),既承继法国人17—18世纪有关“美”的学说,又兼有“学科”和“科学”二义。如其所言,雷韦克立志将美学带入“准确而有条理的科学状态”,③他所理解的“科学”,主要指以实验方法为依据的物理、化学、自然史,特别指生理学和心理学。在这里,美学的科学化包括两方面的努力:其一,通过引入自然科学方法,让美学成为科学之一种;其二,用既有科学成果检验、证实美学上的论断,例如用亥姆霍兹的视觉生理学、听觉生理学的最新成果来检验有关绘画与音乐的研究。

可见,“美之学”包含“美的学说”“美的学科”以及“美的科学”这三个维度。最后一个维度在19世纪下半叶逐渐占据优势,甚至导致对“美之学”自身的否定。科学实证主义道路的开辟者当然是奥古斯特·孔德,而真正将美学带上这条道路的则为伊波利特·丹纳。丹纳把前述各式“美之学”统统归为“旧美学”,这种美学旨在回答“美是什么”,并以此为评判一切艺术现象的永恒不易的阿基米德点。丹纳旗帜鲜明地驳斥这种美学,尤其反对它为美赋予一个超越性的起源,如上帝之完善。他提出,美学应当致力于解释作为美的产品的艺术,将美学从抽象的形而上学转变为立足实验证明的事实研究。据此,他提出了著名的三因素决定论,实质性地开启了“同出而异名”的科学美学/社会学美学。就这样,丹纳抛弃了作为“完善美学”的“美之学”。继而,欧仁·维龙、让-马利·居友等人的研究带动起新一轮科学实证主义潮流。从该世纪下半叶开始,以“美学”或“艺术哲学”命名的专著的出版进入高峰期。根据穆斯托克西蒂整理的年表④,19世纪末至20世纪初,法国美学著作数量呈现出高峰,尤其是1900—1905年,每年的美学专著产量皆在40部以上。穆氏将这次美学著述热潮看作“科学美学最具决定性的胜利”⑤;我们也可以将其看作美学学科在法国本土化努力最终

---

① 康德在《判断力批判》里说:“既不存在一种美之学,只有(关于美的)批判,也不存在美的科学,只有美的艺术。”(There is neither a science of the beautiful, only a critique, nor beautiful science, only beautiful art.)(Immanuel Kant, *Critique of the Power of Judgment*, ed. Paul Guyer, trans. Paul Guyer and Eric Matthews, Cambridge: Cambridge University Press, 2000, p.184)拜泽尔认为康德针对的是鲍姆嘉通《形而上学》(参见弗雷德里克·C.拜泽尔:《狄奥提玛的孩子们——从莱布尼茨到莱辛的德国审美理性主义》,第4—5页)。

② Raymond Bayer, *Histoire de l'esthétique*, Paris: Armand Colin, 1961, p.134.

③ Charles Lévêque, "Avant-Propos de la deuxième édition", *La science du beau*, t. I, Paris: A. Durand et Pédone-Lauriel, 1872, p.xi.

④ 该年表不包括译著。

⑤ T.M. Mustoxidi, *Histoire de l'esthétique française 1700 - 1900*, Paris: Librairie Ancienne Honoré Champion, 1920, p.235.

达成的标志。

伴随着宗教上的"上帝之死",政治上的平民主义深入人心,这种专注于艺术"事实"的科学实证主义越来越远离形而上的"美之学",古典主义逐渐淡出历史舞台,让位于更加"现代"的现代主义。至此,三百年的法国现代美学走完了自己的生命周期。

综上所述,成型于 17 世纪的现代民族国家法兰西大力发展古典主义文化,一度牢据现代欧洲普通知识核心区。鲍姆嘉通提出"埃斯特惕卡"学科设想后,美学学科遭到法国知识界的整体抵制。在德国美学成就的强大压力下,法国美学从 19 世纪开始自觉展开学科化探索,既吸纳德国古典美学,又回归并发扬自身的"美之学"传统。这一学科化进程经实证主义渗透后发生质变,随着"美之学"的式微,古典主义结束了其历史使命。

本书的研究至此告一段落。经过对 17—19 世纪法国美学主潮的历史回溯与还原,笔者在美学研究方法论上得出如下两点心得。第一,美学的民族性值得重视。拜泽尔力主后康德时代的美学回归从莱布尼茨到莱辛的审美理性主义传统;而我们发现,法国古典主义现代美学与这一传统之间有亲缘关系。这说明,对"民族美学"的深入考察,或许能够给通史视野增补崭新观念。第二,文献整理应当先行。经由此期主要美学家及其代表性文献名目,法国古典主义美学的体系性面貌得以呈现。文献是美学基础理论的载体。理论演进有其相当复杂的成因,既非批评话语的理论化,也非形而上学在艺术世界的简便应用。对于鲍桑葵所言"哲学界提出了问题,批评界准备了资料",[1]不可轻信。探查历史真相,需要回到现场,回到文献,回到事实的具体性。

最后,我们要说的是,美学虽未在法国得到首次命名,但法兰西当之无愧也是美学的故乡。

---

① 鲍桑葵:《美学史》,第 188 页。

参 考 文 献

【说明】

1.此部分仅列书籍文献。凡期刊析出文献皆不列入。

2.书目包括西文文献与中文文献,分别按字母和拼音排序,一手文献与研究文献不做区分。

(一) 西文文献

A.Lombard,*L'Abbé Du Bos:Un initiateur de la pensée moderne (1670 - 1742)*,Paris, 1913.

André Cresson,*Hippolyte Taine,sa vie,son œuvre*,avec un exposé de sa philosophie, Paris:PUF,1951.

André Félibien,*Entretiens sur les vies et sur les ouvrages des plus excellents peintres anciens et modernes*,Paris:chez Pierre le Petit,1660.

André Fontaine,*Les doctrines d'art en France:peintres,amateurs,critiques,de Poussin à Diderot*,Paris:Librairie Renouard,1909.

Annamaria Contini,Philippe Audegean,*Jean-Marie Guyau,Esthétique et philosophie de la vie*,Paris:L'Harmattan,2001.

Annie Becq,*Genèse de l'esthétique française moderne 1680 - 1814*,Paris:Éditions Albin Michel,1994.

Basil Willey,*The seventeenth Century Background*,Garden City,N.Y.:Doubleday,1934.

Charles Batteux,*The Fine Arts Reduced to a Single Principle*,Translated with an introduction and notes by James O.Young,Oxford:Oxford University Press,2015.

Charles Harrison,Paul Wood and Jason Gaiger(eds.),*Art in Theory,1648 - 1815,An Anthology of Changing Ideas*,Malden,MA:Blackwell Publishing,2000.

Charles Le Brun,*Conférence de M.Le Brun,...sur l'expression générale et particulière...* (Ed.1698),Hachette Livre.

Charles Lévêque,*La science du beau*,t.I,Paris:A.Durand et Pédone-Lauriel,1872.

Chris Murray,*Key Writers on Art:From Antiquity to the Nineteenth Century*,London and New York:Routledge,2003.

Colin McQuillan,*Early Modern Aesthetics*,Rowman & Littlefield,2015.

Coreau Roger de Piles,*Cours de peinture par principe*,Paris,1708.

Dabney Townsend(ed.), *Historical Dictionary of Aesthetics*, Lanham: The Scarecrow Press, 2006.

Denis Diderot, *Œuvres esthétqieus*, ed. Paul Vernière, Paris: Garnier Frères, 1959.

Du Bos, *Réflexions critiques sur la poésie et sur la peinture*, sixième édition, 3 volumes, Paris: Chez Pissot, 1755.

Edouard Laboulaye(éd.), *Œuvres complètes de Montesquieu*, Tôme 7, avec les variants des premières éditions, Paris: Garnier Frères, Libraires-éditeurs, 1876.

Edwin Preston Dargan, *The Aesthetic Doctrine of Montesquieu: Its Application in His Writings*, Baltimore: J.H.First Company, 1907.

Elonora Barria-Poncet, *L'Italie de Montesquieu. Entre lectures et voyage*, Paris, Classiques Garnier, 2013.

Emeric David, *Recherches sur l'art statuaire considéré chez les anciens et chez les modernes*, Paris: Chez la veuve NYON aine, Libraire, 1805.

Emile Krantz, *Essai sur l'esthétique de Descartes: étudiée dans les rapports de la doctrine cartésienne avec la littérature classique française au XVIIe siècle*, Paris: Librairie Germer Baillière et Cie, 1974.

Emile Hennequin, *La critique scientifique*, Librairie Académique Didier, 1888.

Emile Zola, *Mes haines: causeries littéraires et artistiques*, Paris: Acheille Faure, Libraire-Éditeur, 1866.

Etiènne Souriau(éd.), *Vocabulaire d'esthétique*, Quadrige/PUF, 1990.

Eugène Véron, *L'Esthétique*, Pairis: Librairie Philosophique J.VRIN, 2007.

Eugène Véron, *L'Esthétique*, Paris: C.Reinwald et Cie, Libraires-Éditeurs, 1878.

Eugène Véron, *Supériorité des arts moderns sur les arts anciens*, Paris, Guillaumin et Cie, Libraires-éditeurs, 1862.

Francis X.J.Coleman, *The Aesthetics Thought of the French Enlightenment*, London: University of Pittsburgh Press, 1971.

Francisque Bouillier, *Histoire de la philosophie cartésienne*, troisième édition, Tôme I, Paris: Ch.Delagrave et Cie, Libraires-éditeurs, 1868.

François de Callires, *Histoire poètique de la guerre, nouvellement déclarée entre les anciens et les modernes*, Genève: Slatkine reprints, 1971.

G.W.F.Hegel, *Esthétique, cahier de notes inédit de Victor Cousin*, Paris: J.Vrin, 2005.

George Dickie, *The Century of Taste: The Philosophical Odyssey of Taste in the Eighteenth Century*, New York, Oxford: Oxford University Press, 1996.

Giovan Pietro Bellori, *The Lives of the Modern Painters, Sculptors and Architects*, trans. Alice Sedgwick Wohl, noted by Hellmut Wohl, introduction by Tomaso Montanari, Cambridge: Cambridge University Press, 2005.

Hippolyte Rigault, *Histoire de la querelle des anciens et des modernes*, Paris: Librairie de L.Hachette et Cie, 1856.

Hippolyte Taine, *Balzac: A Critical Study*, New York, 1906.

Hippolyte Taine, *Essai sur Tite Live*, cinquième édition, Paris: Librairie Hachètte et Cie,

1888.

Hippolyte Taine, *H. Taine, sa vie et sa correspondance*, Tôme I, *Correspondance de jeunesse 1847 – 1853*, quatrième édition, Paris: Librairie Hachètte et Cie, 1914.

Hippolyte Taine, *H. Taine, sa vie et sa correspondance*, Tôme II, *Le Critique et le Philosophe 1853 – 1870*, deuxième édition, Paris: Librairie Hachètte et Cie, 1904.

Hippolyte Taine, *Les philosophes classiques du XIXe siècle en France*, neuvième édition, Paris: Librairie Hachette et Cie, 1905.

Hippolyte Taine, *Philosophie de l'art*, Tôme 1, cinquième édition, Paris: Librairie Hachètte et Cie, 1890.

Hippolyte Taine, *Philosophie de l'art*, Tôme 2, cinquième édition, Paris: Librairie Hachètte et Cie, 1890.

Hubert Gillot, *La Querelle des anciens et des modernes en France, de la "Défense et illustration de la langue française" aux "Parallèles des anciens et des modernes"*, Paris: librairie ancienne Honoré Champion, Edouard Champion, 1914.

Immanuel Kant, *Critique of the Power of Judgment*, ed. Paul Guyer, trans. Paul Guyer and Eric Matthews, Cambridge: Cambridge University Press, 2000.

J. Assezat(éd.), *Œuvres complètes de Diderot*, Tome Dixième, Paris: Garnier Frères, Libraires-éditeurs, 1875.

J. P. de Crousaz, *Traité du beau*, Amsterdam: François L'Honoré, Genève: Slatkine Reprints, 1970.

Jacqueline E. de La Harpe, *Jean-Pierre de Crousaz (1663 – 1750) et le conflit des idées au siècle des Lumières*, Berkeley and Los Angeles: University of California Press, 1955.

Jacques Morizot, Roger Pouvet, *Dictionnaire d'esthétique et de philosophie de l'art*, Paris: Armand Colin, 2007.

Jannifer Montagu, *The Expression of the Passions: The Origin and Influence of Charles Le Brun's* Conférence sur l'expression générale et particulière, New Haven & London: Yale University Press, 1994.

Jean Ehrard, *Montesquieu critique d'art*, Paris: PUF, 1965.

Jean Thomas, *L'Humanisme de Diderot*, Paris, 1938.

Jean-Marie Guyau, *L'art au point de vue sociologique*, éd. De Saint-Cloud, Paris: Libr. Félix Alcan, 1923.

Jean-Paul Cointet, *Hippolyte Taine, un regard sur la France*, Perrin, 2012.

Jules Simon, *Victor Cousin*, Paris, Librairie Hachette et Cie, 1887.

Katharine Everett Gilbert and Helmut Kuhn, *A History of Esthetics*, London: Thames and Hudson, 1956.

L'Atlier d'esthétique, *Esthétique et philosophie de l'art: Repères historiques et thématiques*, Louvain: de Bœck, 2014.

Larry Shiner, *The Invention of Art: A Cultural History*, Chicago and London: The University of Chicago Press, 2001.

Lionello Venturi, *A History of Art Criticism*, N. Y., 1936.

Louis Hourticq,*De Poussin à Watteau*,Paris:Hachette,1921.

Monroe C.Beardsley,*Aesthetics*,*from Classical Greece to the Present*,*A Short Story*,Tuscaloosa:The University of Alabama Press,1966.

Monroe C.Beardsley,*Aesthetics:Problems in the Philosophy of Criticism*,second edition,Indianapolis,Cambridge:Hackett Publishing Company,Inc,1981.

Montesquieu,*Essai sur le goût;précède de Éloge de la sincérité*,Paris:Armand Colin Editeur,1993.

Montesquieu, *The Complete Works of M.de Montesquieu*,Vol.1,London,Printed for T.Evans,in the Strand;and W.Davis,in Piccadilly,1777.

Nathalie Richard,*Hippolyte Taine:histoire,psychologie,littérature*,Paris:Classiques Garnier,2013.

Pascale Seys,*Hippolyte Taine et l'avènement du naturalisme:un intellectuel sous le Second Empire*,Paris:L'Harmattan,1999.

Paul Bénichou,*Romantismes française I*, Paris:Gallimard,2004(*Le Sacre de l'écrivain*,Paris:Gallimard,1996;*Le temps des prophètes*,Paris:Gallimard,1977).

Paul Guyer,*A History of Modern Aesthetics*,Vol. I – II,Cambridge University Press,2014.

Paul Janet, *Victor Cousin et son œuvre*,Paris:Calmann Lévy Éditeur,1885.

Paul Neve,*La philosophie de Taine.Essais critique*,Bruxelles:Dewitt,1908.

Petit de Julleville,*Histoire de la langue et de la Littérature française,des Origines à 1900*,Tome IV,Dix-septième siècle,Paris:Armand Colin &. Cie,Éditeurs,1897.

Petit de Julleville,*Histoire de la langue et de la Littérature française,des Origines à 1900*,Tome V,Dix-septième siècle,Paris:Armand Colin &. Cie,Éditeurs,1898.

Petit de Julleville,*Histoire de la langue et de la Littérature française,des Origines à 1900*,Tome VIII,Dix-neuvième siècle,Paris:Armand Colin &. Cie,Éditeurs,1899.

Philip P.Wiener(editor in chief),*Dictionary of the History of Ideas:Studies of Selected Pivotal Ideas*,Volume II,New York:Chales Scribner's Sons,1973.

Philippe Tamizey de Larroque(éd.),*Les Lettres de Jean Chapelain,1880 – 1882*.

Pierre Laserre,*Le romantisme français:essai sur la révolution dans les sentiments et dans les idées au XIXe siècle*,Paris:Société du Mercure de France,1907.

Quatremère de Quincy,*Essai sur l'idéal dans ses applications pratiques aux œuvres de l'imitation des arts du dessin*, Paris:Librairie d'Adrien le Clère et Cie,1837.

Quatremère de Quincy,*Essai sur la nature,le but et les moyens de l'imitation dans les beaux-arts*,Paris:Treuttel et Wurtz,Libraires,1825.

Raymond Bayer,*Histoire de l'esthétique*,Paris:Armand Colin,1961.

Richard Scholar,*The Je-Ne-Sais-Quoi in Early Modern Europe:Encounters with a Certain Something*,Oxford &. New York:Oxford University Press,2005.

Sholom J.Kahn,*Science and Aesthetic Judgment,a Study in Taine's Critical Method*,London:Routledge &. Kegan Paul LTD,2016.

Stanley Burrshaw(ed.),*Varieties of Literary Experience*,New York,1962.

T.M.Mustoxidi,*Histoire de l'esthétique française 1700－1900*,Paris:Librairie Ancienne Honoré Champion,1920.

Tatarkiewicz,*History of Aesthetics*,Vol.Ⅲ,*Modern Aesthetics*,trans.Chester A.Kisiel and John F.Besemeres,ed.D.Petsch,The Hague:Mouton and Warsaw:PWN-polish Scientific Publishers,1974.

Terry Barrett,*Why Is That Art? Aesthetics and Criticism of Contemporary Art*,Third Edition,New York and Oxford:Oxford University Press,2017.

Théodore Jouffroy,*Cours d'esthétique*,*suivi de la thèse du même auteur sur le sentiment du beau et de deux fragments inédits*,Paris:Librairie de L.Hachètte,1845.

Thomas Munro,*The Arts and Their Interrelations*,New York:The Liberal Arts Press, 1949.

Victor Cousin,*Du Vrai*,*du beau et du bien*,Paris:Didier,Libraire-Éditeur,1854.

Victor Cousin,*The True*,*the Beautiful*,*and the Good*,increased by an appendix on french art,translated with the approbation of Cousin by O.W.Wight,New York:D. Appleton & Company,1871.

Yves-Marie André,*Essai sur le beau*,chez Hippolyte-Louis Guerin,& Jacques Guerin, Libraires,rue S.Jacques,a S.Thomas Aquin,1741.

Yves-Marie André,*Essai sur le Beau*,Paris:Ganeau,1770.

Yves-Marie André,*Essay on Beauty*,translated and annotated by Alan J.Cain,Ebook, 2010.

（二）中文文献（按作者姓氏音序排列）

1.著作

北京大学哲学系美学教研室编:《西方美学家论美和美感》,商务印书馆1980年版。

北京大学哲学系外国哲学史教研室编译:《西方哲学原著选读》,商务印书馆1981年版。

陈文海:《法国史》,人民出版社2014年版。

范景中、曹意强主编:《美术史与观念史》Ⅰ,南京师范大学出版社2003年版。

范景中、曹意强主编:《美术史与观念史》Ⅱ,南京师范大学出版社2003年版。

高建平、丁国旗主编:《西方文论经典》,安徽文艺出版社2014年版。

高艳萍:《温克尔曼的希腊艺术图景》,北京大学出版社2016年版。

葛佳平:《公众的胜利——十七、十八世纪法国绘画公共领域研究》,中国美术学院出版社2014年版。

古典文艺理论译丛编辑委员会:《古典文艺理论译丛》第2辑,人民文学出版社1961年版。

古典文艺理论译丛编辑委员会:《古典文艺理论译丛》第5辑,人民文学出版社1963年版。

蒋孔阳、朱立元主编:《西方美学史》,北京师范大学出版社2013年版。

蒋孔阳主编:《十九世纪西方美学名著选·英法美卷》,复旦大学出版社1990年版。

李赋宁总主编:《欧洲文学史》,商务印书馆2010年版。

李宏:《瓦萨里和他的和他的〈名人传〉》,中国美术学院出版社2016年版。

李醒尘:《西方美学史教程》,北京大学出版社 2005 年版。

李泽厚、汝信名誉主编:《美学百科全书》,社会科学文献出版社 1990 年版。

廖可兑:《西欧戏剧史》,中国戏剧出版社 1981 年版。

林同华主编:《宗白华全集》,安徽教育出版社 2008 年版。

柳鸣九主编:《法国文学史》,人民文学出版社 2007 年版。

吕健忠、李奭学编译:《西方文学史》,浙江大学出版社 2013 年版。

马萧:《印象派的敌人》,清华大学出版社 2017 年版。

汝信主编:《西方美学史》,中国社会科学出版社 2008 年版。

汪堂家、孙向晨、丁耘:《十七世纪形而上学》,人民出版社 2005 年版。

伍蠡甫等编:《西方文论选》,上海译文出版社 1979 年版。

徐前进:《一七六六年的卢梭——论制度与人的变形》,北京师范大学出版社 2017 年版。

朱光潜:《西方美学史》,人民文学出版社 1979 年版。

朱光潜:《朱光潜全集》,中华书局 2013 年版。

朱青生主编:《美术学院的历史与问题》,广西师范大学出版社 2012 年版。

2.译作

〔意〕阿奎那,托马斯:《神学大全》,段德智译,商务印书馆 2013 年版。

〔法〕阿隆,雷蒙:《社会学主要思潮》,葛秉宁译,上海译文出版社 2015 年版。

〔美〕艾布拉姆斯,M.H:《镜与灯——浪漫主义文论及批评传统》,郦稚牛、张照进、童庆生译,王宁校,北京大学出版社 2015 年版。

〔法〕巴尔赞,雅克:《从黎明到衰落》,林华译,中信出版社 2013 年版。

〔古希腊〕柏拉图:《柏拉图文艺对话集》,朱光潜译,人民文学出版社 1959 年版。

〔美〕拜泽尔,弗雷德里克·C:《狄奥提玛的孩子们——从莱布尼茨到莱辛的德国审美理性主义》,张红军译,人民出版社 2019 年版。

〔英〕鲍桑葵:《美学史》,张今译,广西师范大学出版社 2009 年版。

〔德〕贝勒尔,恩斯特:《德国浪漫主义文学理论》,李棠佳、穆雷译,南京大学出版社 2017 年版。

〔美〕比厄斯利,门罗:《美学史:从古希腊到当代》,高建平译,高等教育出版社 2018 年版。

〔法〕比利,安德烈:《狄德罗传》,张本译,管震湖校,商务印书馆 1995 年版。

〔荷〕波尔,杨等:《思想的想象:图说世界哲学通史》,张颖译,北京大学出版社 2013 年版。

〔英〕伯克,彼得:《知识社会史》,陈志宏、王婉旎译,浙江大学出版社 2016 年版。

〔英〕伯克,彼得:《制造路易十四》,郝名玮译,商务印书馆 2007 年版。

〔英〕伯瑞,约翰:《进步的观念》,范祥涛译,上海三联书店 2005 年版。

〔丹〕勃兰兑斯:《19 世纪文学主流》,张道真译,人民文学出版社 1997 年版。

〔英〕布朗伯利,S.编:《新编剑桥世界近代史》,中国社会科学院世界历史研究所组译,中国社会科学出版社 2008 年版。

〔英〕布列逊,诺曼:《语词与图像:旧王朝时期的法国绘画》,王之光译,浙江摄影出版社 2001 年版。

〔法〕布吕奈尔,皮埃尔等:《19 世纪法国文学史》,郑克鲁、黄慧珍、何敬亚、谢军瑞译,上海人民出版社 1997 年版。

〔法〕布瓦洛:《诗的艺术》,任典译,人民文学出版社 2009 年版。

〔法〕戴格拉夫,路易:《孟德斯鸠传》,许明龙、赵克非译,浙江大学出版社 2016 年版。

〔法〕丹纳:《艺术哲学》,傅雷译,江苏文艺出版社 2012 年版。

〔法〕丹纳:《艺术哲学》,傅雷译,生活·读书·新知三联书店 2016 年版。

〔美〕邓宁,威廉:《政治学说史》,谢义伟译,吉林出版集团有限责任公司 2009 年版。

〔法〕狄德罗:《狄德罗美学论文选》,张冠尧、桂裕芳译,人民文学出版社 2008 年版。

〔法〕狄德罗:《狄德罗哲学选集》,江天骥、陈修斋、王太庆译,商务印书馆 1959 年版。

〔法〕狄德罗:《塞纳河畔的沙龙:狄德罗论绘画》,陈占元译,金城出版社 2012 年版。

〔法〕笛卡尔:《第一哲学沉思集》,庞景仁译,商务印书馆 1986 年版。

〔法〕笛卡尔:《第一哲学沉思集》,庞景仁译,商务印书馆 2009 年版。

〔法〕笛卡尔:《论灵魂的激情》,贾江鸿译,商务印书馆 2013 年版。

〔法〕笛卡尔:《谈谈方法》,王太庆译,商务印书馆 2000 年版。

〔法〕笛卡尔:《探求真理的指导原则》,管震湖译,商务印书馆 1991 年版。

〔法〕杜比,乔治、芒鲁特,罗贝尔:《法国文明史》,傅先俊译,东方出版中心 2019 年版。

〔法〕杜比,乔治主编:《法国史》,吕一民、沈坚、黄艳红等译,商务印书馆 2010 年版。

〔美〕杜兰特,威尔:《世界文明史·理性开始的时代》,台湾幼狮文化译,华夏出版社 2010 年版。

〔英〕弗莱,罗杰:《弗莱艺术批评文选》,沈语冰译,江苏美术出版社 2013 年版。

〔美〕弗雷泽,迈克尔·L:《同情的启蒙:18 世纪与当代的正义和道德情感》,胡靖译,译林出版社 2016 年版。

〔法〕伏尔泰:《路易十四时代》,吴模信、沈怀洁、梁守锵译,商务印书馆 1983 年版。

〔法〕伏尔泰:《哲学辞典》,王燕生译,商务印书馆 1991 年版。

〔美〕盖伊,彼得:《启蒙时代(上)·现代异教精神的兴起》,刘北成译,上海人民出版社 2015 年版。

〔美〕盖伊,彼得:《启蒙时代(下)·自由的科学》,王皖强译,上海人民出版社 2016 年版。

〔法〕高乃依:《高乃依戏剧选》,张秋红、马振骋译,吉林出版集团有限责任公司 2012 年版。

〔德〕格罗塞:《艺术的起源》,蔡慕晖译,商务印书馆 1984 年版。

〔英〕贡布里希,E.H:《理想与偶像——价值在历史和艺术中的地位》,范景中、杨思梁译,广西美术出版社 2013 年版。

〔英〕贡布里希,E.H:《图像与眼睛——图像再现心理学的再研究》,范景中、杨思梁、徐一维、劳诚烈译,广西美术出版社 2013 年版。

〔美〕哈比布,M.A.R:《文学批评史:从柏拉图到现在》,阎嘉译,南京大学出版社 2017 年版。

〔英〕哈奇森,弗兰西斯:《论美与德性观念的根源》,高乐田、黄文红、杨海军译,浙江大学出版社 2009 年版。

〔美〕哈特费尔德,E:《笛卡尔与〈第一哲学的沉思〉》,尚新建译,广西师范大学出版社 2007 年版。

〔美〕海厄特,吉尔伯特:《古典传统:希腊罗马对西方文学的影响》,王晨译,刘小枫、雷立柏、哈罗德·布鲁姆序,北京联合出版公司 2015 年版。

〔匈〕豪泽尔,阿诺德:《艺术社会学》,居延安译编,学林出版社 1987 年版。

〔匈〕豪泽尔,阿诺尔德:《艺术社会史》,黄燎宇译,商务印书馆 2015 年版。

〔德〕黑格尔:《美学》,朱光潜译,商务印书馆 1996 年版。

〔英〕霍布斯鲍姆,艾瑞克:《革命的时代:1789—1848》,王章辉等译,中信出版社 2014
年版。

〔英〕霍布斯鲍姆,艾瑞克:《资本的时代:1848—1875》,张晓华等译,中信出版社 2014
年版。

〔美〕基维,彼得主编:《美学指南》,彭锋等译,南京大学出版社 2008 年版。

〔法〕基佐:《欧洲文明史》,程洪奎、沅芷译,商务印书馆 2005 年版。

〔英〕吉尔伯特、〔德〕库恩:《美学史》,夏乾丰译,上海译文出版社 1989 年版。

〔法〕卡尔莫纳,米歇尔:《黎塞留传》,曹松豪译,商务印书馆 1996 年版。

〔美〕卡洛尔,约翰:《西方文化的衰落:人文主义复探》,叶安宁译,新星出版社 2007 年版。

〔德〕卡西尔,恩斯特:《启蒙哲学》,顾伟铭等译,山东人民出版社 2007 年版。

〔德〕卡西尔,恩斯特:《人论》,甘阳译,上海译文出版社 2013 年版。

〔德〕康德:《判断力批判》,邓晓芒译,杨祖陶校,人民出版社 2002 年版。

〔美〕克莱纳,弗雷德·S.等编著《加德纳世界艺术史》,诸迪、周青等译,中国青年出版社
2007 年版。

〔美〕克劳斯,莎伦·R:《公民的激情:道德情感与民主商议》,谭安奎译,译林出版社
2015 年版。

〔意〕克罗齐:《美学的历史》,王天清译,袁华清校,商务印书馆 2015 年版。

〔意〕克罗齐:《十九世纪欧洲史》,田时纲译,商务印书馆 2015 年版。

〔法〕孔德,奥古斯特:《论实证精神》,黄建华译,北京联合出版公司 2013 年版。

〔德〕莱布尼茨:《人类理智新论》,陈修斋译,商务印书馆 1982 年版。

〔美〕朗格,苏珊:《感受与形式:自〈哲学新解〉发展出来的一种艺术理论》,高艳萍译,江
苏人民出版社 2013 年版。

〔法〕勒纳尔,G、乌勒西,G:《近代欧洲的生活与劳作(从 15—18 世纪)》,杨军译,上海三
联书店 2008 年版。

〔英〕里德,赫伯特:《现代雕塑简史》,曾四凯、王仙锦译,广西美术出版社 2015 年版。

〔法〕里乌,让-皮埃尔、西里内利,让-弗朗索瓦主编:《法国文化史(卷二):从文艺复兴到
启蒙前夜》,傅绍梅、钱林森译,华东师范大学出版社 2012 年版。

〔法〕里乌,让-皮埃尔、西里内利,让-弗朗索瓦主编:《法国文化史(卷三):启蒙与自由,
18 世纪和 19 世纪》,朱静、许光华译,李棣华校,华东师范大学出版社 2012 年版。

〔法〕列维,安东尼:《路易十四》,陈文海译,人民出版社 2011 年版。

〔法〕列维-斯特劳斯:《看·听·读》,顾嘉琛译,中国人民大学出版社 2006 年版。

〔英〕罗素,伯特兰:《西方哲学史,及其与从古代到现代的政治、社会情况的联系》,何兆
武、李约瑟译,商务印书馆 1963 年版。

〔美〕洛夫乔伊,阿瑟·O:《观念史论文集》,吴相译,商务印书馆 2018 年版。

〔荷〕吕培醇:《19 世纪欧洲艺术史》,丁宁、吴瑶、刘鹏、梁舒涵译,北京大学出版社 2014
年版。

〔英〕梅尔茨,约翰·西奥多:《19 世纪欧洲思想史》,周昌忠译,商务印书馆 2017 年版。

〔法〕蒙格雷迪安,乔治:《莫里哀时代演员的生活》,谭常轲译,山东画报出版社 2005

年版。

〔法〕孟德斯鸠:《论法的精神》,许明龙译,商务印书馆2015年版。

〔法〕孟德斯鸠:《论法的精神》,张雁深译,商务印书馆1961年版。

〔法〕孟德斯鸠:《罗马盛衰原因论》,婉玲译,商务印书馆1962年版。

〔美〕米奈,温尼·海德:《艺术史的历史》,李建群等译,世纪出版集团、上海人民出版社
2007年版。

〔英〕帕金森、〔加〕杉克尔总主编:《劳特利奇哲学史》,中文翻译总主编:冯俊,中国人民
大学出版社2003—2016年版。

〔法〕帕斯卡尔:《思想录》,何兆武译,商务印书馆1985年版。

〔英〕佩夫斯纳,尼古拉斯:《美术学院的历史》,陈平译,商务印书馆2016年版。

〔古罗马〕普罗提诺:《论自然、凝思和太一——〈九章集〉选译本》,石敏敏译,中国社会科
学出版社2004年版。

〔美〕桑塔耶纳,乔治:《美感》,杨向荣译,人民出版社2013年版。

〔法〕圣勃夫:《圣勃夫文学批评文选》,范希衡译,南京大学出版社2016年版。

〔美〕施特劳斯,列奥:《从德性到自由——孟德斯鸠讲疏》,潘戈整理,黄涛译,华东师范
大学出版社2017年版。

〔英〕斯密,亚当:《道德情操论》,蒋自强、钦北愚、朱钟棣、沈凯璋译,胡企林校,商务印书
馆2015年版。

〔英〕斯威夫特,乔纳森:《图书馆里的古今之战》,李春长译,刘小枫主编"古今丛编",华
夏出版社2015年版。

〔波〕塔塔尔凯维奇:《西方六大美学观念史》,刘文潭译,上海译文出版社2006年版。

〔法〕泰纳,伊波利特:《现代法国的起源》,黄艳红、刘毅等译,吉林出版集团有限责任公
司2014—2015年版。

〔英〕汤普森:《历史著作史》,谢德风译,商务印书馆1996年版。

〔美〕梯利:《西方哲学史》,伍德增补,葛力译,商务印书馆2015年版。

〔法〕托多罗夫,茨维坦:《不完美的花园——法兰西人文主义思想研究》,周莽译,北京大
学出版社2015年版。

〔俄〕托尔斯泰:《艺术论》,耿济之译,上海社会科学院出版社2017年版。

〔美〕韦勒克,雷纳:《近代文学批评史》八卷本,杨自伍等译,上海译文出版社1987年版。

〔法〕维诺克,米歇尔:《自由之声:19世纪法国公共知识界大观》,吕一民、沈衡、顾杭译,
中国人民大学出版社2006年版。

〔意〕文杜里,廖内洛:《艺术批评史》,邵宏译,商务印书馆2017年版。

〔法〕夏蒂埃,罗杰:《法国大革命的文化起源》,洪庆明译,译林出版社2015年版。

〔法〕夏克尔顿,罗伯特:《孟德斯鸠评传》,刘明臣、沈永兴、许明龙译,谷德昭、荣欣校,中
国社会科学出版社1991年版。

〔英〕休谟:《人性的高贵与卑劣——休谟散文集》,杨适等译,生活·读书·新知三联书
店上海分店1988年版。

〔英〕休谟:《人性论》,关文运译,郑之骧校,商务印书馆1980年版。

〔古希腊〕亚里士多德、〔罗马〕贺拉斯:《诗学·诗艺》,罗念生、杨周翰译,人民文学出版
社1962年版。

〔法〕于斯曼,丹尼斯主编:《法国哲学史》,冯俊、郑鸣译,商务印书馆2015年版。

附录　主要美学家简介

【体例说明】

1.排序依据美学家的生年。

2.为醒目起见,中文人名不列全名,仅列其姓氏或封地名。

德马雷(Jean Desmarets de Saint-Sorlin,1595—1676),路易十四顾问,从事诗歌、散文、戏剧创作。古今之争厚今派的较早代表,也是该运动的发动者之一。发表有诗歌《克洛维斯》、论文《论判断希腊语、拉丁语和法语诗人》(*Traité pour juger les poètes grecs,latins et français*)。

笛卡尔(René Descartes,1596—1650),生于法国西部的普瓦图地区一个富裕的绅士家庭。一岁多时母亲去世,童年基本在外祖母陪伴下度过。1607 年[1],他进入安茹省的耶稣会学校拉弗莱什公学。该公学由亨利四世创立于 1604 年。他后来在《谈谈方法》里回忆说,拉弗莱什是欧洲最著名的学校,饱学之士云集,令他得以接受最完备的知识训练。[2] 在学科培养上,在校学生前六年的课程侧重于语法和修辞,后三年接受数学和哲学的教育。这座学校的数学教育不仅包括几何和算术这样的抽象科目,也包括光学、透视法、力学、建筑学这类应用科目;其哲学教育包括逻辑学、物理学、形而上学、伦理学,包括但不限于亚理斯多德主义。[3] 在这样的教育体制下,笛卡尔既饱受经院哲学的传统滋养,又得以及时与当时最新的科学发现衔接。他如饥似渴地学习书本知识,却在完成全部课程后"发现自己陷于疑惑和谬误的重重包围,觉得努力求学并没有得到别的好处,只不过越来越发现自己

---

[1]　王太庆和庞景仁两位先生皆认为笛卡尔的入学时间为 1604 年(参见笛卡尔《谈谈方法》,王太庆译,商务印书馆 2000 年版,第 5 页;笛卡尔:《第一哲学沉思集》,庞景仁译,商务印书馆 1986 年版,第 i 页)。西方人写的笛卡尔传记记载入学时间为 1607 年。

[2]　笛卡尔:《谈谈方法》,第 3—4 页。

[3]　参见 G.哈特费尔德:《笛卡尔与〈第一哲学的沉思〉》,尚新建译,广西师范大学出版社 2007 年版,第 5—7 页。

无知"。于是他暂时抛开书本，通过军旅生涯来游历欧洲，开阔眼界，阅读"世界这本大书"。① 笛卡尔主要著作是《谈谈方法》《第一哲学沉思集》《探求真理的指导原则》《论灵魂的激情》等。

沙普兰(Jean Chapelain，1595—1674)，法兰西学院最早的成员之一，主要造诣在文艺批评领域，在《熙德》之争事件里成为官方剧评的执笔人，即《法兰西学院关于悲喜剧〈熙德〉对某方所提意见的感想》(Sentiments de l'Académie sur le Cid)。沙普兰戏剧理论主要见于其系列通信②。

高乃依(Pierre Corneille，1606—1684)，剧作家，曾加入红衣主教黎塞留的五人写作班子。戏剧代表作《熙德》于 1637 年该剧初次上演后引起轰动，也招致非议，最后受到法兰西学院的谴责。其他戏剧作品有《贺拉斯》《西拿》《波利厄克特》等。在戏剧理论方面，高乃依写有《戏剧三论》，分别讨论戏剧的功用及其组成部分、悲剧写作的方法以及三一律。

菲力比安(André Félibien，1619—1695)，曾担任路易十四的宫廷史官，颇受富凯、柯尔贝尔赏识，曾进入王家铭文学院、王家建筑学院。著有《有关古今最杰出画家的生平及作品的谈话》(Entretiens sur les vies et sur les ouvrages des plus excellents peintres anciens et modernes，1660)。

博乌尔斯(Dominique Bouhours，1628—1702)，生于巴黎，卒于巴黎，是法国耶稣会教士和批评家。曾在巴黎克莱蒙学院教授文学，在图尔和鲁昂教授修辞学，后来成为奥尔良的亨利二世的两个儿子的私人教师。代表作为《阿里斯特与欧也尼谈话集》(Entretiens d'Ariste et d'Eugène，1671)。

佩罗(Charles Pérrault，1628—1703)，古今之争中第一位公开挑衅崇古派的人，夏尔与其父亲皮埃尔、兄长克劳德皆为厚今派代表。1687 年 1 月 27 日，佩罗在法兰西学院朗读诗作《路易大帝的世纪》，拉开古今之争的序幕。其系统的说理著作是《古今对观》(Parallèles des anciens et des modernes，1797)。在中国，他最知名的作品是以民间传说为基础改写的童话集《鹅妈妈的故事》。

布瓦洛(Nicolas Boileau-Despréaux，1636—1711)，出身法院书记官家庭。他先学文学，后习法律，继承父亲遗产之后转而专攻诗歌写作，尤好讽刺诗。19 世纪的圣勃夫写过《布瓦洛评传》③，把布瓦洛的诗人生涯简略分为三个时期。第一个时期是从专职写诗到 1667 年，即布瓦洛的纯粹诗人时

---

① 以上均参见笛卡尔：《谈谈方法》，第 5—9 页。
② 通信集可参见：Philippe Tamizey de Larroque(ed.)，Les Lettres de Jean Chapelain，1880—1882。
③ 圣勃夫：《布瓦洛评传》，见布瓦洛《诗的艺术》，任典译，人民文学出版社 2009 年版。

代。第二个时期是 1667—1677 年,在这十年里,他声望日隆,地位渐高,受到路易十四重用,写出《诗的艺术》,成为法兰西学院院士。第三个时期是 1677—1711 年,此期的他与拉辛一起做了王家史官,同时疲于应付各种文坛官司。他树敌多方,一方面由于他善讽好讥,得罪了不少人,另一方面可能与他备受王宠的显赫地位分不开。他的论敌主要来自厚今派、耶稣会。

丰特奈尔(Bernard Le Bovier,sieur de Fontenelle,1657—1757),生于鲁昂,卒于巴黎,哲学家、诗人、科学理论家,厚今派代表。长寿的他有幸亲身见证了两个风格迥异的时代:路易十四登基之前的时代和启蒙运动风起云涌的时代。著有《死人对话新篇》(*Nouveaux dialogues des Morts*,1683)、《关于宇宙多样化的对话》(*Entretiens sur la pluralité des mondes*,1686)。

克鲁萨(Jean-Pierre de Crousaz,1663—1750),生于瑞士洛桑,先后在洛桑学院和日内瓦研习哲学和神学,后来离开瑞士,游学莱顿、巴黎等地。他曾与皮埃尔·贝尔、蒲柏、莱布尼茨论战,在大学教授过哲学和数学。1726 年被指定为年轻的弗里德里希王子(即黑塞-卡塞尔公国的弗里德里希二世)的监管教师。1733 年,他返回洛桑学院,直至辞世。他将笛卡尔哲学引入洛桑,改变了那里盛行的亚理斯多德主义。他著有一部六卷本《逻辑学》(1741),两部对卢梭《爱弥儿》产生过影响的教育学著作《儿童教育新准则》(*Nouvelles maximes sur l'éducation des enfants*,1718)、《论儿童教育》(*Traité de l'éducation des enfants*,1722),一部对莱布尼茨进行批判的《论人的心灵》(*De l'esprit humain*)等。美学方面著有《论美》(*Traité du beau*,1714)。

杜博(Abbé Jean-Baptiste du Bos,1670—1742),生于法国博韦,在巴黎索邦学习神学,兼通法律和政治。1696 年后,在从事外交工作的过程中,他曾陆续被委派到汉堡、意大利、伦敦、海牙、布鲁塞尔、纳沙泰尔等地,1710年参加过乌特勒支和谈。在英国时,他同洛克打过交道。他 1719 年入王家铭文学院,1720 年入法兰西学院,跻身"四十位不朽者"之列,1723 年接替安德烈·达西埃成为学院终身秘书。在生活中,他还是一位古典戏剧迷、歌剧迷、考古迷,对古币也有特殊的癖好。杜博的学术著作以史学为主体,其代表作包括《康布雷联盟史》(*Histoire de la ligue de Cambray*,1709)、《高卢地区法兰西君主制确立之史评》(*Histoire critique de l'établissment de la monarchie française dans les Gaules*,1735)等。美学方面著有《对诗与画的批判性反思》(*Réflexions critiques sur la poésie et sur la peinture*,1719)。

安德烈(Yves-Marie André,1675—1764),出生于下布列塔尼的沙托

兰,早年受到良好的精英教育,曾进入路易大帝中学的前身克莱尔蒙学校,以及笛卡尔曾经就读的拉弗莱什学校。1693 年加入耶稣会。他与马勒伯朗士交往密切,保持长期的通信,后著有《马勒伯朗士传》。由于持坚定的高卢主义、笛卡尔主义、詹森主义立场,反对教皇的绝对权力,他当时在耶稣会屡受排挤,无法担任职务,著作的出版也受到限制,遂转向从事科学研究。他担任卡昂的王家数学教授长达 39 年之久,故通常以数学家名世。1764 年 2 月 25 日,安德烈卒于卡昂。其死后出版的作品有 18 部,涉足形而上学、水文地理、光学、物理学、民用建筑和军用建筑、文学、教理问答等等。美学方面著有《谈美》(*Essai sur le beau*,1741)。

　　孟德斯鸠(Montesquieu,1689—1755),即夏尔·德·色贡达(Charles de Secondat),启蒙思想家、法学家。早年在物理学、自然史、解剖学等领域皆有成绩。世袭波尔多法庭庭长,有男爵封号。后卖掉庭长职位,迁至巴黎。著有《论法的精神》(*L'Esprit des lois*,1748)、《罗马盛衰原因论》(*Considérations sur les causes de la grandeur des Romains et de leur décadence*,1734)等,美学上写有残篇《论趣味》(*Essai sur le goût*,1757)。

　　巴托(Abbé Charles Batteux,1713—1780),生于阿登大区的阿朗迪伊河索瑟伊,曾在兰斯市学习神学。1739 年来到巴黎,先在利雪和纳瓦尔中学教书,后获法兰西学院希腊罗马哲学席位。著有《被划归到单一原则的美的艺术》(*Beaux-arts réduits à un même principe*,1746)。

　　狄德罗(Denis Diderot,1713—1784),法国文人、哲学家。出身于外省下层工匠家庭,毕业于巴黎大学,做过家庭教师。1745—1772 年致力于《百科全书》的编纂,与达朗贝尔共同担任主编,曾因此短期入狱。他涉猎广泛,著作有书信集、哲学论文、小说、剧本、对话录等。

　　德·昆西(Quatremère de Quincy,1755—1849),亦称夸特梅尔,博学者、考古学家、艺术史学家,有"法国温克尔曼"之誉。曾担任王家绘画与雕塑学院的秘书长达 23 年(1816—1839),曾负责将未完工的圣热纳维耶芙教堂改建为先贤祠。德·昆西对法国学院艺术理论尤其是建筑理论有着深刻影响,著有《建筑历史词典》(*Dictionnaire historique de l'architecture*,1832—1833)。

　　达维(Emeric David,1755—1839),法国国立科学与艺术学院成员,著有《古今对雕塑艺术的研究》(*Recherches sur l'art statuaire considéré chez les anciens et chez les modernes*,1805),卷入 19 世纪初法国学院的第一场大论争,并因此载入美学史。请注意区分三个 David,另两个是新古典主义画家大卫(Jacques Louis David,1748—1825,一译达维德)以及 19 世纪下

半叶的雕塑家大卫(Pierre-Jean David,1788—1856)。

库赞(Victor Cousin,1792—1867),生于巴黎钟表匠(一说印刷工人)家庭,十岁之前过着下层阶级生活。1803年10月,库赞进入查理曼中学,在那里受到良好的连续教育,尤其是古典学训练。1810年进入巴黎高师后,师从拉勒米吉尔(Pierre Laromiguière,1756—1837)学习洛克和孔狄亚克哲学。1815年,他开始教授哲学,成为其老师卢瓦耶-克拉尔(Royer-Collard)的接班人。曾担任巴黎高等师范学校的院长、哲学教师资格评审团主席。1830年,成为公共教育委员会成员,1840年开始担任公共教育部长。著有《论真美善》(*Du Vrai*,*du beau et du bien*,1836/1845/1854)。

儒弗瓦(Théodore Simon Jouffroy,1796—1842),哲学家。翻译过托马斯·里德著作,并受其影响很大。儒弗瓦曾为法兰西学院和巴黎大学教师。从1820年开始的两年时间里,出于健康原因和家庭原因,儒弗瓦被迫在侏罗山区的家中授课。1822年返回巴黎时,他发现自己已失去在波旁学校的教职,而高师刚刚被政府解散。无奈之下,他精选了一个20—25人的听众群,先后在塞纳街和富尔街自己的公寓里私下授课。批评家圣勃夫曾是他的学生。他逝世后,其同窗达米隆将这个课程的相关记录编纂成书,即为《美学教程》(*Cours d'esthétique*,1826)。

希格(Hippolyte Rigault,1821—1858),法国拉丁语学者,文学批评家,著有《古今之争史》(*Histoire de la querelle des anciens et des modernes*)。

雷韦克(Charles Lévêque,1821—1900),法国哲学家。生于波尔多,研究领域涉及形而上学(如亚理斯多德思想)和美学。曾先后任教图卢兹、贝藏松等地,自1854年开始在索邦大学授课,1856年开始在法兰西公学教授古希腊哲学,1861年获法兰西公学教席,他于1900年逝世后,其教席由哲学家亨利·柏格森接任。除《美之学》(*La science du beau*,1861)外,还著有《希腊拉丁哲学研究》(*Études de philosophie greceque et latine*,1864)、《艺术中的唯灵论》(*Le Spiritualisme dans l'art*,1864)、《不可见的科学》(*La Science de l'invisible*,1865)等。

维龙(Eugène Véron,1825—1889),法国美学家,社会活动家。① 1875年创办并主编《艺术》(*Art*)杂志。维龙成长于富足的书香门第,父亲是圣

① L.Manouvrier,"Étude sur le cerveau d'Eugène Véron et sur une formation fronto-limbique",*Bulletins et Mémoires de la Société d'Anthropologie de Paris*,Année 1892,3,p.242.有关维龙的社会活动与著作出版情况,详见:Pierre Larousse,*Grand dictionnaire universel du XIXe siècle*,1866-1879.Cité par Jacqueline Lichtenstein,"Préface",dans Eugène Véron,*L'Esthétique*,Pairis:Librairie Philosophique J.VRIN,2007,pp.9—10.

巴尔博学校的修辞学教师,母亲出身于马赛银行家,在智力上相当有天赋。著有《现代艺术高于古代艺术》(*Supériorité des arts modernes sur les arts anciens*,1862)、《美学》(*L'Esthétique*,1778)。

丹纳(Hippolyte Taine,1828—1893),生于武济耶的律师家庭。父母皆有不错的文化素养,为他提供了良好的幼年教育。1848 年,也就是法国人推翻七月王朝、建立第二共和国的那年,丹纳以第一名的成绩考入巴黎高等师范学校,1851 年毕业。1864 年起,他被聘任为巴黎美术学校美学和艺术教授。1878 年成为法兰西学院院士。美学代表作为《艺术哲学》(*Philosophie de l'art*,1865—1882)。

克朗茨(Emile Krantz,1849—1925),法国南锡大学文学系教授兼主任,著有《论笛卡尔美学》(*Essai sur l'esthétique de Descartes*,1882)。

居友(Jean-Marie Guyau,1854—1888),诗人、伦理学家、社会美学家,33 岁时因肺病而亡。在世时出版美学专著《当代美学诸问题》(*Problèmes de l'esthétique contemporaine*,1884)、诗集《一位哲学家的诗句》(*Vers d'un philosophe*,1881)等。其继父、社会学家阿尔弗雷·博耶整理出版其遗作,包括《从社会学视点看艺术》(*L'art au point de vue sociologique*,1889)、《教育与继承:社会学研究》(*Éducation et Hérédité. Étude sociologique*,1902)等。其唯一被完整译为中文的著作也是遗作,即《无义务无制裁的道德概论》(*Esquisse d'une morale sans obligation ni sanction*,1885)。

后　记

本书的正式写作始于 2015 年，终于 2020 年。六年里有过几次中断。能够完稿，主要得益于各方支持。

感谢北京大学哲学系、美学与美育研究中心各位恩师的悉心培育，我愿以这部小书作为一份小小的答卷。感谢国家社科基金，令我有充分时间打磨论证，有充裕经费购买文献，特别是不菲的西文书籍。感谢中国艺术研究院可爱可亲的同事们。感谢振铎学友的襄助。感谢商务印书馆责编傅楚楚女士的专业、精细与耐心。在文献搜求方面，鸣谢郭真珍、蓝江、韩伟华、巫闽花、王伟、张笑、黄兆杰诸友慷慨搭救。感谢这六年当中与我耐心切磋的师友们，是你们的锐敏明察帮助我提升认识，改进思路。

书中若干章节有幸陆续得以发表。感谢如下期刊、辑刊、文摘的支持与厚爱（排名不分先后）：《美育学刊》《文艺争鸣》《文艺理论研究》《哲学动态》《清华大学学报》《复旦学报》《外国美学》《美学》《首都师范大学学报》《文化与诗学》以及人大复印报刊资料等。感谢微信公众号"先进辑刊""维特鲁威美术史小组""艺术学人""长 18 世纪研究"等。收入书中文字相对于已发表章节有修改，不尽相符之处，恕不逐一说明。

本书尝试以文献架构法兰西现代美学史。这套文献不完全属于"哲学家"论著，更多地属于宽泛意义上的"作家"之作。笔者并非抵触"哲学家的美学的历史"这类常见写法，做出上述选择，一则基于法兰西的独特状况，二则出于笔者个人偏好。另外，囿于框架与方法，本书写作过程中割舍了不少难以有机并入的有趣话题。接下来，笔者将以此为基础，投入对其他线索的探求。

六年时间，远不足道尽这段法国美学史故事。学力有限，纵然竭尽所能，至多粗笔描摹其大概脉络，但笔者依然希望，这本微不足道的小书能够为法国美学史提供一个新的讨论起点。

真诚期待读者诸君不吝赐教。